冶金工业建设工程预算定额

（2012 年版）

第五册　自动化控制仪表安装工程、消防及安全防范设备安装工程

北　京
冶　金　工　业　出　版　社
2013

图书在版编目(CIP)数据

冶金工业建设工程预算定额:2012年版. 第五册,自动化控制仪表安装工程、消防及安全防范设备安装工程/冶金工业建设工程定额总站编. —北京:冶金工业出版社,2013.1

ISBN 978-7-5024-6112-6

Ⅰ.①冶… Ⅱ.①冶… Ⅲ.①冶金工业—自动化仪表—过程控制仪表—建筑安装—建筑预算定额—中国 ②冶金工业—消防设备—建筑安装—建筑预算定额—中国 ③冶金工业—安全设备—建筑安装—建筑预算定额—中国 Ⅳ.①TU723.3

中国版本图书馆CIP数据核字(2012)第282227号

出 版 人 谭学余
地　　址 北京北河沿大街嵩祝院北巷39号,邮编100009
电　　话 (010)64027926 电子信箱 yjcbs@cnmip.com.cn
责任编辑 李培禄 于昕蕾 美术编辑 彭子赫 版式设计 孙跃红
责任校对 石 静 刘 倩 责任印制 牛晓波
ISBN 978-7-5024-6112-6
冶金工业出版社出版发行;各地新华书店经销;三河市双峰印刷装订有限公司印刷
2013年1月第1版,2013年1月第1次印刷
850mm×1168mm 1/32;20.25印张;541千字;623页
110.00元

冶金工业出版社投稿电话:(010)64027932 投稿信箱:tougao@cnmip.com.cn
冶金工业出版社发行部 电话:(010)64044283 传真:(010)64027893
冶金书店 地址:北京东四西大街46号(100010) 电话:(010)65289081(兼传真)
(本书如有印装质量问题,本社发行部负责退换)

冶金工业建设工程定额总站 文件

冶建定[2012]52号

关于颁发《冶金工业建设工程预算定额》(2012年版)的通知

为适应冶金工业建设工程的需要,规范冶金建筑安装工程造价计价行为,指导企业合理确定和有效控制工程造价,由总站组织冶金系统造价专业人员修编的《冶金工业建设工程预算定额》(2012年版)已经完成。经审查,现予以颁发,自2012年11月1日起施行。原冶金工业建设工程定额总站颁发的《冶金工业建设工程预算定额》(2001年版)(共十四册)同时停止执行。

本定额由冶金工业建设工程定额总站负责具体解释和日常管理。

冶金工业建设工程定额总站

二〇一二年九月十九日

综 合 组：张德清 林希琤 赵 波 陈 月 张连生 吴永钢 吴新刚 万 缨 乔锡凤 文 萃
孙旭东 陈国裕 郭绍君 付文东 郑 云 朱四宝 杨 明 徐战艰 张福山

主编单位：中国一冶集团有限公司

副主编单位：武汉钢铁（集团）公司

参编单位：中冶南方工程技术有限公司

协编单位：鹏业软件股份有限公司

主 编：龚文江 项 昱

副 主 编：朱 珂 王晓林

参编人员：张秋生 孔天翼 季华峰 李思远 刘丽霞 李 伟

编辑排版：赖勇军

总　说　明

一、《冶金工业建设工程预算定额》(2012 年版)共分十四册,包括:

第一册《土建工程》(上、下册)

第二册《地基处理工程》

第三册《机械设备安装工程》(上、下册)

第四册《电气设备安装工程》

第五册《自动化控制仪表安装工程、消防及安全防范设备安装工程》

第六册《金属结构件制作与安装工程》

第七册《总图运输工程》

第八册《刷油、防腐、保温工程》

第九册《冶金炉窑砌筑工程》

第十册《工艺管道安装工程》

第十一册《给排水、采暖、通风、除尘管道安装工程》

第十二册《冶金施工机械台班费用定额》

第十三册《材料预算价格》

第十四册《冶金工厂建设建筑安装工程费用定额》

二、《冶金工业建设工程预算定额》(2012年版)(以下简称本定额)是完成规定计量单位分项工程计价所需的人工、材料、施工机械台班的指导性消耗量标准;是统一冶金建筑安装工程预算工程量计算规则、项目划分、计量单位的依据;是编制冶金建筑安装工程施工图预算、招标控制价、确定工程造价的依据;是编制概算定额(指标)、投资估算指标的基础;也可作为制定企业定额和投标报价的基础;其中建筑安装工程的工程量计算规则、项目划分、计量单位、工作内容等也可作为实行工程量清单计价、编制冶金建筑安装工程量清单的基础依据。

三、本定额适用于冶金工厂的生产车间和与之配套的辅助车间、附属生产车间的新建、扩建工程(包括技术改造工程)。

四、本定额是依据国家及冶金行业现行有关产品标准、设计规范、施工及验收规范、技术操作规程、质量评定标准和安全操作规程编制的,同时也参考了有代表性的工程设计、施工资料和其他资料。

五、本定额是按目前冶金施工企业普遍采用的施工方法、机械化装备程度、合理的工期、施工工艺和劳动组织条件,同时也参考了目前冶金建筑市场招投标工程的中标价格行情进行编制的,基本上反映了冶金建筑市场目前的投标价格水平。

六、本定额基价为2012年基期市场价格的水平,是建筑安装工程费用定额进行取费的基础。为维护冶金建筑市场正常秩序和参建各方的合法权益,本基价应根据冶金建筑安装工程市场要素(人工、材料、机械)价格的变化情况,进行动态管理。冶金行业各单位的工程造价管理部门,可根据社会发展和施工技术水平的进步,依据典型工程的测算,适时发布不同类型(别)工程的调整系数,对其进行调整,使之与冶金建筑市场的招投标价格行情基本上相适应。

七、本定额是按下列正常的施工条件进行编制的:

1. 设备、材料、成品、半成品、构件完整无损,符合质量标准和设计要求,附有合格证书、实验记录和技术说明书。

2. 安装工程和土建工程之间的交叉作业正常。如施工与生产同时进行时,其降效增加费按人工费的10%计取。

3. 正常的气候、地理条件和施工环境。如在特殊的自然地理条件下进行施工的工程,如高原、高寒、沙漠、沼泽地区以及洞库、水下工程,其增加费用应按省、自治区、直辖市的有关规定执行;如省、自治区、直辖市无规定时,可按有关部门的规定执行。

4. 如在有害身体健康的环境中施工时,其降效增加费按人工费的10%计取。

5. 水、电供应均满足建筑安装工程施工正常使用。

6. 安装地点、建筑物、设备基础、预留孔洞等均符合安装要求。

八、人工工日消耗量的确定:

1. 本定额的人工工日以综合工日表示,包括基本用工和其他用工。

2. 基价中的定额综合工日单价采用2011年市场调查综合取定。其中:建筑工程75元/工日,安装工程80元/工日,包括基本工资、辅助工资和工资性津贴等。

九、材料消耗量的确定:

1. 本定额中的材料消耗量包括直接消耗在建筑安装工作内容中的主要材料、辅助材料和零星材料等，并计入了相应损耗。其内容和范围包括：从工地仓库、现场集中堆放地点或现场加工地点到操作或安装地点的运输损耗、施工操作损耗、施工现场堆放损耗。

2. 凡定额中未注明单价的材料均为主材，本定额基价中不包括其价格，应按“( )”内所列的用量，向材料供应商询价、招标采购或按经建设单位批准认可的工程所在地的市场价格进行采购，计算工程招投标书中的材料价格。

3. 本定额基价的材料单价是采用《冶金工业建设工程预算定额》(2012 年版)第十三册《材料预算价格》取定的，不足部分予以补充。

4. 用量少、对定额基价影响很小的零星材料合并为其他材料费，按占定额基价中材料费的百分比计算，以“元”表示，其费用已计入材料费内。具体占材料费的百分数，详见各册说明。

5. 施工措施性消耗部分，周转性材料按不同施工方法、不同材质分别列出一次使用量和一次摊销量。

6. 主要材料损耗率见各册附录。

十、施工机械台班消耗量的确定：

1. 本定额的机械台班消耗量是按正常合理的机械配备和冶金施工企业的机械化装备程度综合取定的。

2. 凡单位价值在 2000 元以内、使用年限在两年以内的不构成固定资产的工具、用具等未进入定额，已在建筑安装工程费用定额中考虑。

3. 本定额基价中的施工机械使用费是采用《冶金工业建设工程预算定额》(2012 年版)第十二册《冶金施工机械台班费用定额》中的台班单价计算的。其中允许在公路上行走的机械,需要交纳车船使用税的机型,机械台班使用费单价中已包括车船使用税、保险费、年检费等其他费用。

4. 零星小型机械对定额影响不大的,合并为其他机械费,按占机械使用费的百分比计算,以"元"表示,其费用已计入机械使用费内。具体占机械费的百分数,详见各册说明。

十一、施工仪器仪表台班消耗量的确定:

1. 本定额的施工仪器仪表消耗量是按冶金施工企业的现场校验仪器仪表配备情况综合取定的,实际与定额不符时,除各章另有说明外,均不作调整。

2. 凡单位价值在 2000 元以内、使用年限在两年以内的不构成固定资产的施工仪器仪表等未进入定额,已在建筑安装工程费用定额中考虑。

3. 施工仪器仪表台班单价,是按 2000 年建设部颁发的《全国统一安装工程施工仪器仪表台班费用定额》计算的。

十二、关于水平和垂直运输:

1. 设备:包括自安装现场指定堆放地点运至安装地点的水平和垂直运输。

2. 材料、成品、半成品:包括自施工单位现场仓库或现场指定堆放地点运至建筑安装地点的水平和垂直运输。

3. 垂直运输基准面:室内以室内地平面为基准面,室外以安装现场地平面为基准面。

十三、本定额适用于海拔高程 2000m 以下、地震烈度七度以下的地区，超过上述情况时，可结合具体情况，由建设单位与施工单位在合同中约定。

十四、本定额中注有“XXX 以内”或“XXX 以下”者均包括 XXX 本身，“XXX 以外”或“XXX 以上”者均不包括 XXX 本身。

十五、本说明未尽事宜，详见各册和各章、节的说明。

目　　录

上篇　自动化控制仪表安装工程

第一章　过程检测仪表

第二章　过程控制仪表

第三章　集中检测装置及仪表

第四章　集中监视与控制装置

第五章　工业计算机安装与调试

第六章　仪表管路敷设、伴热及脱脂

第七章　工厂通讯、供电

第八章　仪表盘、箱、柜及附件安装

第九章　仪表附件安装制作

第十章　室内设备安装

第十一章　信号机安装

第十二章　转辙装置安装

第十三章　轨道电路安装

第十四章　室外电缆工程

第十五章　常用设备基础工程

第十六章　其他设备安装

第十七章　驼峰专用设备安装

第十八章　信号设备系统调试

下篇　消防及安全防范设备安装工程

第十九章　火灾自动报警系统

第二十章　水灭火系统

第二十一章　气体灭火系统

第二十二章　泡沫灭火系统

第二十三章　消防系统调试

附　　录

册　说　明

一、第五册《自动化控制仪表安装工程、消防及安全防范设备安装工程》适用于新建、扩建项目中的自动化控制装置、仪表的安装调试工程、铁路信号安装工程和工业与民用建筑中的新建、扩建和整体更新改造工程的消防及安全防范设备安装工程。

二、本册定额共分为上、下两篇。上篇：自动化控制仪表安装工程；下篇：消防及安全防范设备安装工程。

三、上篇：自动化控制仪表安装工程定额主要依据的标准、规范有：

1.《工业自动化仪表工程施工及验收规范》（GB 50093—2002）。

2.《自动化仪表安装工程质量检验评定标准》（GB 50131—2007）。

3.《分散型控制系统工程设计规定》（HG/T 20573—1995）。

4.《仪表配管、配线设计规定》（HG－20512—2000）。

5.《仪表系统接地设计规定》（HG－20513—2000）。

6.《仪表及管线伴热和绝热保温设计规定》（HG－20514—2000）。

7.《仪表隔离和吹洗设计规定》（HG－20515—2000）。

8.《自动分析室设计规定》（HG－20516—2000）。

9.《计算机设备安装与调试工程施工及验收规范》（YB J—89）。

10.《全国统一建筑安装劳动定额》。

11.《全国统一安装工程基础定额》。

12.《自动控制安装图册》（HG/T 21581—2010）。

13.《全国统一施工机械台班费用定额》。

14.《全国统一安装工程施工仪器仪表台班费用定额》。

四、下篇：消防及安全防范设备安装工程定额主要依据的标准、规范有：

1.《火灾自动报警系统设计规范》GB 50116—98。

2.《火灾自动报警系统施工及验收规范》GB 50166—2007。

3.《自动喷水灭火系统设计规范》GB 50084—2001。

4.《自动喷水灭火系统施工及验收规范》GB 50261—2005。

5.《全国通用给排水标准图集》86S164 88S163 88S162 89S175。

6.《卤代烷 1211 灭火系统设计规范》GB J110—87。

7.《卤代烷 1301 灭火系统设计规范》GB 50163—1992(2008)。

8.《二氧化碳灭火系统设计规范》GB 50193—93。

9.《气体灭火系统施工及验收规范》GB 50263—2007。

10.《低倍数泡沫灭火系统设计规范》GB 50151—92。

11.《高倍数、中倍数泡沫灭火系统设计规范》GB 50196—93。

12.《泡沫灭火系统施工及验收规范》GB 50281—2006。

13.《入侵报警工程技术规范》。

14.《保安电视监控工程技术规范》。

15.《冶金施工机械台班费用定额》。

17.《全国统一安装工程施工仪器仪表台班费用定额》。

18.《全国统一安装工程基础定额》。

19.《全国统一建筑安装劳动定额》。

五、本册定额的仪表校验材料费包括校验用消耗材料和校验材料的摊销量。

六、下列内容执行其他册相应定额：

1. 电缆敷设、电气配管、支架制作安装、桥架安装、接地系统，动力、应急照明控制设备，应急照明器具电动机检查接线等执行《冶金工业建设工程预算定额》(2012 年版)第四册《电气设备安装工程》相应项目。

2. 仪表设备及管路刷油和保温，执行《冶金工业建设工程预算定额》(2012 年版)第八册《刷油、防腐、保温工程》相应项目。

3. 管道上安装流量计、调节阀、节流装置、取源部件等及在管道上开孔焊接部件，执行《冶金工业建设工程预算定额》(2012 年版)第十册《工艺管道安装工程》相应项目。

4. 阀门、法兰安装，各种套管的制作安装，不锈钢管和管件、铜管和管件及泵间管道安装，管道系统强度试验、严密性试验和冲洗等执行《冶金工业建设工程预算定额》(2012 年版)第十册《工艺管道安装工程》相应定额。

5. 消火栓管道、室外给水管道安装及水箱制作安装执行《冶金工业建设工程预算定额》(2012 年版)第十一册《给排水、采暖、通风、除尘管道安装工程》相应项目。

6. 各种消防泵、稳压泵等机械设备安装及二次灌浆执行《冶金工业建设工程预算定额》(2012 年版)第三册《机械设备安装工程》(上、下册)相应项目。

7. 各种仪表的安装及带电讯号的阀门、水流指示器、压力开关、驱动泄漏报警开关的接线、校线等执行本册上篇“自动化控制仪表安装工程”相应项目。

8. 泡沫液储罐、设备支架制作、安装等执行《冶金工业建设工程预算定额》(2012 年版)第六册《金属结构件制作与安装工程》相应项目。

七、自动化控制仪表安装工程、消防及安全防范设备安装工程各项费用的规定：

1. 脚手架搭拆费按人工费的5%计算，其中人工工资占25%。

2. 安装与生产同时进行增加的费用，按人工费的10%计算。

3. 在有害身体健康的环境中施工增加的费用，按人工费的10%计算。

4. 超高增加费：制作物高度距离楼地面5m以上的工程，按其超过部分的定额人工费乘以下列系数：

标高(m)	8以内	12以内	16以内	20以内
超高系数	1.10	1.15	1.20	1.25

5. 自控仪表配合工艺调试按单位工程人工费的10%计算，其中：人工费占80%。本定额不包括联动和负荷试车。

6. 仪表部件和材料需要进行化学分析、光谱分析和焊接需要透视及拍片的工作应按有关规定另外计算。

7. 单体及局部试运转所需水、电、蒸汽、气体、油(脂)、燃料等不包括在定额内。

八、铁路信号工程有关规定：

1. 工地运输按(设备费+材料费)×3.6%计算。

2. 行车干扰费：

(1)原料、炼铁、炼钢按单位工程人工费的42%计取；

(2)烧结、焦化、轧钢、电厂按单位工程人工费的35%计取。

3. 其余工程按单位工程人工费的29%计取。

4. 信号工程中引起的方整道岔、调整轨缝需要工务配合的工日按以下办法计取：

(1)站内联锁：5工日/每组联锁道岔；

(2)区间半自动闭塞：5工日/每一站间；

(3)车辆缓行器:25 工日/台。

九、铁路信号工程中有关说明:

1. 未包括微机控制及检测系统。

2. 未包括水、电、能源介质费用。

3. 设备、材料运到施工点仓库的运输费。

4. 交流轨道电路的防雷设备按一般雷区方式考虑,重雷区应另增加压敏电阻。

十、关于拆除工程计算方法:

1. 保护性拆除:凡考虑被拆除的设备、材料再利用时,按相应的安装定额(人工费 + 机械费)乘以 0.7 计算拆除费。

2. 非保护性拆除:按相应的安装定额(人工费 + 机械费)乘以 0.5 计算拆除费。

工程量计算规则

一、为统一安装工程预算工程量的计算,制订本规则。

二、本规则适用于安装工程施工图设计阶段编制工程预算及工程量清单,也适用于工程设计变更后的工程量计算。本规则与《冶金工业建设工程预算定额》(2012 年版)相配套,作为确定安装工程造价及其消耗量的基础。

三、安装工程量除依据《冶金工业建设工程预算定额》(2012 年版)及本规则各项规定外,还应依据以下文件:

1. 经审定的施工设计图纸及其说明。

2. 经审定的施工组织设计或施工技术措施方案。

3. 经审定的其他有关技术经济文件。

四、本规则的计算尺寸,以设计图纸表示的或设计图纸能读出的尺寸为准。除另有规定外,工程量的计量单位应按下列规定计算:

1. 以体积计算的为立方米(m^3)。

2. 以面积计算的为平方米(m^2)。

3. 以长度计算的为米(m)。

4. 以重量为单位的为吨(t)。

5. 以台(套或件等)计算的为台(套或件等)。

汇总工程量时,其准确度取值:立方米(m^3)、平方米(m^2)、米(m)保留两位小数;吨(t)保留三位小数。台(套或件等)取整数,两位或三位小数后的位数按四舍五入取舍。

五、计算工程量时,应依施工图纸顺序,分部、分项依次计算,并尽可能采用计算表格及计算机计算,简化计算过程。

自动化控制仪表安装工程(上篇)

过程检测与控制装置与仪表安装　工程量计算规则

一、检测仪表及控制仪表安装及单体调试包括湿度、压力、流量、差压、物位、显示仪表、组合仪表、调节仪表、执行仪表,均以“台(块)”为计量单位,放大器、过滤器等与仪表成套的元件、部件或是仪表的一部分,其工程量不得分开计算。

二、表在工业设备、管道上的安装孔和一次部件安装,按预留好和安装好考虑,并已合格,定额中已包括部件提供,配合开孔和配合安装的工作内容,不得另行计算。

三、电动或气动调节阀按成套考虑,包括执行机构与阀、手轮或所带附件成套,不能分开计算工程量。但是,与之配套的阀门定位器、电磁阀要另行计算。执行机构安装调试不包括风门、挡板或阀。执行机构或调节阀还应另外配置附件,组成不同的控制方式,附件选择按定额所列项目。

四、蝶阀、多通电动阀、多通电磁阀、开关阀、切断阀、偏心旋转阀、隔膜阀等在工业管道上已安装好的调节阀门,包括现场调试、检查、接线、接管和接地,不得另外计算运输、安装、本体试验工程量。

五、管道上安装节流装置,只计算一次安装工程量并包括一次法兰垫的制作安装。

六、工业管道上安装流量计、调节阀、电磁阀、节流装置等由自控仪表专业配合管道专业安装,其领运、清洗、保管的工作已包括在自控仪表定额的相应项目内。在工业管道上安装的插入式流量计和不在工业管道上安装的电磁阀,是仪表安装范围,应执行相应定额。

七、放射性仪表配合有关专业施工人员安装调试,包括保护管安装、安全防护、模拟安装,以“套”为计量单位。放射源保管和安装特殊措施费,按施工组织设计另行计算。

八、钢带液位计、储罐液位称重仪、重锤探测料位计、浮标液位计现场安装以“套”为计量单位,包括导向管、滑轮、浮子、钢带、钢丝绳、钟罩和台架等。

九、仪表设备支架、支座制作安装执行第四册《电气设备安装工程》金属铁构件制作。

十、系统调试项目用于仪表设备组成的回路,除系统静态模拟试验外,还包括回路中管、线、缆检查、排错,绝缘电阻测定及回路中仪表需要再次调试的工作等,但不适用于计算机系统和成套装置的回路调试,应按各有关章说明执行。回路系统调试以“套”为计量单位,并区分检测系统、调节系统和手动调节系统。

十一、系统调试项目中,调节系统是具有负反馈的闭环回路。简单回路是指单参数、一个调节器、一个检测元件或变压器组成的基本控制系统,复杂调节回路是指单参数调节或多参数调节,由两个以上回路组成的调节回路。多回路是指两个以上的复杂调节回路。

十二、定额过程检测与控制装置及仪表安装中已包括安装、调试、配合单机试运转的工作内容,不得另行计算,但不包括无负荷或有负荷联动试车。

十三、随机自带校检用专用仪器仪表,建设单位应免费无偿提供给施工单位使用。

集中检测和监视及控制装置　工程量计算规则

一、集中检测和集中监视及控制装置及仪表是成套装置,安装调试以“套”为计量单位。

二、顺序控制装置中,继电联锁保护系统由继电器、元件和线路组成,由接线连接;可编程逻辑控制器通过编制程序,实现软连接;插件式逻辑监控装置和矩阵控制装置是一种无触点顺序控制装置,应加以区分,执行相应定额。其中可编程逻辑控制装置应执行本册定额第五章的“基础自动化装置调试”中的 PLC 定额。

三、顺序控制装置工程量计算,包括线路检查,设备、元件检查调整,程序检查,功能试验,输入输出信号检查,排错等,还包括与其他专业的配合安装调试工作。

四、顺序控制装置的继电联锁保护系统应按事故接点数以“套”为计量单位,插件式逻辑监控装置和矩阵编程逻辑控制器按容量 I/O 点以“套”为计量单位。

五、信号报警装置中的闪光报警器按台件数计算工程量,智能闪光报警装置按组合或扩展的报警回路或报警点计算工程量;继电器箱另计安装工程量,包括检查接线。

六、继电联锁保护系统按事故接点以“套”为计量单位,包括继电线路检查、功能试验、与其他专业配合进行的联锁模拟试验及系统运行。

七、数据采集和巡回报警按采集的过程输入点,以“套”为计量单位。

八、远动装置按过程点 I/O 点的数量以“套”为计量单位,包括以计算机为核心的被控与控制端、操作站、变送器和驱动继电器整套调试。

九、为远动装置、信号报警装置、顺序控制装置、数据采集、巡回报警装置提供输入输出信号的现场仪表安装调试,应按相应定额另行计算。

十、燃烧安全保护装置、火焰监视装置、漏油装置、高阻检漏装置及自动点火装置,包括现场安装和成套调试,以“套”为计量单位。

十一、报警盘、点火盘箱安装及检查接线可执行继电器箱盘、组件箱柜、机箱安装及检查接线定额。

十二、分析仪表为在线分析装置,分为化学分析仪表和物性分析仪表。成套安装与调试包括探头、预处理装置和显示仪表及样品标定,特殊预处理装置、分析小屋和分析柜安装,应按相应定额另行计算。

十三、校验用标准气样的配制、分析系统需配置的冷却器、水封及其他辅助容器的制作和安装，应按相应定额另行计算。

十四、分析小屋及分析柜安装以“台”为计量单位，包括组装、安全防护、接地、接地电阻测试，不包括通风、空调、密封、试压、底座和轨道制作安装、开孔、改造、室内支架和台架制作安装，其工程量应按相应定额另行计算。

十五、称重仪表按传感器的数量和显示仪表成套，电子皮带秤称量框、传感器与配套的显示仪表一起调试，其他机械量仪表配合机械专业安装，作整套检查与整机调试。

十六、电子皮带秤标定中砝码、链码租用、运输、挂码和实物标定的物源准备、堆场，应按相应定额另行计算。

1. 电子称量装置调试：

调试项目按普通型和通知型分档，以“套”为单位。

普通型：包括检测元件传感器、模拟式仪表或数字式仪表、供电电源和住处处理一整套系统的安装调试工作。智能型包括：微处理机、现场控制器、显示器、检测元件、供电电源及其之间的接口，为一套系统的调试工作。

2. 电子称量装置标定：

电子皮带秤标定分：挂码、链码、实物标定，挂码、链码标定分别按码重“千克(kg)”为单位，实物标定以实物的“吨(t)”为单位计算。轨道衡、地中衡标定以称重的重量“吨(t)”为单位计算，但不包括特殊场地施工的技术措施费。“钢包秤”、“无基坑汽车衡”标定可套“地中衡”项目。

3. 本定额未包括需另套有关项目：

(1) 打字机、大屏幕、独立的隔热装置，无线通信系统安装调试；

(2)控制室内机柜安装及设备底座支架制作；
(3)电子秤系统用的管、线、电缆；
(4)控制室内的通讯、空调安装；
(5)上位计算机系统的安装调试；
(6)独立的 UPS 电源系统；
(7)电机及其控制装置。

4. 有关规定：
(1)测元件的校准及仪表设备的鉴定费用另计；
(2)电子秤设备因质量问题所发生的修、配、改另行计算；
(3)料斗秤、电子皮带秤配合工程项目无负荷联动试车及负荷试车费用另行计算。

十七、气象环保检测仪表包括现场仪表安装固定、校接线、单元检查、系统调试，以“套”为计量单位。立杆、拉线、检修平台等，应按相应定额另行计算。

十八、成套装置的计算机硬件、插件箱、柜安装及底座、支架制作安装，应按各章说明另行计算。

十九、集中检测和控制装置中，排空管、溢流管、沟槽开挖、水泥盖板制作安装、流入管埋设，应按相应定额另行计算。

工业电子计算机　工程量计算规则

一、计算机硬件设备安装包括机柜、台柜、外设、辅助存储装置，以“台”为计量单位。

二、标准柜尺寸为(600～900)mm×800mm×(2100～2200)mm(宽×深×高)，其他为非标准机柜。非标准机柜按半周长“m”为计量单位,机柜和台柜安装固定在台架或基础上。打印机、拷贝机、通用计算机为台面安装,包括操作台柜安装。外设与辅助存储装置包括安装、接线及元件检查、接地、调整、自检工作。

三、计算机机柜、台柜基础制作安装,应按相应定额另行计算。

四、通用计算机安装以“套”为计量单位,整套包括操作台柜、主机、键盘、显示器、打印机的运输、安装、校接线、自检工作。

五、计算机室空调、照明和地板安装,应按相应定额另行计算。

六、工业计算机项目的设置适用多级网络控制,在定额中,第一层基础自动化(DCS、PLC、DDC、FCS)作为第一级过程控制级;第二层过程控制管理计算机作为多级控制的第二级过程优化控制的监控级;第三至第五层车间和工厂级作为第三级生产管理和经营计算机(见工厂连续控制与管理计算机系统 CIMS 图)。工

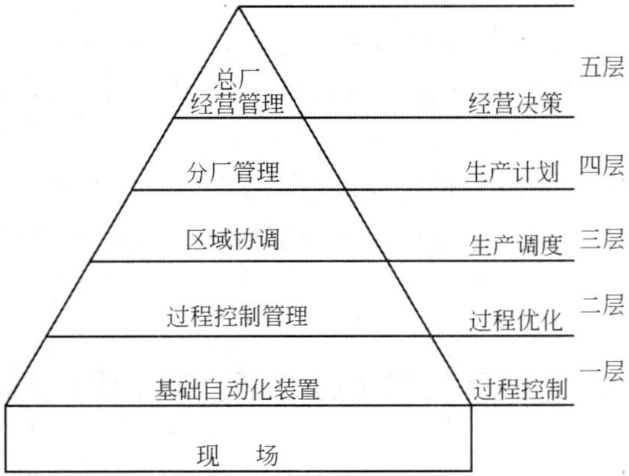

工厂连续控制与管理计算机系统 CIMS 图

程量计算应区分不同的控制系统和级别,分别执行定额。

七、计算机系统应是合格的硬件和成熟的软件,对拆除再安装的设备是完好的,定额不包括软件和生成和系统组态以及因设备质量问题而进行的修配改工作,发生时,应另行计算其工程量。

八、调试工作内容不包括设计或开发单位的现场服务。

九、管理计算机调试按所带终端数计算调试工程量,终端指智能终端,打印机、拷贝机、操作台均不作为终端。

十、管理计算机工程量计算应包括硬件和应用功能测试,按一套计算工程量。

十一、管理计算机中,过程控制管理计算机是控制管理层,作为基础自动化级的监控级;生产管理计算机适用多级控制管理层和第三至第五级,应分别执行相应定额。这种多级控制调试都带有通讯功能,不得另行计算网络系统调试。

十二、基础自动化级是生产过程控制的设备级,包括 DCS、PLC、FCS。基础自动化过程控制系统的网络系统与主干网和局域网资源共享。

十三、通讯网络是基础自动化级的主要组成部分。DCS 的通讯网络分为大、中、小三种规模,小规模为低速通讯总线,中规模为中速通讯总线,大规模 DCS 通讯总线分为设备级总线和管理级总线,管理级总线是与上位机通讯的总线,设备级总线是过程控制级通讯总线,各级总线都可通过接口通讯、传送信息以达到资源共享的目的。工程量计算应分别执行大、中、小规模的控制系统和低、中、高速网络结构,范围包括通讯系统所能覆盖的最大距离和通讯网络所能连接的最大结点(站)数,以“套”为计量单位。

十四、信息传输网络为双绞线、同轴电缆、光纤。安装执行本册第七章“工厂通讯、供电”相应定额。

十五、DCS 主要用于模拟量的连续多功能控制,并包括顺序控制功能,由操作站、控制站、通讯网络和上位机接口组成。DCS 规模的大小按系统实际配置情况或 DCS 出厂型号决定。工程量计算应按挂在总线上的结点(站)数计算。

十六、控制站应区分大、中、小规模,并按其容量“回路数”,以“套”为计量单位。

十七、单多回路调节器或可编程仪表作为 DCS 小规模系统网络上的设备,以“台”为计量单位,包括安装、单体调试、系统调试、配合机械单体试运转。

十八、“回路数”是控制单元 I/O 卡模拟量输出点(AO)的数量。

十九、操作站、控制站或监控站调试、I/O 卡检查测试及通讯网络检查测试的工作内容覆盖 DCS 的单元检查、调整、系统调试、回路调试及系统运行的全部工作。

二十、PLC 主要用于顺序控制,按过程 I/O 点为单位计算工程量,目前 PLC 也具有 DCS 功能,并且两者功能相互结合。工程量计算仍以 PLC 的主要功能为基准,执行 PLC 定额。工程量计算应选择 PLC 调试、I/O 卡和操作站、通讯网络,包括单体检查、系统调试、回路调试。

二十一、DDC 是集连续数据采集、变换、计算、显示、报警和控制功能为一体的计算机直接数字控制系统,用途广泛。DDC 按一定的算法直接对生产过程几个或几十个控制回路进行在线闭环控制,而不需要中间环节。系统是独立的,可以挂在 DCS 的总线上作为 DCS 的一个结点。工程量计算按过程点 I/O 点的多少,包括 I/O 转换、操作、功能测试、系统调试、回路调试工作内容,以“套”为计量单位,每“套”应包括操作显示台柜、主机或控制柜、打印机、信号转换装置等,不得分别再计算各调试内容。

二十二、I/O 卡试验是以信号转换或信号转换单元的过程输入输出点计算的,模拟量、脉冲量以“1 点”为计量单位,数字量以“8 点”为计量单位。与其他设备接口 I/O 点试验,是指与上位机或其他需要接口的设备进行的试验,模拟量、脉冲量分别以“1 点”为计量单位,数字量以“8 点”为计量单位。

二十三、FCS 是一种较先进的控制系统,现场总线是现场总线系统的核心。现场总线、操作站、总线仪表、网桥、服务器等覆盖单体调试、系统调试、回路调试。

二十四、低速通讯总线结点数(网络设备)最多为32个,高速通讯总线H2每段结点数最多为124个。H1和H2调试内容包括服务器和网桥功能,可接局域网。H1和H2通过网桥互联。

二十五、过程网络控制接口具有通讯功能、控制功能、桥路管理功能,以“套”为计量单位。

二十六、FCS有工程师站和操作员站,以“套”为计量单位。

二十七、现场总线仪表是现场总线的结点设备,具有网络主站的功能、虚拟控制站的功能、PID功能并兼有通讯等多种功能,其中安全栅除起隔离作用外,还具有总线供电和总线放大器的作用。总线仪表按台件计算工程量,包括安装、单体调试、系统调试。除此之外,凡可挂在现场总线上、并与之通讯的智能仪表,也可以作为总线仪表。

工厂通讯与供电　工程量计算规则

一、自动指令电话装置按40门为一套计算安装和系统调试工程量,包括主机盘、电源盘、端机40个和扬声器安装校接线及整套系统调试。

二、载波电话按固定局或移动局分别计算安装工程量。

三、对讲电话安装按“每台主机和每对分机”计算工程量,并按对讲电话对讲形式,以主机和主机所带的分机为一套计算工程量。

四、不间断电源安装以“台柜”为计量单位,工作内容包括安装、接地、检查接线。

五、不间断电源调试包括单元调试、不间断电源充放电试验、逆变试验,不包括蓄电池安装和配套的发电机组安装调试。

仪表管、线、缆敷设及支架制作安装　工程量计算规则

一、光缆、补偿导线按图示长度以“米(m)”为计量单位，另加穿墙、穿楼板以及拐弯的量；电缆接至现场仪表处增加1.5m的预留长度，接至盘上，按盘高加盘宽预留长度。敷设时，还要增加一定的裕量(裕量按第四册《电气设备安装工程》规定)，带专用插头的系统电缆按芯数以“根”为计量单位。

二、带专用系统电缆敷设工程量计算以“根”为单位。

三、光缆如需要制作接头的，按“芯”以“个”为计量单位，包括熔接、连续及试验等。成端头按每“芯”，包括制作、固定、测试。光缆堵塞以“个”为计量单位，包括配制堵塞剂、气密试验和绝缘试验。

四、本册电缆敷设仅为带仪表专用系统电缆或计算机通讯电缆。控制电缆、电力电缆、电缆头、电气配管、接地系统等应执行第四册《电气设备安装工程》相应定额。

五、电缆穿线盒以“个”为计量单位。如设计有规定时按设定规定，设计无规定时，可按每10m有2.8个电缆穿线盒考虑，结算时按实计算。

六、金属挠性管以“个”为计量单位，包括接头安装、防爆挠性管的密封。

七、降阻剂的埋设以“kg”为计量单位。

八、电缆敷设、降阻剂埋设、管路安装的挖填土工程、开挖路面的工程量应按相应定额另行计算。

九、电缆和配管的支架、托架安装工程量应按相应定额另行计算。

十、仪表导压管敷设应区别不同用途和安装方式，按图示以“米(m)”为计量单位，不扣除管件和阀门所占长度。管路试压、供气管通气试验和防腐已包括在定额内，不得另行计算。公称直径大于50mm的管路，应执行第十册《工艺管道安装工程》相应定额。

十一、碳钢管敷设连接形式分为焊接和丝接。计算工程量时,焊接按管径大小、丝接按公称直径不同计算。管路中的截止阀、疏水器、过滤器等应按相应定额另行计算。

十二、导压管敷设范围是从取源一次阀门后,不包括取源部件及一次阀门。

十三、伴热电缆和伴热带以"50m"为计量单位,伴热元件以"根"为计量单位,包括敷设、绝缘测定、接地、控制及保护电路测定。电伴热的供电设备、接线盒应按相应定额另行计算。伴热管以"米(m)"为计量单位,包括焊接、除锈、防腐、试压、气密性试验等。管路及设备伴热不包括被伴热的管路或仪表的外部保温层、防护防水层,其工程量应按相应定额计算。

十四、仪表管路和仪表设备脱脂定额适用于必须禁油或设计要求需要脱脂的工程,无特殊情况或设计无要求的,不得计算其工程量。

十五、变送器和差压器支架以"套"为计量单位。

十六、混凝土基础规格为400mm×400mm,体积为0.112m^3/个,如实际规格与定额不同,可先计算出基础体积,再计算工程量。

十七、双杆吊架、冲孔板/槽、电缆穿墙密封架均按成品件考虑,双杆吊架以"对"为计量单位,如单杆安装,定额乘以系数0.5。

十八、冲板孔/槽是电缆或管路的固定件,以"米(m)"为计量单位;电缆穿墙密封架安装不分大小,以"个"为计量单位,其制作应执行第四册《电气设备安装工程》中的"一般铁构件制作"定额。

十九、仪表桥架安装、支架制作安装执行第四册《电气设备安装工程》相应定额。

仪表阀门、取源部件及其附件　工程量计算规则

一、取源部件配合安装以"个"为计量单位,其制作安装执行本册相应定额。

二、辅助容器、水封和排污漏斗制作安装以“个”为计量单位。

三、仪表阀门安装以“个”为计量单位。需要进行研磨的阀门工程量按“个”计算。口径大于50mm的阀门安装执行第十册《工艺管道安装工程》相应定额。

四、气源分配器按供气点12点，以“个”为计量单位。

五、防雨罩制作安装以“kg”为计量单位，包括附件的重量。

仪表盘、箱、柜安装及校接线　工程量计算规则

一、仪表盘、箱、柜安装以“台”为计量单位。基础或支座工程量应按相应定额另行计算。

二、盘上安装元件、部件应计安装工程量。附盘成套的元件、部件已包括在盘校线内，不得另行计算。

三、校线为成套仪表盘柜校线，不适用接线箱、组(插)件箱、计算机机柜检查接线，计算机机柜、接线箱、组(插)件箱已包括检查校线的工作。由外部电缆进入箱、柜端子板校接线的工作执行本册定额相应项目。

四、控制室内空调安装、室内照明应按相应定额另行计算。

五、仪表盘开孔以“个”为计量单位，每一个开孔尺寸为80mm×160mm以内，超过时，按比例增加计算。

六、密封剂以“kg”为计量单位，包括领搬、密封、固化、检查、清理。凡使用密封剂进行密封的工程，均应招待本定额项目。

七、接线箱按端子对数、接管箱按出口点数以“台”为计量单位。

消防及安全防范设备安装工程(下篇)

火灾自动报警系统　工程量计算规则

一、点型探测器按线制的不同分为多线制与总线制。不分规格、型号、安装方式与位置,以“只”为计量单位。探测器安装包括了探头和底座的安装及本体调试。

二、红外线探测器以“只”为计量单位。红外线探测器是成对使用的,在计算时一对为两只。定额中包括了探头支架安装和探测器的调试、对中。

三、火焰探测器、可燃气体探测器按线制的不同分为多线制与总线制两种,计算时不分规格、型号,安装方式与位置,以“只”为计量单位。探测器安装包括了探头和底座的安装及本体调试。

四、线型探测器的安装方式按环绕、正弦及直线综合考虑,不分线制及保护形式,以“米(m)”为计量单位。定额中未包括探测器连接的一只模块和终端,其工程量应按相应定额另行计算。

五、按钮包括消火栓按钮、手动报警按钮、气体灭火起/停按钮,以“只”为计量单位,按照在轻质墙体和硬质墙体上安装两种方式综合考虑,执行时不得因安装方式不同而调整。

六、控制模块(接口)是指仅能起控制作用的模块(接口),亦称为中继器,依据其给出控制信号的数量,分为单输出和多输出两种形式。执行时不分安装方式,按照输出数量以“只”为计量单位。

七、报警模块(接口)不起控制作用,只能起监视、报警作用,执行时不分安装方式,以“只”为计量单位。

八、报警控制器按线制的不同分为多线制与总线制两种，其中又按其安装方式不同分为壁挂式和落地式。在不同线制、不同安装方式中按照“点”数的不同划分定额项目，以“台”为计量单位。多线制“点”是指报警控制器所带报警器件（探测器、报警按钮等）的数量。总线制“点”是指报警控制器所带的有地址编码的报警器件（探测器、报警按钮、模块等）的数量。如果一个模块带数个探测器，则只能计为一点。

九、联动控制器按线制的不同分为多线制与总线制两种，其中又按其安装方式不同分为壁挂式和落地式。在不同线制、不同安装方式中按照“点”数的不同划分定额项目，以“台”为计量单位。多线制“点”是指联动控制器所带联动设备的状态控制和状态显示的数量。总线制“点”是指联动控制器所带的有控制模块（接口）的数量。

十、报警联动一体机按线制的不同分为多线制与总线制两种，其中又按其安装方式不同分为壁挂式和落地式。在不同线制、不同安装方式中按照“点”数的不同划分定额项目，以“台”为计量单位。多线制“点”是指报警联动一体机所带报警器件与联动设备的状态控制和状态显示的数量。总线制“点”是指报警联动一体机所带的有地址编码的报警器件与控制模块（接口）的数量。

十一、重复显示器（楼层显示器）不分规格、型号、安装方式，按总线制与多线制划分，以“台”为计量单位。

十二、警报装置分为声光报警和警铃报警两种形式，均以“台”为计量单位。

十三、远程控制器按其控制回路数以“台”为计量单位。

十四、火灾事故广播中的功放机、录音机的安装柜内及台上两种方式综合考虑，分别以“台”为计量单位。

十五、消防广播控制柜是指安装成套消防广播设备的成品机柜，不分规格、型号以“台”为计量单位。

十六、火灾事故广播中的扬声器不分规格、型号，按照吸顶式与壁挂式以“只”为计量单位。

十七、广播分配器是指单独安装的消防广播用分配器(操作盘),以“台”为计量单位。

十八、消防通讯系统中的电话交换机按“门”数不同以“台”为计量单位;通讯分机、插孔是指消防专用电话分机与电话插孔,不分安装方式,分别以“部”、“个”为计量单位。

十九、报警备用电源综合考虑了规格、型号,以“台”为计量单位。

水灭火系统　工程量计算规则

一、管道安装按设计管道中心长度,以“米(m)”为计量单位,不扣除阀门、管件及种种组件所占长度。主材数量应按定额用量计算,管件含量详见下表。

镀锌钢管(螺纹连接)管件含量表

单位:10m

项目	名　称	公称直径(mm)						
		25 以内	32 以内	40 以内	50 以内	70 以内	80 以内	100 以内
管件含量	四　通	0.02	1.20	0.53	0.69	0.73	0.95	0.47
	三　通	2.29	3.24	4.02	4.13	3.04	2.95	2.12
	弯　头	4.92	0.98	1.69	1.78	1.87	1.47	1.16
	管　箍		2.65	5.99	2.73	3.27	2.89	1.44
	小　计	7.23	8.07	12.23	9.33	8.91	8.26	5.19

二、镀锌钢管安装定额也适用于镀锌无缝钢管,其对应关系见下表。

镀锌钢管与无缝钢管对应关系表

公称直径(mm)	15	20	25	32	40	50	70	80	100	150	200
无缝钢管外径(mm)	20	25	32	38	45	57	76	89	108	159	219

三、镀锌钢管法连接定额，管件是按成品、弯头两端是按接短管焊法兰考虑的，定额中包括直管、管件、法兰等全部安装工作内容，但管件、法兰及螺栓的主材数量应按设计规定另行计算。

四、喷头安装按有吊顶、无吊顶分别以“个”为计量单位。

五、报警装置安装按成套产品以“组”为计量单位。其他报警装置适用于雨淋、干湿两用及预作用报警装置，其安装执行湿式报警装置安装定额，其人工乘以系数1.2，其余不变。成套产品包括的内容详见下表。

成套产品包括的内容

序号	项目名称	型号	包括内容
1	湿式报警装置	ZSS	湿式阀、蝶阀、装配管、供水压力表、装置压力表、试验阀、泄放试验阀、泄放试验管、试验管流量计、过滤器、延时器、水力警铃、报警截止阀、漏斗、压力开关等
2	干湿两用报警装置	ZSL	两用阀、蝶阀、装置截止阀、装配管、加速器、加速器压力表、供水压力表、试验阀、泄放试验阀(湿式)、泄放试验阀(干式)、挠性接头、泄放试验管、试验管流量计、排气阀、截止阀、漏斗、过滤器、延时器、水力警铃、压力开关等
3	电动雨淋报警装置	ZSY1	雨淋阀、蝶阀(2个)、装配管、压力表、泄放试验阀、流量表、截止阀、注水阀、止回阀、电磁阀、排水阀、手动应急球阀、报警试验阀、漏斗、压力开关、过滤器、水力警铃等
4	预作用报警装置	ZSU	干式报警阀、控制蝶阀(2个)、压力表(2块)、流量表、截止阀、排放阀、注水阀、止回阀、泄放阀、报警试验阀、液压切断阀、装配管、供水检验管、气压开关(2个)、试压电磁阀、应急手动试压器、漏斗、过滤器、水力警铃等

六、温感式水幕装置安装,按不同型号和规格以“组”为计量单位。但给水三通至喷头、阀门间管道的主材数量按设计管道中心长度另加损耗计算,喷头数量按设计数量另加损耗计算。

七、水流指标器、减压孔板安装,按不同规格均以“个”为计量单位。

八、末端试水装置按不同规格均以“组”为计量单位。

九、焦热板制作安装均以“个”为计量单位。

十、室内消火栓安装,区分单栓和双栓以“套” 为计量单位,所带消防按钮的安装另行计算。成套产品包括的内容详见下表。

成套产品包括的内容

序号	项目名称	型　号	包　括　内　容
1	室内消火栓	SN	消火栓箱、消火栓、水枪、水龙带、水龙带接扣、挂架、消防按钮
2	外消火栓	地上式 SS 地下式 SX	地上式消火栓、法兰接管、弯管底座;地下式消火栓、法兰接管、弯管底座或消火栓三通
3	消防水泵接合器	地上式 SQ 地下式 SQX 墙壁式 SQB	消防接口本体、止回阀、安全阀、闸阀、弯管底座、放水阀; 消防接口本体、止回阀、安全阀、闸阀、弯管底座、放水阀; 消防接口本体、止回阀、安全阀、闸阀、弯管底座、放水阀、标牌
4	室内消火栓组合卷盘	SN	消火栓箱、消火栓、水枪、水龙带、水龙带接扣、挂架、消防按钮、消防软管卷盘

十一、室内消火栓组合卷盘安装,执行室内消火栓安装定额乘以系数 1.2。

十二、室外消火栓安装,区分不同规格、工作压力和覆土深度以“套”为计量单位。

十三、消防水泵接合器安装，区分不同安装方式和规格以“套”为计量单位。如设计要求用短管时，其本身价值可另行计算，其余不变。成套产品包括的内容详见上表。

十四、隔膜式气压水罐安装，区分不同规格以“台”为计量单位。出入口法兰和螺栓按设计规定另行计算。地脚螺栓是按设备供货考虑的，安装中包括振捣二次灌浆用工，但二次灌浆费用应按相应定额另行计算。

十五、管道支吊架已综合支架、吊架及防晃支架的制作安装，均以“千克(kg)”为计量单位。

十六、自动喷头灭火系统管网水冲洗，区分不同规格以“米(m)”为计量单位。

十七、阀门、法兰安装、各种套管的制作安装，泵房间管道安装及管道系统强度试验、严密性执行第十册《工艺管道安装工程》相应定额。

十八、消火栓管道、室外给水管道安装及水箱制作安装，执行第十一册《给排水、采暖、通风、除尘管道安装工程》相应定额。

十九、各种消防泵、稳压泵等的安装等，执行第六册《金属结构件制作与安装工程》相应定额。

二十、各种仪表的安装、带电讯信号的阀门、水流批示器、压力开关接线、校线，执行本册(上篇)相应定额。

二十一、各种设备支架的制作安装等，执行第六册《金属结构件制作与安装工程》相应定额。

二十二、管道、设备、支架、法兰焊口除锈刷油，执行第八册《刷油、防腐、保温工程》相应定额。

二十三、系统调试执行本册定额第五章相应定额。

气体灭火系统　工程量计算规则

一、管道安装包括无缝钢管的螺纹连接、法兰连接、气动驱动装置管道安装及钢制管件的螺纹连接。

二、各种管道安装按设计管道中心长度，以“米(m)”为计量单位，不扣除阀门、管件及各种组件所占长度，主材数量应按定额用量计算。

三、钢制管件螺纹连接均按不同规格以“个”为计量单位。

四、无缝钢管法兰连接不包括钢制管件连接内容,其工程量应按设计用量执行钢制管件连接定额。

五、无缝钢管法兰连接定额,管件是按成品、弯头两端是按接短管焊法兰考虑的,包括了直管、管件、法兰等预装和安装的全部工作内容,但管件、法兰及螺栓的主材数量应按设计规定另行计算。

六、螺纹连接的不锈钢管、铜管及管件安装时,按无缝钢管和钢管管件安装相应定额乘以系数1.2。

七、无缝钢管和钢制管件内外镀锌及场外运输费用另行计算。

八、气动驱动装置管道安装定额包括卡套连接件的安装,其本身价值按设计用量另行计算。

九、喷头安装均按不同规格以“个”为计量单位。

十、选择阀安装按不同规格和连接方式分别以“个”为计算单位。

十一、贮存装置安装中包括灭火剂贮存容器和阀驱动装置的安装固定和支框架、系统组件(集流管、容器阀、单向阀、高压软管)、安全阀等贮存装置和阀驱动装置的安装及氮气增压。贮存装置安装按贮存容器和驱动气瓶的规格(L)以“套”为计量单位。

十二、二氧化碳贮存装置安装时,如不需增压,应扣除高纯氮气,其余不变。

十三、二氧化碳称重检漏装置包括泄漏报警开关、配重、支架等,以“套”为计量单位。

十四、系统组件包括选择阀、单向阀(含气、液)及高压软管。试验按水压强度试验和气压严密性试验,分别以“个”为计量单位。

十五、无缝钢管、钢制管件。选择阀安装及系统组件试验均适用于卤代烷1211和1301灭火系统。二氧化碳灭火系统按卤代烷灭火系统相应项目乘以系数1.2。

十六、管道支吊架的制作安装执行本册第二章相应定额。

十七、不锈钢管、铜管及管件的焊接或法兰连接、各种套管的制作安装、管道系统强度试验、严密性试验和吹扫等均执行第十册《工艺管道安装工程》相应定额。

十八、管道及支吊架的防腐、刷油等执行第八册《刷油、防腐、保温工程》相应定额。

十九、系统调试执行本册定额第五章相应定额。

二十、电磁驱动器与泄漏报警开关的电气接线等执行本册(上篇)相应定额。

泡沫灭火器系统　工程量计算规则

一、泡沫灭火器及泡沫比例混合气安装中已包含整体安装、焊法兰、单体调试及配合管道试压时隔离本体所消耗的人工和材料,不包括支架的制作安装和二次灌浆的工程内容,其工程量应按相应定额另行计算。地脚螺栓按设备供货考虑。

二、泡沫发生器安装均按不同型号以“台”为计量单位,法兰和螺栓按设计规定另行计算。

三、泡沫比例混合器安装均按不同型号以“台”为计量单位,法兰和螺栓按设计规定另行计算。

四、泡沫灭火器系统的管道、管件、法兰、阀门、管道支架等安装及管道系统水冲洗、强度试验、严密性试验等执行第十册《工艺管道安装工程》相应定额。

五、消防泵等机型设备安装及二次灌浆执行第三册《机械设备安装工程》相应定额。

六、防锈、刷油、保温等执行第八册《刷油、防腐、保温工程》相应定额。

七、泡沫液贮罐、设备支架制作安装执行第六册《金属结构件制作与安装工程》相应定额。

八、泡沫喷淋系统的管道组件、气体水罐、管道支吊架等安装应执行本册第二章相应定额及其相关规定。

九、泡沫液充装是按生产厂在施工现场充装考虑的,若由施工单位充装时,可另行计算。

十、油罐上安装的泡沫发生器及化学泡沫室执行第六册《金属结构件制作与安装工程》相应定额。

十一、泡沫灭火系统调试应按批准的施工方案另行计算。

消防系统调试　工程量计算规则

一、消防系统调试包括:自动报警系统、水灭火系统、水灾事故广播、消防通讯系统、消防电梯系统、电动防火门、防火卷帘门、正压送风阀、排烟阀、防火阀控制装置、气体灭火系统装置。

二、自动报警系统包括各种探测器、报警按钮、报警控制器组成的报警系统,分别不同点数以“系统”为计量单位,其点数按多线制与总线制报警器的点数计算。

三、水灭火系统控制装置按照不同点数以“系统”为计量单位,其点数按多线制与中线制联动控制器的点数计算。

四、火灾事故广播,消防通讯系统中的消防广播喇叭、音响和消防通讯的电话分机、电话插孔按其数量以“个”计量单位。

五、消防用电梯与控制中心间的控制调试以“部”为计量单位。

六、电动防火门、防火卷帘门指可由消防控制中心显示与控制的电动防火门、防火卷帘门,以“处”为计量单位,每樘为一处。

七、正压送风阀、排烟阀、防火阀以“处”为计量单位,一个阀为一处。

八、气体灭火系统装置调试包括模拟喷气试验、备用灭火器组成容器操作试验,按试验容器的规格(L),分别以“个”为计量单位,试验容器的试验包括系统调试、检测和验收所消耗的试验容器的总数,试验介质不同时可以换算。

上篇　自动化控制仪表安装工程

第一章　过程检测仪表

说　明

一、本章适用范围：温度、压力、流量、差压、节流装置、物位、显示仪表安装调试。

二、本章包括以下工作内容：技术机具准备、领料、搬运、清理、清洗；取源部件的保管、提供、清洗；仪表接头安装、仪表单体调试、安装、校接线、挂位号牌；配合单机试运转、安装调试记录整理。此外还包括如下内容：

1. 盘装仪表的盘修孔。

2. 压力式温度计温包安装、毛细管敷设固定。

3. 钢带液位计变送器、平衡器、保护罩、浮子、钢带、导向管、保护套管安装、调整、试漏。

4. 贮罐液体称量仪：钟罩安装、称量仪安装、引压管安装试压。

5. 节流装置：检查椭圆度、同心度、孔板流向/正负室位置确定、环室孔板清洗、配合一次安装。

6. 重锤探测料位计：执行器、磁力起动器、滑轮及滑轮支架安装、重锤、钢丝绳安装。

7. 浮标液位计钢丝绳、浮标、滑轮及台架安装。

8. 配合在工艺管道上安装流量计和流量计转换、放大、远传、显示部分调试。

9. 在工业管道上插入式安装仪表。

10. 可编程雷达液位计及温压补偿系统安装、检查、接线。

11. 放射性仪表放射源配合安装、放射源保护管安装、安全防护、模拟安装、配合调试。

三、不包括的内容：

1. 支架、支座制作安装。

2. 设备开孔、焊接法兰或工业管道切断、开孔、法兰焊接、短管焊接。

3. 取源部件安装、节流装置一次安装和一次垫子制作。

4. 流量计校验装置的准备、配置及随机自带校验仪器仪表的台班费。

5. 放射源保管和安装的特殊措施费。

四、其他:

1. 取源部件配合安装执行本册有关项目。

2. 与仪表成套的放大器等不能再重复计算工程量。

3. 在设备上或管道上插入式安装仪表,其法兰或插座应预留或焊接完好、螺栓配备合格、齐全。

4. 仪表安装用垫片按石棉橡胶垫片考虑,如与实际不符时,可以换算。

一、温度仪表

工作内容：清理、表计校验、安装、固定、挂牌。

单位：支

定额编号				5-1-1	5-1-2
项目				膨胀式温度计	
				工业液体温度计	双金属温度计
基价（元）				**19.19**	**42.88**
其中	人工费（元）			16.80	38.40
	材料费（元）			2.39	3.46
	机械费（元）			–	1.02
名称		单位	单价(元)	数量	
人工	综合工日	工日	80.00	0.210	0.480
材料	插座 带丝堵	套	–	(1.000)	(1.000)
	垫片(铜)	个	0.35	1.000	1.000
	细白布 宽0.9m	m	10.00	–	0.050
	位号牌	个	2.00	1.000	1.000
	校验材料费	元	–	–	0.557
	其他材料费	元	–	0.040	0.050
机械	温度检定炉(综合)	台班	39.00	–	0.020
	电动综合校验台	台班	12.00	–	0.020

工作内容:同前

单位:支

定额编号				5-1-3	5-1-4	5-1-5	5-1-6
项目				压力式温度计/控制器/控制开关(毛细管长 m)			
				10 以下	20 以下	40 以下	60 以下
基价(元)				**169.77**	**205.84**	**256.43**	**369.12**
其中	人工费(元)			149.60	179.20	219.20	318.40
	材料费(元)			12.43	18.90	29.49	42.98
	机械费(元)			7.74	7.74	7.74	7.74
名称		单位	单价(元)	数量			
人工	综合工日	工日	80.00	1.870	2.240	2.740	3.980
材料	插座 带丝堵	套	–	(1.000)	(1.000)	(1.000)	(1.000)
	半圆头镀锌螺栓(2~5)×(15~50)	套	0.31	2.000	2.000	2.000	2.000
	镀锌管卡子 1.5×(12~40)	个	0.35	1.000	1.000	1.000	1.000
	垫片 12	100 个	1.10	1.000	1.000	1.000	1.000
	细白布 宽 0.9m	m	10.00	0.050	0.100	0.150	0.100
	汽油 93 号	kg	10.05	0.100	0.200	0.250	0.300
	尼龙扎带	根	0.71	6.000	12.000	24.000	40.000
	位号牌	个	2.00	1.000	1.000	1.000	1.000
	校验材料费	元	–	2.229	2.703	3.330	4.904
	其他材料费	元	–	0.370	0.600	1.040	1.590
机械	温度检定炉(综合)	台班	39.00	0.180	0.180	0.180	0.180
	电动综合校验台	台班	12.00	0.060	0.060	0.060	0.060

工作内容:同前

单位:支

定额编号				5-1-7	5-1-8	5-1-9
项目				温度控制器 温度开关	光电比色辐射感温温度计	
					带轻型辅助装置	带重型辅助装置
基价(元)				**64.60**	**123.84**	**161.79**
其中	人工费(元)			54.40	102.40	138.40
	材料费(元)			3.36	21.44	23.39
	机械费(元)			6.84	–	–
名称		单位	单价(元)	数量		
人工	综合工日	工日	80.00	0.680	1.280	1.730
材料	精制螺栓 M12×(20~100)	套	0.98	–	4.000	4.000
	半圆头镀锌螺栓(2~5)×(15~50)	套	0.31	–	–	4.000
	铜芯聚氯乙烯绝缘线 BV16	km	11782.50	–	0.001	0.001
	细白布 宽0.9m	m	10.00	0.050	–	–
	棉纱头	kg	6.34	–	0.100	0.100
	电	kW·h	0.85	–	0.500	0.600
	位号牌	个	2.00	1.000	1.000	1.000
	校验材料费	元	–	0.822	1.574	2.146
	其他材料费	元	–	0.040	1.100	1.160
机械	温度检定炉(综合)	台班	39.00	0.120	–	–
	电动综合校验台	台班	12.00	0.120	–	–
	数字万用表 PF-56	台班	6.00	0.120	–	–

工作内容:同前

单位:支

定额编号				5-1-10	5-1-11	5-1-12	5-1-13
项目				热电偶(阻)			
				普通式	双支	多点多对式	室内固定式
基价(元)				**55.54**	**62.44**	**199.67**	**53.60**
其中	人工费(元)			51.20	56.00	173.60	45.60
	材料费(元)			3.16	5.26	16.23	6.94
	机械费(元)			1.18	1.18	9.84	1.06
名称		单位	单价(元)	数量			
人工	综合工日	工日	80.00	0.640	0.700	2.170	0.570
材料	插座 带丝堵	套	–	(1.000)	(1.000)	(1.000)	–
	垫片(铜)	个	0.35	1.000	1.000	1.000	–
	细白布 宽0.9m	m	10.00	–	–	0.100	0.050
	位号牌	个	2.00	1.000	2.000	6.000	1.000
	木台 200×80×20	个	3.50	–	–	–	1.000
	校验材料费	元	–	0.766	0.836	2.703	0.683
	其他材料费	元	–	0.040	0.070	0.180	0.260
机械	温度检定炉(综合)	台班	39.00	0.020	0.020	0.180	0.020
	精密热电偶	台班	14.00	0.020	0.020	0.180	0.020
	无线电调频对讲机 C15	台班	6.00	0.020	0.020	0.050	–

工作内容:同前

单位:支

定额编号				5-1-14	5-1-15	5-1-16	5-1-17	5-1-18	5-1-19
项目				热电偶(阻)					
				油罐平均温度计	表面温度计	耐磨式	吹气式	高炉炉基温度检测	炉体表面温度检测
基价(元)				**124.93**	**32.83**	**74.14**	**130.73**	**5833.35**	**1671.09**
其中	人工费(元)			115.20	28.80	67.20	122.40	5580.00	1661.60
	材料费(元)			6.55	2.97	5.82	7.21	222.48	8.89
	机械费(元)			3.18	1.06	1.12	1.12	30.87	0.60
名称		单位	单价(元)	数量					
人工	综合工日	工日	80.00	1.440	0.360	0.840	1.530	69.750	20.770
材料	插座 带丝堵	套	–	–	–	(1.000)	(1.000)	–	–
	垫片(铜)	个	0.35	–	–	1.000	1.000	–	–
	位号牌	个	2.00	1.000	1.000	2.000	2.000	–	–
	半圆头镀锌螺栓 (2~5)×(15~50)	套	0.31	3.000	–	–	–	–	–
	细白布 宽0.9m	m	10.00	0.150	0.050	0.050	0.100	–	–
	双面强力弹性胶带	m	0.80	0.300	–	–	–	–	–

续前

单位:支

定额编号				5-1-14	5-1-15	5-1-16	5-1-17	5-1-18	5-1-19
项目				热电偶(阻)					
				油罐平均温度计	表面温度计	耐磨式	吹气式	高炉炉基温度检测	炉体表面温度检测
材料	氧气	m^3	3.60	–	–	–	–	0.150	0.150
	乙炔气	m^3	25.20	–	–	–	–	0.065	0.065
	电焊条 结 422 ϕ2.5	kg	5.04	–	–	–	–	0.120	0.220
	石棉编绳 ϕ6～10 烧失量 20%	kg	10.14	–	–	–	–	0.500	–
	焊接钢管 DN150	m	71.33	–	–	–	–	3.000	–
	醇酸防锈漆 C53－1 铁红	kg	16.72	–	–	–	–	–	0.300
	校验材料费	元	–	1.783	0.432	0.920	1.797	0.030	0.030
	其他材料费	元	–	0.100	0.040	0.050	0.060	0.610	0.560
机械	温度检定炉(综合)	台班	39.00	0.060	0.020	0.020	0.020	–	–
	精密热电偶	台班	14.00	0.060	0.020	0.020	0.020	0.020	0.030
	无线电调频对讲机 C15	台班	6.00	–	–	0.010	0.010	0.030	0.030
	氩弧焊机 500A	台班	304.11	–	–	–	–	0.100	–

工作内容:同前　　　　　　　　　　　　　　　　　　　　　　　　　　　　　　单位:支

定额编号				5-1-20	5-1-21	5-1-22	5-1-23	5-1-24
项目				铠装热电偶(阻)(插入深度 m)				
				2 以下	5 以下	10 以下	20 以下	30 以下
基价(元)				**60.49**	**68.61**	**75.32**	**87.00**	**99.70**
其中	人工费(元)			56.00	64.00	70.40	81.60	93.60
	材料费(元)			3.37	3.49	3.80	4.28	4.98
	机械费(元)			1.12	1.12	1.12	1.12	1.12
名称		单位	单价(元)	数量				
人工	综合工日	工日	80.00	0.700	0.800	0.880	1.020	1.170
材料	插座 带丝堵	套	–	(1.000)	(1.000)	–	–	–
	细白布 宽 0.9m	m	10.00	0.050	0.050	0.070	0.100	0.150
	位号牌	个	2.00	1.000	1.000	1.000	1.000	1.000
	校验材料费	元	–	0.836	0.961	1.059	1.240	1.421
	其他材料费	元	–	0.030	0.030	0.040	0.040	0.060
机械	温度检定炉(综合)	台班	39.00	0.020	0.020	0.020	0.020	0.020
	精密热电偶	台班	14.00	0.020	0.020	0.020	0.020	0.020
	无线电调频对讲机 C15	台班	6.00	0.010	0.010	0.010	0.010	0.010

二、压力仪表

工作内容：清理、表计校验、安装、固定、挂牌。　　　　单位：台（块）

定额编号				5-1-25	5-1-26	5-1-27	5-1-28
项目				压力计		压力表、真空表	
				单管	多管	就地	盘装
基价（元）				**43.95**	**121.12**	**46.37**	**44.91**
其中	人工费（元）			35.20	89.60	41.60	43.20
	材料费（元）			8.75	31.52	4.21	1.15
	机械费（元）			–	–	0.56	0.56
名称		单位	单价（元）	数量			
人工	综合工日	工日	80.00	0.440	1.120	0.520	0.540
材料	取源部件	套	–	(1.000)	(6.000)	(1.000)	(1.000)
	仪表接头	套	–	–	–	(1.000)	(1.000)
	精制螺栓 M10×(20～50)	套	0.39	4.000	6.000	–	–
	半圆头镀锌螺栓 (2～5)×(15～50)	套	0.31	–	–	2.000	–
	棉纱头	kg	6.34	0.100	0.100	–	–
	医用胶管	m	4.00	1.000	6.000	–	–
	镀锌管卡子 1.5×(12～40)	个	0.35	–	–	1.000	–
	细白布 宽0.9m	m	10.00	–	–	0.050	0.050
	位号牌	个	2.00	1.000	1.000	1.000	–
	校验材料费	元	–	–	–	0.613	0.641
	其他材料费	元	–	0.560	2.550	0.130	0.010
机械	活塞式压力计	台班	7.00	–	–	0.080	0.080

工作内容：同前

单位：台(块)

定额编号				5-1-29	5-1-30	5-1-31	5-1-32
项目				压力记录仪	远传指示压力表		霍尔变送器传感器
					电远传	气远传	
基价（元）				**99.64**	**107.77**	**119.83**	**96.61**
其中	人工费（元）			79.20	87.20	89.60	77.60
	材料费（元）			5.32	4.94	5.08	4.82
	机械费（元）			15.12	15.63	25.15	14.19
	名称	单位	单价(元)	数		量	
人工	综合工日	工日	80.00	0.990	1.090	1.120	0.970
材料	取源部件	套	–	(1.000)	(1.000)	(1.000)	(1.000)
	仪表接头	套	–	(1.000)	(1.000)	(3.000)	(1.000)
	半圆头镀锌螺栓 (2~5)×(15~50)	套	0.31	2.000	2.000	2.000	2.000
	镀锌管卡子 1.5×(12~40)	个	0.35	1.000	1.000	1.000	1.000
	聚四氟乙烯生料带 20×0.1 180m/kg	m	0.40	–	–	0.200	–
	细白布 宽0.9m	m	10.00	0.100	0.050	0.050	0.050
	位号牌	个	2.00	1.000	1.000	1.000	1.000
	校验材料费	元	–	1.212	1.337	1.379	1.184
	其他材料费	元	–	0.140	0.130	0.150	0.170
机械	电动空气压缩机 0.6m³/min	台班	130.54	–	–	0.170	–
	活塞式压力计	台班	7.00	0.140	0.150	0.170	0.130
	气动综合校验台	台班	9.00	–	–	0.170	–
	精密交/直流稳压电源	台班	14.00	0.140	0.150	–	0.130
	数字万用表 7151	台班	42.00	0.250	0.250	–	0.230
	无线电调频对讲机 C15	台班	6.00	–	0.030	0.040	0.040
	电动综合校验台	台班	12.00	0.140	0.150	–	0.130

工作内容:同前

单位:台(块)

定额编号				5-1-33	5-1-34	5-1-35	5-1-36	5-1-37
项目				电接点压力表	膜盒微压计	压力开关 压力控制器	光电编码 压力表	隔膜/膜片式 压力表
基价(元)				**85.79**	**68.10**	**76.29**	**104.45**	**56.29**
其中	人工费(元)			75.20	50.40	68.00	81.60	50.40
	材料费(元)			4.74	6.54	4.63	4.85	5.33
	机械费(元)			5.85	11.16	3.66	18.00	0.56
名称		单位	单价(元)	数量				
人工	综合工日	工日	80.00	0.940	0.630	0.850	1.020	0.630
材料	取源部件	套	–	(1.000)	(1.000)	(1.000)	(1.000)	(1.000)
	仪表接头	套	–	(1.000)	(1.000)	(1.000)	(1.000)	(1.000)
	半圆头镀锌螺栓 (2~5)×(15~50)	套	0.31	2.000	2.000	2.000	2.000	–
	精制螺栓 M10×(20~50)	套	0.39	–	–	–	–	4.000
	垫片(铜)	个	0.35	–	–	–	–	1.000
	细白布 宽0.9m	m	10.00	0.050	0.050	0.050	0.050	0.050
	医用输血胶管 $\phi8$	m	4.00	–	0.500	–	–	–

续前 单位:台(块)

定额编号				5-1-33	5-1-34	5-1-35	5-1-36	5-1-37
项目				电接点压力表	膜盒微压计	压力开关 压力控制器	光电编码 压力表	隔膜/膜片式 压力表
材料	镀锌管卡子 1.5×(12~40)	个	0.35	1.000	1.000	1.000	1.000	–
	位号牌	个	2.00	1.000	1.000	1.000	1.000	1.000
	校验材料费	元	–	1.142	0.752	1.031	1.254	0.752
	其他材料费	元	–	0.130	0.320	0.130	0.130	0.170
机械	电动空气压缩机 0.6m^3/min	台班	130.54	–	0.080	–	–	–
	活塞式压力计	台班	7.00	0.130	–	0.080	0.120	0.080
	精密交/直流稳压电源	台班	14.00	0.130	–	0.080	0.120	–
	电动综合校验台	台班	12.00	0.130	–	0.080	0.120	–
	数字万用表 PF-56	台班	6.00	0.220	–	0.130	0.240	–
	数字压力表 910B	台班	45.00	–	–	–	0.120	–
	脉冲计数器 PM6665/036	台班	58.00	–	–	–	0.120	–
	气动综合校验台	台班	9.00	–	0.080	–	–	–
	无线电调频对讲机 C15	台班	6.00	0.040	–	0.040	0.040	–

三、差压、流量仪表

1. 差压、流量仪表

工作内容：清理、单体校验、安装或配合安装、挂牌。

单位：台

定额编号				5-1-38	5-1-39	5-1-40	5-1-41	5-1-42	5-1-43	5-1-44
项目				金属转子流量计			椭圆齿轮流量计		光电流速测量仪	流量控制器
				玻璃式	气远传式	电远传式	就地指示式	电远传式		
基价（元）				**55.09**	**225.91**	**195.41**	**422.59**	**488.12**	**319.04**	**145.98**
其中	人工费（元）			52.00	187.20	183.20	283.20	324.00	267.20	59.20
	材料费（元）			3.09	6.14	5.94	132.40	133.04	21.52	81.80
	机械费（元）			–	32.57	6.27	6.99	31.08	30.32	4.98
名称		单位	单价（元）	数量						
人工	综合工日	工日	80.00	0.650	2.340	2.290	3.540	4.050	3.340	0.740
材料	仪表接头	套	–	–	(2.000)	–	–	–	–	(2.000)
	取源部件	套	–	–	–	–	–	–	–	(1.000)
	棉纱头	kg	6.34	0.050	0.050	0.050	0.200	0.200	–	–
	汽油 93 号	kg	10.05	–	–	–	0.300	0.300	–	–
	细白布 宽 0.9m	m	10.00	–	–	–	0.200	0.200	0.100	–
	聚四氟乙烯生料带 20×0.1 180m/kg	m	0.40	–	0.240	–	–	–	–	–
	垫片（铜）	个	0.35	2.000	2.000	2.000	–	–	–	–

续前

单位：台

定额编号				5-1-38	5-1-39	5-1-40	5-1-41	5-1-42	5-1-43	5-1-44
项目				金属转子流量计			椭圆齿轮流量计		光电流速测量仪	流量控制器
				玻璃式	气远传式	电远传式	就地指示式	电远传式		
材料	耐酸石棉橡胶板 综合	kg	45.88	–	–	–	2.400	2.400	0.100	1.700
	铜芯聚氯乙烯绝缘线 BV1.5	km	1201.50	–	–	–	–	–	0.001	–
	铜芯聚氯乙烯绝缘线 BV10	km	7743.00	–	–	–	0.001	0.001	0.001	–
	位号牌	个	2.00	1.000	1.000	1.000	1.000	1.000	1.000	1.000
	校验材料费	元	–	–	2.926	2.856	4.068	4.709	3.957	0.900
	其他材料费	元	–	0.070	0.100	0.070	2.190	2.190	1.030	0.900
机械	电动空气压缩机 0.6m³/min	台班	130.54	–	0.230	–	–	–	–	–
	综合校验仪 D－063	台班	18.00	–	–	0.120	–	–	0.730	–
	数字频率发生计数器 1070	台班	41.00	–	–	–	–	0.410	–	–
	脉冲信号发生器 NF－1513A	台班	14.00	–	–	–	0.210	0.610	–	–
	数字万用表 PF－56	台班	6.00	–	–	0.440	0.500	0.650	1.180	0.300
	气动综合校验台	台班	9.00	–	0.230	–	–	–	–	0.150
	标准差压发生器 PASHEN	台班	11.00	–	–	–	–	–	–	0.150
	数字兆欧表 BM－2061000MΩ	台班	21.00	–	–	0.050	0.050	0.050	–	–
	无线电调频对讲机 C15	台班	6.00	–	0.080	0.070	–	0.130	0.110	0.030
	数字电压表 PZ38	台班	8.00	–	–	–	–	–	1.180	–

工作内容：同前

单位：台

定额编号				5-1-45	5-1-46	5-1-47	5-1-48	5-1-49	5-1-50
项目				电磁流量计	智能电磁流量计	涡街流量计	智能涡街流量计	内藏孔板流量计（现场积算型）	温压补偿蒸汽流量计
基价（元）				**591.80**	**788.42**	**631.98**	**843.46**	**412.37**	**553.53**
其中	人工费（元）			435.20	617.60	457.60	623.20	266.40	379.20
	材料费（元）			130.95	133.89	131.43	134.05	134.84	136.66
	机械费（元）			25.65	36.93	42.95	86.21	11.13	37.67
名称		单位	单价（元）	数量					
人工	综合工日	工日	80.00	5.440	7.720	5.720	7.790	3.330	4.740
材料	棉纱头	kg	6.34	0.050	0.050	0.100	0.100	0.300	0.300
	细白布 宽0.9m	m	10.00	0.100	0.100	0.100	0.100	0.200	0.200
	耐酸石棉橡胶板 综合	kg	45.88	2.400	2.400	2.400	2.400	2.400	2.400
	汽油 93 号	kg	10.05	0.100	0.100	0.100	0.100	0.500	0.500
	铜芯聚氯乙烯绝缘线 BV10	km	7743.00	0.001	0.001	0.001	0.001	0.001	0.001
	位号牌	个	2.00	1.000	1.000	1.000	1.000	1.000	1.000
	校验材料费	元	–	6.673	9.613	6.827	9.446	3.803	5.629
	其他材料费	元	–	2.100	2.100	2.110	2.110	2.250	2.250
机械	综合校验仪 D－063	台班	18.00	0.480	0.750	–	–	0.420	0.770
	精密交/直流稳压电源	台班	14.00	0.480	0.750	0.370	1.300	–	0.770
	数字万用表 PF－56	台班	6.00	1.040	1.130	0.800	1.560	0.420	1.300
	数字电压表 PZ38	台班	8.00	0.240	0.450	0.420	0.750	–	0.410
	数字兆欧表 BM－2061000MΩ	台班	21.00	0.050	0.050	0.050	0.050	0.050	0.050
	脉冲计数器 PM6665/036	台班	58.00	–	–	0.300	0.550	–	–
	脉冲信号发生器 NF－1513A	台班	14.00	–	–	0.720	1.300	–	–
	无线电调频对讲机 C15	台班	6.00	0.180	0.250	0.180	0.250	–	0.150

工作内容:同前

单位:台

定额编号				5-1-51	5-1-52	5-1-53	5-1-54	5-1-55	5-1-56
项目				振荡球流量计	涡轮式流量计(带放大器)	智能涡轮式流量计	冲量式/圆盘流量计	毕托管流量计	均速管流量计
基价(元)				**657.81**	**506.16**	**651.92**	**447.73**	**133.67**	**261.80**
其中	人工费(元)			568.00	328.00	439.20	300.00	98.40	200.00
	材料费(元)			28.71	133.13	134.89	130.00	35.27	61.80
	机械费(元)			61.10	45.03	77.83	17.73	–	–
名称		单位	单价(元)	数量					
人工	综合工日	工日	80.00	7.100	4.100	5.490	3.750	1.230	2.500
材料	仪表接头	套	–	–	–	–	–	(2.000)	(2.000)
	插座 带丝堵	套	–	–	–	–	–	(1.000)	–
	棉纱头	kg	6.34	0.100	0.200	0.200	0.200	0.200	0.400
	细白布 宽0.9m	m	10.00	0.500	0.100	0.100	–	0.200	0.200
	耐酸石棉橡胶板 综合	kg	45.88	–	2.400	2.400	2.400	0.600	1.100
	汽油 93 号	kg	10.05	–	0.400	0.400	0.200	0.200	0.400

续前 单位:台

定额编号				5-1-51	5-1-52	5-1-53	5-1-54	5-1-55	5-1-56
项目				振荡球流量计	涡轮式流量计（带放大器）	智能涡轮式流量计	冲量式/圆盘流量计	毕托管流量计	均速管流量计
材料	位号牌	个	2.00	1.000	1.000	1.000	1.000	1.000	1.000
	铜芯聚氯乙烯绝缘线 BV10	km	7743.00	0.001	0.001	0.001	0.001	–	–
	铜芯聚氯乙烯绝缘线 BV1.5	km	1201.50	0.003	–	–	–	–	–
	校验材料费	元	–	8.568	4.779	6.534	4.709	–	–
	其他材料费	元	–	1.160	2.210	2.210	2.160	0.460	0.780
机械	综合校验仪 D－063	台班	18.00	0.560	–	–	0.510	–	–
	数字电压表 PZ38	台班	8.00	0.410	–	0.890	–	–	–
	数字万用表 PF－56	台班	6.00	0.470	0.720	0.760	1.120	–	–
	数字兆欧表 BM－2061000MΩ	台班	21.00	–	0.050	0.050	0.050	–	–
	脉冲计数器 PM6665/036	台班	58.00	0.660	0.540	0.890	–	–	–
	脉冲信号发生器 NF－1513A	台班	14.00	0.410	0.540	0.890	–	–	–
	无线电调频对讲机 C15	台班	6.00	0.150	0.130	0.170	0.130	–	–

工作内容:同前　　　　单位:台

定额编号				5-1-57	5-1-58	5-1-59	5-1-60	5-1-61	5-1-62	5-1-63	5-1-64
项目				质量流量计	智能质量流量计	热式质量流量计	电容式流量计	超声波流量计	多路智能流量计	威力巴流量计	弯管流量计
基价(元)				**732.48**	**782.13**	**477.36**	**442.82**	**499.15**	**618.89**	**539.51**	**659.25**
其中	人工费(元)			552.80	596.80	412.80	392.00	459.20	495.20	288.00	438.40
	材料费(元)			138.73	136.36	23.33	26.07	22.58	19.73	104.90	150.36
	机械费(元)			40.95	48.97	41.23	24.75	17.37	103.96	146.61	70.49
名称		单位	单价(元)	数量							
人工	综合工日	工日	80.00	6.910	7.460	5.160	4.900	5.740	6.190	3.600	5.480
材料	取源部件	套	–	–	–	–	–	–	–	–	(2.000)
	仪表接头	套	–	(2.000)	–	–	–	–	–	(2.000)	(2.000)
	插座 带丝堵	套	–	–	(1.000)	–	(1.000)	–	–	–	–
	氧气	m^3	3.60	–	–	–	–	–	–	0.750	–
	乙炔气	m^3	25.20	–	–	–	–	–	–	0.330	–
	电焊条 结 422 ϕ2.5	kg	5.04	–	–	–	–	–	–	0.700	–
	棉纱头	kg	6.34	0.350	0.200	–	–	0.200	–	0.400	–
	细白布 宽 0.9m	m	10.00	0.200	0.200	0.200	0.200	0.200	0.200	0.200	0.250
	精制六角带帽螺栓 M14×75	10套	13.02	–	–	–	–	–	–	–	1.600
	精制螺栓 M10×(20~50)	套	0.39	–	–	–	3.000	4.000	–	–	–
	耐酸石棉橡胶板 综合	kg	45.88	2.400	2.400	–	0.120	–	–	1.700	2.400

续前

单位:台

定额编号				5-1-57	5-1-58	5-1-59	5-1-60	5-1-61	5-1-62	5-1-63	5-1-64
项目				质量流量计	智能质量流量计	热式质量流量计	电容式流量计	超声波流量计	多路智能流量计	威力巴流量计	弯管流量计
材料	尼龙扎带	根	0.71	–	–	–	–	–	–	–	5.000
	汽油 93 号	kg	10.05	0.400	0.200	–	–	–	–	0.500	0.250
	铜芯聚氯乙烯绝缘线 BV10	km	7743.00	0.001	0.001	0.001	0.001	0.001	0.001	–	–
	位号牌	个	2.00	1.000	1.000	1.000	1.000	1.000	–	1.000	1.000
	铜芯聚氯乙烯绝缘线 BV1.5	km	1201.50	–	–	0.002	–	–	–	–	–
	校验材料费	元	–	8.331	9.028	8.164	6.033	6.855	9.042	–	6.799
	其他材料费	元	–	2.300	2.200	1.020	1.620	1.150	0.940	0.800	2.050
机械	综合校验仪 D－063	台班	18.00	1.140	1.430	1.140	0.600	–	1.700	–	0.890
	精密交/直流稳压电源	台班	14.00	–	–	–	–	–	1.700	–	0.890
	活塞式压力计	台班	7.00	–	–	–	–	–	–	–	0.890
	数字万用表 PF－56	台班	6.00	1.290	1.550	1.340	0.910	1.040	1.980	–	1.600
	数字电压表 PZ38	台班	8.00	1.290	1.430	1.340	0.480	0.480	1.980	–	0.890
	数字兆欧表 BM－2061000MΩ	台班	21.00	0.050	0.050	0.050	0.050	0.050	–	–	–
	手提式数字压力表 DP1－601	台班	7.00	–	–	–	–	–	–	–	0.160
	无线电调频对讲机 C15	台班	6.00	0.220	0.240	0.150	0.600	1.040	0.240	–	0.440
	直流弧焊机 20kW	台班	209.44	–	–	–	–	–	–	0.700	–
	标准差压发生器 PASHEN	台班	11.00	–	–	–	–	–	–	–	0.420
	电动综合校验台	台班	12.00	–	–	–	–	–	1.700	–	0.890

工作内容:同前

单位:台

定额编号				5-1-65	5-1-66	5-1-67	5-1-68	5-1-69	5-1-70	5-1-71
项目				插入式流量计(插入深度 m)			差压接受仪表			流量开关
				1 以下	2 以下	4 以下	就地指示或记录型	电远传型	气远传型	
基价(元)				**616.64**	**800.74**	**1076.16**	**203.86**	**270.99**	**402.49**	**140.30**
其中	人工费(元)			520.00	676.00	920.00	183.20	226.40	244.00	54.40
	材料费(元)			65.22	66.22	66.22	7.77	8.45	16.63	81.64
	机械费(元)			31.42	58.52	89.94	12.89	36.14	141.86	4.26
	名称	单位	单价(元)	数量						
人工	综合工日	工日	80.00	6.500	8.450	11.500	2.290	2.830	3.050	0.680
材料	仪表接头	套	–	(2.000)	–	–	(2.000)	–	(4.000)	–
	棉纱头	kg	6.34	0.400	0.400	0.400	–	–	–	–
	精制螺栓 M10×(20~50)	套	0.39	–	–	–	2.000	2.000	2.000	–
	聚四氟乙烯生料带 20×0.1 180m/kg	m	0.40	0.100	0.100	0.100	–	–	0.200	–
	氧气	m^3	3.60	0.200	0.200	0.200	–	–	–	–
	乙炔气	kg	29.50	0.090	0.090	0.090	–	–	–	–
	耐酸石棉橡胶板 综合	kg	45.88	1.100	1.100	1.100	–	–	0.170	1.700
	汽油 93 号	kg	10.05	0.400	0.400	0.400	–	–	–	–
	细白布 宽 0.9m	m	10.00	0.200	0.200	0.200	0.200	0.200	0.200	–

续前

单位:台

定额编号				5-1-65	5-1-66	5-1-67	5-1-68	5-1-69	5-1-70	5-1-71
项目				插入式流量计(插入深度 m)			差压接受仪表			流量开关
				1 以下	2 以下	4 以下	就地指示或记录型	电远传型	气远传型	
材料	位号牌	个	2.00	1.000	1.000	1.000	1.000	1.000	1.000	1.000
	校验材料费	元	–	–	–	–	2.856	3.539	3.817	0.822
	其他材料费	元	–	0.780	1.780	1.780	0.130	0.130	0.150	0.820
机械	直流弧焊机 20kW	台班	209.44	0.150	0.150	0.300	–	–	–	–
	普通车床 630mm×1400mm	台班	180.71	–	0.150	0.150	–	–	–	–
	电动空气压缩机 0.6m^3/min	台班	130.54	–	–	–	–	–	1.000	–
	综合校验仪 D-063	台班	18.00	–	–	–	–	0.280	–	–
	精密交/直流稳压电源	台班	14.00	–	–	–	0.330	0.610	–	–
	活塞式压力计	台班	7.00	–	–	–	0.380	0.610	0.670	–
	数字万用表 PF-56	台班	6.00	–	–	–	–	0.670	–	0.260
	数字兆欧表 BM-2061000MΩ	台班	21.00	–	–	–	0.050	0.050	–	–
	数字电压表 PZ38	台班	8.00	–	–	–	–	0.670	–	–
	标准差压发生器 PASHEN	台班	11.00	–	–	–	–	–	–	0.120
	电动综合校验台	台班	12.00	–	–	–	0.380	0.610	–	–
	气动综合校验台	台班	9.00	–	–	–	–	–	0.670	0.140
	无线电调频对讲机 C15	台班	6.00	–	–	–	–	0.090	0.100	0.020

2. 节流装置

工作内容:清理检查、配合安装、一次垫制作、配合吹扫后的二次清理、二次安装、挂牌。　　单位:台(块)

定额编号				5-1-72	5-1-73	5-1-74	5-1-75	5-1-76
项目				节流装置(管径 DN mm)				
				50 以下	100 以下	200 以下	300 以下	400 以下
基价(元)				**52.47**	**249.31**	**407.09**	**534.42**	**572.01**
其中	人工费(元)			49.60	140.00	181.60	212.00	241.60
	材料费(元)			2.87	109.31	225.49	322.42	330.41
	机械费(元)			–	–	–	–	–
名称		单位	单价(元)	数量				
人工	综合工日	工日	80.00	0.620	1.750	2.270	2.650	3.020
材料	棉纱头	kg	6.34	0.050	0.100	0.150	0.200	0.250
	汽油 93 号	kg	10.05	0.050	0.080	0.120	0.160	0.200
	耐酸石棉橡胶板 综合	kg	45.88	–	2.200	4.600	6.600	6.600
	石棉橡胶板 中压 0.8~1.0	kg	17.00	–	0.220	0.460	0.660	1.080
	位号牌	个	2.00	1.000	1.000	1.000	1.000	1.000
	其他材料费	元	–	0.050	1.200	2.460	3.520	3.650

工作内容:同前　　　　单位:台

定额编号				5-1-77	5-1-78	5-1-79	5-1-80	5-1-81	5-1-82
项目				节流装置(管径 DN mm)				文丘里管(DN mm)600 以上	孔板阀
				600 以下	800 以下	1000 以下	1000 以上		
基价(元)				**746.93**	**1111.94**	**1596.78**	**1803.07**	**1723.74**	**410.35**
其中	人工费(元)			324.00	412.00	492.80	556.00	532.80	240.80
	材料费(元)			7.66	38.58	42.73	62.78	6.65	29.59
	机械费(元)			415.27	661.36	1061.25	1184.29	1184.29	139.96
名称		单位	单价(元)	数量					
人工	综合工日	工日	80.00	4.050	5.150	6.160	6.950	6.660	3.010
材料	棉纱头	kg	6.34	0.100	0.100	0.100	0.100	0.100	0.100
	汽油 93 号	kg	10.05	0.500	0.550	0.600	1.000	0.400	0.400
	耐酸石棉橡胶板 综合	kg	45.88	–	–	–	–	–	0.500
	石棉编绳 ϕ6 ~10 烧失量 20%	kg	10.14	–	3.000	3.360	4.940	–	–
	位号牌	个	2.00	1.000	1.000	1.000	1.000	1.000	1.000
机械	汽车式起重机 16t	台班	1071.52	0.270	0.430	0.690	0.770	0.770	–
	载货汽车 4t	台班	466.52	0.270	0.430	0.690	0.770	0.770	0.300

四、物位检测仪表

工作内容：设备清理、上接头、安装、单体调试、挂牌。

单位：台

定额编号				5-1-83	5-1-84	5-1-85	5-1-86	5-1-87	5-1-88
项目				直读玻璃管(板)液位计 管(板)长(mm)			磁浮液位标尺 (测量范围)(m)		浮标液位计
				500 以下	1100 以下	1700 以下	6 以下	20 以下	
基价(元)				**108.52**	**122.12**	**130.92**	**660.57**	**790.34**	**294.18**
其中	人工费(元)			76.80	90.40	99.20	608.00	733.60	260.00
	材料费(元)			31.72	31.72	31.72	41.12	45.05	26.75
	机械费(元)			–	–	–	11.45	11.69	7.43
名称		单位	单价(元)	数量					
人工	综合工日	工日	80.00	0.960	1.130	1.240	7.600	9.170	3.250
材料	管材	m	–	–	–	–	(9.000)	(17.000)	–
	细白布 宽0.9m	m	10.00	0.100	0.100	0.100	0.300	0.300	0.200
	半圆头镀锌螺栓 (2～5)×(15～50)	套	0.31	–	–	–	10.000	16.000	2.000
	精制螺栓 M12×(20～100)	套	0.98	–	–	–	6.000	6.000	6.000

续前

单位:台

定额编号				5-1-83	5-1-84	5-1-85	5-1-86	5-1-87	5-1-88
项目				直读玻璃管(板)液位计 管(板)长(mm)			磁浮液位标尺 (测量范围)(m)		浮标液位计
				500 以下	1100 以下	1700 以下	6 以下	20 以下	
材料	棉纱头	kg	6.34	–	–	–	0.200	0.200	0.200
	汽油 93 号	kg	10.05	–	–	–	0.500	0.500	0.200
	工业酒精 99.5%	kg	8.20	0.100	0.100	0.100	–	–	–
	耐酸石棉橡胶板 综合	kg	45.88	0.600	0.600	0.600	–	–	–
	位号牌	个	2.00	1.000	1.000	1.000	2.000	2.000	1.000
	铜芯聚氯乙烯绝缘线 BV10	km	7743.00	–	–	–	0.001	0.001	0.001
	校验材料费	元	–	–	–	–	9.627	11.619	3.943
	其他材料费	元	–	0.370	0.370	0.370	1.480	1.550	1.290
机械	数字万用表 PF－56	台班	6.00	–	–	–	0.670	0.670	0.400
	数字电压表 PZ38	台班	8.00	–	–	–	0.670	0.670	0.400
	数字兆欧表 BM－2061000MΩ	台班	21.00	–	–	–	0.050	0.050	0.050
	无线电调频对讲机 C15	台班	6.00	–	–	–	0.170	0.210	0.130

工作内容:同前　　　　单位:台

定额编号				5-1-89	5-1-90	5-1-91	5-1-92
项目				浮球液位控制器液位开关	物位计		液位计
					音叉	可编程雷达	智能多功能贮罐
基价（元）				**91.37**	**225.55**	**1184.12**	**801.51**
其中	人工费（元）			58.40	162.40	1028.80	671.20
	材料费（元）			28.35	50.24	74.99	63.96
	机械费（元）			4.62	12.91	80.33	66.35
名称		单位	单价(元)	数量			
人工	综合工日	工日	80.00	0.730	2.030	12.860	8.390
材料	精制螺栓 M10×(20~50)	套	0.39	6.000	–	–	8.000
	精制螺栓 M12×(20~100)	套	0.98	–	4.000	8.000	–
	汽油 93 号	kg	10.05	0.200	0.200	–	–
	细白布 宽0.9m	m	10.00	0.200	0.200	0.200	0.100
	铜芯聚氯乙烯绝缘线 BV10	km	7743.00	–	–	0.001	0.001
	铜芯聚氯乙烯绝缘线 BV1.5	km	1201.50	–	–	0.001	0.001

续前 单位:台

定额编号				5-1-89	5-1-90	5-1-91	5-1-92
项目				浮球液位控制器液位开关	物位计		液位计
					音叉	可编程雷达	智能多功能贮罐
材料	耐酸石棉橡胶板 综合	kg	45.88	0.400	0.800	0.800	0.800
	位号牌	个	2.00	1.000	1.000	1.000	1.000
	电	kW·h	0.85	-	0.200	-	-
	校验材料费	元	-	0.878	2.563	15.855	10.588
	其他材料费	元	-	0.770	0.870	1.650	1.600
机械	电动综合校验台	台班	12.00	-	0.350	-	-
	精密交/直流稳压电源	台班	14.00	-	0.350	-	-
	便携式综合校验仪 2422	台班	30.00	-	-	1.700	1.300
	数字兆欧表 BM-2061000MΩ	台班	21.00	-	0.050	0.050	0.050
	数字万用表 PF-56	台班	6.00	0.520	0.400	1.840	1.350
	数字电压表 PZ38	台班	8.00	-	-	1.840	1.300
	无线电调频对讲机 C15	台班	6.00	0.250	0.060	0.420	1.300

工作内容：同前　　　　单位：台

定额编号				5-1-93	5-1-94	5-1-95
项目				钢带液位计		阻旋式物位计料位开关
				就地指示	远传变送	
基价（元）				**1323.44**	**1496.70**	**230.93**
其中	人工费（元）			1213.60	1364.80	180.80
	材料费（元）			100.15	103.79	46.02
	机械费（元）			9.69	28.11	4.11
名称		单位	单价（元）	数量		
人工	综合工日	工日	80.00	15.170	17.060	2.260
材料	精制螺栓 M10×(20～50)	套	0.39	16.000	16.000	6.000
	精制螺栓 M12×(20～100)	套	0.98	20.000	20.000	–
	精制六角螺栓 M16×(65～80)	套	1.09	16.000	16.000	–
	汽油 93 号	kg	10.05	0.400	0.400	–
	细白布 宽 0.9m	m	10.00	0.300	0.300	0.200
	棉纱头	kg	6.34	0.200	0.200	–

续前

单位:台

定额编号				5-1-93	5-1-94	5-1-95
项目				钢带液位计		阻旋式物位计料位开关
				就地指示	远传变送	
材料	铜芯聚氯乙烯绝缘线 BV10	km	7743.00	0.001	0.001	0.001
	铜芯聚氯乙烯绝缘线 BV1.5	km	1201.50	–	0.001	–
	耐酸石棉橡胶板 综合	kg	45.88	0.300	0.300	0.600
	位号牌	个	2.00	2.000	2.000	1.000
	电	kW·h	0.85	1.000	1.000	0.300
	校验材料费	元	–	18.794	21.191	2.717
	其他材料费	元	–	3.430	3.470	1.440
机械	便携式综合校验仪 2422	台班	30.00	0.240	0.540	–
	数字兆欧表 BM－2061000MΩ	台班	21.00	0.050	0.050	0.050
	数字万用表 PF－56	台班	6.00	0.240	0.540	0.430
	数字电压表 PZ38	台班	8.00	–	0.540	–
	无线电调频对讲机 C15	台班	6.00	–	0.550	0.080

工作内容：清理、设备安装和附件安装、检查、接线、单体调试。

单位：台

定额编号				5-1-96	5-1-97	5-1-98	5-1-99	5-1-100	5-1-101
项目				双色磁翻板液位计(标尺长 m)			重锤探测物位计	贮罐液位称重仪	超声波物位计物位开关
				1 以下	6 以下	16 以下			
基价（元）				**342.62**	**554.54**	**609.30**	**823.37**	**1354.55**	**505.30**
其中	人工费（元）			308.80	431.20	482.40	731.20	1265.60	414.40
	材料费（元）			16.71	105.67	108.83	30.24	29.56	60.27
	机械费（元）			17.11	17.67	18.07	61.93	59.39	30.63
名称		单位	单价(元)	数量					
人工	综合工日	工日	80.00	3.860	5.390	6.030	9.140	15.820	5.180
材料	仪表接头	套	–	–	–	–	–	(5.000)	–
	管材	m	–	–	–	–	–	(20.700)	–
	精制螺栓 M12×(20～100)	套	0.98	–	8.000	8.000	–	–	4.000
	铜芯聚氯乙烯绝缘线 BV10	km	7743.00	0.001	0.001	0.001	0.001	0.001	0.001
	棉纱头	kg	6.34	0.200	0.300	0.500	0.500	0.500	–
	尼龙扎带	根	0.71	–	–	–	–	10.000	–
	细白布 宽 0.9m	m	10.00	–	0.200	0.300	0.300	0.300	0.200

续前

单位：台

定额编号				5-1-96	5-1-97	5-1-98	5-1-99	5-1-100	5-1-101
项目				双色磁翻板液位计（标尺长 m）			重锤探测物位计	贮罐液位称重仪	超声波物位计物位开关
				1 以下	6 以下	16 以下			
材料	耐酸石棉橡胶板 综合	kg	45.88	–	1.600	1.600	–	–	0.800
	汽油 93 号	kg	10.05	–	0.200	0.200	0.200	0.300	–
	位号牌	个	2.00	1.000	1.000	1.000	1.000	1.000	1.000
	校验材料费	元	–	4.723	6.659	7.468	11.160	1.992	6.423
	其他材料费	元	–	0.980	2.110	2.190	1.160	1.540	1.480
机械	综合校验仪 D－063	台班	18.00	0.260	0.260	0.260	1.540	–	0.850
	电动综合校验台	台班	12.00	–	–	–	0.800	–	–
	数字电压表 PZ38	台班	8.00	0.710	0.750	0.770	–	–	0.930
	数字万用表 PF－56	台班	6.00	0.710	0.750	0.770	1.760	2.120	0.930
	精密交/直流稳压电源	台班	14.00	–	–	–	0.800	1.600	–
	活塞式压力计	台班	7.00	–	–	–	–	1.500	–
	数字兆欧表 BM－2061000MΩ	台班	21.00	0.050	0.050	0.050	0.050	0.050	0.050
	无线电调频对讲机 C15	台班	6.00	0.240	0.240	0.260	0.300	2.120	0.210

工作内容:同前　　　　单位:台

定额编号				5-1-102	5-1-103	5-1-104	5-1-105	5-1-106	5-1-107
项目				放射性物位计	多功能磁致伸缩液位计	电接触式液位计(电极)		光导电子液位计	电容式物位计物位开关
						10只以下	10只以上		
基价(元)				**1800.13**	**782.70**	**201.00**	**233.09**	**1547.82**	**315.35**
其中	人工费(元)			1688.80	720.80	174.40	200.00	1408.00	238.40
	材料费(元)			53.66	25.73	19.70	23.19	77.93	56.52
	机械费(元)			57.67	36.17	6.90	9.90	61.89	20.43
名称		单位	单价(元)	数量					
人工	综合工日	工日	80.00	21.110	9.010	2.180	2.500	17.600	2.980
材料	取源部件	套	–	–	–	–	–	–	(1.000)
	铜芯聚氯乙烯绝缘线 BV10	km	7743.00	0.001	0.001	0.001	0.001	0.001	0.001
	棉纱头	kg	6.34	0.300	0.300	0.100	0.100	0.100	0.100
	工业酒精 99.5%	kg	8.20	–	–	0.100	0.400	–	–
	绝缘钢纸板 δ0.5	kg	15.00	–	–	0.150	0.150	–	–
	细白布 宽0.9m	m	10.00	0.200	0.300	0.050	0.100	0.100	0.100

续前

单位:台

定额编号				5-1-102	5-1-103	5-1-104	5-1-105	5-1-106	5-1-107
项目				放射性物位计	多功能磁致伸缩液位计	电接触式液位计（电极）		光导电子液位计	电容式物位计物位开关
						10只以下	10只以上		
材料	精制螺栓 M10×(20～50)	套	0.39	–	–	–	–	6.000	8.000
	耐酸石棉橡胶板 综合	kg	45.88	–	–	–	–	0.800	0.800
	汽油 93 号	kg	10.05	–	–	0.200	0.200	0.500	–
	位号牌	个	2.00	3.000	1.000	1.000	1.000	1.000	1.000
	警告牌	个	8.00	1.000	–	–	–	–	–
	校验材料费	元	–	26.736	10.017	2.647	3.051	20.898	3.734
	其他材料费	元	–	1.280	1.070	1.100	1.220	1.590	1.580
机械	综合校验仪 D-063	台班	18.00	–	0.800	–	–	1.580	0.630
	数字电压表 PZ38	台班	8.00	1.970	1.060	–	–	1.620	–
	数字万用表 PF-56	台班	6.00	1.970	1.060	0.400	0.600	1.620	0.630
	精密交/直流稳压电源	台班	14.00	1.230	–	–	–	–	–
	数字兆欧表 BM-2061000MΩ	台班	21.00	0.050	0.050	0.100	0.180	0.050	0.050
	无线电调频对讲机 C15	台班	6.00	1.970	0.980	0.400	0.420	1.620	0.710

工作内容:同前

单位:台

定额编号				5-1-108	5-1-109	5-1-110	5-1-111
项目				一体化智能式电容式物位计	电阻式物位计信号器	差压开关	吹气装置
基价(元)				**422.14**	**166.67**	**84.52**	**83.58**
其中	人工费(元)			335.20	148.00	72.00	80.00
	材料费(元)			56.07	4.87	5.03	3.58
	机械费(元)			30.87	13.80	7.49	–
名称		单位	单价(元)	数量			
人工	综合工日	工日	80.00	4.190	1.850	0.900	1.000
材料	取源部件	套	–	(1.000)	–	(1.000)	(1.000)
	仪表接头	套	–	–	–	(2.000)	(4.000)
	精制螺栓 M10×(20~50)	套	0.39	8.000	4.000	–	–
	耐酸石棉橡胶板 综合	kg	45.88	0.800	–	–	–
	聚四氟乙烯生料带 20×0.1 180m/kg	m	0.40	–	–	0.840	0.840
	棉纱头	kg	6.34	0.100	0.050	0.050	0.100

续前

单位:台

定额编号				5-1-108	5-1-109	5-1-110	5-1-111
项目				一体化智能式电容式物位计	电阻式物位计信号器	差压开关	吹气装置
材料	铜芯聚氯乙烯绝缘线 BV10	km	7743.00	0.001	–	–	–
	汽油 93 号	kg	10.05	–	–	0.100	0.200
	电	kW·h	0.85	–	–	–	0.500
	位号牌	个	2.00	1.000	1.000	1.000	–
	校验材料费	元	–	4.291	0.836	1.087	–
	其他材料费	元	–	1.580	0.160	0.280	0.170
机械	精密交/直流稳压电源	台班	14.00	–	0.300	0.230	–
	综合校验仪 D–063	台班	18.00	0.960	0.300	–	–
	数字兆欧表 BM–2061000MΩ	台班	21.00	0.050	–	–	–
	标准差压发生器 PASHEN	台班	11.00	–	–	0.230	–
	数字万用表 PF–56	台班	6.00	1.020	0.500	0.260	–
	无线电调频对讲机 C15	台班	6.00	1.070	0.200	0.030	–

五、显示仪表

工作内容：安装、检查、校接线、单体调试。

单位：台

定额编号				5-1-112	5-1-113	5-1-114
项目				数字仪表		
				单点数字显示仪	数字显示调节仪	智能多屏幕数字显示仪
基价（元）				**184.28**	**471.97**	**550.68**
其中	人工费（元）			144.00	401.60	477.60
	材料费（元）			4.38	8.85	10.04
	机械费（元）			35.90	61.52	63.04
名称		单位	单价(元)	数量		
人工	综合工日	工日	80.00	1.800	5.020	5.970
材料	铜芯聚氯乙烯绝缘线 BV1.5	km	1201.50	0.001	0.001	0.001
	真丝绸布 宽0.9m	m	19.00	0.050	0.070	0.070
	校验材料费	元	–	2.173	6.242	7.426
	其他材料费	元	–	0.060	0.080	0.080
机械	精密交/直流稳压电源	台班	14.00	0.500	0.600	0.600
	数字万用表 PF－56	台班	6.00	0.790	1.400	1.110
	电动综合校验台	台班	12.00	0.500	0.600	0.600
	便携式综合校验仪 2422	台班	30.00	0.310	0.970	1.050
	数字电压表 PZ38	台班	8.00	0.730	0.970	1.010
	脉冲信号发生器 NF－1513A	台班	14.00	0.190	–	–
	无线电调频对讲机 C15	台班	6.00	0.060	0.110	0.200

工作内容:同前　　　　单位:台

定额编号				5-1-115	5-1-116	5-1-117	5-1-118
项目				智能多通道多功能多笔记录仪	四通道固定热印头记录仪	X－Y函数记录仪	多通道无纸记录仪
基价(元)				**720.55**	**410.20**	**511.37**	**579.45**
其中	人工费(元)			632.00	344.80	464.80	522.40
	材料费(元)			17.75	9.86	8.81	9.73
	机械费(元)			70.80	55.54	37.76	47.32
名称		单位	单价(元)	数量			
人工	综合工日	工日	80.00	7.900	4.310	5.810	6.530
材料	铜芯聚氯乙烯绝缘线 BV1.5	km	1201.50	0.001	0.001	–	–
	工业酒精 99.5%	kg	8.20	0.300	0.200	–	–
	真丝绸布 宽0.9m	m	19.00	0.200	0.080	0.080	0.080
	校验材料费	元	–	9.961	5.322	7.217	8.136
	其他材料费	元	–	0.330	0.180	0.070	0.070
机械	精密交/直流稳压电源	台班	14.00	0.660	0.750	0.600	0.730
	数字万用表 PF－56	台班	6.00	1.210	0.800	0.730	0.850
	电动综合校验台	台班	12.00	0.660	0.750	0.600	0.730
	便携式综合校验仪 2422	台班	30.00	1.110	0.800	–	–
	数字电压表 PZ38	台班	8.00	1.110	0.800	0.730	0.850
	无线电调频对讲机 C15	台班	6.00	0.700	0.140	0.190	0.190
	综合校验仪 D－063	台班	18.00	–	–	0.600	0.850

第二章　过程控制仪表

说　　明

一、本章适用范围：

1. 电动和气动单元组合仪表：变送单元、显示单元、调节单元、计算单元、转换单元、给定单元和辅助单元仪表的安装、调试。

2. 组件式综合控制仪表：输入输出组件、信号处理组件、调节组件、辅助组件和盘装仪表。

3. 基地式调节仪表：电动调节器、气动调节器、电(气)动调节记录仪。

4. 执行仪表：气动、电动、液动执行机构，气动活塞式调节阀，气动薄膜调节阀，电动调节阀，气动切断阀，电磁阀，伺服放大器，直接作用调节阀及阀附件。

5. 回路系统调试：检测回路、调节回路。

二、本章包括以下工作内容：领料、搬运、准备、单体调试、安装、固定、上接头、校接线、配合单机试运转、挂位号牌、安装校验记录。此外还包括如下内容：

1. 法兰液位变送器、压力式温度变送器毛细管敷设固定。

2. 配合在管道上安装内藏孔板流量变送器、调节阀、电磁阀、自力式阀。

3. 安装液动执行机构月牙板、连杆组件、油泵油盘制作安装、油泵电机检查、充油循环试验。

4. 调节阀试验器具的准备，阀体强度试验，阀芯泄漏性、膜头气密性、严密度试验，满行程、变差、线性误差、灵敏限试验。

5. 仪表回路模拟调试项目中：电气线路检查、绝缘电阻测定、导压管路和气源管路检查、系统静态模拟试验、排错及回路中仪表需要再次调试的工作等。

6. 仪表或回路调试中，校验仪器的准备、搬运，气源、电源的准备和接线、接管。

三、不包括的内容：

1. 仪表支架、支座、台座制作安装。

2. 工业管道或设备上安装的执行仪表或变送器用法兰焊接或插入式安装仪表的插座焊接。

3. 管道上安装调节阀、电磁阀及短管装拆、调节阀研磨。

4. 液动执行机构设备解体、清洗、油泵检查、电机干燥、油泵用油量。

四、其他：

1. 电动和气动调节阀按成套考虑调试，包括执行机构与阀。执行机构安装须另外配置风门、挡板或阀。执行机构或调节阀还应另外配置所需附件，组成不同的控制方式，附件选择按定额所列项目。所列调节阀的检查接线定额适用于蝶阀、开关阀、切断阀、偏心旋转阀、多通电磁阀等在管道上已安装好的控制阀门，包括现场调整、接线、接管和接地，不应再计运输和本体安装、调试。

2. 不在工业管道或设备上的仪表系统用法兰焊接和电磁阀安装包括在自控安装范围内，应执行相关定额或本册定额计算工程量。

3. 回路系统模拟试验定额，除各章另有说明外，不适用于计算机系统的回路调试和成套装置的系统调试。

4. 信号联锁回路执行第四章中的顺序控制装置相关项目。

一、电动单元组合仪表

1. 变送单元

工作内容：清理、检查、单体调试、安装、接线。　　　　单位：台

定额编号				5-2-1	5-2-2	5-2-3	5-2-4	5-2-5
项目				压力式温度变送器	温度变送器	温差变送器	一体化温度变送器	压力变送器
基价（元）				**352.98**	**222.08**	**261.88**	**231.51**	**275.96**
其中	人工费（元）			315.20	185.60	218.40	179.20	246.40
	材料费（元）			19.38	8.00	9.18	6.14	8.86
	机械费（元）			18.40	28.48	34.30	46.17	20.70
名称		单位	单价(元)	数量				
人工	综合工日	工日	80.00	3.940	2.320	2.730	2.240	3.080
材料	插座 带丝堵	套	–	(1.000)	–	–	(1.000)	–
	取源部件	套	–	–	–	–	–	(1.000)
	仪表接头	套	–	–	–	–	–	(1.000)
	U 型螺栓 2″×M10	套	2.18	–	1.000	1.000	–	1.000
	垫片(铜)	个	0.35	1.000	–	–	1.000	–
	细白布 宽0.9m	m	10.00	0.200	0.080	0.080	0.100	0.080
	尼龙扎带	根	0.71	10.000	–	–	–	–

续前

单位：台

定　额　编　号				5-2-1	5-2-2	5-2-3	5-2-4	5-2-5
项　目				压力式温度变送器	温度变送器	温差变送器	一体化温度变送器	压力变送器
材料	汽油 93 号	kg	10.05	0.250	–	–	–	–
	位号牌	个	2.00	1.000	1.000	1.000	1.000	1.000
	校验材料费	元	–	4.946	2.898	4.082	2.731	3.762
	其他材料费	元	–	0.470	0.120	0.120	0.060	0.120
机械	精密交/直流稳压电源	台班	14.00	0.200	0.200	0.230	0.660	0.270
	综合校验仪 D－063	台班	18.00	0.620	0.650	0.820	0.660	–
	数字万用表 PF－56	台班	6.00	0.620	0.200	0.410	0.860	0.500
	数字温度计	台班	30.00	–	0.380	0.410	0.360	–
	无线电调频对讲机 C15	台班	6.00	0.120	0.230	0.260	0.210	0.300
	标准压力发生器 2656	台班	15.00	–	–	–	–	0.210
	活塞式压力计	台班	7.00	–	–	–	–	0.270
	数字电压表 PZ38	台班	8.00	–	–	–	0.780	0.480
	电动综合校验台	台班	12.00	–	–	–	–	0.270
	温度检定炉(综合)	台班	39.00	–	–	–	0.030	–
	精密热电偶	台班	14.00	–	–	–	0.030	–

工作内容:同前

单位:台

定额编号				5-2-6	5-2-7	5-2-8	5-2-9	5-2-10
项目				变送器				
				差压	单法兰	双法兰	浓度	插入式液位
基价(元)				**298.36**	**372.39**	**616.78**	**381.41**	**361.62**
其中	人工费(元)			262.40	271.20	438.40	296.00	262.40
	材料费(元)			9.11	73.55	150.36	71.15	54.87
	机械费(元)			26.85	27.64	28.02	14.26	44.35
名称		单位	单价(元)	数量				
人工	综合工日	工日	80.00	3.280	3.390	5.480	3.700	3.280
材料	取源部件	套	–	(1.000)	–	–	–	–
	仪表接头	套	–	(2.000)	–	–	–	(1.000)
	U 型螺栓 2″×M10	套	2.18	1.000	–	–	–	–
	精制六角带帽螺栓 M14×75	10 套	13.02	–	0.800	1.600	0.600	0.800
	耐酸石棉橡胶板 综合	kg	45.88	–	1.200	2.400	1.200	0.800
	细白布 宽 0.9m	m	10.00	0.080	0.100	0.250	0.080	0.100
	尼龙扎带	根	0.71	–	–	5.000	–	–

续前

单位:台

定额编号				5-2-6	5-2-7	5-2-8	5-2-9	5-2-10
项目				变送器				
				差压	单法兰	双法兰	浓度	插入式液位
材料	汽油 93 号	kg	10.05	–	–	0.250	–	–
	位号牌	个	2.00	1.000	1.000	1.000	1.000	1.000
	校验材料费	元	–	4.012	4.152	6.799	4.639	4.012
	其他材料费	元	–	0.120	0.930	2.050	0.840	0.740
机械	精密交/直流稳压电源	台班	14.00	0.330	0.350	0.350	0.350	0.370
	标准压力发生器 2656	台班	15.00	–	0.250	–	–	–
	标准差压发生器 PASHEN	台班	11.00	0.630	–	0.310	–	–
	活塞式压力计	台班	7.00	–	0.350	0.350	–	0.890
	数字万用表 PF – 56	台班	6.00	0.800	0.760	0.820	0.840	0.700
	数字电压表 PZ38	台班	8.00	0.630	0.740	0.800	0.390	0.680
	电动综合校验台	台班	12.00	0.330	0.350	0.350	–	0.370
	无线电调频对讲机 C15	台班	6.00	0.250	0.310	0.290	0.200	0.310
	综合校验仪 D – 063	台班	18.00	–	–	–	–	0.680
	手提式数字压力表 DP1 – 601	台班	7.00	–	–	–	–	0.680

工作内容：同前

单位：台

定额编号				5-2-11	5-2-12	5-2-13	5-2-14	5-2-15
项目				内藏孔板流量变送器	智能压力变送器	智能差压变送器	单法兰智能差压变送器	双法兰智能差压变送器
基价（元）				**390.23**	**390.28**	**522.74**	**456.98**	**780.97**
其中	人工费（元）			253.60	321.60	430.40	324.00	488.00
	材料费（元）			119.15	10.05	11.77	74.35	210.98
	机械费（元）			17.48	58.63	80.57	58.63	81.99
名称		单位	单价(元)	数量				
人工	综合工日	工日	80.00	3.170	4.020	5.380	4.050	6.100
材料	仪表接头	套	–	–	(1.000)	(2.000)	–	(1.600)
	取源部件	套	–	–	(1.000)	(1.000)	–	–
	精制六角带帽螺栓 M14×75	10套	13.02	–	–	–	0.800	2.000
	铜芯聚氯乙烯绝缘线 BV6	m	4.24	–	–	–	–	11.600
	U 型螺栓 2″×M10	套	2.18	–	1.000	1.000	–	–
	耐酸石棉橡胶板 综合	kg	45.88	2.400	–	–	1.200	2.400
	电焊条 结 422 $\phi2.5$	kg	5.04	–	–	–	–	0.150
	细白布 宽0.9m	m	10.00	0.200	0.080	0.080	0.100	0.250

续前

单位:台

定额编号				5-2-11	5-2-12	5-2-13	5-2-14	5-2-15
项目				内藏孔板流量变送器	智能压力变送器	智能差压变送器	单法兰智能差压变送器	双法兰智能差压变送器
材料	位号牌	个	2.00	1.000	1.000	1.000	1.000	1.000
	尼龙扎带	根	0.71	–	–	–	–	12.000
	汽油 93 号	kg	10.05	–	–	–	–	0.250
	校验材料费	元	–	3.845	4.946	6.673	4.946	6.799
	其他材料费	元	–	1.190	0.120	0.120	0.930	2.560
机械	活塞式压力计	台班	7.00	–	0.670	0.890	0.670	0.890
	精密交/直流稳压电源	台班	14.00	0.340	0.670	0.890	0.670	0.890
	综合校验仪 D-063	台班	18.00	0.340	0.670	0.890	0.670	0.890
	数字电压表 PZ38	台班	8.00	0.300	0.670	0.890	0.670	1.600
	数字万用表 PF-56	台班	6.00	0.520	0.800	1.600	0.800	0.890
	手提式数字压力表 DP1-601	台班	7.00	–	0.800	1.600	0.800	1.600
	标准差压发生器 PASHEN	台班	11.00	–	–	0.420	–	0.420
	标准压力发生器 2656	台班	15.00	–	0.420	–	0.420	–
	电动综合校验台	台班	12.00	–	0.670	0.890	0.670	0.890
	无线电调频对讲机 C15	台班	6.00	0.180	0.400	0.440	0.400	0.440

工作内容:同前　　　　单位:台

定额编号				5-2-16	5-2-17	5-2-18	5-2-19
项目				浮筒液位变送器		靶式流量变送器(DN mm)	
				外浮筒	内浮筒	100 以下	300 以下
基价(元)				**447.89**	**281.93**	**385.31**	**558.05**
其中	人工费(元)			341.60	220.00	296.00	353.60
	材料费(元)			93.17	48.81	71.15	186.29
	机械费(元)			13.12	13.12	18.16	18.16
名称		单位	单价(元)	数量			
人工	综合工日	工日	80.00	4.270	2.750	3.700	4.420
材料	精制六角带帽螺栓 M14×75	10 套	13.02	0.800	0.400	0.600	0.800
	耐酸石棉橡胶板 综合	kg	45.88	1.600	0.800	1.200	3.600
	细白布 宽 0.9m	m	10.00	0.100	0.100	0.080	0.200
	位号牌	个	2.00	1.000	1.000	1.000	1.000
	校验材料费	元	–	5.238	3.316	4.639	4.639
	其他材料费	元	–	1.110	0.580	0.840	2.070
机械	精密交/直流稳压电源	台班	14.00	0.280	0.280	0.350	0.350
	数字电压表 PZ38	台班	8.00	0.280	0.280	0.390	0.390
	数字万用表 PF-56	台班	6.00	0.250	0.250	0.840	0.840
	标准差压发生器 PASHEN	台班	11.00	0.420	0.420	–	–
	电动综合校验台	台班	12.00	–	–	0.350	0.350
	无线电调频对讲机 C15	台班	6.00	0.140	0.140	0.150	0.150

2. 显示单元

工作内容:设备清理、检查、盘孔修理、表计固定、校接线、单体调试。　　单位:台

定额编号				5-2-20	5-2-21	5-2-22	5-2-23
项目				单双针指示仪	单双针记录仪	色带指示仪	单双针报警仪
基价(元)				**190.87**	**212.13**	**185.10**	**222.50**
其中	人工费(元)			167.20	177.60	160.80	192.80
	材料费(元)			3.19	3.37	3.12	3.62
	机械费(元)			20.48	31.16	21.18	26.08
名称		单位	单价(元)	数量			
人工	综合工日	工日	80.00	2.090	2.220	2.010	2.410
材料	细白布 宽0.9m	m	10.00	0.050	0.050	0.050	0.050
	砂纸	张	1.00	0.100	0.100	0.100	0.100
	校验材料费	元	–	2.577	2.759	2.508	3.009
	其他材料费	元	–	0.010	0.010	0.010	0.010
机械	精密交/直流稳压电源	台班	14.00	0.320	0.490	0.330	0.410
	综合校验仪 D-063	台班	18.00	0.320	0.490	0.330	0.410
	数字电压表 PZ38	台班	8.00	0.170	0.330	0.210	0.240
	数字万用表 PF-56	台班	6.00	0.680	0.990	0.670	0.830
	电动综合校验台	台班	12.00	0.320	0.490	0.330	0.410
	无线电调频对讲机 C15	台班	6.00	0.160	0.170	0.160	0.190

工作内容:同前

单位:台

定额编号				5-2-24	5-2-25	5-2-26
项目				多点指示记录仪	比例积算器	开方积算器
基价(元)				**327.46**	**199.92**	**279.53**
其中	人工费(元)			280.00	166.40	221.60
	材料费(元)			5.00	3.20	4.08
	机械费(元)			42.46	30.32	53.85
名称		单位	单价(元)	数		量
人工	综合工日	工日	80.00	3.500	2.080	2.770
材料	细白布 宽0.9m	m	10.00	0.050	0.050	0.050
	砂纸	张	1.00	0.100	0.100	0.100
	校验材料费	元	–	4.389	2.591	3.469
	其他材料费	元	–	0.010	0.010	0.010
机械	精密交/直流稳压电源	台班	14.00	0.640	0.260	0.330
	综合校验仪 D-063	台班	18.00	0.640	0.260	0.330
	数字电压表 PZ38	台班	8.00	0.640	0.180	0.180
	数字万用表 PF-56	台班	6.00	1.240	0.560	0.680
	数字频率发生计数器 1070	台班	41.00	–	0.320	0.330
	脉冲计数器 PM6665/036	台班	58.00	–	–	0.330
	电动综合校验台	台班	12.00	0.640	0.260	0.330
	无线电调频对讲机 C15	台班	6.00	0.290	0.160	0.190

3. 调节单元

工作内容：设备清理、检查、表计固定、校接线、单体调试。　　　　单位：台

定额编号				5-2-27	5-2-28	5-2-29	5-2-30	5-2-31	5-2-32
项目				指示调节器	特殊功能调节器	多通道阀位跟踪调节器	SPC/DDC后备调节器	微分器	积分器
基价（元）				**504.70**	**564.50**	**668.21**	**629.29**	**136.50**	**166.48**
其中	人工费（元）			371.20	413.60	504.00	454.40	123.20	146.40
	材料费（元）			6.92	7.58	8.67	8.23	2.46	2.84
	机械费（元）			126.58	143.32	155.54	166.66	10.84	17.24
	名称	单位	单价(元)	数量					
人工	综合工日	工日	80.00	4.640	5.170	6.300	5.680	1.540	1.830
材料	细白布 宽0.9m	m	10.00	0.100	0.100	0.100	0.100	0.050	0.050
	砂纸	张	1.00	0.100	0.100	0.100	0.100	–	–
	校验材料费	元	–	5.796	6.464	7.551	7.105	1.950	2.327
	其他材料费	元	–	0.020	0.020	0.020	0.020	0.010	0.010
机械	精密交/直流稳压电源	台班	14.00	1.140	1.290	1.370	1.390	0.120	0.200
	直流电压电流发生器 2553	台班	36.00	1.140	1.290	1.370	1.110	–	–
	综合校验仪 D－063	台班	18.00	0.150	0.170	0.250	0.190	0.120	0.200
	数字电压表 PZ38	台班	8.00	1.230	1.320	1.530	1.510	–	–
	数字万用表 PF－56	台班	6.00	1.230	1.320	1.530	1.510	0.220	0.300
	精密标准电阻箱 ZX－54	台班	30.00	1.140	1.290	1.370	1.390	0.120	0.200
	多功能信号校验仪 PJN5210S	台班	75.00	–	–	–	0.280	–	–
	电动综合校验台	台班	12.00	1.140	1.290	1.370	1.390	0.120	0.200
	数字毫秒计 DM3－802H	台班	8.00	0.110	0.260	0.260	0.270	0.080	0.080
	无线电调频对讲机 C15	台班	6.00	0.150	0.170	0.250	0.190	–	–

4. 计算单元

工作内容：设备清理、检查、表计固定、校接线、单体调试。

单位：台

定额编号				5-2-33	5-2-34	5-2-35
项目				加减器	乘除器	开方器
基价（元）				**152.13**	**174.10**	**171.91**
其中	人工费（元）			121.60	141.60	134.40
	材料费（元）			2.67	3.00	3.01
	机械费（元）			27.86	29.50	34.50
名称		单位	单价(元)	数量		
人工	综合工日	工日	80.00	1.520	1.770	1.680
材料	精制螺栓 M(6～8)×(20～70)	套	0.36	2.000	2.000	2.000
	校验材料费	元	–	1.895	2.215	2.229
	其他材料费	元	–	0.050	0.060	0.060
机械	精密交/直流稳压电源	台班	14.00	0.270	0.300	0.330
	综合校验仪 D－063	台班	18.00	0.270	0.300	0.330
	数字电压表 PZ38	台班	8.00	0.550	0.650	0.750
	精密标准电阻箱 ZX－54	台班	30.00	0.270	0.300	0.400
	数字万用表 PF－56	台班	6.00	0.580	0.350	0.330
	电动综合校验台	台班	12.00	0.270	0.300	0.330

5. 转换单元

工作内容:设备清理、检查、表计固定、校接线、单体调试。　　　　　　　　　　　　　　　　单位:台

定额编号				5-2-36	5-2-37	5-2-38	5-2-39
项目				电流信号转换器	脉冲/电压转换器	频率/电流转换器	阻抗转换器
基价(元)				**135.54**	**149.79**	**92.23**	**131.12**
其中	人工费(元)			107.20	110.40	76.00	107.20
	材料费(元)			2.44	2.49	1.94	2.44
	机械费(元)			25.90	36.90	14.29	21.48
名称		单位	单价(元)	数			量
人工	综合工日	工日	80.00	1.340	1.380	0.950	1.340
材料	精制螺栓 M(6~8)×(20~70)	套	0.36	2.000	2.000	2.000	2.000
	校验材料费	元	–	1.672	1.714	1.170	1.672
	其他材料费	元	–	0.050	0.060	0.050	0.050
机械	精密交/直流稳压电源	台班	14.00	0.200	0.260	0.170	0.240
	综合校验仪 D-063	台班	18.00	0.200	–	–	0.240
	数字电压表 PZ38	台班	8.00	0.600	0.260	0.170	0.240
	精密标准电阻箱 ZX-54	台班	30.00	0.200	–	–	0.240
	数字万用表 PF-56	台班	6.00	0.250	0.300	0.200	0.300
	电动综合校验台	台班	12.00	–	–	–	0.240
	直流电压电流发生器 2553	台班	36.00	0.200	–	–	–
	脉冲信号发生器 NF-1513A	台班	14.00	–	0.260	0.170	–
	脉冲计数器 PM6665/036	台班	58.00	–	0.260	–	–
	数字频率发生计数器 1070	台班	41.00	–	0.260	0.170	–

工作内容:同前　　　　单位:台

定额编号				5-2-40	5-2-41	5-2-42
项目				函数转换器	电/气转换器	气/电转换器
基价(元)				**122.96**	**207.11**	**202.21**
其中	人工费(元)			107.20	149.60	149.60
	材料费(元)			2.44	3.10	3.10
	机械费(元)			13.32	54.41	49.51
名称		单位	单价(元)	数量		
人工	综合工日	工日	80.00	1.340	1.870	1.870
材料	仪表接头	套	–	–	(2.000)	(2.000)
	精制螺栓 M(6~8)×(20~70)	套	0.36	2.000	2.000	2.000
	校验材料费	元	–	1.672	2.327	2.327
	其他材料费	元	–	0.050	0.050	0.050
机械	精密交/直流稳压电源	台班	14.00	0.240	0.280	0.280
	综合校验仪 D-063	台班	18.00	–	0.280	–
	数字电压表 PZ38	台班	8.00	0.240	–	0.140
	数字万用表 PF-56	台班	6.00	0.300	0.340	0.340
	电动综合校验台	台班	12.00	0.240	0.280	0.280
	脉冲信号发生器 NF-1513A	台班	14.00	0.240	–	–
	电动空气压缩机 $0.6m^3/min$	台班	130.54	–	0.280	0.280
	气动综合校验台	台班	9.00	–	0.280	0.280
	手提式数字压力表 DP1-601	台班	7.00	–	0.140	–

6. 给定单元

工作内容：设备清理、检查、表计固定、校接线、单体调试。　　　　单位：台

定额编号				5-2-43	5-2-44	5-2-45	5-2-46	5-2-47	5-2-48	5-2-49
项目				恒流给定器	比值给定器	比率给定器	报警给定器	参数程序给定器	时间程序给定器	防雷栅
基价（元）				**128.72**	**133.27**	**130.61**	**146.16**	**142.29**	**146.06**	**55.54**
其中	人工费（元）			111.20	108.00	108.80	116.80	120.80	124.80	48.80
	材料费（元）			2.50	2.47	2.47	2.60	2.65	2.72	2.94
	机械费（元）			15.02	22.80	19.34	26.76	18.84	18.54	3.80
名称		单位	单价(元)	数量						
人工	综合工日	工日	80.00	1.390	1.350	1.360	1.460	1.510	1.560	0.610
材料	细白布 宽0.9m	m	10.00	–	–	–	–	–	–	0.100
	精制螺栓 M(6~8)×(20~70)	套	0.36	2.000	2.000	2.000	2.000	2.000	2.000	–
	校验材料费	元	–	1.728	1.686	1.700	1.825	1.881	1.950	1.742
	其他材料费	元	–	0.050	0.060	0.050	0.050	0.050	0.050	0.200
机械	精密交/直流稳压电源	台班	14.00	0.320	0.310	0.260	0.330	0.240	0.240	0.050
	综合校验仪 D-063	台班	18.00	0.320	0.310	0.260	0.330	0.240	0.240	–
	数字电压表 PZ38	台班	8.00	0.320	0.170	0.170	–	0.240	0.240	0.050
	数字万用表 PF-56	台班	6.00	0.370	0.370	0.310	0.390	0.340	0.290	0.200
	精密标准电阻箱 ZX-54	台班	30.00	–	0.310	0.260	0.330	0.240	0.240	0.050
	电动综合校验台	台班	12.00	–	–	–	0.330	–	–	–

7. 辅助单元

工作内容：设备清理、检查、表计固定、校接线、单体调试。

单位：台

定额编号				5-2-50	5-2-51	5-2-52	5-2-53
项目				D型操作器	安全栅	信号选择器	配电器
基价（元）				**139.75**	**48.81**	**69.05**	**96.20**
其中	人工费（元）			112.80	44.00	59.20	86.40
	材料费（元）			2.25	1.77	1.81	2.60
	机械费（元）			24.70	3.04	8.04	7.20
名称		单位	单价(元)	数量			
人工	综合工日	工日	80.00	1.410	0.550	0.740	1.080
材料	精制螺栓 M(6~8)×(20~70)	套	0.36	–	–	2.000	2.000
	真丝绸布 宽0.9m	m	19.00	–	0.050	–	–
	细白布 宽0.9m	m	10.00	0.050	–	–	0.050
	校验材料费	元	–	1.742	0.766	1.031	1.324
	其他材料费	元	–	0.010	0.050	0.060	0.060
机械	精密交/直流稳压电源	台班	14.00	0.280	0.040	0.080	0.070
	综合校验仪 D-063	台班	18.00	0.280	–	0.080	–
	数字万用表 PF-56	台班	6.00	0.240	0.160	0.140	0.200
	数字电压表 PZ38	台班	8.00	0.280	0.040	0.160	0.110
	精密标准电阻箱 ZX-54	台班	30.00	0.280	0.040	0.080	0.110
	电动综合校验台	台班	12.00	0.280	–	0.080	0.070
	无线电调频对讲机 C15	台班	6.00	0.050	–	–	–

工作内容:同前　　　　　　　　　　　　　　　　　　　　　　　　　　　　　　　　　单位:台

定额编号				5-2-54	5-2-55	5-2-56	5-2-57	5-2-58
项目				隔离器、反向器、升降器	电源箱	比例偏置器	信号限幅器	信号阻尼器
基价(元)				**41.72**	**107.06**	**54.20**	**63.38**	**47.88**
其中	人工费(元)			40.00	101.60	40.00	40.00	40.00
	材料费(元)			1.48	2.86	1.42	1.48	1.12
	机械费(元)			0.24	2.60	12.78	21.90	6.76
名称		单位	单价(元)	数量				
人工	综合工日	工日	80.00	0.500	1.270	0.500	0.500	0.500
材料	精制螺栓 M(6~8)×(20~70)	套	0.36	2.000	2.000	2.000	2.000	2.000
	细白布 宽0.9m	m	10.00	–	0.050	–	–	–
	校验材料费	元	–	0.697	1.574	0.697	0.697	0.348
	其他材料费	元	–	0.060	0.070	–	0.060	0.050
机械	数字万用表 PF-56	台班	6.00	0.040	0.100	0.230	0.230	0.100
	数字电压表 PZ38	台班	8.00	–	0.100	0.380	0.380	0.120
	精密标准电阻箱 ZX-54	台班	30.00	–	–	–	0.380	0.120
	精密交/直流稳压电源	台班	14.00	–	–	0.190	0.190	0.050
	综合校验仪 D-063	台班	18.00	–	–	0.190	0.190	0.050
	电动综合校验台	台班	12.00	–	0.100	0.190	–	–

工作内容：同前

单位：台

定额编号				5-2-59	5-2-60	5-2-61	5-2-62
项目				信号倒相器	变化率限制器	DDC 操作器	Q 型操作器
基价（元）				**51.81**	**58.16**	**199.10**	**170.00**
其中	人工费（元）			41.60	47.20	160.80	124.00
	材料费（元）			1.49	1.60	3.02	2.74
	机械费（元）			8.72	9.36	35.28	43.26
名称		单位	单价(元)	数量			
人工	综合工日	工日	80.00	0.520	0.590	2.010	1.550
材料	仪表接头	套	–	–	–	–	(2.000)
	精制螺栓 M(6~8)×(20~70)	套	0.36	2.000	2.000	–	–
	细白布 宽0.9m	m	10.00	–	–	0.050	0.080
	校验材料费	元	–	0.724	0.822	2.508	1.923
	其他材料费	元	–	0.050	0.060	0.010	0.020
机械	电动空气压缩机 0.6m³/min	台班	130.54	–	–	–	0.270
	精密交/直流稳压电源	台班	14.00	0.060	0.120	0.360	–
	综合校验仪 D-063	台班	18.00	0.060	0.120	0.360	–
	数字万用表 PF-56	台班	6.00	0.120	0.160	0.420	0.400
	数字电压表 PZ38	台班	8.00	0.160	0.120	0.720	0.360
	精密标准电阻箱 ZX-54	台班	30.00	0.160	0.120	0.360	–
	电动综合校验台	台班	12.00	–	–	0.360	–
	气动综合校验台	台班	9.00	–	–	–	0.270
	无线电调频对讲机 C15	台班	6.00	–	–	0.060	0.050

二、气动单元组合仪表

1. 变送单元

工作内容：常规检查、安装、接头安装、单体调试。　　　　单位：台

定额编号				5-2-63	5-2-64	5-2-65
项目				温度变送器	气动压力式温度变送器	压力变送器
基价（元）				**305.93**	**447.99**	**320.91**
其中	人工费（元）			232.00	315.20	240.80
	材料费（元）			9.46	21.38	9.60
	机械费（元）			64.47	111.41	70.51
名称		单位	单价(元)	数量		
人工	综合工日	工日	80.00	2.900	3.940	3.010
材料	仪表接头	套	–	(2.000)	(2.000)	(3.000)
	插座 带丝堵	套	–	–	(1.000)	–
	取源部件	套	–	–	–	(1.000)
	细白布 宽0.9m	m	10.00	0.050	0.200	0.050
	汽油 93 号	kg	10.05	0.100	0.250	0.100
	聚四氟乙烯生料带 20×0.1　180m/kg	m	0.40	0.200	0.200	0.200

续前 单位:台

定额编号				5-2-63	5-2-64	5-2-65
项目				温度变送器	气动压力式温度变送器	压力变送器
材料	尼龙扎带	根	0.71	–	10.000	–
	U型螺栓 2″×M10	套	2.18	1.000	1.000	1.000
	位号牌	个	2.00	1.000	1.000	1.000
	校验材料费	元	–	3.539	4.946	3.678
	其他材料费	元	–	0.160	0.560	0.160
机械	电动空气压缩机 0.6m^3/min	台班	130.54	0.310	0.620	0.410
	气动综合校验台	台班	9.00	0.310	0.620	0.410
	手提式数字压力表 DP1－601	台班	7.00	0.310	–	0.740
	活塞式压力计	台班	7.00	–	–	0.410
	标准压力发生器 2656	台班	15.00	–	–	0.310
	综合校验仪 D－063	台班	18.00	0.560	–	–
	温度检定炉(综合)	台班	39.00	–	0.620	–
	精密交/直流稳压电源	台班	14.00	0.310	–	–
	数字万用表 PF－56	台班	6.00	0.670	–	–
	无线电调频对讲机 C15	台班	6.00	0.100	0.120	0.100

工作内容:同前　　单位:台

定额编号				5-2-66	5-2-67	5-2-68
项目				差压变送器	单法兰液位变送器	双法兰液位变送器
基价（元）				**361.73**	**436.71**	**680.91**
其中	人工费（元）			269.60	288.80	446.40
	材料费（元）			11.55	76.68	151.49
	机械费（元）			80.58	71.23	83.02
名称		单位	单价(元)	数量		
人工	综合工日	工日	80.00	3.370	3.610	5.580
材料	仪表接头	套	–	(4.000)	(2.000)	(2.000)
	取源部件	套	–	(1.000)	–	–
	精制六角带帽螺栓 M14×75	10套	13.02	–	0.800	1.600
	细白布 宽0.9m	m	10.00	0.100	0.050	0.050
	汽油 93 号	kg	10.05	0.200	0.100	0.100
	聚四氟乙烯生料带 20×0.1　180m/kg	m	0.40	0.200	0.200	0.200

续前

单位:台

定额编号				5-2-66	5-2-67	5-2-68
项目				差压变送器	单法兰液位变送器	双法兰液位变送器
材料	尼龙扎带	根	0.71	-	-	8.000
	耐酸石棉橡胶板 综合	kg	45.88	-	1.200	2.400
	U 型螺栓 2″×M10	套	2.18	1.000	1.000	1.000
	位号牌	个	2.00	1.000	1.000	1.000
	其他材料费	元	-	0.180	1.040	2.200
	校验材料费	元	-	4.096	4.403	6.896
机械	电动空气压缩机 0.6m^3/min	台班	130.54	0.500	0.410	0.500
	气动综合校验台	台班	9.00	0.500	0.410	0.700
	手提式数字压力表 DP1-601	台班	7.00	0.900	0.740	0.900
	活塞式压力计	台班	7.00	-	0.410	-
	标准压力发生器 2656	台班	15.00	-	0.350	-
	标准差压发生器 PASHEN	台班	11.00	0.350	-	0.370
	无线电调频对讲机 C15	台班	6.00	0.110	0.120	0.180

工作内容:同前

单位:台

定额编号				5-2-69	5-2-70	5-2-71	5-2-72	5-2-73
项目				靶式流量变送器(DN mm)		内藏孔板流量变送器	浮筒液位变送器	
				100 以下	300 以下		外浮筒	内浮筒
基价(元)				**468.26**	**609.98**	**491.88**	**474.56**	**325.54**
其中	人工费(元)			281.60	366.40	304.80	341.60	236.00
	材料费(元)			119.01	175.93	119.37	90.96	47.54
	机械费(元)			67.65	67.65	67.71	42.00	42.00
名称		单位	单价(元)	数量				
人工	综合工日	工日	80.00	3.520	4.580	3.810	4.270	2.950
材料	仪表接头	套	–	(2.000)	(2.000)	(2.000)	(2.000)	(2.000)
	棉纱头	kg	6.34	0.050	0.050	0.050	0.100	0.050
	汽油 93 号	kg	10.05	0.100	0.100	0.100	0.200	0.100
	聚四氟乙烯生料带 20×0.1 180m/kg	m	0.40	0.200	0.200	0.200	0.200	0.300
	耐酸石棉橡胶板 综合	kg	45.88	2.400	3.600	2.400	1.600	0.800
	精制螺栓 M10×(20~50)	套	0.39	–	–	–	16.000	8.000
	位号牌	个	2.00	1.000	1.000	1.000	1.000	1.000
	校验材料费	元	–	4.291	5.587	4.653	5.238	3.567
	其他材料费	元	–	1.200	1.770	1.200	1.350	0.710
机械	电动空气压缩机 $0.6m^3/min$	台班	130.54	0.420	0.420	0.420	0.260	0.260
	气动综合校验台	台班	9.00	0.760	0.760	0.760	0.470	0.470
	手提式数字压力表 DP1-601	台班	7.00	0.760	0.760	0.760	0.470	0.470
	无线电调频对讲机 C15	台班	6.00	0.110	0.110	0.120	0.090	0.090

2. 显示单元

工作内容：检查、记录仪表接线、安装、接头安装、单体调试。

单位：台

定额编号				5-2-74	5-2-75	5-2-76	5-2-77	5-2-78
项目				气动积算器	指示记录仪	色带、条形指示仪	气动报警器	多针指示仪
基价（元）				**222.26**	**344.42**	**217.56**	**120.89**	**248.56**
其中	人工费（元）			174.40	232.00	168.00	102.40	184.80
	材料费（元）			3.33	4.25	3.23	2.18	3.60
	机械费（元）			44.53	108.17	46.33	16.31	60.16
名称		单位	单价（元）	数量				
人工	综合工日	工日	80.00	2.180	2.900	2.100	1.280	2.310
材料	仪表接头	套	–	(2.000)	(2.000)	(2.000)	(2.000)	(4.000)
	细白布 宽0.9m	m	10.00	0.050	0.050	0.050	0.050	0.050
	聚四氟乙烯生料带 20×0.1　180m/kg	m	0.40	0.200	0.200	0.200	0.200	0.400
	校验材料费	元	–	2.717	3.636	2.619	1.574	2.884
	其他材料费	元	–	0.030	0.030	0.030	0.030	0.060
机械	电动空气压缩机 0.6m^3/min	台班	130.54	0.200	0.460	0.200	0.070	0.260
	气动综合校验台	台班	9.00	0.200	0.460	0.200	0.070	0.260
	数字压力表 910B	台班	45.00	0.360	0.830	0.400	0.140	0.520
	数字万用表 PF－56	台班	6.00	–	0.830	–	–	–
	数字兆欧表 BM－2061000MΩ	台班	21.00	–	0.050	–	–	–
	无线电调频对讲机 C15	台班	6.00	0.070	0.100	0.070	0.040	0.080

3. 调节单元

工作内容：检查、接头或接线、安装、单体调试。

单位：台

定额编号				5-2-79	5-2-80	5-2-81	5-2-82
项目				记录、串级调节仪	指示、报警记录调节仪	指示调节仪	记录调节仪
基价（元）				606.97	590.10	611.15	650.71
其中	人工费（元）			411.20	438.40	399.20	418.40
	材料费（元）			8.08	8.46	7.85	8.14
	机械费（元）			187.69	143.24	204.10	224.17
名称		单位	单价（元）	数量			
人工	综合工日	工日	80.00	5.140	5.480	4.990	5.230
材料	仪表接头	套	–	(4.000)	(3.000)	(3.000)	(3.000)
	砂纸	张	1.00	0.500	0.500	0.500	0.500
	真丝绸布 宽0.9m	m	19.00	0.050	0.050	0.050	0.050
	聚四氟乙烯生料带 20×0.1 180m/kg	m	0.40	0.400	0.300	0.300	0.300
	校验材料费	元	–	6.367	6.799	6.186	6.478
	其他材料费	元	–	0.100	0.090	0.090	0.090
机械	电动空气压缩机 0.6m³/min	台班	130.54	0.940	0.950	0.920	0.940
	气动综合校验台	台班	9.00	0.940	0.950	0.920	0.940
	数字压力表 910B	台班	45.00	0.940	–	1.660	1.700
	数字万用表 PF-56	台班	6.00	0.500	0.300	–	–
	精密交/直流稳压电源	台班	14.00	0.300	0.300	–	0.300
	电动综合校验台	台班	12.00	0.500	0.300	–	0.940
	无线电调频对讲机 C15	台班	6.00	0.170	0.180	0.170	0.170

工作内容:同前

单位:台

定额编号				5-2-83	5-2-84	5-2-85	5-2-86
项目				微分器、积分器、比例调节器	比例积分调节仪	比例、积分、微分调节仪	计算机给定调节仪
基价(元)				**236.60**	**378.69**	**394.30**	**737.07**
其中	人工费(元)			164.00	295.20	306.40	470.40
	材料费(元)			2.71	6.02	6.19	9.46
	机械费(元)			69.89	77.47	81.71	257.21
名称		单位	单价(元)	数量			
人工	综合工日	工日	80.00	2.050	3.690	3.830	5.880
材料	仪表接头	套	–	(3.000)	(3.000)	(3.000)	(3.000)
	砂纸	张	1.00	–	0.500	0.500	1.000
	真丝绸布 宽0.9m	m	19.00	–	–	–	0.050
	细白布 宽0.9m	m	10.00	–	0.080	0.080	–
	聚四氟乙烯生料带 20×0.1 180m/kg	m	0.40	0.300	0.300	0.300	0.300
	校验材料费	元	–	2.550	4.542	4.709	7.286
	其他材料费	元	–	0.040	0.060	0.060	0.100
机械	电动空气压缩机 $0.6m^3/min$	台班	130.54	0.500	0.550	0.580	0.980
	多功能信号校验仪 PJN5210S	台班	75.00	–	–	–	0.060
	气动综合校验台	台班	9.00	0.500	0.550	0.580	0.980
	数字压力表 910B	台班	45.00	–	–	–	1.760
	数字万用表 PF-56	台班	6.00	–	–	–	1.960
	精密交/直流稳压电源	台班	14.00	–	–	–	0.500
	电动综合校验台	台班	12.00	–	–	–	0.500
	无线电调频对讲机 C15	台班	6.00	0.020	0.120	0.130	2.000

4. 计算、给定单元

工作内容：检查、安装、接头安装、单体调试。

单位：台

定额编号				5-2-87	5-2-88	5-2-89	5-2-90	5-2-91	5-2-92
项目				比值器	乘除器	加减器	定值器	参数时间定值器	电脉冲/气压转换器
基价（元）				**110.98**	**177.12**	**191.79**	**45.63**	**165.90**	**162.91**
其中	人工费（元）			42.40	89.60	104.00	35.20	80.80	101.60
	材料费（元）			1.60	2.40	2.67	0.66	1.38	2.44
	机械费（元）			66.98	85.12	85.12	9.77	83.72	58.87
名称		单位	单价(元)	数量					
人工	综合工日	工日	80.00	0.530	1.120	1.300	0.440	1.010	1.270
材料	仪表接头	套	–	(3.000)	(4.000)	(5.000)	(2.000)	(2.000)	(2.000)
	精制螺栓 M(6～8)×(20～70)	套	0.36	2.000	2.000	2.000	–	–	2.000
	聚四氟乙烯生料带 20×0.1 180m/kg	m	0.40	0.300	0.400	0.500	0.200	0.200	0.200
	校验材料费	元	–	0.669	1.421	1.644	0.557	1.282	1.560
	其他材料费	元	–	0.090	0.100	0.110	0.020	0.020	0.080
机械	电动空气压缩机 0.6m^3/min	台班	130.54	0.480	0.610	0.610	0.070	0.600	0.270
	电动综合校验台	台班	12.00	–	–	–	–	–	0.270
	气动综合校验台	台班	9.00	0.480	0.610	0.610	0.070	0.600	0.270
	数字压力表 910B	台班	45.00	–	–	–	–	–	0.270
	数字万用表 PF－56	台班	6.00	–	–	–	–	–	0.290
	脉冲信号发生器 NF－1513A	台班	14.00	–	–	–	–	–	0.290

5. 辅助单元

工作内容:检查、安装、接头安装、单体调试。　　单位:台

定额编号				5-2-93	5-2-94	5-2-95	5-2-96	5-2-97
项目				高、低值选择器	切换器	限幅器	配比器	继动器
基价(元)				**69.51**	**62.89**	**36.90**	**75.03**	**70.97**
其中	人工费(元)			53.60	51.20	25.60	57.60	54.40
	材料费(元)			1.96	1.92	1.53	2.08	4.01
	机械费(元)			13.95	9.77	9.77	15.35	12.56
名称		单位	单价(元)	数量				
人工	综合工日	工日	80.00	0.670	0.640	0.320	0.720	0.680
材料	仪表接头	套	–	(3.000)	(3.000)	(4.000)	(4.000)	(3.000)
	细白布 宽0.9m	m	10.00	0.010	0.010	0.010	0.010	0.010
	精制螺栓 M(6~8)×(20~70)	套	0.36	2.000	2.000	2.000	2.000	2.000
	聚四氟乙烯生料带 20×0.1 180m/kg	m	0.40	0.300	0.300	0.400	0.400	0.300
	位号牌	个	2.00	–	–	–	–	1.000
	校验材料费	元	–	0.933	0.892	0.446	1.003	0.947
	其他材料费	元	–	0.090	0.090	0.100	0.100	0.120
机械	电动空气压缩机 0.6m^3/min	台班	130.54	0.100	0.070	0.070	0.110	0.090
	气动综合校验台	台班	9.00	0.100	0.070	0.070	0.110	0.090

工作内容:同前　　　　单位:台

定额编号				5-2-98	5-2-99	5-2-100	5-2-101	5-2-102
项目				恒差器负荷分配器	带指示手动操作器	手/自动切换双指示操作器	Q型操作器	大流量过滤器减压阀
基价(元)				**69.65**	**138.70**	**195.85**	**198.40**	**23.53**
其中	人工费(元)			55.20	96.80	128.80	143.20	16.80
	材料费(元)			1.89	2.14	2.82	3.21	1.15
	机械费(元)			12.56	39.76	64.23	51.99	5.58
名称		单位	单价(元)	数量				
人工	综合工日	工日	80.00	0.690	1.210	1.610	1.790	0.210
材料	仪表接头	套	–	(3.000)	(2.000)	(5.000)	(8.000)	(2.000)
	细白布 宽0.9m	m	10.00	–	0.050	0.050	0.050	–
	精制螺栓 M(6~8)×(20~70)	套	0.36	2.000	–	–	–	2.000
	聚四氟乙烯生料带 20×0.1　180m/kg	m	0.40	0.300	0.200	0.500	0.800	0.200
	校验材料费	元	–	0.961	1.533	2.048	2.285	0.265
	其他材料费	元	–	0.090	0.030	0.070	0.100	0.080
机械	电动空气压缩机 0.6m^3/min	台班	130.54	0.090	0.180	0.290	0.370	0.040
	气动综合校验台	台班	9.00	0.090	0.180	0.290	0.370	0.040
	数字压力表 910B	台班	45.00	–	0.320	0.520	–	–
	无线电调频对讲机 C15	台班	6.00	–	0.040	0.060	0.060	–

工作内容:同前　　　　单位:台

定额编号				5-2-103	5-2-104	5-2-105	5-2-106
项目				过滤器减压阀	三通/六通阀	气动重复器	气动压力开关
基价(元)				**21.93**	**52.57**	**108.63**	**63.99**
其中	人工费(元)			15.20	40.80	80.80	52.00
	材料费(元)			1.15	2.00	5.39	2.22
	机械费(元)			5.58	9.77	22.44	9.77
名称		单位	单价(元)	数量			
人工	综合工日	工日	80.00	0.190	0.510	1.010	0.650
材料	仪表接头	套	–	(2.000)	(4.000)	(2.000)	(1.000)
	精制螺栓 M(6~8)×(20~70)	套	0.36	2.000	2.000	4.000	2.000
	细白布 宽0.9m	m	10.00	–	0.030	0.010	0.010
	垫片(铜)	个	0.35	–	–	1.000	1.000
	聚四氟乙烯生料带 20×0.1 180m/kg	m	0.40	0.200	0.400	0.200	0.140
	位号牌	个	2.00	–	–	1.000	–
	校验材料费	元	–	0.265	0.711	1.240	0.906
	其他材料费	元	–	0.080	0.110	0.180	0.090
机械	电动空气压缩机 0.6m^3/min	台班	130.54	0.040	0.070	0.140	0.070
	电动综合校验台	台班	12.00	–	–	0.140	–
	气动综合校验台	台班	9.00	0.040	0.070	0.140	0.070
	活塞式压力计	台班	7.00	–	–	0.140	–
	无线电调频对讲机 C15	台班	6.00	–	–	0.040	–

工作内容：同前　　　　　　　　　　　　　　　　　　　　　　　　　　　　单位：台

定额编号				5-2-107	5-2-108	5-2-109	5-2-110
项目				气动差压开关	气动电开关	配比气插座	五孔气插座
基价（元）				**67.04**	**80.38**	**38.52**	**45.36**
其中	人工费（元）			53.60	52.80	28.00	36.00
	材料费（元）			2.28	1.07	0.75	0.99
	机械费（元）			11.16	26.51	9.77	8.37
名称		单位	单价(元)	数量			
人工	综合工日	工日	80.00	0.670	0.660	0.350	0.450
材料	仪表接头	套	–	(2.000)	(1.000)	(3.000)	(5.000)
	精制螺栓 M(6~8)×(20~70)	套	0.36	2.000	–	–	–
	细白布 宽0.9m	m	10.00	0.010	0.010	0.010	0.010
	垫片(铜)	个	0.35	1.000	–	–	–
	聚四氟乙烯生料带 20×0.1　180m/kg	m	0.40	0.200	0.100	0.300	0.500
	校验材料费	元	–	0.933	0.920	0.488	0.627
	其他材料费	元	–	0.100	0.010	0.040	0.060
机械	电动空气压缩机 0.6m³/min	台班	130.54	0.080	0.190	0.070	0.060
	气动综合校验台	台班	9.00	0.080	0.190	0.070	0.060

三、组装式综合控制仪表

1. 输入输出组件

工作内容：检查、接线、单体调试、安装。

单位：件

定额编号				5-2-111	5-2-112	5-2-113
项目				积算功率驱动组件	输出转换组件	输入转换组件
基价（元）				**163.08**	**146.89**	**119.14**
其中	人工费（元）			128.80	124.80	100.00
	材料费（元）			2.44	2.37	1.94
	机械费（元）			31.84	19.72	17.20
名称		单位	单价（元）	数量		
人工	综合工日	工日	80.00	1.610	1.560	1.250
材料	真丝绸布 宽0.9m	m	19.00	0.010	0.010	0.010
	校验材料费	元	–	2.243	2.173	1.742
	其他材料费	元	–	0.010	0.010	0.010
机械	数字万用表 7151	台班	42.00	0.400	0.370	0.310
	精密交/直流稳压电源	台班	14.00	0.160	0.190	0.190
	数字电压表 PZ38	台班	8.00	0.160	0.190	0.190
	脉冲计数器 PM6665/036	台班	58.00	0.160	–	–
	脉冲信号发生器 NF－1513A	台班	14.00	0.160	–	–

工作内容:同前　　单位:件

定额编号				5-2-114	5-2-115	5-2-116
项目				脉冲转换组件	mV/V 转换组件	P/E 转换组件
基价(元)				**165.85**	**148.21**	**213.90**
其中	人工费(元)			126.40	124.80	159.20
	材料费(元)			2.40	2.37	2.97
	机械费(元)			37.05	21.04	51.73
名称		单位	单价(元)	数量		
人工	综合工日	工日	80.00	1.580	1.560	1.990
材料	真丝绸布 宽0.9m	m	19.00	0.010	0.010	0.010
	校验材料费	元	–	2.201	2.173	2.772
	其他材料费	元	–	0.010	0.010	0.010
机械	电动空气压缩机 0.6m³/min	台班	130.54	–	–	0.190
	数字万用表 7151	台班	42.00	0.380	0.370	–
	数字万用表 PF－56	台班	6.00	–	–	0.910
	数字电压表 PZ38	台班	8.00	–	0.250	–
	精密交/直流稳压电源	台班	14.00	0.190	0.250	0.190
	双线存储示波器 SR10	台班	25.00	0.190	–	–
	脉冲计数器 PM6665/036	台班	58.00	0.190	–	–
	脉冲信号发生器 NF－1513A	台班	14.00	0.190	–	–
	气动综合校验台	台班	9.00	–	–	0.190
	数字压力表 910B	台班	45.00	–	–	0.380

2. 信号处理组件

工作内容：检查、接线、单体调试、安装。　　　　单位：件

定额编号				5-2-117	5-2-118	5-2-119
项目				信号缓冲组件	斜波发生器组件	积算组件
基价（元）				**127.47**	**217.57**	**199.54**
其中	人工费（元）			107.20	164.80	142.40
	材料费（元）			2.07	3.07	2.68
	机械费（元）			18.20	49.70	54.46
名称		单位	单价(元)	数量		
人工	综合工日	工日	80.00	1.340	2.060	1.780
材料	真丝绸布 宽0.9m	m	19.00	0.010	0.010	0.010
	校验材料费	元	–	1.867	2.870	2.480
	其他材料费	元	–	0.010	0.010	0.010
机械	数字万用表 7151	台班	42.00	0.360	0.610	0.470
	精密交/直流稳压电源	台班	14.00	0.140	0.500	0.360
	数字电压表 PZ38	台班	8.00	0.140	0.610	0.470
	多踪示波器	台班	20.00	–	0.610	–
	脉冲计数器 PM6665/036	台班	58.00	–	–	0.360
	脉冲信号发生器 NF－1513A	台班	14.00	–	–	0.360

工作内容：同前　　　　单位：件

定额编号				5-2-120	5-2-121	5-2-122	5-2-123
项目				乘除/开方组件	加法/减法组件	报警组件	逻辑组件
基价（元）				**160.45**	**130.82**	**153.66**	**273.46**
其中	人工费（元）			131.20	110.40	129.60	243.20
	材料费（元）			2.49	2.12	2.46	4.02
	机械费（元）			26.76	18.30	21.60	26.24
名称		单位	单价(元)	数量			
人工	综合工日	工日	80.00	1.640	1.380	1.620	3.040
材料	真丝绸布 宽0.9m	m	19.00	0.010	0.010	0.010	0.010
	校验材料费	元	–	2.285	1.923	2.257	3.817
	其他材料费	元	–	0.010	0.010	0.010	0.010
机械	数字万用表 7151	台班	42.00	0.440	0.350	0.420	0.410
	精密交/直流稳压电源	台班	14.00	0.340	0.120	0.180	0.410
	数字电压表 PZ38	台班	8.00	0.440	0.240	0.180	0.410

3. 调节组件

工作内容：检查、接线、单体调试、安装。

单位：件

定额编号				5-2-124	5-2-125	5-2-126	5-2-127	5-2-128
项目				动态补偿组件	跟踪组件	PID 组件	多输出接口组件	声光控制组件
基价（元）				**150.95**	**127.91**	**327.48**	**412.68**	**240.57**
其中	人工费（元）			125.60	105.60	274.40	335.20	204.80
	材料费（元）			2.15	1.83	4.98	6.44	3.77
	机械费（元）			23.20	20.48	48.10	71.04	32.00
名称		单位	单价(元)	数量				
人工	综合工日	工日	80.00	1.570	1.320	3.430	4.190	2.560
材料	真丝绸布 宽0.9m	m	19.00	0.010	0.010	0.010	0.030	0.010
	校验材料费	元	–	1.950	1.630	4.779	5.838	3.567
	其他材料费	元	–	0.010	0.010	0.010	0.030	0.010
机械	数字万用表 7151	台班	42.00	0.380	0.320	0.780	1.110	0.500
	数字电压表 PZ38	台班	8.00	0.380	0.320	0.780	1.110	0.500
	精密交/直流稳压电源	台班	14.00	0.300	0.320	0.650	1.110	0.500

4. 其他组件

工作内容：检查、接线、单体调试、安装。

单位：件

定额编号				5-2-129	5-2-130	5-2-131	5-2-132
项目				电源分配组件	信号分配组件	组件盒	组件附件
基价（元）				**92.74**	**145.73**	**46.47**	**38.68**
其中	人工费（元）			76.00	120.00	41.60	8.80
	材料费（元）			1.92	2.69	4.87	29.88
	机械费（元）			14.82	23.04	-	-
名称		单位	单价(元)	数量			
人工	综合工日	工日	80.00	0.950	1.500	0.520	0.110
材料	半圆头镀锌螺栓 M(6～12)×22	套	1.45	-	-	-	20.000
	精制六角带帽螺栓 M8×(14～75)	10套	9.83	-	-	0.400	-
	铁砂布	张	0.80	-	-	0.100	-
	白布 0.9m	m^2	8.54	-	-	0.100	0.100
	真丝绸布 宽0.9m	m	19.00	0.030	0.030	-	-
	校验材料费	元	-	1.324	2.090	-	-
	其他材料费	元	-	0.030	0.030	-	0.030
机械	数字万用表 7151	台班	42.00	0.310	0.440	-	-
	数字电压表 PZ38	台班	8.00	0.120	0.360	-	-
	精密交/直流稳压电源	台班	14.00	0.060	0.120	-	-

工作内容：同前

单位：件

定额编号				5-2-133	5-2-134	5-2-135	5-2-136
项目				切换组件	给定组件	继电器组件	监控组件
基价（元）				**109.25**	**99.90**	**174.31**	**250.96**
其中	人工费（元）			88.80	79.20	149.60	216.00
	材料费（元）			2.15	1.98	3.21	4.36
	机械费（元）			18.30	18.72	21.50	30.60
名称		单位	单价(元)	数量			
人工	综合工日	工日	80.00	1.110	0.990	1.870	2.700
材料	真丝绸布 宽0.9m	m	19.00	0.030	0.030	0.030	0.030
	校验材料费	元	-	1.546	1.379	2.605	3.762
	其他材料费	元	-	0.030	0.030	0.030	0.030
机械	数字万用表 7151	台班	42.00	0.350	0.360	0.450	0.600
	数字电压表 PZ38	台班	8.00	0.240	0.240	0.220	0.360
	精密交/直流稳压电源	台班	14.00	0.120	0.120	0.060	0.180

5. 盘装仪表

工作内容：检查、接线、单体调试、安装。

单位：台

定额编号				5-2-137	5-2-138	5-2-139
项目				控制显示操作器	手操器	趋势记录仪
基价（元）				**132.63**	**98.41**	**295.66**
其中	人工费（元）			104.00	80.00	246.40
	材料费（元）			2.41	1.99	4.86
	机械费（元）			26.22	16.42	44.40
名称		单位	单价(元)	数量		
人工	综合工日	工日	80.00	1.300	1.000	3.080
材料	真丝绸布 宽0.9m	m	19.00	0.030	0.030	0.050
	校验材料费	元	–	1.811	1.393	3.859
	其他材料费	元	–	0.030	0.030	0.050
机械	综合校验仪 D－063	台班	18.00	0.160	0.100	0.290
	数字万用表 7151	台班	42.00	0.370	0.230	0.620
	数字电压表 PZ38	台班	8.00	0.330	0.230	0.620
	精密交/直流稳压电源	台班	14.00	0.300	0.180	0.460
	无线电调频对讲机 C15	台班	6.00	0.160	0.100	0.290

工作内容:同前

单位:台

定额编号				5-2-140	5-2-141	5-2-142
项目				三笔/四笔记录仪	单、双针记录仪	单、双针指示仪
基价（元）				**261.09**	**168.10**	**163.77**
其中	人工费（元）			219.20	133.60	134.40
	材料费（元）			4.43	3.08	3.09
	机械费（元）			37.46	31.42	26.28
名称		单位	单价(元)	数量		
人工	综合工日	工日	80.00	2.740	1.670	1.680
材料	真丝绸布 宽0.9m	m	19.00	0.050	0.050	0.050
	校验材料费	元	–	3.427	2.076	2.090
	其他材料费	元	–	0.050	0.050	0.050
机械	综合校验仪 D-063	台班	18.00	0.250	0.200	0.190
	数字万用表 7151	台班	42.00	0.520	0.430	0.320
	数字电压表 PZ38	台班	8.00	0.520	0.650	0.720
	精密交/直流稳压电源	台班	14.00	0.390	0.240	0.180
	无线电调频对讲机 C15	台班	6.00	0.250	0.200	0.190

四、基地式调节仪表

工作内容:检查、接线、安装、单体调试。

单位:台

定额编号				5-2-143	5-2-144	5-2-145
项目				电动调节器		
				简易式调节器	PID 调节器	时间比例调节器
基价(元)				**212.67**	**366.15**	**213.54**
其中	人工费(元)			180.80	324.80	188.00
	材料费(元)			6.54	8.82	6.56
	机械费(元)			25.33	32.53	18.98
名称		单位	单价(元)	数量		
人工	综合工日	工日	80.00	2.260	4.060	2.350
材料	精制螺栓 M(6~8)×(20~70)	套	0.36	2.000	2.000	2.000
	细白布 宽0.9m	m	10.00	0.100	0.100	0.100
	位号牌	个	2.00	1.000	1.000	1.000
	校验材料费	元	–	2.717	5.002	2.842
	其他材料费	元	–	0.100	0.100	–
机械	电动综合校验台	台班	12.00	0.310	0.600	0.310
	综合校验仪 D-063	台班	18.00	–	0.500	0.310
	手提式数字压力表 DP1-601	台班	7.00	0.750	0.750	0.800
	精密标准电阻箱 ZX-54	台班	30.00	0.310	–	–
	标准电阻箱 ZX-25	台班	10.00	0.310	–	–
	数字万用表 PF-56	台班	6.00	0.590	0.780	0.610
	脉冲计数器 PM6665/036	台班	58.00	–	0.100	–
	无线电调频对讲机 C15	台班	6.00	0.070	0.100	0.070

工作内容:同前　　　　单位:台

定额编号				5-2-146	5-2-147	5-2-148	5-2-149
项目				电动调节器		指示记录式气动调节器	
				配比调节器	程序控制调节器	盘上	支架上
基价(元)				**359.54**	**376.22**	**526.02**	**540.79**
其中	人工费(元)			321.60	342.40	378.40	392.00
	材料费(元)			8.82	9.10	9.02	9.98
	机械费(元)			29.12	24.72	138.60	138.81
名称		单位	单价(元)	数		量	
人工	综合工日	工日	80.00	4.020	4.280	4.730	4.900
材料	仪表接头	套	-	-	-	(3.000)	(3.000)
	精制螺栓 M(6~8)×(20~70)	套	0.36	2.000	2.000	-	2.000
	细白布 宽0.9m	m	10.00	0.100	0.100	0.100	0.100
	聚四氟乙烯生料带 20×0.1　180m/kg	m	0.40	-	-	0.250	0.250
	位号牌	个	2.00	1.000	1.000	1.000	1.000
	校验材料费	元	-	5.002	5.280	5.851	6.033
	其他材料费	元	-	0.100	0.100	0.070	0.130
机械	电动空气压缩机 0.6m^3/min	台班	130.54	-	-	0.890	0.890
	电动综合校验台	台班	12.00	0.600	0.630	-	-
	气动综合校验台	台班	9.00	-	-	0.890	0.890
	综合校验仪 D-063	台班	18.00	0.600	0.630	-	-
	活塞式压力计	台班	7.00	-	-	0.710	0.740
	手提式数字压力表 DP1-601	台班	7.00	0.800	-	0.740	0.740
	数字万用表 PF-56	台班	6.00	0.780	0.830	0.550	0.550
	无线电调频对讲机 C15	台班	6.00	0.140	0.140	0.160	0.160

五、执行仪表

1. 执行机构

工作内容：检查、接线、单元检查、功能试验、安装或配合安装、单体调试。　　单位：台

定额编号				5-2-150	5-2-151	5-2-152	5-2-153
项目				电信号气动长行程执行机构	气动长行程执行机构	气动活塞式执行机构	气动薄膜执行机构
基价（元）				**426.47**	**398.92**	**261.96**	**135.24**
其中	人工费（元）			344.80	313.60	208.00	84.80
	材料费（元）			15.54	22.66	9.62	5.92
	机械费（元）			66.13	62.66	44.34	44.52
名称		单位	单价(元)	数量			
人工	综合工日	工日	80.00	4.310	3.920	2.600	1.060
材料	仪表接头	套	–	(2.000)	(2.000)	(2.000)	(1.000)
	棉纱头	kg	6.34	0.150	0.150	0.150	0.100
	汽油 93 号	kg	10.05	0.300	0.300	0.300	0.200
	膨胀螺栓 M10	套	1.76	2.000	2.000	–	–

续前

单位:台

定　额　编　号				5-2-150	5-2-151	5-2-152	5-2-153
项　目				电信号气动长行程执行机构	气动长行程执行机构	气动活塞式执行机构	气动薄膜执行机构
材料	精制六角螺栓 M20×60	套	3.68	–	2.000	–	–
	位号牌	个	2.00	1.000	1.000	1.000	1.000
	电	kW·h	0.85	0.500	0.500	–	–
	校验材料费	元	–	5.322	4.820	3.539	1.198
	其他材料费	元	–	0.310	0.570	0.110	0.080
机械	载货汽车 4t	台班	466.52	0.010	0.010	0.010	0.010
	电动空气压缩机 $0.6m^3/min$	台班	130.54	0.360	0.410	0.280	0.280
	气动综合校验台	台班	9.00	0.270	0.410	0.280	0.280
	综合校验仪 D－063	台班	18.00	0.350	–	–	–
	数字万用表 PF－56	台班	6.00	0.350	–	–	–
	数字电压表 PZ38	台班	8.00	0.350	–	–	–
	无线电调频对讲机 C15	台班	6.00	0.140	0.130	0.100	0.130

工作内容:同前

单位:台

定额编号				5-2-154	5-2-155	5-2-156	5-2-157
项目				电动直行程执行机构	电动角行程执行机构		智能执行机构
					250N·m 以下	250N·m 以上	
基价(元)				**193.98**	**288.27**	**306.90**	**376.83**
其中	人工费(元)			172.00	252.80	271.20	335.20
	材料费(元)			7.34	20.83	21.06	9.94
	机械费(元)			14.64	14.64	14.64	31.69
名称		单位	单价(元)	数量			
人工	综合工日	工日	80.00	2.150	3.160	3.390	4.190
材料	连杆组件	套	–	(1.000)	(1.000)	(1.000)	–
	棉纱头	kg	6.34	0.100	0.100	0.100	0.100
	汽油 93 号	kg	10.05	0.200	0.200	0.200	0.200
	膨胀螺栓 M10	套	1.76	–	2.000	2.000	–
	精制六角螺栓 M20×60	套	3.68	–	2.000	2.000	–
	位号牌	个	2.00	1.000	1.000	1.000	1.000
	电	kW·h	0.85	–	1.000	1.000	–
	校验材料费	元	–	2.619	3.901	4.124	5.211
	其他材料费	元	–	0.080	0.550	0.560	0.080
机械	载货汽车 2.5t	台班	398.80	0.010	0.010	0.010	–
	综合校验仪 D-063	台班	18.00	0.280	0.280	0.280	0.660
	精密交/直流稳压电源	台班	14.00	0.240	0.240	0.240	0.590
	数字万用表 PF-56	台班	6.00	0.130	0.130	0.130	0.700
	数字兆欧表 BM-2061000MΩ	台班	21.00	0.050	0.050	0.050	0.050
	数字电压表 PZ38	台班	8.00	–	–	–	0.660
	无线电调频对讲机 C15	台班	6.00	0.070	0.070	0.070	0.170

工作内容:同前　　　　单位:台

定额编号				5-2-158	5-2-159	5-2-160
项目				液动执行机构		
				直柄式	双侧直柄式	曲柄式
基价(元)				**398.85**	**436.77**	**443.43**
其中	人工费(元)			362.40	378.40	397.60
	材料费(元)			36.45	58.37	45.83
	机械费(元)			–	–	–
名称		单位	单价(元)	数量		
人工	综合工日	工日	80.00	4.530	4.730	4.970
材料	仪表接头	套	–	(2.000)	(4.000)	(2.000)
	棉纱头	kg	6.34	0.500	0.700	0.600
	汽油 93 号	kg	10.05	1.000	1.500	1.800
	精制六角螺栓 M20×60	套	3.68	4.000	8.000	4.000
	位号牌	个	2.00	1.000	1.000	1.000
	校验材料费	元	–	5.670	5.921	6.228
	其他材料费	元	–	0.840	1.500	0.990

2. 调节阀

工作内容:检查、接线或接管、调整、接地。　　单位:台

定额编号				5-2-161	5-2-162	5-2-163	5-2-164	5-2-165	5-2-166	5-2-167
项目				气动活塞式调节阀	气动薄膜调节阀	电动调节阀	气动切断阀	智能调节阀	管道上安装电磁阀	伺服放大器
基价（元）				**394.46**	**332.91**	**390.17**	**394.46**	**656.56**	**228.36**	**136.99**
其中	人工费（元）			296.00	233.60	304.80	296.00	563.20	188.00	122.40
	材料费（元）			12.07	7.97	16.59	12.07	20.69	14.86	3.19
	机械费（元）			86.39	91.34	68.78	86.39	72.67	25.50	11.40
名称		单位	单价(元)	数量						
人工	综合工日	工日	80.00	3.700	2.920	3.810	3.700	7.040	2.350	1.530
材料	仪表接头	套	–	(2.000)	(1.000)	–	(1.000)	–	–	–
	铜芯聚氯乙烯绝缘线 BV10	km	7743.00	–	–	0.001	–	0.001	0.001	–
	棉纱头	kg	6.34	0.150	0.060	0.060	0.150	0.060	0.050	–
	汽油 93 号	kg	10.05	0.300	0.100	0.100	0.300	0.100	0.100	–
	半圆头镀锌螺栓 (2～5)×(15～50)	套	0.31	–	–	–	–	–	–	4.000
	聚四氟乙烯生料带 20×0.1　180m/kg	m	0.40	–	0.100	–	–	–	–	–
	位号牌	个	2.00	1.000	1.000	1.000	1.000	1.000	1.000	–

续前

单位:台

定额编号				5-2-161	5-2-162	5-2-163	5-2-164	5-2-165	5-2-166	5-2-167
项目				气动活塞式调节阀	气动薄膜调节阀	电动调节阀	气动切断阀	智能调节阀	管道上安装电磁阀	伺服放大器
材料	校验材料费	元	-	5.991	4.472	4.681	5.991	8.777	2.842	1.895
	其他材料费	元	-	0.110	0.070	0.780	0.110	0.780	0.950	0.050
机械	载货汽车 4t	台班	466.52	0.030	0.020	0.020	0.030	0.020	0.020	-
	电动空气压缩机 0.6m^3/min	台班	130.54	0.200	0.290	-	0.200	-	-	-
	试压泵 30MPa	台班	149.39	0.170	0.170	0.170	0.170	0.120	-	-
	汽车式起重机 8t	台班	728.19	0.020	0.020	0.020	0.020	0.020	0.010	-
	综合校验仪 D-063	台班	18.00	-	-	0.320	-	0.500	-	0.230
	气动综合校验台	台班	9.00	0.570	0.350	-	0.570	-	-	-
	电动综合校验台	台班	12.00	-	-	0.290	-	0.460	0.280	0.230
	精密交/直流稳压电源	台班	14.00	-	-	0.260	-	0.460	0.200	0.180
	数字万用表 PF-56	台班	6.00	-	-	0.320	-	0.500	0.100	0.220
	数字电压表 PZ38	台班	8.00	-	-	0.320	-	0.500	-	-
	数字兆欧表 BM-2061000MΩ	台班	21.00	-	-	0.050	-	0.050	0.050	-
	数字毫秒计 DM3-802H	台班	8.00	0.060	0.040	0.030	0.060	0.050	-	-
	无线电调频对讲机 C15	台班	6.00	0.120	0.120	0.140	0.120	0.240	0.180	0.110

工作内容:同前

单位:台

定额编号				5-2-168	5-2-169	5-2-170	5-2-171	5-2-172
项目				阀门检查接线				防爆阀门控制箱
				气动蝶阀	电动蝶阀	多通电动阀	多通电磁阀	
基价(元)				**111.34**	**75.19**	**77.20**	**62.21**	**157.25**
其中	人工费(元)			80.80	59.20	63.20	49.60	133.60
	材料费(元)			1.87	9.58	9.65	9.42	20.92
	机械费(元)			28.67	6.41	4.35	3.19	2.73
名称		单位	单价(元)	数量				
人工	综合工日	工日	80.00	1.010	0.740	0.790	0.620	1.670
材料	仪表接头	套	–	(4.000)	–	–	–	(3.000)
	聚四氟乙烯生料带 20×0.1 180m/kg	m	0.40	0.150	–	–	–	–
	细白布 宽0.9m	m	10.00	0.050	–	–	–	0.200
	铜芯聚氯乙烯绝缘线 BV10	km	7743.00	–	0.001	0.001	0.001	0.002
	校验材料费	元	–	1.282	0.933	1.003	0.780	2.048
	其他材料费	元	–	0.030	0.900	0.900	0.900	1.390
机械	电动空气压缩机 $0.6m^3/min$	台班	130.54	0.210	–	–	–	–
	综合校验仪 D-063	台班	18.00	–	0.130	–	–	–
	数字电压表 PZ38	台班	8.00	–	0.160	0.180	0.110	0.120
	数字万用表 PF-56	台班	6.00	–	0.160	0.180	0.110	0.120
	数字兆欧表 BM-2061000MΩ	台班	21.00	–	0.050	0.050	0.050	0.050
	无线电调频对讲机 C15	台班	6.00	0.210	0.130	0.130	0.100	–

3. 直接作用调节阀

工作内容：清理、检查、单体调试、安装。　　　　单位：台

定额编号				5-2-173	5-2-174	5-2-175	5-2-176
项目				自力式压力调节阀		自力式流量调节阀	自力式温度调节阀
				重锤式	带指挥器		
基价（元）				**149.60**	**175.65**	**222.86**	**227.66**
其中	人工费（元）			142.40	168.00	214.40	212.80
	材料费（元）			7.20	7.65	8.46	14.86
	机械费（元）			–	–	–	–
名称		单位	单价（元）	数量			
人工	综合工日	工日	80.00	1.780	2.100	2.680	2.660
材料	仪表接头	套	–	(1.000)	(5.000)	(5.000)	(1.000)
	插座 带丝堵	套	–	–	–	–	(1.000)
	棉纱头	kg	6.34	0.100	0.100	0.100	0.200
	汽油 93 号	kg	10.05	0.200	0.200	0.200	0.400
	尼龙扎带	根	0.71	–	–	–	5.000
	位号牌	个	2.00	1.000	1.000	1.000	1.000
	校验材料费	元	–	2.480	2.926	3.734	3.706
	其他材料费	元	–	0.080	0.080	0.080	0.320

4. 执行仪表附件

单位:台(只)

定额编号				5-2-177	5-2-178	5-2-179	5-2-180	5-2-181	5-2-182	5-2-183
项目				电/气阀门定位器	气动阀门定位器	气控气阀	电控气阀	电磁换气阀	电磁阀(双线圈)	气路二位多通电磁阀
基价(元)				**129.64**	**187.73**	**66.82**	**67.01**	**61.57**	**99.68**	**66.44**
其中	人工费(元)			93.60	142.40	54.40	53.60	44.80	73.20	48.80
	材料费(元)			4.08	4.86	1.26	1.24	1.02	2.85	1.89
	机械费(元)			31.96	40.47	11.16	12.17	15.75	23.63	15.75
名称		单位	单价(元)	数量						
人工	综合工日	工日	80.00	1.170	1.780	0.680	0.670	0.560	0.915	0.610
材料	仪表接头	套	–	(2.000)	(2.000)	(3.000)	(2.000)	(2.000)	(2.000)	(4.000)
	细白布 宽0.9m	m	10.00	0.050	0.050	0.020	0.020	0.020	0.150	0.100
	聚四氟乙烯生料带 20×0.1 180m/kg	m	0.40	0.200	0.200	0.200	0.200	0.200	0.450	0.300
	位号牌	个	2.00	1.000	1.000	–	–	–	–	–
	校验材料费	元	–	1.435	2.215	0.947	0.933	0.711	1.086	0.724
	其他材料费	元	–	0.060	0.060	0.030	0.030	0.030	0.080	0.050
机械	电动空气压缩机 0.6m^3/min	台班	130.54	0.180	0.290	0.080	0.070	0.100	0.150	0.100
	综合校验仪 D-063	台班	18.00	0.180	–	–	–	–	–	–
	电动综合校验台	台班	12.00	0.180	–	–	0.070	0.100	0.150	0.100
	气动综合校验台	台班	9.00	0.180	0.290	0.080	0.070	0.100	0.150	0.100
	数字万用表 PF-56	台班	6.00	0.240	–	–	0.260	0.100	0.150	0.100

单位:台(只)

定额编号				5-2-184	5-2-185	5-2-186	5-2-187	5-2-188
项目				三断自锁装置	气动保位阀安保器	阀位传送器	限位/微动开关	趋近开关
基价(元)				**143.06**	**66.96**	**96.16**	**31.01**	**43.44**
其中	人工费(元)			107.20	48.80	85.60	28.00	40.00
	材料费(元)			2.78	1.42	1.32	0.69	0.76
	机械费(元)			33.08	16.74	9.24	2.32	2.68
名称		单位	单价(元)	数		量		
人工	综合工日	工日	80.00	1.340	0.610	1.070	0.350	0.500
材料	仪表接头	套	–	(4.000)	(2.000)	–	–	–
	真丝绸布 宽0.9m	m	19.00	0.050	0.030	–	0.010	0.010
	聚四氟乙烯生料带 20×0.1 180m/kg	m	0.40	0.200	0.100	–	–	–
	校验材料费	元	–	1.700	0.766	1.324	0.488	0.557
	其他材料费	元	–	0.050	0.040	–	0.010	0.010
机械	电动空气压缩机 0.6m^3/min	台班	130.54	0.210	0.120	–	–	–
	综合校验仪 D-063	台班	18.00	–	–	0.210	–	–
	电动综合校验台	台班	12.00	0.210	–	0.210	0.080	0.080
	气动综合校验台	台班	9.00	0.210	0.120	–	–	–
	数字万用表 PF-56	台班	6.00	0.210	–	0.210	0.080	0.100
	数字电压表 PZ38	台班	8.00	–	–	0.210	–	0.080
	数字毫秒计 DM3-802H	台班	8.00	–	–	–	0.050	–
	无线电调频对讲机 C15	台班	6.00	–	–	–	0.080	0.080

六、仪表回路模拟试验

1. 检测回路

工作内容:管路线路检查,单元仪表检查、设定、排错、模拟试验。　　单位:套

定额编号				5-2-189	5-2-190	5-2-191	5-2-192	5-2-193	5-2-194
项目				温度回路	压力回路	流量 差压回路	多点检测回路(点内)		
							20	60	100
基价(元)				**145.99**	**189.50**	**200.96**	**359.42**	**421.08**	**517.51**
其中	人工费(元)			131.20	164.00	175.20	316.00	359.20	438.40
	材料费(元)			1.94	2.45	2.63	4.83	5.48	6.66
	机械费(元)			12.85	23.05	23.13	38.59	56.40	72.45
	名称	单位	单价(元)	数量					
人工	综合工日	工日	80.00	1.640	2.050	2.190	3.950	4.490	5.480
材料	校验材料费	元	–	1.937	2.452	2.633	4.834	5.475	6.659
机械	综合校验仪 D-063	台班	18.00	0.320	0.370	0.400	–	–	–
	多功能信号校验仪 PJN5210S	台班	75.00	–	–	–	0.360	0.530	0.700
	数字万用表 PF-56	台班	6.00	0.230	0.360	0.390	0.600	0.930	0.740
	数字电压表 PZ38	台班	8.00	0.250	0.370	0.400	0.360	0.530	0.700
	手提式数字压力表 DP1-601	台班	7.00	–	0.370	0.400	–	–	–
	标准压力发生器 2656	台班	15.00	–	0.370	–	–	–	–
	标准差压发生器 PASHEN	台班	11.00	–	–	0.400	–	–	–
	接地电阻测试仪 DET-3/2	台班	50.00	0.020	0.020	0.020	0.030	0.040	0.050
	标准电阻箱 ZX-25	台班	10.00	0.070	–	–	0.100	0.120	0.120
	数字兆欧表 BM-2061000MΩ	台班	21.00	0.030	0.030	0.030	0.030	0.030	0.050
	无线电调频对讲机 C15	台班	6.00	0.230	0.250	0.260	0.330	0.500	0.860

2. 调节回路

工作内容：管路线路检查，单元仪表检查、设定、排错、模拟试验。

单位：套

定额编号					5-2-195	5-2-196	5-2-197	5-2-198
项目					简单回路	复杂回路		手操回路
						双回路	多回路	
基价（元）					**362.42**	**538.55**	**809.37**	**149.35**
其中	人工费（元）				305.60	450.40	676.00	133.60
	材料费（元）				4.70	7.13	13.24	1.98
	机械费（元）				52.12	81.02	120.13	13.77
名称		单位	单价(元)		数量			
人工	综合工日	工日	80.00		3.820	5.630	8.450	1.670
材料	校验材料费	元	-		4.695	7.133	13.235	1.978
机械	多功能信号校验仪 PJN5210S	台班	75.00		0.510	0.810	1.220	-
	综合校验仪 D-063	台班	18.00		-	-	-	0.250
	数字万用表 PF-56	台班	6.00		0.560	0.860	1.290	0.390
	数字电压表 PZ38	台班	8.00		0.560	0.860	1.290	0.390
	数字兆欧表 BM-2061000MΩ	台班	21.00		0.050	0.050	0.050	0.050
	标准电阻箱 ZX-25	台班	10.00		0.080	0.100	0.100	0.050
	接地电阻测试仪 DET-3/2	台班	50.00		0.020	0.030	0.030	0.020
	无线电调频对讲机 C15	台班	6.00		0.530	0.780	1.170	0.210

第三章　集中检测装置及仪表

说　　明

一、本章适用范围:

1. 机械量仪表:测厚、测宽、张力、金属、旋转机械检测仪表。称重仪表及称重标定、皮带跑偏、打滑检测。

2. 过程在线分析仪表:电化学式、热学式、磁导式、红外线分析、光电比色分析、工业色谱分析、质谱仪、可燃气体热值指数仪、水质分析、物性分析、特殊预处理装置、分析柜、分析小屋及附件安装。

3. 气象环保检测、风向、风速、雨量、日照、飘尘。

二、本章包括以下工作内容:准备、开箱、设备清点、搬运、校接线、成套仪表安装、附属件安装、常规检查、单元检查、功能测试、设备接地、整套系统试验、配合单机试运转、记录。除此之外,还包括如下内容:

1. 配合对机械量仪表探头或传感器、传动机构、测量架、皮带秤称量框及托辊清点、安装和安全防护等。

2. 成套分析仪表探头、通用预处理装置、转换装置、显示仪表安装及取样部件提供、清洗、保管。

3. 分析系统数据处理和控制设备调试、接口试验。

4. 分析仪表校验用标准样品标定。

5. 分析小屋或柜组装、安全防护、接地、接地电阻测试。

6. 称重装置:

(1)电子秤调试:调试准备,机械部分检查与调整,检测元件、二次仪表的安装,单元调试,静态系统调试、记录整理；

(2)电子秤标定Ⅰ:标定准备、空秤零点调整、动态称量、鉴别力、重复性、超负荷检定、记录整理；

(3)电子秤标定Ⅱ:标定准备、装卸砝码、加减物料、空秤零点调整、动态称量、鉴别力、重复性、超负荷检定、记录整理。

三、不包括的内容：

1. 设备支架、支座制作安装。

2. 在管道上开孔焊接取源、取样部件或法兰。

3. 校验用标准气样的配制。

4. 分析系统需配置的冷却器、水封及其他辅助容器的制作和安装。

5. 分析小屋及分析柜通风、空调、管路、电缆、阀安装及底座、轨道制作安装,小屋或柜密封、试压、开孔、改造室内支架、台架制作、安装。

6. 气象环保仪表的立杆、拉线、检修平台安装。

7. 称重装置：

(1) 电子秤标定Ⅰ未包括机械专业配合装卸砝码、加减物料等工作；

(2) 砝码、检衡车的租赁费、运输及其所发生的人工费；

(3) 实物的购置费、运输费及其所发生的人工费,火车头的台班费。

四、其他：

1. 水质分析中缩写字母表示：

ORP:氧化还原电位值；

TOD:总需氧量；

COD:化学需氧量。

2. 本章所列项目为成套装置,除以上说明外,不能分开计算工程量。

3. 连铸、炼钢车间的吊车秤标定时,人工费增加 25% 。

4. 标定次数按平均 3 次已综合考虑。

5. 标定电子秤时,皮带长度因素已综合考虑。

一、机械量仪表

1. 测厚测宽装置

工作内容:配合开箱检查、运输、安装、接线、常规检查、单元检查、功能检查、设备接地、整机系统调试。 单位:套

定额编号				5-3-1	5-3-2	5-3-3	5-3-4	5-3-5	5-3-6
项目				接触式测厚仪	同位素测厚仪（直接测量）	同位素测厚仪带C形架		金属检测装置（同位素式）	金属检测装置（光电式）
						100kg 以下	100kg 以上		
基价（元）				**2336.35**	**4655.99**	**5320.20**	**6947.50**	**1399.02**	**581.30**
其中	人工费（元）			2131.20	4243.20	4868.80	6438.40	1232.56	467.68
	材料费（元）			45.09	82.57	100.88	129.84	87.44	75.00
	机械费（元）			160.06	330.22	350.52	379.26	79.02	38.62
名称		单位	单价(元)	数量					
人工	综合工日	工日	80.00	26.640	53.040	60.860	80.480	15.407	5.846
材料	棉纱头	kg	6.34	–	–	0.500	1.000	–	–
	汽油 93 号	kg	10.05	–	–	0.500	0.500	–	–
	铜芯聚氯乙烯绝缘线 BV10	km	7743.00	0.001	0.001	0.001	0.001	0.001	0.001
	细白布 宽 0.9m	m	10.00	0.100	0.300	0.300	0.300	0.300	0.300
	塑料带 20mm×40m	卷	9.98	–	–	–	–	0.060	0.050

续前

单位:套

定额编号				5-3-1	5-3-2	5-3-3	5-3-4	5-3-5	5-3-6
项目				接触式测厚仪	同位素测厚仪（直接测量）	同位素测厚仪带C形架		金属检测装置（同位素式）	金属检测装置（光电式）
						100kg以下	100kg以上		
材料	铜接线端子 PT－10mm²	个	5.59	–	–	–	–	8.800	8.800
	橡胶护套管	m	21.23	–	–	–	–	0.264	0.264
	真丝绸布 宽0.9m	m	19.00	–	0.100	0.100	0.100	–	–
	位号牌	个	2.00	1.000	1.000	1.000	1.000	–	–
	电	kW·h	0.85	–	–	–	1.500	–	–
	校验材料费	元	–	33.409	66.846	76.751	101.091	20.180	7.870
	其他材料费	元	–	0.940	1.080	1.290	1.470	1.120	1.090
机械	线号标签印字机	台班	38.45	–	–	–	–	0.040	0.040
	综合校验仪 D－063	台班	18.00	3.000	7.830	8.330	9.000	1.640	0.660
	数字万用表 PF－56	台班	6.00	6.200	11.750	12.450	13.500	2.470	0.990
	数字电压表 PZ38	台班	8.00	6.200	11.750	12.450	13.500	2.470	0.990
	数字兆欧表 BM－2061000MΩ	台班	21.00	0.060	0.060	0.060	0.060	0.060	0.060
	无线电调频对讲机 C15	台班	6.00	3.000	3.920	4.170	4.500	2.020	1.680

工作内容:同前　　　　单位:套

定额编号				5-3-7	5-3-8	5-3-9	5-3-10
项目				电容/光电式厚度检测装置	宽度检测装置	辊缝检测	焊缝检测
基价(元)				**2425.64**	**6878.09**	**3157.99**	**1392.94**
其中	人工费(元)			2175.20	6389.60	2867.20	1075.20
	材料费(元)			50.31	112.27	46.95	52.96
	机械费(元)			200.13	376.22	243.84	264.78
名称		单位	单价(元)	数量			
人工	综合工日	工日	80.00	27.190	79.870	35.840	13.440
材料	铜芯聚氯乙烯绝缘线 BV10	km	7743.00	0.001	0.001	-	-
	裸铜绞线 不分规格	m	38.00	-	-	0.800	0.800
	六角带帽螺栓镀锌带弹簧垫 M10×(35~75)	套	0.79	-	-	-	12.000
	六角带帽螺栓镀锌带弹簧垫 M20×(75~110)	套	1.12	-	-	2.000	-
	六角带帽螺栓镀锌带弹簧垫 M12×(14~75)	套	0.79	-	-	4.000	-
	棉纱头	kg	6.34	-	-	0.200	0.200
	电焊条 结 422 ϕ2.5	kg	5.04	-	-	0.300	0.500

续前

单位:套

定额编号				5-3-7	5-3-8	5-3-9	5-3-10
项目				电容/光电式厚度检测装置	宽度检测装置	辊缝检测	焊缝检测
材料	乙炔气	m^3	25.20	–	–	0.090	0.220
	氧气	m^3	3.60	–	–	0.200	0.500
	细白布 宽0.9m	m	10.00	0.100	0.100	–	–
	真丝绸布 宽0.9m	m	19.00	0.100	–	–	–
	位号牌	个	2.00	1.000	1.000	–	–
	电	kW·h	0.85	3.000	–	–	–
	校验材料费	元	–	34.022	100.575	4.380	1.500
	其他材料费	元	–	1.090	0.950	1.000	0.450
机械	直流弧焊机 20kW	台班	209.44	–	–	0.400	0.500
	综合校验仪 D-063	台班	18.00	3.900	8.580	3.000	3.000
	数字万用表 PF-56	台班	6.00	7.920	13.600	6.200	6.200
	数字电压表 PZ38	台班	8.00	7.920	13.600	6.200	6.200
	数字兆欧表 BM-2061000MΩ	台班	21.00	0.050	0.060	0.060	0.060
	无线电调频对讲机 C15	台班	6.00	3.000	5.020	3.000	3.000

2. 旋转机械检测仪表

单位：套.

定额编号				5-3-11	5-3-12	5-3-13	5-3-14	5-3-15	5-3-16	5-3-17
项目				挠度检测	轴位移量检测	张力检测装置	热膨胀检测	转速检测	振动检测	旋转机械检测仪表（直线位移检测传感器）
基价（元）				**866.44**	**870.21**	**1632.79**	**868.11**	**787.12**	**1026.69**	**301.69**
其中	人工费（元）			782.40	810.40	1388.80	807.20	633.60	868.80	237.44
	材料费（元）			15.43	15.80	101.10	15.74	13.00	16.71	39.56
	机械费（元）			68.61	44.01	142.89	45.17	140.52	141.18	24.69
名称		单位	单价(元)	数量						
人工	综合工日	工日	80.00	9.780	10.130	17.360	10.090	7.920	10.860	2.968
材料	裸铜绞线 不分规格	m	38.00	–	–	0.800	–	–	–	–
	塑料带 20mm×40m	卷	9.98	–	–	–	–	–	–	0.030
	半圆头镀锌螺栓 (2~5)×(15~50)	套	0.31	–	–	–	–	–	–	10.200
	铜接线端子 PT－10mm^2	个	5.59	–	–	–	–	–	–	4.400
	橡胶护套管	m	21.23	–	–	–	–	–	–	0.132
	破布	kg	4.50	–	–	0.200	–	–	–	–

续前

单位:套

定额编号				5-3-11	5-3-12	5-3-13	5-3-14	5-3-15	5-3-16	5-3-17
项目				挠度检测	轴位移量检测	张力检测装置	热膨胀检测	转速检测	振动检测	旋转机械检测仪表(直线位移检测传感器)
材料	细白布 宽0.9m	m	10.00	0.100	0.100	–	0.100	0.100	0.100	0.100
	位号牌	个	2.00	1.000	1.000	1.000	1.000	1.000	1.000	1.000
	校验材料费	元	–	12.386	12.748	67.800	12.692	9.947	13.667	5.270
	其他材料费	元	–	0.040	0.050	–	0.050	0.050	0.040	0.430
机械	综合校验仪 D–063	台班	18.00	1.330	–	2.500	–	–	–	–
	数字万用表 PF–56	台班	6.00	2.580	2.370	5.820	2.440	1.820	2.370	0.608
	数字电压表 PZ38	台班	8.00	2.580	2.370	5.820	2.440	1.820	2.370	0.608
	数字兆欧表 BM–2061000MΩ	台班	21.00	0.050	0.050	0.050	0.050	0.050	0.050	0.100
	双线存储示波器 SR10	台班	25.00	–	–	–	–	1.270	–	–
	精密交/直流稳压电源	台班	14.00	–	–	–	–	–	–	0.608
	数字频率发生计数器 1070	台班	41.00	–	–	–	–	1.820	2.370	–
	线号标签印字机	台班	38.45	–	–	–	–	–	–	0.020
	无线电调频对讲机 C15	台班	6.00	1.250	1.630	2.560	1.660	1.270	1.630	0.800

3. 称重装置与皮带打滑、跑偏检测

工作内容：配合清点和安装、常规检查、校接线、接地、绝缘检查、整机系统试验。　　　　单位：台

定额编号				5-3-18	5-3-19	5-3-20
项目				称重传感器(称重量)		
				10～1000kg	1～10t	10～50t
基价(元)				**441.92**	**495.17**	**557.74**
其中	人工费(元)			418.40	468.80	530.40
	材料费(元)			12.95	15.80	16.77
	机械费(元)			10.57	10.57	10.57
名称		单位	单价(元)	数量		
人工	综合工日	工日	80.00	5.230	5.860	6.630
材料	棉纱头	kg	6.34	0.200	0.200	0.200
	汽油 93 号	kg	10.05	0.300	0.500	0.500
	位号牌	个	2.00	1.000	1.000	1.000
	校验材料费	元	–	6.534	7.342	8.317
	其他材料费	元	–	0.130	0.160	0.160
机械	数字万用表 PF－56	台班	6.00	0.680	0.680	0.680
	数字电压表 PZ38	台班	8.00	0.680	0.680	0.680
	数字兆欧表 BM－2061000MΩ	台班	21.00	0.050	0.050	0.050

工作内容:同前

单位:台

定额编号				5-3-21	5-3-22	5-3-23	5-3-24
项目				电子皮带秤		皮带跑偏检测	皮带打滑检测
				单托辊	双托辊		
基价(元)				**724.52**	**787.30**	**724.71**	**606.86**
其中	人工费(元)			672.00	730.40	644.80	541.60
	材料费(元)			24.87	29.25	22.04	20.17
	机械费(元)			27.65	27.65	57.87	45.09
名称		单位	单价(元)	数量			
人工	综合工日	工日	80.00	8.400	9.130	8.060	6.770
材料	铜芯聚氯乙烯绝缘线 BV10	km	7743.00	0.001	0.001	0.001	0.001
	精制螺栓 M(6~8)×(20~70)	套	0.36	4.000	10.000	–	–
	细白布 宽0.9m	m	10.00	0.200	0.300	0.100	0.100
	位号牌	个	2.00	1.000	1.000	1.000	1.000
	校验材料费	元	–	10.505	11.424	10.129	8.485
	其他材料费	元	–	1.180	1.480	1.170	0.940
机械	综合校验仪 D-063	台班	18.00	–	–	1.260	0.870
	数字万用表 PF-56	台班	6.00	1.900	1.900	2.010	1.680
	数字电压表 PZ38	台班	8.00	1.900	1.900	2.010	1.680
	数字兆欧表 BM-2061000MΩ	台班	21.00	0.050	0.050	0.050	0.050
	无线电调频对讲机 C15	台班	6.00	–	–	1.000	0.810

工作内容:同前

单位:台

定额编号				5-3-25	5-3-26	5-3-27
项目				数字称重显示仪	智能称重显示仪	可编程称重装袋装置
基价(元)				**1184.77**	**1608.21**	**7254.27**
其中	人工费(元)			1000.00	1384.80	6708.00
	材料费(元)			19.20	25.30	144.96
	机械费(元)			165.57	198.11	401.31
名称		单位	单价(元)	数量		
人工	综合工日	工日	80.00	12.500	17.310	83.850
材料	铜芯聚氯乙烯绝缘线 BV10	km	7743.00	–	–	0.001
	精制螺栓 M(6~8)×(20~70)	套	0.36	4.000	4.000	–
	真丝绸布 宽0.9m	m	19.00	0.100	0.100	–
	细白布 宽0.9m	m	10.00	–	–	1.000
	位号牌	个	2.00	–	–	10.000
	校验材料费	元	–	15.660	21.762	105.869
	其他材料费	元	–	0.200	0.200	1.350
机械	综合校验仪 D-063	台班	18.00	3.650	3.590	5.570
	数字万用表 PF-56	台班	6.00	3.650	3.650	14.700
	数字电压表 PZ38	台班	8.00	3.650	3.650	14.700
	数字兆欧表 BM-2061000MΩ	台班	21.00	0.050	0.050	0.050
	精密交/直流稳压电源	台班	14.00	1.990	3.590	–
	无线电调频对讲机 C15	台班	6.00	3.310	5.180	14.700
	接地电阻测试仪 DET-3/2	台班	50.00	–	–	0.120

二、电子称量装置调试与标定

1. 电子称量装置调试

工作内容：技术准备，配合机械检查，校接线，传感器、二次仪表安装、调试，回路检查，系统调试。

单位：套

定额编号				5-3-28	5-3-29	5-3-30	5-3-31	5-3-32
项目				电子皮带秤		静态轨道衡		动态轨道衡
				普通型	智能型	普通型	智能型	
基价（元）				**3414.39**	**5240.40**	**4381.00**	**6732.87**	**2498.24**
其中	人工费（元）			3017.60	4788.80	3896.00	6196.00	1879.20
	材料费（元）			69.19	91.46	95.04	108.05	112.91
	机械费（元）			327.60	360.14	389.96	428.82	506.13
名称		单位	单价(元)	数		量		
人工	综合工日	工日	80.00	37.720	59.860	48.700	77.450	23.490
材料	焊锡膏 瓶装50g	kg	34.50	0.100	0.120	0.160	0.160	0.200
	松香焊锡丝 φ2.3	kg	57.00	0.010	0.010	0.030	0.040	0.050
	白纱带 20mm×20m	卷	8.25	0.100	0.120	0.200	0.250	0.250
	黑胶带 20mm×20m	卷	2.50	0.050	0.060	0.120	0.120	0.150
	塑料带 20mm×40m	kg	15.30	0.100	0.120	0.160	0.160	0.180
	电池 5号	节	2.20	2.000	4.000	2.000	2.000	4.000
	多功能插座	个	76.00	0.200	0.300	0.300	0.300	0.300

续前

单位:套

定额编号				5-3-28	5-3-29	5-3-30	5-3-31	5-3-32
项目				电子皮带秤		静态轨道衡		动态轨道衡
				普通型	智能型	普通型	智能型	
材料	工业酒精 99.5%	kg	8.20	0.200	0.400	0.250	0.250	0.300
	精制六角带帽螺栓 M8×(14~75)	10套	9.83	0.400	0.400	0.800	0.800	0.800
	弹簧垫圈 M12~22	10个	0.08	10.000	10.000	16.000	16.000	16.000
	半圆头镀锌螺栓 (6~12)×(22~80)	套	0.39	10.000	10.000	16.000	16.000	16.000
	电	kW·h	0.85	7.800	14.200	17.000	28.700	32.100
	铁砂布 0~2号	张	1.68	2.000	3.000	2.000	3.000	3.000
	塑料绝缘线 BV-105℃-1.5mm²	m	1.29	16.000	16.000	14.000	14.000	10.000
	破布	kg	4.50	0.200	0.200	0.300	0.300	0.300
	其他材料费	元	-	1.290	1.610	1.560	1.960	1.950
机械	综合校验仪 D-063	台班	18.00	5.780	5.720	6.880	6.810	8.040
	数字万用表 PF-56	台班	6.00	11.960	11.960	14.230	14.230	16.790
	数字电压表 PZ38	台班	8.00	11.960	11.960	14.230	14.230	16.790
	数字兆欧表 BM-2061000MΩ	台班	21.00	0.400	0.400	0.480	0.480	0.570
	精密交/直流稳压电源	台班	14.00	1.990	3.590	2.370	4.280	5.050
	无线电调频对讲机 C15	台班	6.00	3.310	5.180	3.940	6.170	7.280

工作内容:同前

单位:套

定额编号				5-3-33	5-3-34	5-3-35	5-3-36	5-3-37	5-3-38
项目				无基坑全电子汽车衡		机电结合地中衡		料斗秤	
				普通型	智能型	普通型	智能型	普通型	智能型
基价(元)				**3406.73**	**5719.56**	**1793.41**	**3440.85**	**2221.68**	**3970.47**
其中	人工费(元)			2980.80	5235.20	1536.80	3146.40	1886.40	3588.00
	材料费(元)			98.85	124.94	66.70	85.72	86.44	108.75
	机械费(元)			327.08	359.42	189.91	208.73	248.84	273.72
名称		单位	单价(元)	数量					
人工	综合工日	工日	80.00	37.260	65.440	19.210	39.330	23.580	44.850
材料	焊锡膏 瓶装50g	kg	34.50	0.150	0.180	0.100	0.120	0.150	0.180
	松香焊锡丝 φ2.3	kg	57.00	0.040	0.050	0.050	0.080	0.050	0.080
	白纱带 20mm×20m	卷	8.25	0.300	0.400	0.200	0.250	0.200	0.250
	黑胶带 20mm×20m	卷	2.50	0.130	0.250	0.100	0.150	0.100	0.120
	塑料带 20mm×40m	kg	15.30	0.400	0.500	0.200	0.250	0.200	0.250
	电池5号	节	2.20	2.000	4.000	2.000	4.000	2.000	4.000
	多功能插座	个	76.00	0.300	0.400	0.300	0.400	0.300	0.400
	工业酒精 99.5%	kg	8.20	0.200	0.250	0.150	0.200	0.200	0.250

续前　　　　　　　　　　　　　　　　　　　　　　　　　　　　　　　　　　单位:套

定额编号				5-3-33	5-3-34	5-3-35	5-3-36	5-3-37	5-3-38
项目				无基坑全电子汽车衡		机电结合地中衡		料斗秤	
				普通型	智能型	普通型	智能型	普通型	智能型
材料	精制六角带帽螺栓 M8×(14～75)	10套	9.83	1.600	1.600	0.800	0.800	1.200	1.200
	弹簧垫圈 M12～22	10个	0.08	16.000	16.000	8.000	8.000	12.000	12.000
	半圆头镀锌螺栓 (6～12)×(22～80)	套	0.39	16.000	16.000	8.000	8.000	12.000	12.000
	电	kW·h	0.85	13.800	24.300	3.000	6.200	7.500	14.100
	铁砂布 0～2号	张	1.68	2.000	2.000	2.000	2.000	2.000	2.000
	塑料绝缘线 BV－105℃－1.5mm^2	m	1.29	10.000	10.000	6.000	6.000	12.000	12.000
	破布	kg	4.50	0.200	0.250	0.150	0.150	0.140	0.160
	其他材料费	元	–	1.500	1.770	1.060	1.250	1.330	1.560
机械	综合校验仪 D－063	台班	18.00	5.770	5.710	3.350	3.320	4.390	4.350
	数字万用表 PF－56	台班	6.00	11.950	11.950	6.940	6.940	9.090	9.090
	数字电压表 PZ38	台班	8.00	11.950	11.950	6.940	6.940	9.090	9.090
	数字兆欧表 BM－2061000MΩ	台班	21.00	0.400	0.400	0.230	0.230	0.300	0.300
	精密交/直流稳压电源	台班	14.00	1.980	3.570	1.150	2.070	1.510	2.730
	无线电调频对讲机 C15	台班	6.00	3.300	5.160	1.920	3.000	2.520	3.940

工作内容:同前　　　　单位:套

定额编号				5-3-39	5-3-40	5-3-41	5-3-42
项目				钢包台车秤		吊车秤	
				普通型	智能型	普通型	智能型
基价(元)				**2613.33**	**4919.44**	**3775.86**	**6102.94**
其中	人工费(元)			2263.20	4517.60	3335.20	5607.20
	材料费(元)			85.79	110.38	99.88	121.16
	机械费(元)			264.34	291.46	340.78	374.58
名称		单位	单价(元)	数量			
人工	综合工日	工日	80.00	28.290	56.470	41.690	70.090
材料	焊锡膏 瓶装 50g	kg	34.50	0.120	0.150	0.120	0.160
	松香焊锡丝 ϕ2.3	kg	57.00	0.050	0.060	0.050	0.070
	白纱带 20mm×20m	卷	8.25	0.250	0.300	0.250	0.300
	黑胶带 20mm×20m	卷	2.50	0.100	0.120	0.110	0.130
	塑料带 20mm×40m	kg	15.30	0.200	0.250	0.230	0.250
	电池 5 号	节	2.20	2.000	4.000	2.000	4.000
	多功能插座	个	76.00	0.300	0.400	0.300	0.400

续前　　　　单位:套

定　额　编　号				5-3-39	5-3-40	5-3-41	5-3-42
项　目				钢包台车秤		吊车秤	
				普通型	智能型	普通型	智能型
材料	精制六角带帽螺栓 M8×(14~75)	10套	9.83	0.600	0.600	0.800	0.800
	弹簧垫圈 M12~22	10个	0.08	12.000	12.000	16.000	16.000
	半圆头镀锌螺栓 (6~12)×(22~80)	套	0.39	12.000	12.000	16.000	16.000
	电	kW·h	0.85	11.300	22.500	10.000	16.800
	铁砂布 0~2号	张	1.68	2.000	2.000	4.000	4.000
	塑料绝缘线 BV-105℃-1.5mm^2	m	1.29	15.000	15.000	20.000	20.000
	破布	kg	4.50	0.200	0.200	0.300	0.300
	其他材料费	元	-	1.470	1.710	2.080	2.290
机械	综合校验仪 D-063	台班	18.00	4.630	4.630	6.010	5.950
	数字万用表 PF-56	台班	6.00	9.690	9.690	12.440	12.440
	数字电压表 PZ38	台班	8.00	9.690	9.690	12.440	12.440
	数字兆欧表 BM-2061000MΩ	台班	21.00	0.320	0.320	0.420	0.420
	精密交/直流稳压电源	台班	14.00	1.610	2.900	2.070	3.730
	无线电调频对讲机 C15	台班	6.00	2.680	4.190	3.440	5.380

2. 电子称量装置标定 I

(1)电子皮带秤

工作内容:技术准备,皮带周长、皮带速度测定,动态零点调整,标定调整,记录整理。

单位:台

定额编号				5-3-43	5-3-44	5-3-45	5-3-46	5-3-47
项目				挂码标定(重量 kg)				
				20 以下	50 以下	80 以下	120 以下	200 以下
基价(元)				**1331.32**	**1653.52**	**2247.02**	**2724.95**	**3434.06**
其中	人工费(元)			1150.40	1426.40	1954.40	2311.20	2921.60
	材料费(元)			18.32	20.72	23.22	25.35	28.66
	机械费(元)			162.60	206.40	269.40	388.40	483.80
名称		单位	单价(元)	数量				
人工	综合工日	工日	80.00	14.380	17.830	24.430	28.890	36.520
材料	焊锡膏 瓶装 50g	kg	34.50	0.100	0.110	0.120	0.130	0.150
	松香焊锡丝 ϕ2.3	kg	57.00	0.010	0.020	0.020	0.030	0.030
	铁砂布 0~2 号	张	1.68	1.000	1.100	1.200	1.200	1.300
	破布	kg	4.50	0.150	0.150	0.160	0.160	0.180
	白纱带 20mm×20m	卷	8.25	0.100	0.110	0.120	0.130	0.130
	黑胶带 20mm×20m	卷	2.50	0.050	0.060	0.070	0.070	0.090
	塑料带 20mm×40m	kg	15.30	0.100	0.120	0.120	0.130	0.150
	工业酒精 99.5%	kg	8.20	0.250	0.250	0.260	0.270	0.300
	电池 5 号	节	2.20	2.000	2.000	2.000	2.000	2.000
	电	kW·h	0.85	3.000	4.000	6.000	7.000	9.000
	其他材料费	元	-	0.460	0.520	0.570	0.620	0.680
机械	数字电压表 PZ38	台班	8.00	8.130	10.320	13.470	19.420	24.190
	数字万用表 PF-56	台班	6.00	8.130	10.320	13.470	19.420	24.190
	无线电调频对讲机 C15	台班	6.00	8.130	10.320	13.470	19.420	24.190

工作内容：同前　　　　单位：台

定额编号				5-3-48	5-3-49	5-3-50
项目				链码标定(重量 kg)		
				50 以下	100 以下	200 以下
基价(元)				**1679.95**	**1872.38**	**2672.09**
其中	人工费(元)			1426.40	1560.00	2334.40
	材料费(元)			69.35	74.18	85.69
	机械费(元)			184.20	238.20	252.00
名称		单位	单价(元)	数量		
人工	综合工日	工日	80.00	17.830	19.500	29.180
材料	焊锡膏 瓶装 50g	kg	34.50	0.120	0.130	0.140
	松香焊锡丝 ϕ2.3	kg	57.00	0.020	0.020	0.030
	破布	kg	4.50	0.150	0.160	0.170
	铁砂布 0～2 号	张	1.68	4.000	4.200	4.300
	白纱带 20mm×20m	卷	8.25	0.120	0.130	0.150
	黑胶带 20mm×20m	卷	2.50	0.050	0.050	0.070
	塑料带 20mm×40m	kg	15.30	0.120	0.130	0.150
	工业酒精 99.5%	kg	8.20	0.250	0.260	0.270
	电池 5 号	节	2.20	2.000	2.000	2.000
	电	kW·h	0.85	5.000	6.000	8.000
	汽油 93 号	kg	10.05	2.000	2.200	2.300
	煤油	kg	4.20	2.000	2.200	2.300
	塑料绝缘线 BV－105℃－1.5mm^2	m	1.29	10.000	10.000	15.000
	其他材料费	元	–	1.620	1.710	1.910
机械	数字电压表 PZ38	台班	8.00	9.210	11.910	12.600
	数字万用表 PF－56	台班	6.00	9.210	11.910	12.600
	无线电调频对讲机 C15	台班	6.00	9.210	11.910	12.600

工作内容：同前　　　　　　　　　　　　　　　　　　　　　　　　　　　单位：台

定额编号				5-3-51	5-3-52	5-3-53	5-3-54
项目				链码标定（重量 kg）			
				400 以下	800 以下	1500 以下	3000 以下
基价（元）				**3289.64**	**4008.82**	**4865.94**	**6570.78**
其中	人工费（元）			2898.40	3525.60	4191.20	5796.00
	材料费（元）			88.84	94.42	104.94	115.38
	机械费（元）			302.40	388.80	569.80	659.40
名称		单位	单价（元）	数量			
人工	综合工日	工日	80.00	36.230	44.070	52.390	72.450
材料	焊锡膏 瓶装 50g	kg	34.50	0.150	0.160	0.180	0.200
	松香焊锡丝 φ2.3	kg	57.00	0.030	0.040	0.050	0.060
	破布	kg	4.50	0.180	0.180	0.200	0.250
	铁砂布 0～2 号	张	1.68	4.400	4.500	4.600	4.800
	白纱带 20mm×20m	卷	8.25	0.160	0.160	0.180	0.200
	黑胶带 20mm×20m	卷	2.50	0.080	0.090	0.100	0.150
	塑料带 20mm×40m	kg	15.30	0.150	0.160	0.180	0.200
	工业酒精 99.5%	kg	8.20	0.290	0.320	0.340	0.360
	电池 5 号	节	2.20	2.000	2.000	2.000	2.000
	电	kW·h	0.85	9.000	12.000	14.000	18.000
	汽油 93 号	kg	10.05	2.400	2.500	2.500	2.800
	煤油	kg	4.20	2.400	2.500	2.500	2.800
	塑料绝缘线 BV－105℃－1.5mm^2	m	1.29	15.000	15.000	20.000	20.000
	其他材料费	元	－	1.960	2.060	2.250	2.430
机械	数字电压表 PZ38	台班	8.00	15.120	19.440	28.490	32.970
	数字万用表 PF－56	台班	6.00	15.120	19.440	28.490	32.970
	无线电调频对讲机 C15	台班	6.00	15.120	19.440	28.490	32.970

工作内容:同前　　　　单位:台

定额编号				5-3-55	5-3-56	5-3-57
项目				实物标定(物重 t)		
				5 以下	8 以下	15 以下
基价(元)				**2311.21**	**2636.61**	**2850.01**
其中	人工费(元)			2047.20	2346.40	2530.40
	材料费(元)			43.81	46.61	49.61
	机械费(元)			220.20	243.60	270.00
名称		单位	单价(元)	数量		
人工	综合工日	工日	80.00	25.590	29.330	31.630
材料	焊锡膏 瓶装 50g	kg	34.50	0.130	0.150	0.160
	松香焊锡丝 ϕ2.3	kg	57.00	0.020	0.020	0.030
	破布	kg	4.50	0.160	0.160	0.180
	铁砂布 0~2 号	张	1.68	4.000	4.200	4.400
	白纱带 20mm×20m	卷	8.25	0.140	0.150	0.170
	黑胶带 20mm×20m	卷	2.50	0.080	0.100	0.200
	塑料带 20mm×40m	kg	15.30	0.120	0.140	0.160
	工业酒精 99.5%	kg	8.20	0.250	0.300	0.300
	电池 5 号	节	2.20	2.000	2.000	2.000
	电	kW·h	0.85	8.000	9.000	10.000
	塑料绝缘线 BV-105℃-1.5mm^2	m	1.29	10.000	10.000	10.000
	其他材料费	元	-	1.400	1.480	1.570
机械	数字电压表 PZ38	台班	8.00	11.010	12.180	13.500
	数字万用表 PF-56	台班	6.00	11.010	12.180	13.500
	无线电调频对讲机 C15	台班	6.00	11.010	12.180	13.500

工作内容:同前　　　　单位:台

定额编号				5-3-58	5-3-59	5-3-60	5-3-61
项目				实物标定(物重 t)			
				25 以下	50 以下	100 以下	300 以下
基价(元)				**3476.00**	**3746.20**	**4655.15**	**5903.98**
其中	人工费(元)			3093.60	3312.00	4071.20	4922.40
	材料费(元)			62.00	70.00	74.75	89.18
	机械费(元)			320.40	364.20	509.20	892.40
名称		单位	单价(元)	数量			
人工	综合工日	工日	80.00	38.670	41.400	50.890	61.530
材料	焊锡膏 瓶装 50g	kg	34.50	0.180	0.180	0.200	0.220
	松香焊锡丝 ϕ2.3	kg	57.00	0.040	0.050	0.060	0.070
	破布	kg	4.50	0.200	0.300	0.300	0.320
	铁砂布 0~2 号	张	1.68	4.500	4.600	4.800	5.000
	白纱带 20mm×20m	卷	8.25	0.170	0.200	0.220	0.250
	黑胶带 20mm×20m	卷	2.50	0.200	0.210	0.230	0.250
	塑料带 20mm×40m	kg	15.30	0.160	0.180	0.200	0.300
	工业酒精 99.5%	kg	8.20	0.500	0.500	0.600	0.800
	电池 5 号	节	2.20	2.000	4.000	4.000	4.000
	电	kW·h	0.85	13.000	15.000	17.000	20.000
	塑料绝缘线 BV-105℃-1.5mm^2	m	1.29	15.000	15.000	15.000	20.000
	其他材料费	元	-	1.800	1.930	2.050	2.320
机械	数字电压表 PZ38	台班	8.00	16.020	18.210	25.460	44.620
	数字万用表 PF-56	台班	6.00	16.020	18.210	25.460	44.620
	无线电调频对讲机 C15	台班	6.00	16.020	18.210	25.460	44.620

(2)轨道衡

工作内容:准备,检查,空载调整,线性检查,标定调整,记录整理。 单位:台

定额编号				5-3-62	5-3-63	5-3-64	5-3-65
项目				重量(t)			
				100 以下	150 以下	250 以下	500 以下
基价(元)				**1630.30**	**1875.98**	**3186.80**	**4431.80**
其中	人工费(元)			1448.80	1632.80	2783.20	3887.20
	材料费(元)			42.90	47.38	55.00	67.40
	机械费(元)			138.60	195.80	348.60	477.20
名称		单位	单价(元)	数量			
人工	综合工日	工日	80.00	18.110	20.410	34.790	48.590
材料	焊锡膏 瓶装 50g	kg	34.50	0.120	0.150	0.150	0.200
	松香焊锡丝 ϕ2.3	kg	57.00	0.030	0.030	0.040	0.050
	破布	kg	4.50	0.200	0.200	0.200	0.300
	铁砂布 0~2 号	张	1.68	2.000	2.000	3.000	4.000
	白纱带 20mm×20m	卷	8.25	0.160	0.180	0.180	0.200
	黑胶带 20mm×20m	卷	2.50	0.100	0.100	0.100	0.150
	塑料带 20mm×40m	kg	15.30	0.180	0.200	0.200	0.300
	电池 5 号	节	2.20	2.000	2.000	2.000	4.000
	电	kW·h	0.85	6.000	8.000	14.000	21.000
	塑料绝缘线 BV-105℃-1.5mm^2	m	1.29	10.000	10.000	10.000	10.000
	色调和漆	kg	12.30	0.400	0.500	0.500	0.100
	其他材料费	元	-	1.150	1.190	1.460	2.180
机械	数字电压表 PZ38	台班	8.00	6.930	9.790	17.430	23.860
	数字万用表 PF-56	台班	6.00	6.930	9.790	17.430	23.860
	无线电调频对讲机 C15	台班	6.00	6.930	9.790	17.430	23.860

(3)地中衡

工作内容:准备,检查,台面水平误差调整,空载调整,线性检查,标定调整,记录整理。　　单位:台

定额编号				5-3-66	5-3-67	5-3-68
项目				重量(t)		
				15 以下	30 以下	50 以下
基价(元)				**1628.35**	**2123.32**	**2565.28**
其中	人工费(元)			1403.20	1839.20	2208.00
	材料费(元)			47.95	54.32	69.08
	机械费(元)			177.20	229.80	288.20
名称		单位	单价(元)	数量		
人工	综合工日	工日	80.00	17.540	22.990	27.600
材料	色调和漆	kg	12.30	0.600	0.600	0.800
	铁砂布 0~2 号	张	1.68	2.000	2.000	2.000
	破布	kg	4.50	0.200	0.200	0.300
	电池 5 号	节	2.20	2.000	3.000	3.000
	塑料绝缘线 BV-105℃-1.5mm^2	m	1.29	10.000	10.000	15.000
	焊锡膏 瓶装 50g	kg	34.50	0.160	0.200	0.250
	松香焊锡丝 ϕ2.3	kg	57.00	0.040	0.050	0.070
	白纱带 20mm×20m	卷	8.25	0.180	0.180	0.200
	黑胶带 20mm×20m	卷	2.50	0.100	0.100	0.120
	塑料带 20mm×40m	kg	15.30	0.150	0.180	0.200
	电	kW·h	0.85	7.000	9.000	11.000
	其他材料费	元	-	1.230	1.290	1.600
机械	数字电压表 PZ38	台班	8.00	8.860	11.490	14.410
	数字万用表 PF-56	台班	6.00	8.860	11.490	14.410
	无线电调频对讲机 C15	台班	6.00	8.860	11.490	14.410

工作内容：准备，检查，台面水平误差调整，空载调整，线性检查，标定调整，记录整理。　　单位：台

定额编号				5-3-69	5-3-70	5-3-71
项目				重量(t)		
				100 以下	200 以下	300 以下
基价（元）				**3649.96**	**5509.49**	**6106.07**
其中	人工费（元）			3220.00	4716.00	5200.00
	材料费（元）			76.56	90.49	130.07
	机械费（元）			353.40	703.00	776.00
名称		单位	单价(元)	数量		
人工	综合工日	工日	80.00	40.250	58.950	65.000
材料	色调和漆	kg	12.30	0.800	1.000	1.500
	铁砂布 0～2 号	张	1.68	3.000	3.000	5.000
	破布	kg	4.50	0.300	0.300	0.500
	电池 5 号	节	2.20	3.000	4.000	4.000
	塑料绝缘线 BV－105℃－1.5mm^2	m	1.29	15.000	15.000	15.000
	焊锡膏 瓶装 50g	kg	34.50	0.250	0.300	0.500
	松香焊锡丝 ϕ2.3	kg	57.00	0.070	0.100	0.300
	白纱带 20mm×20m	卷	8.25	0.250	0.300	0.300
	黑胶带 20mm×20m	卷	2.50	0.120	0.150	0.400
	塑料带 20mm×40m	kg	15.30	0.200	0.200	0.400
	电	kW·h	0.85	17.000	23.000	30.000
	其他材料费	元	－	1.890	2.140	3.370
机械	数字电压表 PZ38	台班	8.00	17.670	35.150	38.800
	数字万用表 PF－56	台班	6.00	17.670	35.150	38.800
	无线电调频对讲机 C15	台班	6.00	17.670	35.150	38.800

(4)料斗秤

工作内容:准备,检查,空载调整,线性检查,标定调整,记录整理。　　　　单位:台

定额编号				5-3-72	5-3-73	5-3-74
项目				重量(t)		
				5 以下	10 以下	30 以下
基价(元)				**611.97**	**962.67**	**1421.06**
其中	人工费(元)			506.40	759.20	1184.80
	材料费(元)			43.17	45.67	56.66
	机械费(元)			62.40	157.80	179.60
名称		单位	单价(元)	数量		
人工	综合工日	工日	80.00	6.330	9.490	14.810
材料	色调和漆	kg	12.30	0.500	0.500	0.600
	铁砂布 0~2 号	张	1.68	2.000	2.000	2.000
	破布	kg	4.50	0.250	0.250	0.250
	电池 5 号	节	2.20	2.000	2.000	4.000
	塑料绝缘线 BV-105℃-1.5mm^2	m	1.29	10.000	10.000	10.000
	焊锡膏 瓶装 50g	kg	34.50	0.150	0.180	0.220
	松香焊锡丝 ϕ2.3	kg	57.00	0.030	0.040	0.050
	白纱带 20mm×20m	卷	8.25	0.200	0.200	0.250
	黑胶带 20mm×20m	卷	2.50	0.100	0.100	0.160
	塑料带 20mm×40m	kg	15.30	0.180	0.180	0.250
	电	kW·h	0.85	3.000	4.000	6.000
	其他材料费	元	-	1.150	1.190	1.270
机械	数字电压表 PZ38	台班	8.00	3.120	7.890	8.980
	数字万用表 PF-56	台班	6.00	3.120	7.890	8.980
	无线电调频对讲机 C15	台班	6.00	3.120	7.890	8.980

工作内容：准备，检查，空载调整，线性检查，标定调整，记录整理。

单位：台

定额编号				5-3-75	5-3-76	5-3-77	5-3-78
项目				重量(t)			
				50 以下	100 以下	200 以下	400 以下
基价（元）				**2102.56**	**2939.21**	**4706.82**	**7516.98**
其中	人工费（元）			1771.20	2472.80	4002.40	6324.80
	材料费（元）			67.56	74.41	74.22	90.58
	机械费（元）			263.80	392.00	630.20	1101.60
名称		单位	单价(元)	数量			
人工	综合工日	工日	80.00	22.140	30.910	50.030	79.060
材料	色调和漆	kg	12.30	0.600	0.600	0.800	0.800
	铁砂布 0～2 号	张	1.68	3.000	3.000	3.000	3.000
	破布	kg	4.50	0.250	0.300	0.300	0.300
	电池 5 号	节	2.20	4.000	4.000	4.000	4.000
	塑料绝缘线 BV－105℃－1.5mm^2	m	1.29	15.000	15.000	15.000	20.000
	焊锡膏 瓶装 50g	kg	34.50	0.220	0.250	0.070	0.150
	松香焊锡丝 ϕ2.3	kg	57.00	0.050	0.070	0.070	0.100
	白纱带 20mm×20m	卷	8.25	0.250	0.280	0.280	0.350
	黑胶带 20mm×20m	卷	2.50	0.160	0.180	0.180	0.200
	塑料带 20mm×40m	kg	15.30	0.250	0.280	0.280	0.300
	电	kW·h	0.85	9.000	13.000	17.000	22.000
	其他材料费	元	–	1.490	1.780	1.940	2.200
机械	数字电压表 PZ38	台班	8.00	13.190	19.600	31.510	55.080
	数字万用表 PF－56	台班	6.00	13.190	19.600	31.510	55.080
	无线电调频对讲机 C15	台班	6.00	13.190	19.600	31.510	55.080

(5)吊车秤

工作内容:准备,检查,空载调整,线性检查,标定调整,记录整理。 单位:台

定额编号				5-3-79	5-3-80	5-3-81
项目				重量(t)		
				30 以下	50 以下	100 以下
基价(元)				**1311.76**	**2316.19**	**3508.44**
其中	人工费(元)			1035.20	1908.80	2967.20
	材料费(元)			75.16	78.39	94.44
	机械费(元)			201.40	329.00	446.80
名称		单位	单价(元)	数量		
人工	综合工日	工日	80.00	12.940	23.860	37.090
材料	色调和漆	kg	12.30	1.000	1.000	1.500
	铁砂布 0~2 号	张	1.68	4.000	4.000	6.000
	破布	kg	4.50	0.300	0.300	0.300
	电池 5 号	节	2.20	4.000	4.000	4.000
	塑料绝缘线 BV-105℃-1.5mm^2	m	1.29	20.000	20.000	20.000
	焊锡膏 瓶装 50g	kg	34.50	0.200	0.200	0.250
	松香焊锡丝 ϕ2.3	kg	57.00	0.050	0.060	0.070
	白纱带 20mm×20m	卷	8.25	0.200	0.200	0.220
	黑胶带 20mm×20m	卷	2.50	0.100	0.120	0.150
	塑料带 20mm×40m	kg	15.30	0.200	0.200	0.250
	电	kW·h	0.85	4.000	7.000	10.000
	其他材料费	元	-	2.080	2.140	2.830
机械	数字电压表 PZ38	台班	8.00	10.070	16.450	22.340
	数字万用表 PF-56	台班	6.00	10.070	16.450	22.340
	无线电调频对讲机 C15	台班	6.00	10.070	16.450	22.340

工作内容：同前　　　　单位：台

定额编号				5-3-82	5-3-83	5-3-84
项目				重量(t)		
				200 以下	350 以下	500 以下
基价（元）				**4113.82**	**4875.95**	**5958.63**
其中	人工费（元）			3472.00	4116.80	5036.80
	材料费（元）			97.02	116.15	121.83
	机械费（元）			544.80	643.00	800.00
名称		单位	单价(元)	数量		
人工	综合工日	工日	80.00	43.400	51.460	62.960
材料	色调和漆	kg	12.30	1.500	2.000	2.000
	铁砂布 0～2 号	张	1.68	6.000	8.000	8.000
	破布	kg	4.50	0.300	0.400	0.400
	电池 5 号	节	2.20	4.000	4.000	4.000
	塑料绝缘线 BV－105℃－1.5mm^2	m	1.29	20.000	20.000	20.000
	焊锡膏 瓶装 50g	kg	34.50	0.250	0.300	0.300
	松香焊锡丝 ϕ2.3	kg	57.00	0.070	0.100	0.130
	白纱带 20mm×20m	卷	8.25	0.220	0.300	0.350
	黑胶带 20mm×20m	卷	2.50	0.150	0.200	0.250
	塑料带 20mm×40m	kg	15.30	0.250	0.300	0.350
	电	kW·h	0.85	13.000	17.000	20.000
	其他材料费	元	－	2.860	3.640	3.760
机械	数字电压表 PZ38	台班	8.00	27.240	32.150	40.000
	数字万用表 PF－56	台班	6.00	27.240	32.150	40.000
	无线电调频对讲机 C15	台班	6.00	27.240	32.150	40.000

3. 电子称量装置标定Ⅱ

(1)电子皮带秤

工作内容：准备，检查，皮带周长、皮带速度测定，动态零点调整，摘挂砝码，标定调整，记录整理。　　单位：台

定额编号				5-3-85	5-3-86	5-3-87	5-3-88	5-3-89
项目				砝码标定(重量 kg)				
				20 以下	50 以下	80 以下	120 以下	200 以下
基价（元）				**1766.44**	**1973.27**	**2602.60**	**3367.74**	**4213.48**
其中	人工费（元）			1587.20	1748.00	2312.00	2956.00	3703.20
	材料费（元）			16.64	18.87	21.20	23.34	26.48
	机械费（元）			162.60	206.40	269.40	388.40	483.80
名称		单位	单价(元)	数量				
人工	综合工日	工日	80.00	19.840	21.850	28.900	36.950	46.290
材料	焊锡膏 瓶装 50g	kg	34.50	0.100	0.110	0.120	0.130	0.150
	松香焊锡丝 φ2.3	kg	57.00	0.010	0.020	0.020	0.030	0.030
	破布	kg	4.50	0.150	0.150	0.160	0.160	0.180
	白纱带 20mm×20m	卷	8.25	0.100	0.110	0.120	0.130	0.130
	黑胶带 20mm×20m	卷	2.50	0.050	0.060	0.070	0.070	0.090
	塑料带 20mm×40m	kg	15.30	0.100	0.120	0.120	0.130	0.150
	工业酒精 99.5%	kg	8.20	0.250	0.250	0.260	0.270	0.300
	电池 5 号	节	2.20	2.000	2.000	2.000	2.000	2.000
	电	kW·h	0.85	3.000	4.000	6.000	7.000	9.000
	其他材料费	元	–	0.460	0.520	0.570	0.620	0.680
机械	数字电压表 PZ38	台班	8.00	8.130	10.320	13.470	19.420	24.190
	数字万用表 PF－56	台班	6.00	8.130	10.320	13.470	19.420	24.190
	无线电调频对讲机 C15	台班	6.00	8.130	10.320	13.470	19.420	24.190

工作内容：同前　　　　单位：台

定额编号				5-3-90	5-3-91	5-3-92
项目				链码标定(重量 kg)		
				50 以下	100 以下	200 以下
基价（元）				**1977.24**	**2629.67**	**3676.28**
其中	人工费（元）			1540.80	1955.20	2610.40
	材料费（元）			70.19	72.17	85.69
	机械费（元）			366.25	602.30	980.19
名称		单位	单价(元)	数量		
人工	综合工日	工日	80.00	19.260	24.440	32.630
材料	焊锡膏 瓶装 50g	kg	34.50	0.120	0.130	0.140
	松香焊锡丝 ϕ2.3	kg	57.00	0.020	0.020	0.030
	破布	kg	4.50	0.150	0.160	0.170
	铁砂布 0～2 号	张	1.68	4.000	4.200	4.300
	白纱带 20mm×20m	卷	8.25	0.120	0.130	0.150
	黑胶带 20mm×20m	卷	2.50	0.050	0.050	0.070

续前

单位:台

定额编号				5-3-90	5-3-91	5-3-92
项目				链码标定(重量 kg)		
				50 以下	100 以下	200 以下
材料	塑料带 20mm×40m	kg	15.30	0.120	0.130	0.150
	工业酒精 99.5%	kg	8.20	0.250	0.260	0.270
	电池 5 号	节	2.20	2.000	2.000	2.000
	电	kW·h	0.85	5.000	6.000	8.000
	汽油 93 号	kg	10.05	2.000	2.000	2.300
	煤油	kg	4.20	2.200	2.200	2.300
	塑料绝缘线 BV-105℃-1.5mm^2	m	1.29	10.000	10.000	15.000
	其他材料费	元	-	1.620	1.710	1.910
机械	汽车式起重机 8t	台班	728.19	0.250	0.500	1.000
	数字电压表 PZ38	台班	8.00	9.210	11.910	12.600
	数字万用表 PF-56	台班	6.00	9.210	11.910	12.600
	无线电调频对讲机 C15	台班	6.00	9.210	11.910	12.600

工作内容:同前　　单位:台

定额编号				5-3-93	5-3-94	5-3-95	5-3-96
项目				链码标定(重量 kg)			
				400 以下	800 以下	1500 以下	3000 以下
基价(元)				**4439.47**	**5669.04**	**6828.76**	**10005.53**
其中	人工费(元)			3174.40	3852.80	4554.40	7010.40
	材料费(元)			88.84	94.42	104.94	114.03
	机械费(元)			1176.23	1721.82	2169.42	2881.10
名称		单位	单价(元)	数量			
人工	综合工日	工日	80.00	39.680	48.160	56.930	87.630
材料	焊锡膏 瓶装 50g	kg	34.50	0.150	0.160	0.180	0.200
	松香焊锡丝 ϕ2.3	kg	57.00	0.030	0.040	0.050	0.060
	破布	kg	4.50	0.180	0.180	0.200	0.250
	铁砂布 0~2 号	张	1.68	4.400	4.500	4.600	4.000
	白纱带 20mm×20m	卷	8.25	0.160	0.160	0.180	0.200
	黑胶带 20mm×20m	卷	2.50	0.080	0.090	0.100	0.150

续前　　　　单位:台

定额编号				5-3-93	5-3-94	5-3-95	5-3-96
项目				链码标定(重量 kg)			
				400 以下	800 以下	1500 以下	3000 以下
材料	塑料带 20mm×40m	kg	15.30	0.150	0.160	0.180	0.200
	工业酒精 99.5%	kg	8.20	0.290	0.320	0.340	0.360
	电池 5 号	节	2.20	2.000	2.000	2.000	2.000
	电	kW·h	0.85	9.000	12.000	14.000	18.000
	汽油 93 号	kg	10.05	2.400	2.500	2.500	2.800
	煤油	kg	4.20	2.400	2.500	2.500	2.800
	塑料绝缘线 BV－105℃－1.5mm^2	m	1.29	15.000	15.000	20.000	20.000
	其他材料费	元	－	1.960	2.060	2.250	2.430
机械	汽车式起重机 8t	台班	728.19	1.200	－	－	－
	汽车式起重机 12t	台班	888.68	－	1.500	1.800	2.500
	数字电压表 PZ38	台班	8.00	15.120	19.440	28.490	32.970
	数字万用表 PF－56	台班	6.00	15.120	19.440	28.490	32.970
	无线电调频对讲机 C15	台班	6.00	15.120	19.440	28.490	32.970

工作内容:准备,检查,皮带周长及速度测定,动态零点调整,实物加减,记录整理。 单位:台

定额编号				5-3-97	5-3-98	5-3-99
项目				实物标定(物重 t)		
				5 以下	8 以下	15 以下
基价(元)				**3487.88**	**4429.66**	**5420.32**
其中	人工费(元)			2919.20	3378.40	3986.40
	材料费(元)			43.81	45.97	49.27
	机械费(元)			524.87	1005.29	1384.65
名称		单位	单价(元)	数量		
人工	综合工日	工日	80.00	36.490	42.230	49.830
材料	焊锡膏 瓶装 50g	kg	34.50	0.130	0.140	0.150
	松香焊锡丝 ϕ2.3	kg	57.00	0.020	0.020	0.030
	破布	kg	4.50	0.160	0.160	0.180
	铁砂布 0~2 号	张	1.68	4.000	4.200	4.400
	白纱带 20mm×20m	卷	8.25	0.140	0.150	0.170
	黑胶带 20mm×20m	卷	2.50	0.080	0.100	0.200
	塑料带 20mm×40m	kg	15.30	0.120	0.140	0.160
	工业酒精 99.5%	kg	8.20	0.250	0.300	0.300
	电池 5 号	节	2.20	2.000	2.000	2.000
	电	kW·h	0.85	8.000	9.000	10.000
	塑料绝缘线 BV-105℃-1.5mm^2	m	1.29	10.000	10.000	10.000
	其他材料费	元	-	1.400	1.180	1.570
机械	载货汽车 5t	台班	507.79	0.600	1.500	-
	载货汽车 8t	台班	619.25	-	-	1.800
	数字电压表 PZ38	台班	8.00	11.010	12.180	13.500
	数字万用表 PF-56	台班	6.00	11.010	12.180	13.500
	无线电调频对讲机 C15	台班	6.00	11.010	12.180	13.500

工作内容:同前　　　　单位:台

定额编号				5-3-100	5-3-101	5-3-102	5-3-103
项目				实物标定(物重 t)			
				25 以下	50 以下	100 以下	300 以下
基价(元)				**5159.35**	**6596.47**	**8271.00**	**12027.43**
其中	人工费(元)			2919.20	3378.40	3600.00	3986.40
	材料费(元)			62.00	67.24	74.75	89.18
	机械费(元)			2178.15	3150.83	4596.25	7951.85
名称		单位	单价(元)	数量			
人工	综合工日	工日	80.00	36.490	42.230	45.000	49.830
材料	焊锡膏 瓶装 50g	kg	34.50	0.180	0.100	0.200	0.220
	松香焊锡丝 ϕ2.3	kg	57.00	0.040	0.050	0.060	0.070
	破布	kg	4.50	0.200	0.300	0.300	0.320
	铁砂布 0~2 号	张	1.68	4.500	4.600	4.800	5.000
	白纱带 20mm×20m	卷	8.25	0.170	0.200	0.220	0.250
	黑胶带 20mm×20m	卷	2.50	0.200	0.210	0.230	0.250
	塑料带 20mm×40m	kg	15.30	0.160	0.180	0.200	0.300
	工业酒精 99.5%	kg	8.20	0.500	0.500	0.600	0.800
	电池 5 号	节	2.20	2.000	4.000	4.000	4.000
	电	kW·h	0.85	13.000	15.000	17.000	20.000
	塑料绝缘线 BV-105℃-1.5mm^2	m	1.29	15.000	15.000	15.000	20.000
	其他材料费	元	-	1.800	1.930	2.050	2.320
机械	载货汽车 8t	台班	619.25	3.000	4.500	6.600	11.400
	数字电压表 PZ38	台班	8.00	16.020	18.210	25.460	44.620
	数字万用表 PF-56	台班	6.00	16.020	18.210	25.460	44.620
	无线电调频对讲机 C15	台班	6.00	16.020	18.210	25.460	44.620

(2)轨道衡

工作内容:准备,检查,空载调整检衡车进入,退出,标定调整,记录整理。 单位:台

定额编号				5-3-104	5-3-105	5-3-106	5-3-107
项目				检衡车标定(重量t)			
				100以下	150以下	250以下	500以下
基价(元)				**2917.25**	**3917.73**	**8430.08**	**11725.91**
其中	人工费(元)			1504.80	1816.80	3059.20	4208.80
	材料费(元)			35.35	47.38	54.43	84.92
	机械费(元)			1377.10	2053.55	5316.45	7432.19
名称		单位	单价(元)	数量			
人工	综合工日	工日	80.00	18.810	22.710	38.240	52.610
材料	焊锡膏 瓶装50g	kg	34.50	0.120	0.150	0.150	0.200
	松香焊锡丝 ϕ2.3	kg	57.00	0.050	0.030	0.030	0.050
	破布	kg	4.50	0.200	0.200	0.200	0.300
	铁砂布 0~2号	张	1.68	2.000	2.000	3.000	4.000
	白纱带 20mm×20m	卷	8.25	0.160	0.180	0.180	0.200

续前

单位：台

定额编号				5-3-104	5-3-105	5-3-106	5-3-107
项目				检衡车标定(重量 t)			
				100 以下	150 以下	250 以下	500 以下
材料	黑胶带 20mm×20m	卷	2.50	0.100	0.100	0.100	0.150
	塑料带 20mm×40m	kg	15.30	0.180	0.200	0.200	0.300
	塑料绝缘线 BV－105℃－1.5mm^2	m	1.29	2.000	10.000	10.000	15.000
	电池 5 号	节	2.20	2.000	2.000	2.000	4.000
	电	kW·h	0.85	8.000	8.000	14.000	21.000
	色调和漆	kg	12.30	0.400	0.500	0.500	1.000
	其他材料费	元	–	1.080	1.190	1.460	2.180
机械	载货汽车 8t	台班	619.25	2.000	3.000	–	–
	载货汽车 12t	台班	993.57	–	–	5.000	7.000
	数字电压表 PZ38	台班	8.00	6.930	9.790	17.430	23.860
	数字万用表 PF－56	台班	6.00	6.930	9.790	17.430	23.860
	无线电调频对讲机 C15	台班	6.00	6.930	9.790	17.430	23.860

(3)地中衡

工作内容:准备,检查,空载调整,加减砝码,标定调整,记录整理。 单位:台

定额编号				5-3-108	5-3-109	5-3-110
项目				砝码标定(重量 t)		
				15 以下	30 以下	50 以下
基价 (元)				**2492.73**	**3007.18**	**3861.85**
其中	人工费 (元)			1587.20	1908.80	2484.00
	材料费 (元)			47.95	52.12	69.08
	机械费 (元)			857.58	1046.26	1308.77
名称		单位	单价(元)	数		量
人工	综合工日	工日	80.00	19.840	23.860	31.050
材料	色调和漆	kg	12.30	0.600	0.600	0.800
	铁砂布 0~2 号	张	1.68	2.000	2.000	2.000
	破布	kg	4.50	0.200	0.200	0.300
	电池 5 号	节	2.20	2.000	2.000	3.000
	塑料绝缘线 BV-105℃-1.5mm^2	m	1.29	10.000	10.000	15.000

续前　　　　　　　　　　　　　　　　　　　　　　　　　　单位:台

定　额　编　号				5-3-108	5-3-109	5-3-110
项　目				砝码标定(重量 t)		
				15 以下	30 以下	50 以下
材料	焊锡膏 瓶装 50g	kg	34.50	0.160	0.200	0.250
	松香焊锡丝 φ2.3	kg	57.00	0.040	0.050	0.070
	白纱带 20mm×20m	卷	8.25	0.180	0.180	0.200
	黑胶带 20mm×20m	卷	2.50	0.100	0.100	0.120
	塑料带 20mm×40m	kg	15.30	0.150	0.180	0.200
	电	kW·h	0.85	7.000	9.000	11.000
	其他材料费	元	–	1.230	1.290	1.600
机械	汽车式起重机 5t	台班	546.38	1.000	1.200	1.500
	叉式装载机 3t	台班	134.00	1.000	1.200	1.500
	数字电压表 PZ38	台班	8.00	8.860	11.490	14.410
	数字万用表 PF－56	台班	6.00	8.860	11.490	14.410
	无线电调频对讲机 C15	台班	6.00	8.860	11.490	14.410

工作内容:同前　　　　　　　　　　　　　　　　　　　　　　　　　　　　　　　　　　单位:台

定额编号				5-3-111	5-3-112	5-3-113
项目				砝码标定(重量 t)		
				100 以下	200 以下	300 以下
基价(元)				**5927.91**	**9064.62**	**11420.78**
其中	人工费(元)			3864.00	5956.80	7520.00
	材料费(元)			76.56	90.49	130.07
	机械费(元)			1987.35	3017.33	3770.71
名称		单位	单价(元)	数量		
人工	综合工日	工日	80.00	48.300	74.460	94.000
材料	色调和漆	kg	12.30	0.800	1.000	1.500
	铁砂布 0~2 号	张	1.68	3.000	3.000	5.000
	破布	kg	4.50	0.300	0.300	0.500
	电池 5 号	节	2.20	3.000	4.000	4.000
	塑料绝缘线 BV-105℃ -1.5mm^2	m	1.29	15.000	15.000	15.000
	焊锡膏 瓶装 50g	kg	34.50	0.250	0.300	0.500
	松香焊锡丝 ϕ2.3	kg	57.00	0.070	0.100	0.300
	白纱带 20mm×20m	卷	8.25	0.250	0.300	0.300
	黑胶带 20mm×20m	卷	2.50	0.120	0.150	0.400
	塑料带 20mm×40m	kg	15.30	0.200	0.200	0.400
	电	kW·h	0.85	17.000	23.000	30.000
	其他材料费	元	-	1.890	2.140	3.370
机械	汽车式起重机 5t	台班	546.38	2.500	3.500	4.500
	叉式装载机 3t	台班	134.00	2.000	3.000	4.000
	数字电压表 PZ38	台班	8.00	17.670	35.150	38.800
	数字万用表 PF-56	台班	6.00	17.670	35.150	38.800
	无线电调频对讲机 C15	台班	6.00	17.670	35.150	38.800

(4)料斗秤

工作内容:准备,检查,空载调整,加减砝码,标定调整,记录整理。　　　　单位:台

定额编号				5-3-114	5-3-115	5-3-116
项目				砝码标定(重量 t)		
				5 以下	10 以下	30 以下
基价(元)				**977.16**	**1482.74**	**2236.03**
其中	人工费(元)			598.40	896.80	1460.80
	材料费(元)			43.17	45.67	49.25
	机械费(元)			335.59	540.27	725.98
名称		单位	单价(元)	数量		
人工	综合工日	工日	80.00	7.480	11.210	18.260
材料	色调和漆	kg	12.30	0.500	0.500	0.600
	铁砂布 0～2 号	张	1.68	2.000	2.000	2.000
	破布	kg	4.50	0.250	0.250	0.250
	电池 5 号	节	2.20	2.000	2.000	2.000
	塑料绝缘线 BV－105℃－1.5mm^2	m	1.29	10.000	10.000	10.000
	焊锡膏 瓶装 50g	kg	34.50	0.150	0.180	0.180
	松香焊锡丝 ϕ2.3	kg	57.00	0.030	0.040	0.050
	白纱带 20mm×20m	卷	8.25	0.200	0.200	0.200
	黑胶带 20mm×20m	卷	2.50	0.100	0.100	0.100
	塑料带 20mm×40m	kg	15.30	0.180	0.180	0.180
	电	kW·h	0.85	3.000	4.000	6.000
	其他材料费	元	–	1.150	1.190	1.270
机械	汽车式起重机 5t	台班	546.38	0.500	0.700	1.000
	数字电压表 PZ38	台班	8.00	3.120	7.890	8.980
	数字万用表 PF－56	台班	6.00	3.120	7.890	8.980
	无线电调频对讲机 C15	台班	6.00	3.120	7.890	8.980

工作内容：同前　　单位：台

定额编号				5-3-117	5-3-118	5-3-119	5-3-120
项目				砝码标定(重量 t)			
				50 以下	100 以下	200 以下	400 以下
基价(元)				**3847.50**	**5467.37**	**8038.73**	**12466.09**
其中	人工费(元)			2184.80	3208.80	5106.40	8164.80
	材料费(元)			65.88	266.95	80.43	89.31
	机械费(元)			1596.82	1991.62	2851.90	4211.98
名称		单位	单价(元)	数量			
人工	综合工日	工日	80.00	27.310	40.110	63.830	102.060
材料	色调和漆	kg	12.30	0.600	0.600	0.800	0.800
	铁砂布 0～2 号	张	1.68	2.000	3.000	3.000	3.000
	破布	kg	4.50	0.250	0.250	0.300	0.300
	电池 5 号	节	2.20	4.000	4.000	4.000	4.000
	塑料绝缘线 BV－105℃－1.5mm^2	m	1.29	15.000	15.000	15.000	15.000
	焊锡膏 瓶装 50g	kg	34.50	0.220	0.220	0.250	0.300
	松香焊锡丝 ϕ2.3	kg	57.00	0.050	0.070	0.070	0.100
	白纱带 20mm×20m	卷	8.25	0.250	0.160	0.280	0.350
	黑胶带 20mm×20m	卷	2.50	0.160	0.250	0.180	0.200
	塑料带 20mm×40m	kg	15.30	0.250	13.000	0.280	0.300
	电	kW·h	0.85	9.000	13.000	17.000	22.000
	其他材料费	元	–	1.490	1.780	1.940	2.200
机械	汽车式起重机 12t	台班	888.68	1.500	1.800	2.500	3.500
	数字电压表 PZ38	台班	8.00	13.190	19.600	31.510	55.080
	数字万用表 PF－56	台班	6.00	13.190	19.600	31.510	55.080
	无线电调频对讲机 C15	台班	6.00	13.190	19.600	31.510	55.080

(5)吊车秤

工作内容:准备,检查,空载调整,加减砝码,标定调整,记录整理。　　　　单位:台

定额编号				5-3-121	5-3-122	5-3-123
项目				砝码标定(重量 t)		
				30 以下	50 以下	100 以下
基价(元)				**2315.95**	**3650.02**	**5152.73**
其中	人工费(元)			1311.20	2368.80	3519.20
	材料费(元)			75.16	78.39	94.44
	机械费(元)			929.59	1202.83	1539.09
名称		单位	单价(元)	数量		
人工	综合工日	工日	80.00	16.390	29.610	43.990
材料	色调和漆	kg	12.30	1.000	1.000	1.500
	铁砂布 0~2 号	张	1.68	4.000	4.000	6.000
	破布	kg	4.50	0.300	0.300	0.300
	电池 5 号	节	2.20	4.000	4.000	4.000
	塑料绝缘线 BV-105℃-1.5mm²	m	1.29	20.000	20.000	20.000
	焊锡膏 瓶装 50g	kg	34.50	0.200	0.200	0.250
	松香焊锡丝 ϕ2.3	kg	57.00	0.050	0.060	0.070
	白纱带 20mm×20m	卷	8.25	0.200	0.200	0.220
	黑胶带 20mm×20m	卷	2.50	0.100	0.120	0.150
	塑料带 20mm×40m	kg	15.30	0.200	0.200	0.250
	电	kW·h	0.85	4.000	7.000	10.000
	其他材料费	元	-	2.080	2.140	2.830
机械	汽车式起重机 8t	台班	728.19	1.000	1.200	1.500
	数字电压表 PZ38	台班	8.00	10.070	16.450	22.340
	数字万用表 PF-56	台班	6.00	10.070	16.450	22.340
	无线电调频对讲机 C15	台班	6.00	10.070	16.450	22.340

工作内容：同前　　单位：台

定额编号				5-3-124	5-3-125	5-3-126
项目				砝码标定(重量 t)		
				200 以下	350 以下	500 以下
基价（元）				**6621.36**	**8306.83**	**10347.30**
其中	人工费（元）			4668.80	5727.20	6876.80
	材料费（元）			97.02	116.15	121.83
	机械费（元）			1855.54	2463.48	3348.67
	名称	单位	单价(元)	数量		
人工	综合工日	工日	80.00	58.360	71.590	85.960
材料	色调和漆	kg	12.30	1.500	2.000	2.000
	铁砂布 0～2 号	张	1.68	6.000	8.000	8.000
	破布	kg	4.50	0.300	0.400	0.400
	电池 5 号	节	2.20	4.000	4.000	4.000
	塑料绝缘线 BV－105℃－1.5mm^2	m	1.29	20.000	20.000	20.000
	焊锡膏 瓶装 50g	kg	34.50	0.250	0.300	0.300
	松香焊锡丝 ϕ2.3	kg	57.00	0.070	0.100	0.130
	白纱带 20mm×20m	卷	8.25	0.220	0.300	0.350
	黑胶带 20mm×20m	卷	2.50	0.150	0.200	0.250
	塑料带 20mm×40m	kg	15.30	0.250	0.300	0.350
	电	kW·h	0.85	13.000	17.000	20.000
	其他材料费	元	–	2.860	3.640	3.760
机械	汽车式起重机 8t	台班	728.19	1.800	2.500	3.500
	数字电压表 PZ38	台班	8.00	27.240	32.150	40.000
	数字万用表 PF－56	台班	6.00	27.240	32.150	40.000
	无线电调频对讲机 C15	台班	6.00	27.240	32.150	40.000

三、过程分析和物性检测仪表

1. 过程分析仪表

工作内容：探头、预处理装置、数据处理及控制设备安装检查、调整、系统调试、标定。

单位：套

定额编号				5-3-127	5-3-128	5-3-129	5-3-130	5-3-131	5-3-132
项目				电化学式分析仪					
				电导式气体分析	电导式液体分析	电磁浓度计	流通式pH分析仪	沉入式pH分析仪	氧化锆分析仪
基价（元）				**2026.11**	**1367.56**	**905.39**	**1440.39**	**1400.08**	**2031.64**
其中	人工费（元）			1815.20	1111.20	720.00	1302.40	1263.20	1788.00
	材料费（元）			40.28	24.81	18.84	28.49	27.38	38.16
	机械费（元）			170.63	231.55	166.55	109.50	109.50	205.48
名称		单位	单价（元）	数量					
人工	综合工日	工日	80.00	22.690	13.890	9.000	16.280	15.790	22.350
材料	仪表接头	套	–	(3.000)	(1.000)	(2.000)	(2.000)	–	(1.000)
	取源部件	套	–	(1.000)	(1.000)	(1.000)	–	–	(1.000)
	精制螺栓 M(6~8)×(20~70)	套	0.36	2.000	–	–	–	–	–
	细白布 宽0.9m	m	10.00	0.500	0.500	0.500	0.500	0.500	0.500

续前

单位:套

定额编号				5-3-127	5-3-128	5-3-129	5-3-130	5-3-131	5-3-132
项目				电化学式分析仪					
				电导式气体分析	电导式液体分析	电磁浓度计	流通式pH分析仪	沉入式pH分析仪	氧化锆分析仪
材料	氧气	m^3	3.60	0.080	–	0.030	0.030	–	–
	乙炔气	m^3	25.20	0.030	–	0.010	0.010	–	–
	碳钢气焊条	kg	5.85	0.080	–	0.020	0.020	–	–
	位号牌	个	2.00	2.000	1.000	1.000	1.000	1.000	2.000
	电	kW·h	0.85	0.300	0.300	–	0.500	0.500	1.000
	校验材料费	元	–	28.575	17.429	11.229	20.452	19.825	28.143
	其他材料费	元	–	0.220	0.130	0.130	0.140	0.130	0.170
机械	综合校验仪 D-063	台班	18.00	4.750	3.500	2.500	3.000	3.000	5.930
	精密标准电阻箱 ZX-54	台班	30.00	–	3.500	2.500	–	–	–
	数字万用表 PF-56	台班	6.00	4.930	3.750	2.750	3.250	3.250	6.550
	数字电压表 PZ38	台班	8.00	4.750	3.500	2.500	3.000	3.000	5.930
	数字兆欧表 BM-2061000MΩ	台班	21.00	0.050	0.050	0.050	–	–	–
	无线电调频对讲机 C15	台班	6.00	2.750	2.000	1.500	2.000	2.000	2.000

工作内容:同前　　　　单位:套

定额编号				5-3-133	5-3-134	5-3-135
项目				去极化式分析仪	热学式分析仪	
					热导式	热化学式
基价(元)				**2067.63**	**2236.28**	**1581.43**
其中	人工费(元)			1845.60	1908.80	1286.40
	材料费(元)			40.58	38.09	28.24
	机械费(元)			181.45	289.39	266.79
	名称	单位	单价(元)	数量		
人工	综合工日	工日	80.00	23.070	23.860	16.080
材料	取源部件	套	–	(1.000)	(1.000)	(1.000)
	仪表接头	套	–	(4.000)	(2.000)	(2.000)
	氧气	m^3	3.60	0.085	0.030	0.030
	乙炔气	m^3	25.20	0.045	0.010	0.010
	碳钢气焊条	kg	5.85	0.085	0.020	0.020
	细白布 宽0.9m	m	10.00	0.500	0.500	0.500
	位号牌	个	2.00	2.000	1.000	1.000
	电	kW·h	0.85	0.500	0.500	0.500
	校验材料费	元	–	29.048	30.051	20.201
	其他材料费	元	–	0.170	0.140	0.140
机械	综合校验仪 D-063	台班	18.00	5.000	4.530	3.930
	数字万用表 PF-56	台班	6.00	5.400	5.130	4.430
	数字电压表 PZ38	台班	8.00	5.000	4.130	3.930
	精密标准电阻箱 ZX-54	台班	30.00	–	4.130	3.930
	数字兆欧表 BM-2061000MΩ	台班	21.00	0.050	0.050	0.050
	无线电调频对讲机 C15	台班	6.00	3.000	3.180	3.180

工作内容:同前

单位:套

定额编号				5-3-136	5-3-137	5-3-138	5-3-139
项目				磁导式分析仪	红外线分析仪	光电比色分析仪	
						硅酸根自动分析	浊度分析
基价(元)				**1846.56**	**2701.73**	**1979.33**	**934.38**
其中	人工费(元)			1680.00	2470.40	1836.80	846.40
	材料费(元)			35.51	48.29	39.13	22.58
	机械费(元)			131.05	183.04	103.40	65.40
名称		单位	单价(元)	数量			
人工	综合工日	工日	80.00	21.000	30.880	22.960	10.580
材料	取源部件	套	–	(1.000)	(1.000)	(1.000)	(1.000)
	仪表接头	套	–	(3.000)	(2.000)	(2.000)	(2.000)
	氧气	m^3	3.60	0.080	0.030	0.030	0.030
	乙炔气	m^3	25.20	0.030	0.010	0.010	0.010
	碳钢气焊条	kg	5.85	0.080	0.020	0.020	0.020
	细白布 宽0.9m	m	10.00	0.500	–	–	–
	真丝绸布 宽0.9m	m	19.00	–	0.300	0.300	0.300
	位号牌	个	2.00	1.000	1.000	1.000	1.000
	电	kW·h	0.85	0.500	1.000	2.000	1.000
	校验材料费	元	–	26.429	38.940	28.909	13.235
	其他材料费	元	–	0.140	0.320	0.340	0.320
机械	综合校验仪 D-063	台班	18.00	3.500	4.880	2.800	1.800
	数字万用表 PF-56	台班	6.00	4.000	5.480	3.050	2.050
	数字电压表 PZ38	台班	8.00	3.500	4.880	2.800	1.800
	数字兆欧表 BM-2061000MΩ	台班	21.00	0.050	–	–	–
	无线电调频对讲机 C15	台班	6.00	2.500	3.880	2.050	1.050

工作内容:同前

单位:套

定额编号				5-3-140	5-3-141	5-3-142	5-3-143
项目				高阻检漏仪	二氧化硫 氧化氮	中子水分	热图像仪
基价(元)				**378.17**	**1728.24**	**1229.30**	**1297.18**
其中	人工费(元)			327.68	1574.40	1101.60	1094.40
	材料费(元)			6.99	47.51	31.37	53.60
	机械费(元)			43.50	106.33	96.33	149.18
名称		单位	单价(元)	数量			
人工	综合工日	工日	80.00	4.096	19.680	13.770	13.680
材料	六角带帽螺栓镀锌带弹簧垫 M10×(35~75)	套	0.79	4.000	8.000	–	4.000
	镀锌螺栓 M6×(20~30)	套	1.54	–	4.000	–	4.000
	膨胀螺栓 M10	套	1.76	–	4.000	4.000	–
	棉纱头	kg	6.34	0.200	–	–	–
	电焊条 结 422 ϕ2.5	kg	5.04	–	0.500	1.000	0.800
	蒸馏水	kg	0.69	–	10.000	–	–

续前

单位:套

定额编号				5-3-140	5-3-141	5-3-142	5-3-143
项目				高阻检漏仪	二氧化硫 氧化氮	中子水分	热图像仪
材料	氧气	m^3	3.60	-	0.400	0.500	1.000
	乙炔气	m^3	25.20	-	0.174	0.217	0.440
	位号牌	个	2.00	1.000	-	-	-
	汽油 93 号	kg	10.05	-	1.000	-	1.000
	醇酸防锈漆 C53-1 红丹	kg	16.72	-	-	0.500	0.600
	橡皮绝缘线 BX-2.5	m	1.25	-	-	-	2.000
	校验材料费	元	-	0.360	1.880	2.000	1.560
	其他材料费	元	-	0.200	0.820	1.660	1.420
机械	直流弧焊机 20kW	台班	209.44	-	0.300	0.300	0.400
	综合校验仪 D-063	台班	18.00	1.750	1.750	-	1.800
	数字万用表 PF-56	台班	6.00	2.000	2.000	1.800	2.050
	数字电压表 PZ38	台班	8.00	-	-	2.050	1.800
	无线电调频对讲机 C15	台班	6.00	-	-	1.050	1.050

工作内容：同前　　　　单位：套

定额编号				5-3-144	5-3-145	5-3-146	5-3-147	5-3-148	5-3-149
项目				工业气相色谱仪	质谱仪	可燃气体热值指数仪	水质分析		
							ORP	TOD	COD
基价（元）				**4827.55**	**4386.61**	**2624.16**	**1755.70**	**2221.66**	**1545.10**
其中	人工费（元）			4372.80	4084.80	2263.20	1634.40	2074.40	1458.40
	材料费（元）			88.25	71.61	46.42	30.80	37.76	23.20
	机械费（元）			366.50	230.20	314.54	90.50	109.50	63.50
名称		单位	单价（元）	数量					
人工	综合工日	工日	80.00	54.660	51.060	28.290	20.430	25.930	18.230
材料	仪表接头	套	–	(14.000)	(1.000)	(3.000)	(1.000)	(1.000)	(1.000)
	取源部件	套	–	(6.000)	(1.000)	(1.000)	–	–	–
	精制螺栓 M10×(20～50)	套	0.39	–	–	5.000	–	–	–
	氧气	m^3	3.60	0.460	–	0.080	–	–	–
	乙炔气	m^3	25.20	0.140	–	0.030	–	–	–
	碳钢气焊条	kg	5.85	0.360	–	0.080	–	–	–
	细白布 宽0.9m	m	10.00	–	0.500	0.500	0.300	0.300	0.300
	真丝绸布 宽0.9m	m	19.00	0.500	–	–	–	–	–
	位号牌	个	2.00	1.000	1.000	1.000	1.000	1.000	1.000
	校验材料费	元	–	68.949	64.477	35.666	25.705	32.671	18.112
	其他材料费	元	–	0.510	0.130	0.290	0.090	0.090	0.090
机械	电动空气压缩机 $0.6m^3/min$	台班	130.54	–	–	1.000	–	–	–
	综合校验仪 D-063	台班	18.00	9.000	6.440	5.000	2.500	3.000	1.750
	数字万用表 PF-56	台班	6.00	9.000	6.520	5.500	2.750	3.250	2.000
	数字电压表 PZ38	台班	8.00	13.750	6.440	5.000	2.500	3.000	1.750
	气动综合校验台	台班	9.00	–	–	1.000	–	–	–
	无线电调频对讲机 C15	台班	6.00	6.750	3.940	2.000	1.500	2.000	1.000

2. 物性检测仪表

工作内容：探头、预处理装置、数据处理及控制设备安装检查、调整、系统调试、标定。　　　　单位：套

定额编号				5-3-150	5-3-151	5-3-152	5-3-153	5-3-154
项目				湿度分析	密度测定	水分计	黏度测定	
							设备上安装	管道上安装
基价（元）				**904.91**	**1046.05**	**2600.66**	**3230.39**	**3526.21**
其中	人工费（元）			868.00	983.20	2254.40	2995.20	3291.20
	材料费（元）			11.41	19.35	37.56	48.09	48.09
	机械费（元）			25.50	43.50	308.70	187.10	186.92
名称		单位	单价(元)	数量				
人工	综合工日	工日	80.00	10.850	12.290	28.180	37.440	41.140
材料	仪表接头	套	–	–	(1.000)	–	(1.000)	(1.000)
	取源部件	套	–	–	–	–	(1.000)	(1.000)
	细白布 宽0.9m	m	10.00	–	0.300	–	0.500	0.500
	位号牌	个	2.00	1.000	1.000	1.000	1.000	1.000
	校验材料费	元	–	9.390	14.266	35.527	40.960	40.960
	其他材料费	元	–	0.020	0.080	0.030	0.130	0.130
机械	综合校验仪 D－063	台班	18.00	1.000	1.750	–	5.200	5.200
	数字万用表 PF－56	台班	6.00	1.250	2.000	4.650	5.850	5.820
	数字电压表 PZ38	台班	8.00	–	–	4.000	5.200	5.200
	脉冲计数器 PM6665/036	台班	58.00	–	–	4.000	–	–
	无线电调频对讲机 C15	台班	6.00	–	–	2.800	2.800	2.800

3. 特殊预处理装置

工作内容：准备、开箱清点、运输、安装、单元检查、调整、接地、记录。　　　　单位：套

定额编号				5-3-155	5-3-156	5-3-157	5-3-158	5-3-159	5-3-160	5-3-161
项目				烟道脏气样	炉气高温气体取样	重油分析取样	环境监测取样		腐蚀组分取样	高黏度脏物取样
							单点	多点		
基价（元）				**742.70**	**830.70**	**578.70**	**393.34**	**644.00**	**464.94**	**918.70**
其中	人工费（元）			730.40	818.40	566.40	390.40	636.80	460.80	906.40
	材料费（元）			5.10	5.10	5.10	2.04	5.10	2.04	5.10
	机械费（元）			7.20	7.20	7.20	0.90	2.10	2.10	7.20
名称		单位	单价(元)	数量						
人工	综合工日	工日	80.00	9.130	10.230	7.080	4.880	7.960	5.760	11.330
材料	细白布 宽0.9m	m	10.00	0.500	0.500	0.500	0.200	0.500	0.200	0.500
	其他材料费	元	–	0.100	0.100	0.100	0.040	0.100	0.040	0.100
机械	数字万用表 PF－56	台班	6.00	1.200	1.200	1.200	0.150	0.350	0.350	1.200

4. 分析柜、室及附件安装

工作内容:开箱清点、运输、搬运、安装就位、接地、接管接线检查。　　　　单位:台

				5-3-162	5-3-163	5-3-164
定额编号				5-3-162	5-3-163	5-3-164
项目				分析柜安装	分析金属小屋	取样冷却器安装
基价(元)				**1144.80**	**3820.99**	**172.15**
其中	人工费(元)			950.40	2305.60	157.60
	材料费(元)			21.72	153.77	14.55
	机械费(元)			172.68	1361.62	–
名称		单位	单价(元)	数量		
人工	综合工日	工日	80.00	11.880	28.820	1.970
材料	仪表接头	套	–	–	–	(5.000)
	垫铁	kg	4.75	1.000	15.000	–
	铜芯聚氯乙烯绝缘线 BV10	km	7743.00	0.001	0.001	–
	精制螺栓 M12×(20~100)	套	0.98	4.000	48.000	–
	膨胀螺栓 M10	套	1.76	–	–	4.000
	氧气	m^3	3.60	–	–	0.100
	乙炔气	m^3	25.20	–	–	0.040
	碳钢气焊条	kg	5.85	–	–	0.100
	棉纱头	kg	6.34	0.300	1.000	0.300
	汽油 93 号	kg	10.05	–	0.500	0.200
	冲击钻头 ϕ12	个	10.75	0.100	0.500	0.080
	电	kW·h	0.85	1.000	5.000	0.200
	其他材料费	元	–	1.480	6.750	0.610
机械	汽车式起重机 16t	台班	1071.52	0.100	0.800	–
	载货汽车 8t	台班	619.25	0.100	0.800	–
	接地电阻测试仪 DET-3/2	台班	50.00	–	0.180	–
	数字万用表 PF-56	台班	6.00	0.600	–	–

四、气象环保检测仪表

工作内容：清点、安装固定、校接线、常规检查、单元检查、系统调试。

单位：套

定额编号				5-3-165	5-3-166	5-3-167	5-3-168
项目				风向、风速	雨量	日照	飘尘
基价（元）				**868.72**	**903.63**	**809.94**	**1087.05**
其中	人工费（元）			763.20	805.60	712.80	981.60
	材料费（元）			23.74	20.31	19.42	23.67
	机械费（元）			81.78	77.72	77.72	81.78
名称		单位	单价(元)	数量			
人工	综合工日	工日	80.00	9.540	10.070	8.910	12.270
材料	精制螺栓 M12×(20～100)	套	0.98	8.000	4.000	4.000	4.000
	细白布 宽0.9m	m	10.00	0.200	0.200	0.200	0.200
	电	kW·h	0.85	1.000	1.000	1.000	1.000
	位号牌	个	2.00	1.000	1.000	1.000	1.000
	校验材料费	元	–	10.714	11.341	10.449	14.698
	其他材料费	元	–	0.340	0.200	0.200	0.200
机械	精密交/直流稳压电源	台班	14.00	0.720	0.680	0.680	0.720
	综合校验仪 D－063	台班	18.00	1.440	1.370	1.370	1.440
	数字万用表 PF－56	台班	6.00	1.540	1.460	1.460	1.540
	数字电压表 PZ38	台班	8.00	1.440	1.370	1.370	1.440
	数字兆欧表 BM－2061000MΩ	台班	21.00	0.060	0.060	0.060	0.060
	精密标准电阻箱 ZX－54	台班	30.00	0.720	0.680	0.680	0.720
	无线电调频对讲机 C15	台班	6.00	0.360	0.360	0.360	0.360

第四章　集中监视与控制装置

说　　明

一、本章适用范围：

1. 安全监测装置：可燃气体报警装置、火焰监视器、自动点火装置、燃烧安全保护装置、漏油检测装置、高阻检漏装置。

2. 工业电视：摄像机及附属设备、显示器和辅助设备安装、调整。

3. 远动装置。

4. 顺序控制装置：继电联锁保护系统、逻辑监控装置、气动顺控装置、智能顺控装置。

5. 信号报警装置：闪光报警器、智能闪光报警装置、继电线路报警系统、继电器箱、柜及报警装置组件、元件。

6. 数据采集及巡回报警装置。

二、本章工作内容：技术机具准备、开箱、设备清点、搬运、单体调试、安装、固定、挂牌、校接线、接地、接地电阻测试、常规检查、系统模拟试验、配合单机试运转、记录整理。此外还包括以下内容：

1. 远动装置：过程 I/O 点试验、信息处理、单元检查、基本功能（画面显示报警等）、设定功能测试、自检功能测试、打印、制表、遥测、遥控、遥信、遥调功能测试；以远动装置为核心的被控与控制端及操作站监视、变换器及输出驱动继电器整套系统运行调整。

2. 顺序控制中：联锁保护系统线路检查、设备元件检查调整；逻辑监控系统修改主令功能图、输入输出信号检查、功能检查排错；凸轮式与气动顺控装置调整拨块或定时盘、设定动作程序等。

3. 智能闪光报警装置：单元检查、功能检查、程序检查、自检、排错。

4. 火焰监测装置探头、检出器安装调试、灭火保护电路安装调试。

5. 固定点火装置的电源、激磁、连接导线火花塞安装，自动点火系统顺序逻辑控制和报警系统安装调试。

6. 可燃气体报警和多点气体报警包括探头和报警器整体安装、调试。

7. 继电器箱、柜安装、固定、校接线、接地及接地电阻测定。

三、不包括的内容：

1. 计算机机柜、台柜安装。

2. 支架、支座制作安装。

3. 为远动装置、信号报警装置、顺控装置、数据采集、巡回报警装置提供输入输出信号的现场仪表安装调试。

4. 漏油检测装置排空管、溢流管安装，沟槽开挖，水泥盖板制作安装，流入管埋设。

四、其他：

1. 顺序控制中可编程逻辑控制器另外执行本册有关章节相关项目。

2. 盘上安装仪表用螺栓按仪表自带考虑。

3. 继电器或组件柜、箱、机箱安装、检查及校接线内容适用于报警盘、点火盘或箱。

一、安全监测装置

工作内容：清点、单元检查、调整、安装、系统调试。　　单位：套

定额编号				5-4-1	5-4-2	5-4-3	5-4-4
项目				可燃气体报警器	智能多点气体报警器	火焰监视器	固定式自动点火装置
基价（元）				**327.87**	**855.70**	**834.41**	**486.14**
其中	人工费（元）			260.00	694.40	684.00	454.40
	材料费（元）			9.81	15.68	15.51	11.08
	机械费（元）			58.06	145.62	134.90	20.66
名称		单位	单价(元)	数量			
人工	综合工日	工日	80.00	3.250	8.680	8.550	5.680
材料	精制螺栓 M10×(20~50)	套	0.39	1.000	4.000	4.000	2.000
	U 型螺栓 2″×M10	套	2.18	1.000	–	–	–
	位号牌	个	2.00	1.000	1.000	1.000	1.000
	细白布 宽0.9m	m	10.00	0.100	0.100	0.100	0.100
	电	kW·h	0.85	–	–	–	0.200
	校验材料费	元	–	4.082	10.951	10.783	7.022
	其他材料费	元	–	0.160	0.170	0.170	0.110
机械	便携式综合校验仪 2422	台班	30.00	0.550	1.970	1.490	–
	精密交/直流稳压电源	台班	14.00	0.550	0.990	0.740	0.320
	数字万用表 PF－56	台班	6.00	0.670	2.210	1.580	0.880
	数字电压表 PZ38	台班	8.00	0.550	0.990	1.490	0.800
	精密标准电阻箱 ZX－54	台班	30.00	0.550	0.990	1.490	–
	电动综合校验台	台班	12.00	0.550	0.990	0.740	–
	数字兆欧表 BM－2061000MΩ	台班	21.00	0.060	0.060	0.060	0.060
	无线电调频对讲机 C15	台班	6.00	0.180	1.440	0.600	0.540

工作内容:同前

单位:套

定额编号				5-4-5	5-4-6	5-4-7	5-4-8
项目				自动点火系统	燃烧安全保护装置	漏油检测装置	高阻检测装置
基价(元)				**3442.41**	**1393.73**	**688.99**	**478.84**
其中	人工费(元)			3076.80	1262.40	629.60	427.20
	材料费(元)			52.95	16.57	17.61	12.34
	机械费(元)			312.66	114.76	41.78	39.30
名称		单位	单价(元)	数量			
人工	综合工日	工日	80.00	38.460	15.780	7.870	5.340
材料	精制螺栓 M10×(20~50)	套	0.39	–	2.000	–	4.000
	位号牌	个	2.00	1.000	1.000	1.000	1.000
	棉纱头	kg	6.34	–	–	0.500	–
	细白布 宽0.9m	m	10.00	0.200	0.100	0.200	0.200
	电	kW·h	0.85	0.200	0.500	0.500	–
	校验材料费	元	–	48.706	12.246	9.794	6.590
	其他材料费	元	–	0.070	0.120	0.220	0.190
机械	便携式综合校验仪 2422	台班	30.00	6.690	1.170	0.640	0.870
	精密交/直流稳压电源	台班	14.00	–	1.170	–	–
	数字万用表 PF－56	台班	6.00	6.690	3.080	1.670	1.040
	数字电压表 PZ38	台班	8.00	6.690	2.960	1.570	0.870
	电动综合校验台	台班	12.00	–	1.170	–	–
	无线电调频对讲机 C15	台班	6.00	3.050	1.180	–	–

二、工业电视

工作内容：清点、安装、接线、常规检查、单元检查、功能检查、挂牌。　　　　单位：台

定额编号				5-4-9	5-4-10	5-4-11	5-4-12
项目				摄像机安装调试（高度 m）			
				9 以下	20 以下	60 以下	60 以上
基价（元）				**364.70**	**399.65**	**435.41**	**507.74**
其中	人工费（元）			342.40	378.40	413.60	484.80
	材料费（元）			11.16	11.73	12.29	13.42
	机械费（元）			11.14	9.52	9.52	9.52
名称		单位	单价（元）	数量			
人工	综合工日	工日	80.00	4.280	4.730	5.170	6.060
材料	精制螺栓 M(6～8)×(20～70)	套	0.36	4.000	4.000	4.000	4.000
	位号牌	个	2.00	1.000	1.000	1.000	1.000
	真丝绸布 宽 0.9m	m	19.00	0.100	0.100	0.100	0.100
	电	kW·h	0.85	0.200	0.200	0.200	0.200
	校验材料费	元	–	5.420	5.991	6.548	7.677
	其他材料费	元	–	0.230	0.230	0.230	0.230
机械	液压升降机 9m	台班	32.47	0.050	–	–	–
	数字万用表 PF－56	台班	6.00	0.680	0.680	0.680	0.680
	数字电压表 PZ38	台班	8.00	0.680	0.680	0.680	0.680

工作内容:同前　　单位:台

定额编号				5-4-13	5-4-14	5-4-15	5-4-16
项目				摄像机附属设备安装			
				附照明	附吹扫装置	附冷却装置	附电动转台
基价(元)				**61.79**	**178.63**	**183.18**	**349.82**
其中	人工费(元)			55.20	174.40	178.40	332.00
	材料费(元)			1.72	4.23	4.78	7.61
	机械费(元)			4.87	–	–	10.21
名称		单位	单价(元)	数量			
人工	综合工日	工日	80.00	0.690	2.180	2.230	4.150
材料	仪表接头	套	–	–	(3.000)	(4.000)	(4.000)
	精制螺栓 M(6~8)×(20~70)	套	0.36	4.000	4.000	–	–
	氧气	m^3	3.60	–	0.080	0.100	–
	乙炔气	m^3	25.20	–	0.030	0.040	–
	碳钢气焊条	kg	5.85	–	0.080	0.100	–
	细白布 宽0.9m	m	10.00	–	0.100	0.200	0.200
	聚四氟乙烯生料带 20×0.1　180m/kg	m	0.40	–	–	1.000	–
	电	kW·h	0.85	0.200	0.200	0.300	0.400
	校验材料费	元	–	–	–	–	5.225
	其他材料费	元	–	0.110	0.110	0.170	0.040
机械	液压升降机 9m	台班	32.47	0.150	–	–	0.150
	数字万用表 PF–56	台班	6.00	–	–	–	0.360
	数字电压表 PZ38	台班	8.00	–	–	–	0.240
	数字兆欧表 BM–2061000MΩ	台班	21.00	–	–	–	0.060

工作内容:显示器安装与调试,系统调试。 单位:台

定额编号				5-4-17	5-4-18	5-4-19
项目				显示器安装调试		
				台装	棚顶吊装	盘装
基价(元)				**860.77**	**1008.77**	**897.28**
其中	人工费(元)			795.20	940.00	830.40
	材料费(元)			18.43	21.63	19.74
	机械费(元)			47.14	47.14	47.14
名称		单位	单价(元)	数量		
人工	综合工日	工日	80.00	9.940	11.750	10.380
材料	精制螺栓 M(6~8)×(20~70)	套	0.36	-	2.000	2.000
	真丝绸布 宽0.9m	m	19.00	0.300	0.300	0.300
	电	kW·h	0.85	-	0.200	-
	校验材料费	元	-	12.455	14.712	12.985
	其他材料费	元	-	0.270	0.330	0.330
机械	电视图形发生器 VS14C	台班	8.00	0.590	0.590	0.590
	精密交/直流稳压电源	台班	14.00	0.590	0.590	0.590
	电动综合校验台	台班	12.00	0.590	0.590	0.590
	数字万用表 PF-56	台班	6.00	1.180	1.180	1.180
	数字电压表 PZ38	台班	8.00	1.180	1.180	1.180
	无线电调频对讲机 C15	台班	6.00	1.760	1.760	1.760

工作内容:显示器安装与调试,系统调试。　　　　单位:台

定额编号				5-4-20	5-4-21	5-4-22	5-4-23
项目				辅助设备安装			
				操作器	分配器	补偿器	切换器
基价(元)				**60.45**	**60.45**	**27.03**	**38.33**
其中	人工费(元)			56.80	56.80	25.60	36.00
	材料费(元)			0.99	0.99	0.45	0.63
	机械费(元)			2.66	2.66	0.98	1.70
名称		单位	单价(元)	数量			
人工	综合工日	工日	80.00	0.710	0.710	0.320	0.450
材料	校验材料费	元	-	0.989	0.989	0.446	0.627
机械	数字万用表 PF-56	台班	6.00	0.190	0.190	0.070	0.150
	数字电压表 PZ38	台班	8.00	0.190	0.190	0.070	0.100

三、远动装置

工作内容:常规检查、基本功能试验、设定、打印、制表、系统运行。　　　　单位:套

定额编号				5-4-24	5-4-25	5-4-26	5-4-27	5-4-28
项目				输入输出点（点）				
				60 以下	100 以下	300 以下	500 以下	1000 以下
基价（元）				**3605.94**	**4484.57**	**8751.84**	**12307.05**	**17450.04**
其中	人工费（元）			3280.00	4030.40	7760.00	10875.20	15552.00
	材料费（元）			57.12	70.19	135.14	189.39	270.84
	机械费（元）			268.82	383.98	856.70	1242.46	1627.20
名称		单位	单价(元)	数量				
人工	综合工日	工日	80.00	41.000	50.380	97.000	135.940	194.400
材料	校验材料费	元	-	57.121	70.189	135.140	189.392	270.838
机械	便携式综合校验仪 2422	台班	30.00	5.280	7.370	16.910	24.290	32.000
	脉冲信号发生器 NF-1513A	台班	14.00	1.060	1.470	3.380	4.860	6.400
	数字万用表 PF-56	台班	6.00	6.340	8.840	20.290	29.150	38.400
	数字电压表 PZ38	台班	8.00	5.280	7.370	16.910	24.290	32.000
	无线电调频对讲机 C15	台班	6.00	2.550	5.050	7.510	12.750	15.200

四、顺序控制装置

工作内容:继电线路检查、单元检查、系统模拟试验、功能试验。 单位:套

定额编号				5-4-29	5-4-30	5-4-31	5-4-32	5-4-33
项目				继电联锁保护系统(事故点)				
				2以下	6以下	10以下	20以下	30以下
基价(元)				**180.00**	**694.36**	**1092.91**	**2068.38**	**3521.02**
其中	人工费(元)			164.80	636.80	1003.20	1904.00	3250.40
	材料费(元)			3.47	13.68	22.85	41.57	67.07
	机械费(元)			11.73	43.88	66.86	122.81	203.55
名称		单位	单价(元)	数				量
人工	综合工日	工日	80.00	2.060	7.960	12.540	23.800	40.630
材料	线号套管(综合)	m	1.20	0.030	0.080	0.150	0.320	0.480
	真丝绸布 宽0.9m	m	19.00	–	0.100	0.200	0.300	0.400
	松香焊锡丝 $\phi2$	m	1.20	0.010	0.030	0.060	0.100	0.200
	铁砂布 0~2号	张	1.68	0.200	0.400	1.000	2.000	2.500
	工业酒精 99.5%	kg	8.20	0.050	0.080	0.100	0.150	0.250
	电	kW·h	0.85	0.050	0.100	0.150	0.200	0.350
	校验材料费	元	–	2.605	10.087	15.882	30.149	51.465
	其他材料费	元	–	0.030	0.150	0.290	0.460	0.640
机械	数字万用表 PF-56	台班	6.00	0.520	1.810	2.800	5.850	9.800
	数字电压表 PZ38	台班	8.00	0.520	1.810	2.520	5.650	9.530
	线号标签印字机	台班	38.45	0.100	0.270	0.450	0.600	0.900
	无线电调频对讲机 C15	台班	6.00	0.100	1.360	2.100	3.240	5.650

工作内容:常规检查、校接线、修改功能图、功能检查、排错、程序运行、系统试验。　　单位:套

定额编号				5-4-34	5-4-35	5-4-36	5-4-37	5-4-38
项目				矩阵编程逻辑监控装置(点)			插件式逻辑监控装置(点)	
				16 以下	32 以下	64 以下	32 以下	64 以下
基价(元)				**1303.93**	**2147.11**	**3338.40**	**3422.11**	**5543.30**
其中	人工费(元)			1119.20	1817.60	2824.00	2970.40	4804.80
	材料费(元)			17.90	29.20	45.37	47.44	76.77
	机械费(元)			166.83	300.31	469.03	404.27	661.73
名称		单位	单价(元)	数量				
人工	综合工日	工日	80.00	13.990	22.720	35.300	37.130	60.060
材料	线号套管(综合)	m	1.20	0.150	0.350	0.550	0.350	0.580
	校验材料费	元	–	17.722	28.784	44.708	47.021	76.069
机械	便携式综合校验仪 2422	台班	30.00	3.020	5.890	9.360	8.250	13.200
	晶体管测试仪 QT－2A	台班	17.00	0.250	0.300	0.400	–	–
	数字万用表 PF－56	台班	6.00	4.240	6.890	10.700	9.250	16.200
	接地电阻测试仪 DET－3/2	台班	50.00	0.080	0.080	0.080	0.080	0.080
	数字电压表 PZ38	台班	8.00	3.020	5.890	9.360	8.250	13.200
	线号标签印字机	台班	38.45	0.130	0.150	0.200	0.150	0.250
	无线电调频对讲机 C15	台班	6.00	2.230	3.380	5.110	4.250	8.220

工作内容:常规检查、安装、校接线、修改功能图、功能检查、排错、程序运行、系统试验。　　单位:套

定额编号				5-4-39	5-4-40	5-4-41
项目				凸轮式顺控装置	气动顺序控制器	智能顺序控制器
基价(元)				**1645.07**	**1526.13**	**1753.19**
其中	人工费(元)			1478.40	1259.20	1496.80
	材料费(元)			32.73	25.16	25.82
	机械费(元)			133.94	241.77	230.57
名称		单位	单价(元)	数量		
人工	综合工日	工日	80.00	18.480	15.740	18.710
材料	仪表接头	套	–	–	(20.000)	–
	精制螺栓 M(6~8)×(20~70)	套	0.36	4.000	2.000	–
	细白布 宽0.9m	m	10.00	0.200	0.200	0.200
	真丝绸布 宽0.9m	m	19.00	0.200	–	–
	铁砂布 0~2号	张	1.68	1.000	–	–
	聚四氟乙烯生料带 20×0.1　180m/kg	m	0.40	–	1.820	–
	线号套管(综合)	m	1.20	0.150	–	0.200

续前　　　　　　　　　　　　　　　　　　　　　　　　　　　　　　　　单位：套

定额编号				5-4-39	5-4-40	5-4-41
项目				凸轮式顺控装置	气动顺序控制器	智能顺序控制器
材料	标签纸(综合价)	m	13.00	–	0.120	–
	校验材料费	元	–	23.239	19.770	23.531
	其他材料费	元	–	0.390	0.380	0.050
机械	电动空气压缩机 0.6m³/min	台班	130.54	–	1.500	–
	精密交/直流稳压电源	台班	14.00	2.610	–	1.500
	便携式综合校验仪 2422	台班	30.00	–	–	3.910
	电动综合校验台	台班	12.00	2.610	1.500	1.500
	气动综合校验台	台班	9.00	–	1.500	–
	接地电阻测试仪 DET-3/2	台班	50.00	0.080	–	0.080
	数字电压表 PZ38	台班	8.00	2.610	–	3.910
	数字万用表 PF-56	台班	6.00	3.290	–	2.550
	数字兆欧表 BM-2061000MΩ	台班	21.00	0.050	–	–
	线号标签印字机	台班	38.45	0.200	–	0.240
	无线电调频对讲机 C15	台班	6.00	2.120	2.410	2.410

五、信号报警装置

工作内容：校接线、线路检查、报警模拟试验、排错。　　　　单位：套

定额编号				5-4-42	5-4-43	5-4-44	5-4-45
项目				继电线路报警系统(点)			
				4 以下	10 以下	20 以下	30 以下
基价(元)				**253.50**	**457.90**	**787.70**	**1271.66**
其中	人工费(元)			234.40	420.00	726.40	1176.00
	材料费(元)			6.29	12.20	21.41	34.08
	机械费(元)			12.81	25.70	39.89	61.58
名称		单位	单价(元)	数量			
人工	综合工日	工日	80.00	2.930	5.250	9.080	14.700
材料	真丝绸布 宽 0.9m	m	19.00	0.040	0.070	0.100	0.150
	铜芯聚氯乙烯绝缘线 BV1.5	km	1201.50	0.001	0.001	0.001	0.003
	工业酒精 99.5%	kg	8.20	0.050	0.100	0.400	0.500
	松香焊锡丝 $\phi 2$	m	1.20	0.020	0.080	0.100	0.150
	铁砂布 0～2 号	张	1.68	–	1.000	1.500	2.000
	电	kW·h	0.85	–	0.100	0.200	0.300
	线号套管(综合)	m	1.20	0.090	0.120	0.250	0.450
	校验材料费	元	–	3.706	6.646	11.494	18.613
	其他材料费	元	–	0.080	0.200	0.420	0.580
机械	数字万用表 PF－56	台班	6.00	0.480	1.450	2.230	3.600
	数字电压表 PZ38	台班	8.00	0.720	1.140	1.800	2.720
	线号标签印字机	台班	38.45	0.060	0.130	0.190	0.310
	无线电调频对讲机 C15	台班	6.00	0.310	0.480	0.800	1.050

工作内容：安装、校接线、单元检查、功能测试、模拟试验、排错。

单位：套

定额编号				5-4-46	5-4-47	5-4-48	5-4-49
项目				微机多功能组件式报警装置(报警回路或点)			
				4 以下	8 以下	16 以下	24 以下
基价（元）				**320.31**	**399.77**	**559.83**	**851.45**
其中	人工费（元）			289.60	362.40	503.20	771.20
	材料费（元）			7.87	9.11	12.70	19.07
	机械费（元）			22.84	28.26	43.93	61.18
名称		单位	单价(元)	数量			
人工	综合工日	工日	80.00	3.620	4.530	6.290	9.640
材料	真丝绸布 宽0.9m	m	19.00	0.100	0.100	0.100	0.200
	铜芯聚氯乙烯绝缘线 BV1.5	km	1201.50	0.001	0.001	0.002	0.002
	松香焊锡丝 φ2	m	1.20	0.050	0.050	0.080	0.100
	线号套管(综合)	m	1.20	0.040	0.100	0.180	0.260
	校验材料费	元	–	4.542	5.698	7.927	12.163
	其他材料费	元	–	0.120	0.130	0.160	0.270
机械	精密交/直流稳压电源	台班	14.00	0.530	0.640	0.850	1.170
	电动综合校验台	台班	12.00	0.530	0.640	0.850	1.170
	数字万用表 PF－56	台班	6.00	0.330	0.480	1.390	2.020
	数字电压表 PZ38	台班	8.00	0.620	0.750	1.230	1.700
	线号标签印字机	台班	38.45	0.010	0.015	0.020	0.025
	无线电调频对讲机 C15	台班	6.00	0.290	0.360	0.480	0.680

工作内容：同前

单位：套

定额编号				5-4-50	5-4-51	5-4-52	5-4-53
项目				微机多功能组件式报警装置（报警回路或点）			
				40 以下	48 以下	64 以下	容量扩展（每增 4 点）
基价（元）				**1135.48**	**1322.26**	**1927.17**	**98.94**
其中	人工费（元）			1031.20	1204.00	1752.80	88.80
	材料费（元）			24.74	29.55	41.67	3.00
	机械费（元）			79.54	88.71	132.70	7.14
名称		单位	单价（元）	数量			
人工	综合工日	工日	80.00	12.890	15.050	21.910	1.110
材料	真丝绸布 宽 0.9m	m	19.00	0.200	0.300	0.400	0.010
	铜芯聚氯乙烯绝缘线 BV1.5	km	1201.50	0.003	0.003	0.004	0.001
	松香焊锡丝 $\phi2$	m	1.20	0.150	0.180	0.200	–
	线号套管（综合）	m	1.20	0.400	0.500	0.680	0.040
	校验材料费	元	–	16.356	19.017	27.655	1.546
	其他材料费	元	–	0.320	0.410	0.550	0.010
机械	精密交/直流稳压电源	台班	14.00	1.500	1.670	2.820	0.150
	电动综合校验台	台班	12.00	1.500	1.670	2.820	0.150
	数字万用表 PF－56	台班	6.00	2.740	3.090	4.040	0.130
	数字电压表 PZ38	台班	8.00	2.210	2.450	3.180	0.200
	线号标签印字机	台班	38.45	0.028	0.030	0.040	0.010
	无线电调频对讲机 C15	台班	6.00	0.890	1.000	1.360	0.080

工作内容：同前　　　　　　　　　　　　　　　　　　　　　　　　　　　　　单位：套

定额编号				5-4-54	5-4-55	5-4-56	5-4-57
项目				微机自容式报警装置(12点)	单回路闪光报警器（报警回路或点）		八回路闪光报警器
					1点	每增1点	
基价（元）				**610.25**	**93.04**	**37.27**	**335.56**
其中	人工费（元）			538.40	75.20	32.80	297.60
	材料费（元）			20.79	2.92	1.99	6.82
	机械费（元）			51.06	14.92	2.48	31.14
名称		单位	单价(元)	数量			
人工	综合工日	工日	80.00	6.730	0.940	0.410	3.720
材料	铜芯聚氯乙烯绝缘线 BV1.5	km	1201.50	0.001	0.001	0.001	–
	铜芯聚氯乙烯绝缘线 BV10	km	7743.00	0.001	–	–	–
	松香焊锡丝 $\phi 2$	m	1.20	0.050	0.040	0.020	0.050
	真丝绸布 宽0.9m	m	19.00	0.100	0.020	0.010	0.100
	线号套管(综合)	m	1.20	0.300	0.060	0.040	0.090
	校验材料费	元	–	8.485	1.184	0.515	4.653
	其他材料费	元	–	1.040	0.030	0.010	0.100
机械	精密交/直流稳压电源	台班	14.00	0.530	0.270	0.050	0.580
	数字万用表 PF－56	台班	6.00	1.950	0.430	0.090	1.030
	数字电压表 PZ38	台班	8.00	1.710	0.270	0.050	0.920
	电动综合校验台	台班	12.00	0.530	0.270	0.050	0.580
	接地电阻测试仪 DET－3/2	台班	50.00	0.100	0.050	–	–
	无线电调频对讲机 C15	台班	6.00	1.150	0.110	0.040	0.420

工作内容:同前　　　　单位:台(个)

定额编号				5-4-58	5-4-59	5-4-60	5-4-61	5-4-62	5-4-63
项目				报警装置柜、箱及组件、元件					
				继电器柜安装	继电器箱安装	组件机箱	电源装置	可编程多音蜂鸣器	现场安装音响设备
基价(元)				**825.41**	**569.98**	**89.81**	**243.46**	**145.43**	**36.86**
其中	人工费(元)			762.40	527.20	68.00	211.20	116.00	30.40
	材料费(元)			52.05	37.78	16.76	19.52	5.86	5.78
	机械费(元)			10.96	5.00	5.05	12.74	23.57	0.68
名称		单位	单价(元)	数量					
人工	综合工日	工日	80.00	9.530	6.590	0.850	2.640	1.450	0.380
材料	垫铁	kg	4.75	1.500	–	–	–	–	–
	膨胀螺栓 M10	套	1.76	–	4.000	–	–	–	–
	精制螺栓 M10×(20~50)	套	0.39	8.000	–	–	–	–	–
	精制螺栓 M(6~8)×(20~70)	套	0.36	–	–	–	–	–	2.000
	铜芯聚氯乙烯绝缘线 BV1.5	km	1201.50	0.004	0.003	–	0.002	0.002	0.001
	铜芯聚氯乙烯绝缘线 BV10	km	7743.00	0.001	0.001	0.001	0.001	–	–
	线号套管(综合)	m	1.20	0.150	0.100	–	0.070	0.100	0.030
	标签纸(综合价)	m	13.00	0.250	0.090	0.250	0.150	0.030	–
	真丝绸布 宽0.9m	m	19.00	0.300	0.100	0.100	0.050	0.050	0.020

续前

单位:台(个)

定额编号				5-4-58	5-4-59	5-4-60	5-4-61	5-4-62	5-4-63
项目				报警装置柜、箱及组件、元件					
				继电器柜安装	继电器箱安装	组件机箱	电源装置	可编程多音蜂鸣器	现场安装音响设备
材料	棉纱头	kg	6.34	0.300	0.200	–	–	–	–
	工业酒精 99.5%	kg	8.20	0.300	0.100	0.200	–	–	0.100
	松香焊锡丝 $\phi2$	m	1.20	0.150	0.100	–	–	0.050	0.020
	位号牌	个	2.00	–	1.000	–	1.000	–	1.000
	电	kW·h	0.85	1.800	2.500	–	–	–	0.500
	校验材料费	元	–	11.786	8.178	1.003	3.260	1.797	–
	其他材料费	元	–	2.270	1.690	1.220	1.130	0.140	0.170
机械	精密交/直流稳压电源	台班	14.00	–	–	–	–	0.500	–
	数字万用表 PF-56	台班	6.00	0.600	0.200	0.100	0.670	0.500	0.040
	数字电压表 PZ38	台班	8.00	0.500	0.200	0.100	0.670	0.500	–
	电动综合校验台	台班	12.00	–	–	–	–	0.500	–
	接地电阻测试仪 DET-3/2	台班	50.00	–	–	0.050	–	0.050	–
	数字兆欧表 BM-2061000MΩ	台班	21.00	0.050	0.050	–	0.050	–	–
	线号标签印字机	台班	38.45	0.060	0.030	0.030	0.060	0.020	0.010
	无线电调频对讲机 C15	台班	6.00	–	–	–	–	0.050	0.010

六、数据采集及巡回检测报警装置

工作内容：安装、固定、单元检查、功能检查、系统调试。

单位：套

定额编号				5-4-64	5-4-65	5-4-66
项目				过程点（I/O点）		
				40以下	60以下	100以下
基价（元）				**575.41**	**795.61**	**912.61**
其中	人工费（元）			471.20	632.80	732.00
	材料费（元）			11.35	13.91	15.49
	机械费（元）			92.86	148.90	165.12
名称		单位	单价(元)	数量		
人工	综合工日	工日	80.00	5.890	7.910	9.150
材料	真丝绸布 宽0.9m	m	19.00	0.200	0.200	0.200
	校验材料费	元	–	7.370	9.934	11.508
	其他材料费	元	–	0.180	0.180	0.180
机械	精密交/直流稳压电源	台班	14.00	0.400	0.660	0.800
	便携式综合校验仪 2422	台班	30.00	1.330	2.040	2.250
	电动综合校验台	台班	12.00	0.400	0.660	0.800
	脉冲信号发生器 NF－1513A	台班	14.00	0.150	0.270	0.340
	脉冲计数器 PM6665/036	台班	58.00	0.150	0.270	0.340
	数字电压表 PZ38	台班	8.00	1.480	2.270	2.380
	数字万用表 PF－56	台班	6.00	1.910	3.370	3.380
	无线电调频对讲机 C15	台班	6.00	1.410	2.120	2.170

工作内容:同前　　　　单位:套

定额编号				5-4-67	5-4-68	5-4-69	5-4-70
项目				过程点（I/O点）			
				200以下	300以下	400以下	600以下
基价（元）				**1569.89**	**2110.12**	**2794.64**	**3706.54**
其中	人工费（元）			1250.40	1681.60	2209.60	2915.20
	材料费（元）			23.69	30.52	38.88	50.30
	机械费（元）			295.80	398.00	546.16	741.04
名称		单位	单价(元)	数量			
人工	综合工日	工日	80.00	15.630	21.020	27.620	36.440
材料	真丝绸布 宽0.9m	m	19.00	0.200	0.200	0.200	0.200
	校验材料费	元	–	19.714	26.540	34.900	46.324
	其他材料费	元	–	0.180	0.180	0.180	0.180
机械	精密交/直流稳压电源	台班	14.00	1.990	2.700	3.600	5.200
	便携式综合校验仪 2422	台班	30.00	4.100	5.500	7.520	10.120
	电动综合校验台	台班	12.00	1.990	2.700	3.600	5.200
	脉冲信号发生器 NF－1513A	台班	14.00	0.620	0.830	1.130	1.520
	脉冲计数器 PM6665/036	台班	58.00	0.620	0.830	1.130	1.520
	数字电压表 PZ38	台班	8.00	4.100	5.500	7.520	10.120
	数字万用表 PF－56	台班	6.00	4.500	6.140	8.720	11.720
	无线电调频对讲机 C15	台班	6.00	2.770	3.700	5.520	6.920

第五章　工业计算机安装与调试

说　明

一、本章适用范围：

1. 工业计算机硬件设备安装：机柜、台柜、外部设备。

2. 管理计算机调试：过程控制计算机硬件及功能调试、生产管理计算机硬件及功能调试。

3. 基础自动化装置调试：集散控制系统（DCS）调试、可编程逻辑控制器（PLC）调试、直接数字控制装置（DDC）调试、I/O 卡测试、现场总线控制系统（FCS）及总线仪表安装调试。

二、本章工作内容：

1. 工业计算机设备安装：准备、开箱、清点、运输、就位、设备元件检查、风机温控、电源部分检查、自检及校接线、外部设备功能测试、场地消磁、接地、安装检查记录等。

2. 管理计算机调试：准备、常规检查、输入输出通道检查；系统软件装载、复元调试；时钟调整和中断检查、功能检查处理、保护功能及可靠性、可维护性检查和综合检查、检查调试记录。此外，还包括如下工作内容：

（1）生产管理计算机系统、生产计划平衡、物料跟踪、生产实绩信息、调度指挥、仓库管理、技术信息、指令下达、管理优化及通讯功能等主程序及子程序运行、测试、排错。

（2）过程控制管理计算机系统：生产数据信息处理、数据库管理、生产过程监控、数学模型实现、生产实绩、故障自诊及排障、质量保证、最优控制实现、与上级及基础自动化接口、通讯功能等测试和实时运行、排错。

3. 基础自动化装置：准备、硬件测试、常规检查、程序装载、组态内容或程序检查、应用功能检查、回路试验。可编程仪表包括安装,DCS、PLC 通讯网络系统可用及维护功能检查,系统环境功能调试,I/O 卡输入输出信号检查、调试,直接数字控制(DDC)输入输出转换功能、操作功能、回路试验等全部调试工作内容。

4. 现场总线控制系统:技术准备、硬件测试、常规检查、程序装载、组态内容或程序检查、设定、排错、应用功能、通讯功能检查、回路试验。此外,还包括总线仪表安装,总线仪表按设计组态、设定;通讯网络过程接口、总线服务器、网桥、总线电源、电源阻抗器安装和调整工作。

三、不包括的内容:

1. 支架、支座、基础安装与制作。

2. 控制室空调、照明和防静电地板安装。

3. 软件生成或系统组态。

4. 设备因质量问题的修、配、改。

四、其他:

1. 标准机柜尺寸为(600~900)mm×800mm×(2100~2200)mm(宽×深×高),其他为非标准。

2. 计算机系统应是合格的硬件和成熟的软件,对拆除再安装的旧设备应是完好的。

3. 工业计算机项目的设置适用多级控制,基础自动化作为第一级现场控制级;过程控制管理计算机作为多级控制的第二级监控级;生产管理计算机作为第三、第四级车间和工厂级。工程量计算按所带终端多少计算。终端是指智能设备,打印机、拷贝机等不作为终端。

4. 通用计算机安装是为 PC 机设置的,其安装方式不同于固定在底座或基础上的操作站和控制站,整套安装包括操作台柜、主机、键盘、显示器、打印机的运输、安装及校接线工作。

5. 通讯总线是基础自动化的主要组成部分,工程量计算以设备共享的通讯网络为一套计算。范围包括通讯系统所能覆盖的最大距离和通讯网络所能连接的最大结点数。对于大规模 DCS 通讯总线分为设备级总线和管理级总线，设备级总线为直接控制级总线，管理级总线为过程控制管理级总线，工程量计算应加以区分。

6. 现场总线控制系统的核心是现场总线。本章采用现场总线基金会（FF）的 FF 总线。现场总线 H1 为低速总线，H2 为高速总线。现场总线仪表是现场的节点设备，具有网络主站的能力，兼有 PID 等多种功能。除此之外，凡可挂在现场总线并与之通讯的智能仪表，也可以作为总线仪表。

7. 直接数字控制系统是根据各个被控变量的给定值和测量的数值按一定的算法直接对生产过程几个或几十个控制回路进行在线闭环控制。系统是独立的，但可以挂在 DCS 的总线上作为 DCS 的一个结点。

一、工业计算机设备安装与调试

1. 计算机柜、台设备安装

工作内容：清点、场地消磁、安装就位、接地、设备元件及接线检查。

单位：台

定额编号				5-5-1	5-5-2	5-5-3	5-5-4	5-5-5	5-5-6
项目				标准机柜	非标准机柜半周长(m)	操作显示报警台柜	通用计算机及台柜	编组柜	组件柜
基价（元）				**1592.74**	**1428.19**	**1808.40**	**239.69**	**1785.08**	**1205.49**
其中	人工费（元）			1285.60	1124.00	1478.40	184.00	1448.80	899.20
	材料费（元）			82.45	79.50	104.92	17.35	79.00	62.21
	机械费（元）			224.69	224.69	225.08	38.34	257.28	244.08
名称		单位	单价(元)	数量					
人工	综合工日	工日	80.00	16.070	14.050	18.480	2.300	18.110	11.240
材料	母线	m	–	(0.650)	(0.650)	(0.650)	–	(0.650)	(0.650)
	垫铁	kg	4.75	1.000	0.600	1.200	–	1.000	1.000
	精制螺栓 M10×(20～50)	套	0.39	8.000	8.000	10.000	–	8.000	8.000
	铜芯聚氯乙烯绝缘线 BV10	km	7743.00	0.003	0.003	0.003	0.001	0.001	0.001
	平面橡胶板 3mm	m^2	3.90	0.800	0.800	0.800	–	0.800	0.800
	细白布 宽0.9m	m	10.00	0.300	0.300	0.300	0.200	0.200	0.200
	棉纱头	kg	6.34	0.500	0.500	0.500	–	0.500	0.500
	真丝绸布 宽0.9m	m	19.00	0.200	0.200	0.300	–	0.200	0.200

续前　　　　单位:台

定额编号				5-5-1	5-5-2	5-5-3	5-5-4	5-5-5	5-5-6
项目				标准机柜	非标准机柜半周长(m)	操作显示报警台柜	通用计算机及台柜	编组柜	组件柜
材料	铁砂布 0~2 号	张	1.68	1.500	1.500	1.500	–	1.000	1.000
	清洁剂	kg	6.00	0.300	0.300	0.500	0.500	–	–
	线号套管(综合)	m	1.20	–	–	–	–	0.500	0.340
	标签纸(综合价)	m	13.00	–	–	1.100	–	0.600	0.200
	螺栓绝缘外套	个	0.55	6.000	6.000	12.000	–	6.000	6.000
	麻绳	kg	8.50	1.100	1.100	1.100	–	1.100	1.100
	塑料布	m^2	1.30	4.000	4.000	5.000	2.000	4.000	4.000
	电	kW·h	0.85	1.000	1.500	1.500	1.000	1.500	1.500
	校验材料费	元	–	8.359	6.966	5.573	–	16.718	5.573
	其他材料费	元	–	6.880	6.800	7.980	1.160	5.370	5.120
机械	载货汽车 8t	台班	619.25	0.120	0.120	0.120	0.050	0.120	0.120
	汽车式起重机 16t	台班	1071.52	0.120	0.120	0.120	–	0.120	0.120
	数字万用表 PF-56	台班	6.00	1.200	1.200	1.200	0.170	3.500	1.300
	数字电压表 PZ38	台班	8.00	1.200	1.200	1.200	0.170	3.500	3.500
	线号标签印字机	台班	38.45	–	–	0.010	–	0.010	0.010
	接地电阻测试仪 DET-3/2	台班	50.00	0.100	0.100	0.100	0.100	0.100	0.100

2. 外部设备安装调试

工作内容:清单、安装、接线　　　　单位:台

定额编号				5-5-7	5-5-8	5-5-9	5-5-10
项目				激光台式打印机	激光柜式打印机	喷墨打印机	普通打印机
基价(元)				**85.63**	**122.03**	**122.03**	**85.63**
其中	人工费(元)			64.00	86.40	86.40	64.00
	材料费(元)			12.30	12.30	12.30	12.30
	机械费(元)			9.33	23.33	23.33	9.33
名称		单位	单价(元)	数量			
人工	综合工日	工日	80.00	0.800	1.080	1.080	0.800
材料	清洁剂	kg	6.00	0.300	0.300	0.300	0.300
	真丝绸布 宽0.9m	m	19.00	0.100	0.100	0.100	0.100
	铜芯聚氯乙烯绝缘线 BV10	km	7743.00	0.001	0.001	0.001	0.001
	其他材料费	元	-	0.860	0.860	0.860	0.860
机械	载货汽车 4t	台班	466.52	0.020	0.050	0.050	0.020

工作内容:清单、安装、接线、自检。

单位:台

定额编号				5-5-11	5-5-12	5-5-13	5-5-14
项目				彩色硬拷贝机	打印机拷贝机选择器	CRT式编程器组态器、终端器	通讯控制器安装
基价(元)				**170.43**	**126.86**	**173.64**	**25.31**
其中	人工费(元)			129.60	101.60	168.00	24.00
	材料费(元)			12.37	10.73	0.14	0.21
	机械费(元)			28.46	14.53	5.50	1.10
名称		单位	单价(元)	数量			
人工	综合工日	工日	80.00	1.620	1.270	2.100	0.300
材料	清洁剂	kg	6.00	0.300	–	–	–
	真丝绸布 宽0.9m	m	19.00	0.100	0.100	–	–
	铜芯聚氯乙烯绝缘线 BV10	km	7743.00	0.001	0.001	–	–
	其他材料费	元	–	0.860	0.980	–	0.209
	校验材料费	元	–	0.063	0.111	0.139	–
机械	载货汽车 4t	台班	466.52	0.050	0.020	–	–
	数字多用表 DF	台班	11.00	0.270	0.400	0.500	0.100
	数字电压表 PZ38	台班	8.00	0.270	0.100	–	–

3. 辅助存储装置安装调试

工作内容:清点、安装、校接线、常规检查、硬件检查、功能测试。

单位:台

定额编号				5-5-15	5-5-16	5-5-17	5-5-18	5-5-19
项目				软盘驱动装置	硬盘(容量)		光盘(容量)	
					M 级	G 级	M 级	G 级
基价(元)				**629.41**	**1384.29**	**2157.53**	**2270.31**	**2561.80**
其中	人工费(元)			412.80	960.00	1497.60	1708.80	1937.60
	材料费(元)			4.51	5.29	6.08	6.36	6.75
	机械费(元)			212.10	419.00	653.85	555.15	617.45
名称		单位	单价(元)	数量				
人工	综合工日	工日	80.00	5.160	12.000	18.720	21.360	24.220
材料	真丝绸布 宽 0.9m	m	19.00	0.200	0.200	0.200	0.200	0.200
	校验材料费	元	–	0.529	1.310	2.104	2.382	2.772
	其他材料费	元	–	0.180	0.180	0.180	0.180	0.180
机械	数字多用表 DF	台班	11.00	1.900	2.600	7.550	8.550	9.950
	数字电压表 PZ38	台班	8.00	1.900	2.600	7.550	8.550	9.950
	软盘测试仪 FD – 180	台班	176.00	1.000	–	–	–	–
	硬盘测试仪 HD – 260	台班	176.00	–	2.100	2.900	–	–
	智能光盘测试仪	台班	119.00	–	–	–	3.300	3.600

二、管理计算机调试

1. 过程控制管理计算机调试

工作内容:常规检查、硬件检查、单元检查、功能测试。

单位:台

定额编号				5-5-20	5-5-21	5-5-22	5-5-23
项目				控制计算机硬件检查调试(终端台)			
				5 以下	8 以下	12 以下	15 以下
基价(元)				**3147.76**	**5077.81**	**6683.62**	**9589.01**
其中	人工费(元)			2496.00	4128.00	5376.00	7734.40
	材料费(元)			16.71	28.56	37.62	54.73
	机械费(元)			635.05	921.25	1270.00	1799.88
名称		单位	单价(元)	数量			
人工	综合工日	工日	80.00	31.200	51.600	67.200	96.680
材料	校验材料费	元	–	16.710	28.560	37.620	54.730
机械	便携式综合校验仪 2422	台班	30.00	2.000	2.500	3.000	3.750
	数字多用表 DF	台班	11.00	5.000	8.000	10.000	12.500
	数字电压表 PZ38	台班	8.00	5.000	8.000	10.000	12.500
	双线存储示波器 H6 精度 0.1	台班	165.00	0.670	1.000	2.000	3.500
	硬盘测试仪 HD－260	台班	176.00	1.000	1.000	1.500	2.000
	逻辑分析仪 K20 16 通道	台班	117.00	1.500	2.750	3.000	3.640
械	故障诊断系统 HD－Ⅲ	台班	18.00	1.000	1.750	2.500	5.250

工作内容：单元检查调整、功能调试、系统调试、运行。

单位：套

定额编号				5-5-24	5-5-25	5-5-26	5-5-27
项目				控制计算机功能调试(终端台)			
				5以下	8以下	12以下	15以下
基价(元)				**17836.82**	**22344.06**	**30655.71**	**41501.17**
其中	人工费(元)			17068.80	21196.80	29205.60	39600.00
	材料费(元)			123.86	153.80	211.92	287.35
	机械费(元)			644.16	993.46	1238.19	1613.82
名称		单位	单价(元)	数量			
人工	综合工日	工日	80.00	213.360	264.960	365.070	495.000
材料	校验材料费	元	-	123.855	153.795	211.920	287.349
机械	便携式综合校验仪 2422	台班	30.00	11.040	15.380	19.530	27.030
	数字多用表 DF	台班	11.00	7.680	16.360	19.830	24.120
	数字电压表 PZ38	台班	8.00	7.680	16.360	19.830	24.120
	脉冲信号发生器 NF-1513A	台班	14.00	1.400	1.400	1.440	1.510
	脉冲计数器 PM6665/036	台班	58.00	1.400	1.400	1.440	1.510
	无线电调频对讲机 C15	台班	6.00	11.040	20.070	28.640	39.320

2. 生产、经营管理计算机调试

工作内容：常规检查、硬件检查、功能测试。

单位：台

定额编号				5-5-28	5-5-29	5-5-30	5-5-31
项目				生产管理计算机硬件检查调试（终端台）			
				5 以下	8 以下	12 以下	15 以下
基价（元）				**3347.74**	**5081.04**	**6966.41**	**10126.96**
其中	人工费（元）			2376.00	3602.40	4850.40	6810.40
	材料费（元）			17.24	26.14	35.20	49.42
	机械费（元）			954.50	1452.50	2080.81	3267.14
名称		单位	单价（元）	数量			
人工	综合工日	工日	80.00	29.700	45.030	60.630	85.130
材料	校验材料费	元	–	17.240	26.140	35.200	49.420
机械	便携式综合校验仪 2422	台班	30.00	2.500	4.000	5.290	6.080
	数字多用表 DF	台班	11.00	6.000	7.500	12.040	19.770
	数字电压表 PZ38	台班	8.00	6.000	7.500	17.200	19.770
	双线存储示波器 H6 精度 0.1	台班	165.00	1.750	2.500	3.750	6.460
	逻辑分析仪 K20 16 通道	台班	117.00	1.250	2.500	3.000	3.750
	硬盘测试仪 HD－260	台班	176.00	1.750	2.500	3.570	6.460
	故障诊断系统 HD－Ⅲ	台班	18.00	1.250	2.500	3.000	3.750

工作内容：单元检查、功能调试、系统调试、运行。

单位：套

定额编号				5-5-32	5-5-33	5-5-34	5-5-35
项目				生产管理计算机功能调试(终端台)			
				5 以下	8 以下	12 以下	15 以下
基价（元）				**20068.67**	**30506.02**	**36956.42**	**44101.09**
其中	人工费（元）			19660.80	30009.60	36392.00	43477.60
	材料费（元）			142.67	211.07	256.00	305.81
	机械费（元）			265.20	285.35	308.42	317.68
名称		单位	单价(元)	数量			
人工	综合工日	工日	80.00	245.760	375.120	454.900	543.470
材料	校验材料费	元	–	142.670	211.070	256.000	305.810
机械	数字多用表 DF	台班	11.00	9.600	10.430	11.300	11.620
	数字电压表 PZ38	台班	8.00	9.600	10.430	11.300	11.620
	无线电调频对讲机 C15	台班	6.00	13.800	14.530	15.620	16.150

3. 双机切换及网络设备调试

工作内容:常规检查、硬件检查、功能调试。　　　　单位:台

定额编号				5-5-36	5-5-37	5-5-38	5-5-39	5-5-40
项目				双机切换装置			网络设备安装调试	
				自动	半自动	手动	服务器	调制解调器
基价(元)				**1446.89**	**1360.15**	**1196.80**	**1225.36**	**598.11**
其中	人工费(元)			1344.00	1248.00	1104.00	816.00	584.00
	材料费(元)			3.14	2.90	2.55	1.86	0.81
	机械费(元)			99.75	109.25	90.25	407.50	13.30
名称		单位	单价(元)	数量				
人工	综合工日	工日	80.00	16.800	15.600	13.800	10.200	7.300
材料	校验材料费	元	–	3.135	2.903	2.554	1.858	0.813
机械	数字多用表 DF	台班	11.00	5.250	5.750	4.750	2.500	0.700
	数字电压表 PZ38	台班	8.00	5.250	5.750	4.750	2.500	0.700
	双线存储示波器 H6 精度 0.1	台班	165.00	–	–	–	1.500	–
	线路信号测试仪 XJ－02	台班	75.00	–	–	–	1.500	–

三、基础自动化装置调试

1. 集散系统(DCS)调试

(1)小规模(DCS)安装调试

工作内容:安装、硬件检查、编程、组态校对、排错、回路试验。

单位:台

定额编号				5-5-41	5-5-42	5-5-43	5-5-44
项目				固定程序 单回路调节器	可编程仪表		
					单回路调节器	运算器	记录仪
基价(元)				**515.46**	**667.78**	**471.12**	**545.28**
其中	人工费(元)			450.40	555.20	398.40	450.40
	材料费(元)			13.36	19.58	11.92	14.28
	机械费(元)			51.70	93.00	60.80	80.60
名称		单位	单价(元)	数量			
人工	综合工日	工日	80.00	5.630	6.940	4.980	5.630
材料	真丝绸布 宽0.9m	m	19.00	0.100	0.100	0.100	0.100
	铁砂布 0~2号	张	1.68	0.500	0.500	0.500	0.500
	校验材料费	元	–	10.499	16.718	9.056	11.424
	其他材料费	元	–	0.120	0.120	0.120	0.120
机械	便携式综合校验仪 2422	台班	30.00	0.830	1.500	1.000	1.100
	数字电压表 PZ38	台班	8.00	1.000	2.000	1.000	2.000
	数字多用表 DF	台班	11.00	1.300	2.500	1.800	2.600
	无线电调频对讲机 C15	台班	6.00	0.750	0.750	0.500	0.500

工作内容:同前　　单位:台

定额编号				5-5-45	5-5-46	5-5-47	5-5-48
项目				多功能可编程仪表			
				记录仪	选择调节器	调节器	四回路调节器
基价(元)				**857.56**	**1134.01**	**812.96**	**1408.93**
其中	人工费(元)			715.20	924.00	649.60	1133.60
	材料费(元)			14.16	17.06	13.11	20.78
	机械费(元)			128.20	192.95	150.25	254.55
名称		单位	单价(元)	数量			
人工	综合工日	工日	80.00	8.940	11.550	8.120	14.170
材料	真丝绸布 宽0.9m	m	19.00	0.100	0.100	0.100	0.100
	铁砂布 0~2号	张	1.68	0.500	0.500	0.500	0.500
	校验材料费	元	–	11.299	14.201	10.254	17.917
	其他材料费	元	–	0.120	0.120	0.120	0.120
机械	便携式综合校验仪 2422	台班	30.00	2.300	3.500	2.750	3.800
	数字电压表 PZ38	台班	8.00	2.800	4.250	3.250	5.250
	数字多用表 DF	台班	11.00	2.800	4.250	3.250	5.250
	无线电调频对讲机 C15	台班	6.00	1.000	1.200	1.000	2.000
	脉冲信号发生器 NF-1513A	台班	14.00	–	–	–	0.400
	脉冲计数器 PM6665/036	台班	58.00	–	–	–	0.400

工作内容:常规检查、硬件测试、组态内容检查、应用功能测试、回路调试。　　单位:套

定额编号				5-5-49	5-5-50	5-5-51
项目				现场控制器/数据采集单元(I/O 点 32 点内)	过程操作站	低速通讯网络
基价(元)				**1653.83**	**1733.35**	**830.85**
其中	人工费(元)			1463.20	1496.00	768.00
	材料费(元)			11.58	11.85	5.85
	机械费(元)			179.05	225.50	57.00
名称		单位	单价(元)	数		量
人工	综合工日	工日	80.00	18.290	18.700	9.600
材料	校验材料费	元	–	11.580	11.850	5.850
机械	便携式综合校验仪 2422	台班	30.00	1.860	1.250	–
	数字多用表 DF	台班	11.00	4.370	9.500	3.000
	数字电压表 PZ38	台班	8.00	4.370	9.500	3.000
	脉冲信号发生器 NF－1513A	台班	14.00	0.190	–	–
	脉冲计数器 PM6665/036	台班	58.00	0.190	–	–
	标准差压发生器 PASHEN	台班	11.00	1.480	–	–
	无线电调频对讲机 C15	台班	6.00	1.710	1.250	–

(2)中规模(DCS)调试

工作内容：常规检查、硬件测试、组态内容检查、功能测试、回路调试。　　　　单位：套

定额编号				5-5-52	5-5-53	5-5-54	5-5-55
项目				控制单元(回路)			数据采集监视单元
				8 以下	16 以下	32 以下	
基价（元）				3326.67	4817.18	6148.14	5153.19
其中	人工费（元）			2948.00	4265.60	5436.80	4704.80
	材料费（元）			23.34	33.76	43.03	37.24
	机械费（元）			355.33	517.82	668.31	411.15
名称		单位	单价(元)	数量			
人工	综合工日	工日	80.00	36.850	53.320	67.960	58.810
材料	校验材料费	元	-	23.340	33.760	43.030	37.240
机械	便携式综合校验仪 2422	台班	30.00	3.690	5.410	7.030	4.320
	脉冲信号发生器 NF－1513A	台班	14.00	0.620	0.900	1.170	0.720
	脉冲计数器 PM6665/036	台班	58.00	0.620	0.900	1.170	0.720
	标准压力发生器 2656	台班	15.00	1.110	1.620	2.110	1.300
	标准差压发生器 PASHEN	台班	11.00	2.580	3.790	4.920	3.020
	数字电压表 PZ38	台班	8.00	6.700	9.690	12.360	7.610
	数字多用表 DF	台班	11.00	6.700	9.690	12.360	7.610
	无线电调频对讲机 C15	台班	6.00	4.610	6.770	8.760	5.400

工作内容:常规检查、硬件测试、组态内容检查、应用功能调试、回路调试。　　单位:套

定额编号				5-5-56	5-5-57	5-5-58	5-5-59	5-5-60
项目				基本型操作站	复合多功能操作站	辅助操作站	工程技术站	控制级中速通讯网络
基价(元)				**3264.09**	**4131.32**	**2252.75**	**916.10**	**1732.10**
其中	人工费(元)			3046.40	3868.00	2091.20	871.20	1654.40
	材料费(元)			24.12	30.62	16.55	6.90	13.10
	机械费(元)			193.57	232.70	145.00	38.00	64.60
名称		单位	单价(元)	数量				
人工	综合工日	工日	80.00	38.080	48.350	26.140	10.890	20.680
材料	校验材料费	元	-	24.120	30.620	16.550	6.900	13.100
机械	便携式综合校验仪 2422	台班	30.00	2.400	2.670	2.000	-	-
	数字电压表 PZ38	台班	8.00	5.830	7.400	4.000	2.000	3.400
	数字多用表 DF	台班	11.00	5.830	7.400	4.000	2.000	3.400
	无线电调频对讲机 C15	台班	6.00	1.800	2.000	1.500	-	-

(3)大规模(DCS)调试

工作内容:常规检查、硬件测试、组态内容检查、应用功能调试、回路调试。

单位:套

定额编号				5-5-61	5-5-62	5-5-63	5-5-64
项目				过程控制站(回路)			
				16 以下	32 以下	50 以下	80 以下
基价(元)				**6098.50**	**7170.08**	**9018.52**	**12472.23**
其中	人工费(元)			5394.40	6345.60	7966.40	10960.00
	材料费(元)			42.70	50.23	63.06	86.73
	机械费(元)			661.40	774.25	989.06	1425.50
名称		单位	单价(元)	数量			
人工	综合工日	工日	80.00	67.430	79.320	99.580	137.000
材料	校验材料费	元	–	42.700	50.230	63.060	86.730
机械	便携式综合校验仪 2422	台班	30.00	6.940	8.110	10.460	15.440
	脉冲信号发生器 NF－1513A	台班	14.00	1.160	1.350	1.740	2.570
	脉冲计数器 PM6665/036	台班	58.00	1.160	1.350	1.740	2.570
	标准压力发生器 2656	台班	15.00	2.080	2.430	3.130	4.630
	标准差压发生器 PASHEN	台班	11.00	4.860	5.680	7.320	10.810
	数字电压表 PZ38	台班	8.00	12.260	14.420	18.110	24.900
	数字多用表 DF	台班	11.00	12.260	14.420	18.110	24.900
	无线电调频对讲机 C15	台班	6.00	8.680	10.140	13.070	19.300

工作内容：常规检查、硬件测试、组态内容检查、应用功能调试、冗余切换功能测试、回路调试。　　单位：套

定额编号				5-5-65	5-5-66	5-5-67	5-5-68
项目				双重化控制站			
				16	32	50	80
基价（元）				**6702.46**	**8254.72**	**10448.01**	**13098.71**
其中	人工费（元）			5938.40	7286.40	9200.00	11512.00
	材料费（元）			47.01	57.68	72.83	91.11
	机械费（元）			717.05	910.64	1175.18	1495.60
名称		单位	单价(元)	数量			
人工	综合工日	工日	80.00	74.230	91.080	115.000	143.900
材料	校验材料费	元	–	47.010	57.680	72.830	91.110
机械	便携式综合校验仪 2422	台班	30.00	7.470	9.660	12.610	16.180
	脉冲信号发生器 NF－1513A	台班	14.00	1.240	1.610	2.100	2.700
	脉冲计数器 PM6665/036	台班	58.00	1.240	1.610	2.100	2.700
	标准压力发生器 2656	台班	15.00	2.240	2.900	3.780	4.850
	标准差压发生器 PASHEN	台班	11.00	5.230	6.760	8.830	11.330
	数字电压表 PZ38	台班	8.00	13.500	16.560	20.910	26.160
	数字多用表 DF	台班	11.00	13.500	16.560	20.910	26.160
	无线电调频对讲机 C15	台班	6.00	9.340	12.070	15.760	20.230

工作内容：常规检查、硬件测试、组态内容检查、监控站数据采集功能、应用功能调试、回路调试。 单位：套

定额编号				5-5-69	5-5-70	5-5-71
项目				高分散控制站		监视站 数据采集站
				8 回路	扩展单元	
基价（元）				**4690.07**	**2589.92**	**6036.77**
其中	人工费（元）			4212.80	2302.40	5415.20
	材料费（元）			33.35	18.21	42.87
	机械费（元）			443.92	269.31	578.70
名称		单位	单价（元）	数量		
人工	综合工日	工日	80.00	52.660	28.780	67.690
材料	校验材料费	元	-	33.350	18.210	42.870
机械	便携式综合校验仪 2422	台班	30.00	4.240	2.750	5.590
	脉冲信号发生器 NF－1513A	台班	14.00	0.710	0.460	0.930
	脉冲计数器 PM6665/036	台班	58.00	0.710	0.460	0.930
	标准压力发生器 2656	台班	15.00	1.270	0.830	1.680
	标准差压发生器 PASHEN	台班	11.00	2.970	1.930	3.910
	数字电压表 PZ38	台班	8.00	9.580	5.230	12.310
	数字多用表 DF	台班	11.00	9.580	5.230	12.310
	无线电调频对讲机 C15	台班	6.00	5.310	3.440	6.990

工作内容:常规检查、硬件测试、组态内容检查、操作功能、数据库管理功能及应用功能检查、回路调试。　　单位:套

定额编号				5-5-72	5-5-73	5-5-74	5-5-75	5-5-76
项目				基本型操作站	辅助操作站	复合多功能操作站	工程技术站	数据库站
基价(元)				**4603.76**	**2877.27**	**5350.80**	**1374.75**	**1682.04**
其中	人工费(元)			4307.20	2676.00	4997.60	1232.00	1584.00
	材料费(元)			34.10	21.19	39.56	9.75	12.54
	机械费(元)			262.46	180.08	313.64	133.00	85.50
名称		单位	单价(元)	数量				
人工	综合工日	工日	80.00	53.840	33.450	62.470	15.400	19.800
材料	校验材料费	元	–	34.100	21.190	39.560	9.750	12.540
机械	便携式综合校验仪 2422	台班	30.00	3.070	2.400	3.870	–	–
	数字多用表 DF	台班	11.00	8.240	5.120	9.560	7.000	4.500
	数字电压表 PZ38	台班	8.00	8.240	5.120	9.560	7.000	4.500
	无线电调频对讲机 C15	台班	6.00	2.300	1.800	2.650	–	–

工作内容:常规检查、系统可用及维护功能检查、系统环境功能、应用功能检查。 单位:套

定额编号				5-5-77	5-5-78
项目				控制级通讯网络	管理级通讯网络
基价(元)				**2599.44**	**1434.78**
其中	人工费(元)			2516.80	1355.20
	材料费(元)			6.64	3.58
	机械费(元)			76.00	76.00
名称		单位	单价(元)	数量	
人工	综合工日	工日	80.00	31.460	16.940
材料	校验材料费	元	-	6.641	3.576
机械	数字多用表 DF	台班	11.00	4.000	4.000
	数字电压表 PZ38	台班	8.00	4.000	4.000

2. 可编程逻辑控制装置(PLC)调试

(1)小规模(PLC)调试

工作内容:常规检查、硬件及顺序检查、应用功能调试、回路系统调试。

单位:套

定额编号				5-5-79	5-5-80	5-5-81	5-5-82
项目				过程控制 I/O 点(点)			
				24 以下	48 以下	64 以下	128 以下
基价(元)				**1162.21**	**2427.38**	**3236.89**	**3939.13**
其中	人工费(元)			1045.60	2195.20	2927.20	3554.40
	材料费(元)			8.28	17.38	23.17	28.14
	机械费(元)			108.33	214.80	286.52	356.59
名称		单位	单价(元)	数量			
人工	综合工日	工日	80.00	13.070	27.440	36.590	44.430
材料	校验材料费	元	-	8.280	17.380	23.170	28.140
机械	便携式综合校验仪 2422	台班	30.00	1.600	3.560	4.750	5.910
	数字电压表 PZ38	台班	8.00	2.670	4.560	6.080	7.570
	数字多用表 DF	台班	11.00	2.670	4.560	6.080	7.570
	无线电调频对讲机 C15	台班	6.00	1.600	3.560	4.750	5.910

(2)中规模(PLC)调试

工作内容:常规检查、硬件及顺序检查、应用功能调试、回路系统调试。　　单位:套

定额编号				5-5-83	5-5-84	5-5-85
项目				过程控制 I/O 点(点)		
				256 以下	512 以下	1024 以下
基价(元)				**4641.55**	**5444.25**	**6360.24**
其中	人工费(元)			4181.60	4913.60	5749.60
	材料费(元)			33.10	38.90	45.52
	机械费(元)			426.85	491.75	565.12
名称		单位	单价(元)	数量		
人工	综合工日	工日	80.00	52.270	61.420	71.870
材料	校验材料费	元	–	33.100	38.900	45.520
机械	便携式综合校验仪 2422	台班	30.00	7.070	8.250	9.470
	数字电压表 PZ38	台班	8.00	9.070	10.250	11.800
	数字多用表 DF	台班	11.00	9.070	10.250	11.800
	无线电调频对讲机 C15	台班	6.00	7.070	8.250	9.470

(3)大规模(PLC)调试

工作内容:常规检查、硬件及顺序检查、应用功能调试、回路系统调试。

单位:套

定额编号				5-5-86	5-5-87	5-5-88
项目				过程控制 I/O 点(点)		
				2048 以下	4096 以下	8192 以下
基价(元)				**7377.48**	**8293.11**	**10021.78**
其中	人工费(元)			6691.20	7527.20	8991.20
	材料费(元)			52.96	59.58	71.17
	机械费(元)			633.32	706.33	959.41
名称		单位	单价(元)	数量		
人工	综合工日	工日	80.00	83.640	94.090	112.390
材料	校验材料费	元	–	52.960	59.580	71.170
机械	便携式综合校验仪 2422	台班	30.00	10.710	11.920	16.290
	数字电压表 PZ38	台班	8.00	13.040	14.590	19.630
	数字多用表 DF	台班	11.00	13.040	14.590	19.630
	无线电调频对讲机 C15	台班	6.00	10.710	11.920	16.290

3. 操作站及数据通讯网络

工作内容： 常规检查、硬件及组态内容检查、应用功能调试、回路调试、网络可用及维护功能、系统环境功能检查。

单位：套

定额编号				5-5-89	5-5-90	5-5-91	5-5-92
项目				操作站		数据通道	
				过程操作站	技术工作站	低速	高速
基价（元）				**3999.76**	**2565.21**	**1495.15**	**2537.30**
其中	人工费（元）			3696.00	2464.00	1408.00	2376.00
	材料费（元）			29.26	19.51	11.15	18.80
	机械费（元）			274.50	81.70	76.00	142.50
名称		单位	单价(元)	数量			
人工	综合工日	工日	80.00	46.200	30.800	17.600	29.700
材料	校验材料费	元	-	29.260	19.510	11.150	18.800
机械	便携式综合校验仪 2422	台班	30.00	3.330	-	-	-
	数字电压表 PZ38	台班	8.00	8.400	4.300	4.000	7.500
	数字多用表 DF	台班	11.00	8.400	4.300	4.000	7.500
	无线电调频对讲机 C15	台班	6.00	2.500	-	-	-

4. 过程 I/O 组件调试

工作内容：常规检查、接口试验、系统试验。

单位：点

定额编号				5-5-93	5-5-94	5-5-95
项目				脉冲量(点)	模拟量(点)	数字量(8点)
基价(元)				**108.97**	**109.81**	**94.20**
其中	人工费(元)			78.40	76.00	76.80
	材料费(元)			0.21	0.20	0.20
	机械费(元)			30.36	33.61	17.20
名称		单位	单价(元)	数量		
人工	综合工日	工日	80.00	0.980	0.950	0.960
材料	校验材料费	元	–	0.207	0.200	0.202
机械	便携式综合校验仪 2422	台班	30.00	–	–	0.080
	多功能信号校验仪 PJN5210S	台班	75.00	–	0.250	–
	数字万用表 7151	台班	42.00	0.270	0.290	0.290
	数字电压表 PZ38	台班	8.00	0.270	0.290	0.290
	脉冲信号发生器 NF－1513A	台班	14.00	0.230	–	–
	脉冲计数器 PM6665/036	台班	58.00	0.230	–	–
	无线电调频对讲机 C15	台班	6.00	0.050	0.060	0.050

5. 与其他设备接口调试

工作内容：常规检查、接口试验。

单位：点

定额编号				5-5-96	5-5-97	5-5-98
项目				脉冲量(点)	模拟量(点)	数字量(8点)
基价（元）				**58.73**	**55.04**	**50.74**
其中	人工费（元）			46.40	40.80	44.00
	材料费（元）			0.12	0.11	0.12
	机械费（元）			12.21	14.13	6.62
名称		单位	单价(元)	数量		
人工	综合工日	工日	80.00	0.580	0.510	0.550
材料	校验材料费	元	–	0.123	0.107	0.116
机械	便携式综合校验仪 2422	台班	30.00	–	–	0.110
	多功能信号校验仪 PJN5210S	台班	75.00	–	0.140	–
	数字多用表 DF	台班	11.00	0.150	0.150	0.140
	数字电压表 PZ38	台班	8.00	0.150	0.150	0.140
	脉冲信号发生器 NF－1513A	台班	14.00	0.120	–	–
	脉冲计数器 PM6665/036	台班	58.00	0.120	–	–
	无线电调频对讲机 C15	台班	6.00	0.120	0.130	0.110

6. 直接数字控制系统(DDC)调试

工作内容：常规检查、硬件测试、I/O 卡检查、单元检查、应用功能调试、回路系统调试。

单位：套

定额编号				5-5-99	5-5-100	5-5-101	5-5-102	5-5-103	5-5-104
项目				过程 I/O 点(点)					
				24 以下	48 以下	64 以下	128 以下	256 以下	512 以下
基价（元）				**1864.70**	**3613.03**	**6066.72**	**7586.60**	**10086.60**	**13302.32**
其中	人工费（元）			1672.80	3240.80	5438.40	6743.20	8886.40	11709.60
	材料费（元）			13.24	25.26	43.05	53.38	70.34	92.69
	机械费（元）			178.66	346.97	585.27	790.02	1129.86	1500.03
名称		单位	单价(元)	数量					
人工	综合工日	工日	80.00	20.910	40.510	67.980	84.290	111.080	146.370
材料	校验材料费	元	–	13.242	25.256	43.050	53.380	70.343	92.690
机械	多功能信号校验仪 PJN5210S	台班	75.00	1.450	2.900	5.030	7.030	10.360	13.790
	数字电压表 PZ38	台班	8.00	3.070	5.690	9.360	11.610	15.300	20.160
	数字多用表 DF	台班	11.00	3.070	5.690	9.360	11.610	15.300	20.160
	无线电调频对讲机 C15	台班	6.00	1.930	3.560	5.030	7.030	10.360	13.790

7. 现场总线控制系统(FCS)安装调试

(1)现场总线、操作站调试

工作内容:常规检查、硬件测试、总线可用及维护功能、系统环境功能检查、操作站操作功能、应用功能调试。　　单位:套

定额编号				5-5-105	5-5-106	5-5-107	5-5-108
项目				现场总线		辅助操作站	多功能操作站
				低速 H1	中速 H2		
基价(元)				**2097.77**	**3599.45**	**1914.13**	**3231.47**
其中	人工费(元)			2052.00	3513.60	1728.00	2976.00
	材料费(元)			0.17	0.35	0.13	0.22
	机械费(元)			45.60	85.50	186.00	255.25
名称		单位	单价(元)	数量			
人工	综合工日	工日	80.00	25.650	43.920	21.600	37.200
材料	校验材料费	元	–	0.173	0.345	0.125	0.216
机械	便携式综合校验仪 2422	台班	30.00	–	–	2.000	3.000
	数字电压表 PZ38	台班	8.00	2.400	4.500	6.000	7.750
	数字多用表 DF	台班	11.00	2.400	4.500	6.000	7.750
	无线电调频对讲机 C15	台班	6.00	–	–	2.000	3.000

(2)现场总线仪表安装调试

工作内容：清点、安装、接线、上接头、加载、组态、常规检查、功能测试、程序运行、回路试验。　　　　单位：台

定额编号				5-5-109	5-5-110	5-5-111	5-5-112	5-5-113
项目				压力/差压变送控制器	温度变送控制器	网络接口		总线安全栅
						电流转换器	气动转换器	
基价（元）				**1750.37**	**945.48**	**402.81**	**752.25**	**58.02**
其中	人工费（元）			1168.00	680.80	282.40	328.00	50.40
	材料费（元）			54.83	49.66	22.08	26.29	0.84
	机械费（元）			527.54	215.02	98.33	397.96	6.78
名称		单位	单价(元)	数量				
人工	综合工日	工日	80.00	14.600	8.510	3.530	4.100	0.630
材料	仪表接头	套	–	(2.000)	–	–	(2.000)	–
	细白布 宽0.9m	m	10.00	0.050	0.050	0.050	0.050	–
	铜芯聚氯乙烯绝缘线 BV10	km	7743.00	0.001	0.001	0.001	0.001	–
	聚四氟乙烯生料带 20×0.1　180m/kg	m	0.40	–	–	–	0.150	–
	位号牌	个	2.00	1.000	1.000	1.000	1.000	–

续前

单位：台

定额编号				5-5-109	5-5-110	5-5-111	5-5-112	5-5-113
项目				压力/差压变送控制器	温度变送控制器	网络接口		总线安全栅
						电流转换器	气动转换器	
材料	校验材料费	元	-	43.649	38.480	10.895	15.033	0.836
	其他材料费	元	-	0.940	0.940	0.940	0.950	-
机械	电动空气压缩机 $0.6m^3/min$	台班	130.54	-	-	-	1.530	-
	精密交/直流稳压电源	台班	14.00	2.680	2.430	1.170	-	-
	电动综合校验台	台班	12.00	2.680	-	-	-	-
	气动综合校验台	台班	9.00	-	-	-	1.530	-
	便携式综合校验仪 2422	台班	30.00	3.280	3.400	1.520	1.530	-
	标准压力发生器 2656	台班	15.00	2.680	-	-	-	-
	数字压力表 2654	台班	60.00	3.780	-	-	1.670	-
	数字电压表 PZ38	台班	8.00	3.780	3.400	1.520	1.670	0.080
	数字多用表 DF	台班	11.00	4.500	3.520	1.910	2.000	0.340
	精密标准电阻箱 ZX－54	台班	30.00	-	-	-	-	0.080
	无线电调频对讲机 C15	台班	6.00	2.120	2.180	0.530	0.500	-

第六章　仪表管路敷设、伴热及脱脂

说　明

一、本章适用范围:碳钢管、不锈钢管、铝管、铜管、高压管、聚乙烯管和管缆敷设,管路伴热及脱脂。

二、本章工作内容:

1. 管路敷设:领料搬运、准备、清扫、清洗、划线、调直、定位、锯管、煨弯、焊接、上接头或管件、固定,强度、严密性、泄漏性试验,除锈、刷油,安装试验记录。

2. 仪表设备或管路伴热:电伴热电缆、伴热元件或伴热带敷设、绝缘测定、接地、控制及保护电路测试、调整记录。

3. 仪表管路脱脂:拆装、浸泡、擦洗、检查、封口、保管、送检、填写记录。

三、不包括的内容:

1. 支架制作和安装。

2. 脱脂液分析工作。

3. 管路中截止阀、疏水器、过滤器等安装。

4. 电伴热供电设备安装、接线盒安装、保温层和保温材料。

5. 被伴热的管路或仪表设备的外部保温层、防护防水层安装及防腐。

四、其他:

1. 导压管敷设范围是从取源一次阀门后,不包括取源部件及一次阀门。

2. 管路工程量计算按延长米不扣除管件、仪表阀等所占的长度。

3. 需要银焊的管路,可执行铜管敷设定额,并进行材料换算。

4. 测量管路试压与工业管道同时进行,仪表气源和信号管路只作严密性试验、通气试验,不作强度试验。

一、钢管敷设

工作内容：清理、煨弯、套丝、组对、安装及接头(管件)安装、焊接、除锈、防腐、强度和气密泄漏性试验。

单位：10m

定额编号				5-6-1	5-6-2	5-6-3	5-6-4
项目				碳钢管敷设 焊接(管径 mm)			
				14 以下	22 以下	32 以下	50 以下
基价（元）				**146.76**	**210.67**	**239.84**	**305.95**
其中	人工费（元）			120.80	160.80	173.60	200.80
	材料费（元）			16.37	26.64	32.26	43.88
	机械费（元）			9.59	23.23	33.98	61.27
名称		单位	单价(元)	数量			
人工	综合工日	工日	80.00	1.510	2.010	2.170	2.510
材料	管材	m	–	(10.350)	(10.350)	(10.350)	(10.350)
	仪表接头	套	–	(2.000)	(2.000)	(2.000)	(3.000)
	半圆头镀锌螺栓 (2~5)×(15~50)	套	0.31	7.000	12.000	14.000	14.000
	镀锌管卡子(钢管用) 15	个	0.09	7.000	–	–	–
	镀锌管卡子(钢管用) 20	个	0.40	–	7.000	–	–
	镀锌管卡子(钢管用) 32	个	0.45	–	–	7.000	–
	镀锌管卡子(钢管用) 50	个	0.46	–	–	–	7.000
	尼龙砂轮片 $\phi100$	片	7.60	0.005	0.007	0.009	0.010
	尼龙砂轮片 $\phi400$	片	13.00	0.020	0.040	0.030	0.050
	碳钢气焊条	kg	5.85	0.040	0.050	0.065	–
	电焊条 结 422 $\phi2.5$	kg	5.04	–	–	–	0.156

续前

单位：10m

定额编号				5-6-1	5-6-2	5-6-3	5-6-4
项目				碳钢管敷设 焊接(管径 mm)			
				14 以下	22 以下	32 以下	50 以下
材料	氧气	m^3	3.60	0.100	0.120	0.168	–
	乙炔气	m^3	25.20	0.040	0.050	0.065	–
	镀锌铁丝 13 ~17 号	kg	5.58	0.060	0.060	0.060	0.060
	酚醛防锈漆（各种颜色）	kg	15.60	0.220	0.390	0.500	0.900
	酚醛调和漆（各种颜色）	kg	18.00	0.170	0.310	0.400	0.720
	溶剂汽油 120 号	kg	5.01	0.100	0.150	0.200	0.250
	汽油 93 号	kg	10.05	0.200	0.200	0.200	0.200
	铁砂布 0 ~2 号	张	1.68	0.300	0.300	0.300	0.300
	钢锯条	根	0.89	0.250	0.100	0.100	–
	棉纱头	kg	6.34	0.050	0.050	0.050	0.050
	电	kW·h	0.85	0.200	0.500	0.800	1.200
	其他材料费	元	–	1.120	1.470	1.750	2.370
机械	电动空气压缩机 $0.6m^3/min$	台班	130.54	0.040	0.050	0.100	0.100
	管子切断机 ϕ60mm	台班	19.16	0.020	0.040	0.050	0.060
	台式砂轮机 ϕ250mm	台班	7.29	–	0.010	0.015	0.020
	液压弯管机 *D*60mm	台班	197.29	–	0.040	0.040	0.020
	载货汽车 2.5t	台班	398.80	0.010	0.020	0.030	0.050
	直流弧焊机 20kW	台班	209.44	–	–	–	0.110

单位:10m

定额编号				5-6-5	5-6-6	5-6-7	5-6-8
项目				镀锌钢管敷设 丝接(DN mm)			
				15 以下	20 以下	32 以下	50 以下
基价(元)				**127.57**	**141.75**	**162.03**	**189.49**
其中	人工费(元)			105.60	114.40	124.80	145.60
	材料费(元)			10.74	13.96	15.16	16.98
	机械费(元)			11.23	13.39	22.07	26.91
名称		单位	单价(元)	数量			
人工	综合工日	工日	80.00	1.320	1.430	1.560	1.820
材料	管材	m	–	(10.350)	(10.350)	(10.350)	(10.350)
	管件	套	–	(5.000)	(6.000)	(5.000)	(6.000)
	半圆头镀锌螺栓(2~5)×(15~50)	套	0.31	12.000	14.000	14.000	14.000
	镀锌管卡子(钢管用)15	个	0.09	7.000	–	–	–
	镀锌管卡子(钢管用)20	个	0.40	–	7.000	–	–
	镀锌管卡子(钢管用)32	个	0.45	–	–	7.000	–
	镀锌管卡子(钢管用)50	个	0.46	–	–	–	7.000
	尼龙砂轮片 ϕ400	片	13.00	0.040	0.050	0.070	0.160

续前

单位:10m

定额编号				5-6-5	5-6-6	5-6-7	5-6-8
项目				镀锌钢管敷设 丝接(DN mm)			
				15 以下	20 以下	32 以下	50 以下
材料	镀锌铁丝 13 ~17 号	kg	5.58	0.060	0.060	0.060	0.060
	厚漆	kg	11.30	0.040	0.050	0.060	0.060
	汽油 93 号	kg	10.05	0.250	0.250	0.250	0.250
	汽轮机油（各种规格）	kg	8.80	0.050	0.080	0.100	0.120
	聚四氟乙烯生料带 20 ×0.1　180m/kg	m	0.40	0.210	0.200	0.400	0.650
	铁砂布 0 ~2 号	张	1.68	0.300	0.300	0.300	0.300
	钢锯条	根	0.89	0.250	0.100	0.100	–
	棉纱头	kg	6.34	0.050	0.050	0.050	0.050
	电	kW·h	0.85	0.100	0.120	0.200	0.500
	其他材料费	元	–	0.920	0.960	1.110	1.250
机械	电动空气压缩机 0.6m^3/min	台班	130.54	0.050	0.050	0.100	0.120
	螺栓套丝机 ϕ39mm	台班	32.14	0.020	0.025	0.030	0.035
	载货汽车 2.5t	台班	398.80	0.010	0.015	0.020	0.025
	台式砂轮机 ϕ250mm	台班	7.29	0.010	0.010	0.010	0.020

二、不锈钢管及高压管敷设

工作内容：清洗、组对、高压管车丝、焊接及焊口处理、管及管件安装、除锈、防腐、强度、气密性、泄漏性试验。 单位：10m

定额编号				5-6-9	5-6-10	5-6-11	5-6-12	5-6-13
项目				不锈钢管敷设（管径 mm）				
				10 以下	14 以下	22 以下	32 以下	50 以下
基价（元）				**128.57**	**183.46**	**219.00**	**251.35**	**337.78**
其中	人工费（元）			111.20	145.60	158.40	172.80	204.80
	材料费（元）			6.73	11.04	15.62	16.83	21.37
	机械费（元）			10.64	26.82	44.98	61.72	111.61
名称		单位	单价(元)	数量				
人工	综合工日	工日	80.00	1.390	1.820	1.980	2.160	2.560
材料	管材	m	–	(10.300)	(10.300)	(10.300)	(10.300)	(10.300)
	仪表接头	套	–	(3.000)	(2.000)	(2.000)	(2.000)	(4.000)
	半圆头镀锌螺栓 (2～5)×(15～50)	套	0.31	2.000	10.000	14.000	14.000	14.000
	镀锌管卡子(钢管用) 15	个	0.09	3.000	7.000	–	–	–
	镀锌管卡子(钢管用) 20	个	0.40	–	–	7.000	–	–
	镀锌管卡子(钢管用) 32	个	0.45	–	–	–	7.000	–
	镀锌管卡子(钢管用) 50	个	0.46	–	–	–	–	7.000
	尼龙砂轮片 ϕ400	片	13.00	0.010	0.030	0.030	0.050	0.110

续前

单位:10m

定额编号				5-6-9	5-6-10	5-6-11	5-6-12	5-6-13
项目				不锈钢管敷设(管径 mm)				
				10 以下	14 以下	22 以下	32 以下	50 以下
材料	不锈钢氩弧焊丝 1Cr18Ni9Ti	kg	32.00	0.020	0.040	0.059	0.066	0.100
	氩气	m^3	15.00	0.050	0.070	0.091	0.130	0.270
	铈钨棒	kg	390.00	0.001	0.001	0.001	0.001	0.001
	铁砂布 0~2 号	张	1.68	0.300	0.300	0.300	–	–
	钢锯条	根	0.89	0.250	–	–	–	–
	石棉橡胶板 低压 0.8~1.0	kg	13.20	0.140	0.140	0.140	0.140	0.140
	镀锌铁丝 13~17 号	kg	5.58	0.060	0.060	0.060	0.060	0.060
	细白布 宽 0.9m	m	10.00	0.050	0.050	0.060	0.060	0.070
	电	kW·h	0.85	0.080	0.100	0.150	0.300	0.450
	其他材料费	元	–	0.450	0.930	1.030	1.200	1.470
机械	氩弧焊机 500A	台班	304.11	0.010	0.050	0.070	0.090	0.240
	电动空气压缩机 $0.6m^3/min$	台班	130.54	0.040	0.050	0.050	0.100	0.100
	载货汽车 2.5t	台班	398.80	0.005	0.010	0.020	0.020	0.035
	台式砂轮机 ϕ250mm	台班	7.29	–	0.020	0.020	0.020	0.030
	管子切断机 ϕ60mm	台班	19.16	0.020	0.050	0.060	0.070	0.080
	液压弯管机 D60mm	台班	197.29	–	–	0.040	0.060	0.050

单位:10m

定额编号				5-6-14	5-6-15
项目				高压管（管径 15mm 以下）	
				碳钢	不锈钢
基价（元）				**169.40**	**186.28**
其中	人工费（元）			124.00	143.20
	材料费（元）			17.60	15.28
	机械费（元）			27.80	27.80
名称		单位	单价(元)	数量	
人工	综合工日	工日	80.00	1.550	1.790
材料	管材	m	-	(10.350)	(10.300)
	管件	套	-	(4.000)	(4.000)
	半圆头镀锌螺栓 (2～5)×(15～50)	套	0.31	10.000	10.000
	镀锌管卡子(钢管用) 15	个	0.09	7.000	7.000
	尼龙砂轮片 ϕ400	片	13.00	0.050	0.050
	碳钢氩弧焊丝	kg	12.80	0.060	-
	合金钢氩弧焊丝	kg	16.20	-	0.060
	氩气	m^3	15.00	0.040	0.080
	铈钨棒	kg	390.00	0.001	0.001

续前

单位:10m

定　额　编　号				5-6-14	5-6-15
项　　　　目				高压管（管径 15mm 以下）	
				碳　钢	不锈钢
材料	酚醛防锈漆（各种颜色）	kg	15.60	0.110	–
	酚醛调和漆（各种颜色）	kg	18.00	0.080	–
	溶剂汽油 120 号	kg	5.01	0.050	–
	汽油 93 号	kg	10.05	0.050	–
	铁砂布 0～2 号	张	1.68	0.300	0.300
	石棉橡胶板 低压 0.8～1.0	kg	13.20	0.140	0.140
	镀锌铁丝 13～17 号	kg	5.58	0.060	0.060
	棉纱头	kg	6.34	0.050	–
	细白布 宽 0.9m	m	10.00	–	0.100
	位号牌	个	2.00	1.500	1.500
	电	kW·h	0.85	0.500	0.800
	其他材料费	元	–	1.120	0.970
机械	氩弧焊机 500A	台班	304.11	0.040	0.040
	普通车床 400mm×1000mm	台班	145.61	0.080	0.080
	载货汽车 2.5t	台班	398.80	0.010	0.010

三、有色金属及非金属管敷设

工作内容:清洗、组对、安装、焊接(或卡套连接)、固定、通气和气密性试验。　　单位:10m

定额编号				5-6-16	5-6-17	5-6-18	5-6-19	5-6-20	5-6-21
项目				紫铜管（管径 mm）				黄铜管（管径 mm）	
				10 以下	14 以下	22 以下	32 以下	32 以下	50 以下
基价（元）				**69.13**	**122.82**	**171.89**	**201.02**	**256.93**	**344.85**
其中	人工费（元）			57.60	101.60	142.40	152.00	164.00	223.20
	材料费（元）			6.31	10.70	18.97	31.98	33.47	36.62
	机械费（元）			5.22	10.52	10.52	17.04	59.46	85.03
名称		单位	单价(元)	数量					
人工	综合工日	工日	80.00	0.720	1.270	1.780	1.900	2.050	2.790
材料	管材	m	–	(10.300)	(10.300)	(10.300)	(10.300)	(10.300)	(10.300)
	仪表接头	套	–	(5.000)	(3.000)	(2.000)	(10.000)	(10.000)	(5.000)
	半圆头镀锌螺栓（2~5）×(15~50)	套	0.31	3.000	10.000	18.000	20.000	20.000	20.000
	镀锌管卡子(钢管用) 15	个	0.09	2.000	6.000	–	–	–	–
	镀锌管卡子(钢管用) 20	个	0.40	–	–	10.000	–	–	–
	镀锌管卡子(钢管用) 32	个	0.45	–	–	–	10.000	10.000	–
	镀锌管卡子(钢管用) 50	个	0.46	–	–	–	–	–	10.000
	尼龙砂轮片 ϕ400	片	13.00	–	–	0.060	0.070	0.080	0.060
	铜气焊丝	kg	38.00	0.020	0.030	0.050	0.060	–	–
	铜氩弧焊丝	kg	38.00	–	–	–	–	0.080	0.110

续前

单位:10m

定额编号				5-6-16	5-6-17	5-6-18	5-6-19	5-6-20	5-6-21
项目				紫铜管（管径 mm）				黄铜管（管径 mm）	
				10 以下	14 以下	22 以下	32 以下	32 以下	50 以下
材料	氧气	m^3	3.60	0.080	0.100	0.120	0.130	–	–
	乙炔气	m^3	25.20	0.030	0.040	0.050	0.060	–	–
	硼砂	kg	3.60	0.050	0.006	0.006	0.007	–	–
	氩气	m^3	15.00	–	–	–	–	0.240	0.360
	铈钨棒	kg	390.00	–	–	–	–	0.001	0.001
	镀锌铁丝 13～17 号	kg	5.58	0.040	0.050	0.060	0.060	0.060	0.060
	钢锯条	根	0.89	0.400	0.400	–	–	–	–
	石棉橡胶板 低压 0.8～1.0	kg	13.20	0.100	0.140	0.140	0.500	0.500	0.500
	铁砂布 0～2 号	张	1.68	0.300	0.300	0.300	0.500	0.500	0.500
	细白布 宽 0.9m	m	10.00	0.050	0.050	0.050	0.050	0.050	0.050
	位号牌	个	2.00	–	–	–	2.000	2.000	2.000
	电	kW·h	0.85	–	–	–	–	0.100	0.150
	其他材料费	元	–	0.310	1.040	1.810	3.810	2.340	2.670
机械	氩弧焊机 500A	台班	304.11	–	–	–	–	0.070	0.120
	电动空气压缩机 $0.6m^3/min$	台班	130.54	0.040	0.050	0.050	0.100	0.100	0.100
	普通车床 400mm×1000mm	台班	145.61	–	–	–	–	0.030	0.030
	摇臂钻床 ϕ25mm	台班	127.69	–	–	–	–	0.100	0.150
	载货汽车 2.5t	台班	398.80	–	0.010	0.010	0.010	0.020	0.030

工作内容:清洗、组对、安装、焊接、接头连接、固定、气密性试验领料、准备、清洗、定位、划线、切断、煨弯、组对、焊接、接头连接、固定、气密性。

单位:10m

定额编号				5-6-22	5-6-23	5-6-24	5-6-25
项目				铝管敷设(管径 mm)			聚乙烯管(管径32mm 以下)
				14 以下	22 以下	32 以下	
基价(元)				**139.71**	**157.08**	**194.46**	**264.74**
其中	人工费(元)			106.40	114.40	129.60	186.40
	材料费(元)			12.38	19.59	24.98	49.62
	机械费(元)			20.93	23.09	39.88	28.72
名称		单位	单价(元)	数量			
人工	综合工日	工日	80.00	1.330	1.430	1.620	2.330
材料	管材	m	-	(10.300)	(10.300)	(10.300)	(10.200)
	仪表接头	套	-	(3.000)	(4.000)	(4.000)	(6.000)
	承插塑料管件	个	-	-	-	-	(14.000)
	半圆头镀锌螺栓(2~5)×(15~50)	套	0.31	14.000	20.000	20.000	-
	镀锌管卡子(钢管用)15	个	0.09	10.000	-	-	-
	镀锌管卡子(钢管用)20	个	0.40	-	10.000	-	-
	镀锌管卡子(钢管用)32	个	0.45	-	-	10.000	-
	尼龙砂轮片 ϕ400	片	13.00	-	0.010	0.040	-

续前　　　　　　　　　　　　　　　　　　　　　　　　　　　　　　　　　　单位:10m

定额编号				5-6-22	5-6-23	5-6-24	5-6-25
项目				铝管敷设（管径 mm）			聚乙烯管（管径32mm以下）
				14以下	22以下	32以下	
材料	铝合金焊丝 丝301 $\phi1\sim6$	kg	21.60	0.032	0.052	0.070	-
	氩气	m^3	15.00	0.090	0.150	0.180	-
	铈钨棒	kg	390.00	0.001	0.001	0.001	-
	塑料焊条	kg	11.00	-	-	-	0.020
	钢锯条	根	0.89	0.260	-	-	0.300
	石棉橡胶板 低压0.8~1.0	kg	13.20	0.200	0.250	0.500	-
	塑料卡子	个	3.27	-	-	-	14.000
	铁砂布0~2号	张	1.68	0.300	0.300	0.300	0.700
	电	kW·h	0.85	0.200	0.500	0.550	1.800
	其他材料费	元	-	1.160	1.270	1.590	0.650
机械	氩弧焊机500A	台班	304.11	0.020	0.020	0.040	-
	液压弯管机 D60mm	台班	197.29	0.020	0.030	0.030	-
	电动空气压缩机 $0.6m^3/min$	台班	130.54	0.050	0.050	0.100	0.220
	载货汽车2.5t	台班	398.80	0.010	0.010	0.020	-
	管子切断机 ϕ60mm	台班	19.16	0.020	0.030	0.040	-

四、管缆敷设

工作内容:切断、煨弯、缆头处理、卡套连接、固定、通气试验、挂牌。　　　　单位:10m

定额编号				5-6-26	5-6-27	5-6-28	5-6-29
项目				尼龙管缆(缆芯)			
				单芯以下	7芯以下	12芯以下	19芯以下
基价(元)				**51.97**	**130.00**	**201.31**	**277.16**
其中	人工费(元)			49.60	101.60	160.80	212.80
	材料费(元)			2.37	5.86	8.76	14.07
	机械费(元)			–	22.54	31.75	50.29
名称		单位	单价(元)	数量			
人工	综合工日	工日	80.00	0.620	1.270	2.010	2.660
材料	管材	m	–	(10.300)	(10.300)	(10.300)	(10.300)
	仪表接头	套	–	(2.000)	(6.000)	(9.000)	(14.000)
	半圆头镀锌螺栓 (2~5)×(15~50)	套	0.31	–	4.000	4.000	4.000
	镀锌管卡子(电线管用) 15	个	0.52	–	2.000	–	–
	镀锌管卡子(电线管用) 20	个	0.56	–	–	2.000	–
	镀锌管卡子(电线管用) 32	个	0.63	–	–	–	2.000
	石棉橡胶板 低压 0.8~1.0	kg	13.20	0.080	0.140	0.340	0.700
	钢锯条	根	0.89	0.100	0.150	0.250	0.300
	铁砂布 0~2号	张	1.68	0.100	0.300	0.300	0.500
	位号牌	个	2.00	0.500	0.400	0.400	0.300
	其他材料费	元	–	0.060	0.290	0.390	0.620
机械	电动空气压缩机 0.6m^3/min	台班	130.54	–	0.060	0.100	0.160
	载货汽车 2.5t	台班	398.80	–	0.010	0.020	0.020
	汽车式起重机 16t	台班	1071.52	–	0.010	0.010	0.020

单位:10m

定额编号				5-6-30	5-6-31	5-6-32	5-6-33	5-6-34
项目				铜管缆(缆芯)				
				单芯以下	7 芯以下	14 芯以下	19 芯以下	24 芯以下
基价(元)				**73.77**	**172.94**	**243.44**	**304.44**	**365.85**
其中	人工费(元)			64.00	143.20	201.60	238.40	288.80
	材料费(元)			2.42	5.90	8.86	13.82	17.62
	机械费(元)			7.35	23.84	32.98	52.22	59.43
	名称	单位	单价(元)	数量				
人工	综合工日	工日	80.00	0.800	1.790	2.520	2.980	3.610
材料	管材	m	–	(10.300)	(10.300)	(10.300)	(10.300)	(10.300)
	仪表接头	套	–	(2.000)	(5.000)	(10.000)	(14.000)	(19.000)
	半圆头镀锌螺栓 (2~5)×(15~50)	套	0.31	–	4.000	4.000	4.000	4.000
	镀锌管卡子(电线管用) 15	个	0.52	–	2.000	–	–	–
	镀锌管卡子(电线管用) 20	个	0.56	–	–	2.000	–	–
	镀锌管卡子(电线管用) 32	个	0.63	–	–	–	2.000	–
	镀锌管卡子(电线管用) 50	个	0.70	–	–	–	–	2.000
	石棉橡胶板 低压 0.8~1.0	kg	13.20	0.080	0.140	0.340	0.700	0.900
	钢锯条	根	0.89	0.150	0.200	0.250	0.250	0.300
	铁砂布 0~2 号	张	1.68	0.100	0.300	0.350	0.500	1.000
	位号牌	个	2.00	0.500	0.400	0.400	0.200	0.200
	其他材料费	元	–	0.060	0.290	0.400	0.620	0.750
机械	电动空气压缩机 $0.6m^3/min$	台班	130.54	–	0.070	0.140	0.190	0.230
	载货汽车 2.5t	台班	398.80	0.005	0.010	0.010	0.015	0.020
	汽车式起重机 16t	台班	1071.52	0.005	0.010	0.010	0.020	0.020

五、仪表设备与管路伴热

工作内容：伴热管：敷设（或缠绕）、焊接、除锈、防腐、强度和气密性试验；伴热带：敷设、绝缘接地、控制及保护电路测试。　　单位：10m

定额编号				5-6-35	5-6-36	5-6-37	5-6-38	5-6-39	5-6-40
项目				伴热管（管径 mm）				电伴热带 伴热电缆 (50m)	伴热元件 (根)
				不锈钢管 10 以下	碳钢管 22 以下	铜管 10 以下	铜管 22 以下		
基价（元）				**111.85**	**136.60**	**72.01**	**270.73**	**748.63**	**53.68**
其中	人工费（元）			99.20	111.20	63.20	108.00	546.40	41.60
	材料费（元）			1.57	16.98	2.09	154.69	194.51	11.38
	机械费（元）			11.08	8.42	6.72	8.04	7.72	0.70
名称		单位	单价(元)	数量					
人工	综合工日	工日	80.00	1.240	1.390	0.790	1.350	6.830	0.520
材料	管材	m	–	(10.300)	(10.300)	(10.300)	(10.300)	–	–
	电热带	m	–	–	–	–	–	(50.200)	(1.000)
	绝缘材料(复合丁腈)	m^2	–	–	–	–	–	(11.000)	–
	镀锌铁丝 8～12 号	kg	5.36	0.050	0.050	–	0.050	–	–
	钢锯条	根	0.89	0.150	0.500	0.100	0.500	0.100	–
	铁砂布 0～2 号	张	1.68	0.100	0.100	0.100	0.100	0.100	–
	不锈钢氩弧焊丝 1Cr18Ni9Ti	kg	32.00	0.010	–	–	–	–	–
	氩气	m^3	15.00	0.010	–	–	10.000	10.000	–
	铈钨棒	kg	390.00	0.001	–	–	–	–	–
	尼龙砂轮片 $\phi100$	片	7.60	–	0.020	–	0.020	0.080	–

续前

单位:10m

定额编号				5-6-35	5-6-36	5-6-37	5-6-38	5-6-39	5-6-40
项目				伴热管（管径 mm）				电伴热带伴热电缆（50m）	伴热元件（根）
				不锈钢管10以下	碳钢管22以下	铜管10以下	铜管22以下		
材料	氧气	m^3	3.60	–	0.120	0.080	0.120	–	–
	乙炔气	m^3	25.20	–	0.050	0.030	0.050	–	–
	碳钢气焊条	kg	5.85	–	0.050	–	–	–	–
	酚醛调和漆（各种颜色）	kg	18.00	–	0.390	–	–	–	–
	酚醛防锈漆（各种颜色）	kg	15.60	–	0.390	–	–	–	–
	铜气焊丝	kg	38.00	–	–	0.020	0.050	–	–
	铜芯聚氯乙烯绝缘线 BV10	km	7743.00	–	–	–	–	0.004	0.001
	位号牌	个	2.00	–	–	–	–	1.500	1.000
	电	kW·h	0.85	0.100	0.200	–	–	0.300	0.100
	校验材料费	元	–	–	–	–	–	8.568	0.627
	其他材料费	元	–	0.060	0.690	0.030	0.060	0.850	0.920
机械	氩弧焊机 500A	台班	304.11	0.010	–	–	–	–	–
	管子切断机 ϕ60mm	台班	19.16	0.020	0.040	–	0.020	–	–
	载货汽车 4t	台班	466.52	0.010	0.010	0.008	0.010	0.010	–
	试压泵 30MPa	台班	149.39	0.020	0.020	0.020	0.020	–	–
	数字万用表 PF－56	台班	6.00	–	–	–	–	0.200	0.050
	数字电压表 PZ38	台班	8.00	–	–	–	–	0.100	0.050
	数字兆欧表 BM－2061000MΩ	台班	21.00	–	–	–	–	0.050	–

六、仪表设备与管路脱脂

工作内容：表计拆装、浸泡、脱脂、擦洗、检查、封口、送检。

定额编号				5-6-41	5-6-42	5-6-43	5-6-44	5-6-45	5-6-46
项目				压力表（块）	变送器调节阀（台）	仪表附件（套）	孔板（块）	仪表阀门（个）	仪表管路（10m）
基价（元）				**115.68**	**441.00**	**30.38**	**104.11**	**59.90**	**114.93**
其中	人工费（元）			95.20	302.40	19.20	57.60	38.40	81.60
	材料费（元）			20.48	138.60	11.18	46.51	21.50	33.33
	机械费（元）			–	–	–	–	–	–
名称		单位	单价(元)	数			量		
人工	综合工日	工日	80.00	1.190	3.780	0.240	0.720	0.480	1.020
材料	四氯化碳 95% 铁桶装	kg	17.96	1.000	7.000	0.500	2.050	1.000	1.500
	工业酒精 99.5%	kg	8.20	0.100	0.500	0.100	0.500	0.100	0.300
	细白布 宽 0.9m	m	10.00	0.100	0.400	0.100	0.400	0.200	0.250
	镀锌铁丝 13～17 号	kg	5.58	–	–	–	–	–	0.050
	其他材料费	元	–	0.700	4.780	0.380	1.590	0.720	1.150

第七章　工厂通讯、供电

说　　明

一、本章适用范围:工厂通讯设备安装、供电系统安装调试、其他项目安装。

二、未包括的项目:

1. 本章所列电缆敷设为光缆敷设、带专用系统电缆敷设(根)、通讯电缆敷设及架空吊线,其他电力电缆、控制电缆(含信号、操作、控制、补偿电缆)均执行《冶金工业建设工程预算定额》(2012 年版)第四册《电气设备安装工程》的有关项目和规定。

2. 电气配管、基础槽钢及角钢、铁构件、电缆桥架、接地装置和整流柜及直流屏的安装调试、土石方工程及通讯架空线路等均执行《冶金工业建设工程预算定额》(2012 年版)第四册《电气设备安装工程》的有关项目和规定。

三、有线电通讯电缆敷设按《冶金工业建设工程预算定额》(2012 年版)第四册《电气设备安装工程》铜芯电力电缆相应截面套用,对应截面表如下:

电力电缆截面积(mm^2)	35	120	240	400
有线电通讯电缆截面	50X－2	150X－2	300X－2	500X－2

四、载波电话只适用于工厂的滑触线载波电话系统。

五、未尽事宜,以本章工作内容及附注为准。

一、工厂通讯设备安装

1. 自动式小型总机安装

工作内容：开箱检查、安装设备及配线架、敷设成端电缆、焊跳线、测试。

单位：套

定额编号				5-7-1	5-7-2	5-7-3
项目				纵横制(门)		
				200 以下	400 以下	800 以下
基价（元）				**17469.12**	**30713.91**	**43000.55**
其中	人工费（元）			17280.00	30400.00	42560.00
	材料费（元）			189.12	313.91	440.55
	机械费（元）			-	-	-
名称		单位	单价(元)	数量		
人工	综合工日	工日	80.00	216.000	380.000	532.000
材料	松香焊锡丝 φ2.3	kg	57.00	0.400	0.600	0.900
	黄蜡	kg	15.90	2.000	3.000	4.200
	白石蜡	kg	8.00	1.000	2.000	2.400

续前

单位:套

定额编号				5-7-1	5-7-2	5-7-3
项目				纵横制(门)		
				200 以下	400 以下	800 以下
材料	松香(特级)	kg	8.60	0.100	0.200	0.300
	工业酒精 99.5%	kg	8.20	1.000	1.500	2.100
	喷漆	kg	19.00	2.000	4.000	5.600
	香蕉水	kg	7.84	3.000	6.000	8.400
	醇酸防锈漆 C53－1 铁红	kg	16.72	0.500	1.000	1.400
	溶剂汽油 120 号	kg	5.01	2.000	2.000	2.800
	塑料带 20mm×40m	卷	9.98	1.000	2.000	2.800
	黑胶带 20mm×20m	卷	2.50	0.300	0.500	0.700
	白布 0.9m	m^2	8.54	2.000	2.000	2.800
	麻绳	kg	8.50	0.500	0.800	1.200
	其他材料费	元	-	5.500	7.120	9.970

注:1. 复式机的安装按相应定额乘以系数 1.75。2. 未包括电缆头及主机室的外部电缆敷设。

2. 调度电话、警报信号、有线广播设备安装

工作内容：安装设备、敷设电缆及导线、接线、接地、测试。

单位：套

定额编号				5-7-4	5-7-5	5-7-6	5-7-7	5-7-8	5-7-9	5-7-10
项目				调度电话主机			警报信号设备		有线广播设备	
				20门	40门	70门	60门	100门	500W	1000W
基价（元）				**994.37**	**2522.71**	**3404.91**	**2842.91**	**4765.31**	**1144.60**	**1865.60**
其中	人工费（元）			960.00	2400.00	3280.00	2720.00	4640.00	1120.00	1840.00
	材料费（元）			34.37	122.71	124.91	122.91	125.31	24.60	25.60
	机械费（元）			–	–	–	–	–	–	–
名称		单位	单价（元）	数量						
人工	综合工日	工日	80.00	12.000	30.000	41.000	34.000	58.000	14.000	23.000
材料	松香焊锡丝 $\phi2.3$	kg	57.00	0.100	0.300	0.300	0.300	0.300	0.100	0.100
	麻绳	kg	8.50	0.150	0.300	0.300	0.300	0.300	–	–
	黄蜡	kg	15.90	0.500	1.000	1.000	1.000	1.000	–	–
	白石蜡	kg	8.00	–	0.500	0.500	0.500	0.500	–	–
	喷漆	kg	19.00	–	1.000	1.000	1.000	1.000	–	–

续前 单位:套

定额编号				5-7-4	5-7-5	5-7-6	5-7-7	5-7-8	5-7-9	5-7-10
项目				调度电话主机			警报信号设备		有线广播设备	
				20门	40门	70门	60门	100门	500W	1000W
材料	香蕉水	kg	7.84	–	2.000	2.000	2.000	2.000	–	–
	溶剂汽油120号	kg	5.01	0.500	1.000	1.000	1.000	1.000	0.500	0.500
	醇酸防锈漆C53－1铁红	kg	16.72	–	1.000	1.000	1.000	1.000	–	–
	松香（特级）	kg	8.60	0.050	0.050	0.050	0.050	0.050	0.050	0.050
	工业酒精99.5%	kg	8.20	0.300	0.500	0.500	0.500	0.500	–	–
	破布	kg	4.50	0.500	0.500	0.500	0.500	0.500	0.400	0.400
	过氯乙烯磁漆G52－1	kg	18.31	0.100	0.100	0.100	0.100	0.100	0.100	0.100
	自粘性橡胶带20mm×5m	卷	3.56	0.500	1.000	1.000	1.000	1.000	0.100	0.100
	白布0.9m	m^2	8.54	0.500	1.000	1.000	1.000	1.000	1.000	1.000
	黑蜡带25mm×50mm	卷	5.76	0.125	0.250	0.250	0.250	0.250	0.250	0.250
	其他材料费	元	–	3.200	4.600	6.800	4.800	7.200	2.000	3.000

注:未包括电缆头及主机室外部的电缆敷设。

3. 电话分机、生产扩音、隔音室安装

工作内容:设备及附件安装、配线、接线、接地、测试。　　单位:台

定额编号				5-7-11	5-7-12	5-7-13	5-7-14	5-7-15	5-7-16
项目				电话分机		生产扩音机	扬声器音柱报信号设备	电子钟报警器	隔音室
				本机	电池				
基价(元)				**169.60**	**36.24**	**128.30**	**64.62**	**146.05**	**385.53**
其中	人工费(元)			76.80	19.20	124.80	48.00	144.00	304.00
	材料费(元)			92.80	17.04	3.50	16.62	2.05	1.00
	机械费(元)			–	–	–	–	–	80.53
	名称	单位	单价(元)	数量					
人工	综合工日	工日	80.00	0.960	0.240	1.560	0.600	1.800	3.800
材料	保安器真空	个	55.00	1.000	–	–	–	–	–
	单相安全圆插座	个	35.00	1.000	–	–	–	–	–
	电池木盒	个	3.10	–	1.000	–	–	–	–
	线闸变压器盒	个	15.60	–	–	–	1.000	–	–
	甲电池 1.5V	个	6.86	–	2.000	–	–	–	–
	其他材料费	元	–	2.800	0.220	3.500	1.020	2.050	1.000
机械	龙门式起重机 30t	台班	805.28	–	–	–	–	–	0.100

注:1. 电话分机安装包括保安器和插座安装。2. 电话会议分机安装按以上定额乘以1.5。3. 扬声器安装包括线间变压器安装。

4. 分线装置、电话线敷设

工作内容: 安装、配线、接线、接地、测试。

单位:台(100m)

定额编号				5-7-17	5-7-18	5-7-19
项目				分线装置(台)		电话线(100m)
基价(元)				**296.50**	**99.20**	**498.35**
其中	人工费(元)			288.00	96.00	480.00
	材料费(元)			8.50	3.20	18.35
	机械费(元)			–	–	–
名称		单位	单价(元)	数量		
人工	综合工日	工日	80.00	3.600	1.200	6.000
材料	钢精扎头	100 个	1.80	–	–	2.000
	半圆头螺钉 M4×6	10 个	0.47	–	–	25.000
	其他材料费	元	–	8.500	3.200	3.000

注: 未包括箱、盒及电话线本身价值。

5. 对讲设备安装

(1)主机

工作内容：开箱、检查、安装设备、接线、接地、测试。

单位：台

定额编号				5-7-20	5-7-21	5-7-22	5-7-23	5-7-24
项目				主机				
				20门	30门	60门	120门	180门
基价（元）				**3416.80**	**3901.23**	**4698.94**	**5510.47**	**5845.88**
其中	人工费（元）			3360.00	3840.00	4640.00	5440.00	5760.00
	材料费（元）			56.80	61.23	58.94	70.47	85.88
	机械费（元）			–	–	–	–	–
名称		单位	单价(元)	数量				
人工	综合工日	工日	80.00	42.000	48.000	58.000	68.000	72.000
材料	松香焊锡丝 ϕ2.3	kg	57.00	0.300	0.300	0.050	0.650	0.850
	松香（特级）	kg	8.60	0.100	0.100	0.100	0.120	0.150
	破布	kg	4.50	0.200	0.300	0.300	0.400	0.500
	膨胀螺栓 M6	套	0.92	4.010	4.010	8.020	8.020	8.020
	锯条（各种规格）	根	1.40	1.000	1.000	1.200	1.500	2.000
	冲击钻头 ϕ8	个	6.30	0.300	0.300	0.500	0.500	0.500
	塑料粘胶带 20mm×20m	卷	12.00	0.080	0.100	0.120	0.150	0.200
	铜芯聚氯乙烯绝缘软电缆 BVR－1.5mm	m	1.30	3.200	3.200	3.200	3.200	3.200
	甲电池 1.5V	个	6.86	2.600	3.000	3.800	–	–
	其他材料费	元	–	8.000	9.000	10.000	12.000	14.000

(2)分机

单位:个、套

定额编号				5-7-25	5-7-26	5-7-27	5-7-28
项目				分机			
				放大式(套)	P型(个)	S型(个)	WS型(个)
基价(元)				**2211.30**	**321.83**	**402.25**	**482.45**
其中	人工费(元)			2160.00	320.00	400.00	480.00
	材料费(元)			51.30	1.83	2.25	2.45
	机械费(元)			–	–	–	–
名称		单位	单价(元)	数量			
人工	综合工日	工日	80.00	27.000	4.000	5.000	6.000
材料	松香焊锡丝 $\phi2$	m	1.20	1.000	0.050	0.050	0.050
	松香(特级)	kg	8.60	0.100	0.030	0.030	0.030
	破布	kg	4.50	0.600	0.050	0.050	0.050
	膨胀螺栓 M6	套	0.92	4.010	–	–	–
	锯条(各种规格)	根	1.40	0.800	–	–	–
	冲击钻头 $\phi8$	个	6.30	0.400	–	–	–
	铜芯聚氯乙烯绝缘软电缆 BVR-1.5mm	m	1.30	4.300	–	–	–
	塑料粘胶带 20mm×20m	卷	12.00	1.200	–	–	–
	甲电池 1.5V	个	6.86	2.000	–	–	–
	其他材料费	元	–	5.500	1.290	1.710	1.910

6. 车间载波电话、无线遥控装置安装

工作内容：开箱检查、安装设备及天线、配焊线、接地、调试。

定额编号				5-7-29	5-7-30	5-7-31
项目				车间载波电话		
				固定装置(台)	移动装置(套)	耦合器(个)
基价（元）				**1062.26**	**1298.81**	**560.85**
其中	人工费（元）			1040.00	1280.00	560.00
	材料费（元）			22.26	18.81	0.85
	机械费（元）			–	–	–
名称		单位	单价(元)	数量		
人工	综合工日	工日	80.00	13.000	16.000	7.000
材料	镀锌螺栓 M8×250	套	1.58	0.400	–	–
	膨胀螺栓 M10	套	1.76	2.000	–	–
	铜芯聚氯乙烯绝缘软电缆 BVR-1.5mm	m	1.30	5.400	5.400	–
	甲电池 1.5V	个	6.86	1.000	1.000	–
	镀锌螺栓 M6×(20~30)	套	1.54	–	0.800	0.020
	冲击钻头 $\phi 8$	个	6.30	0.100	–	–
	破布	kg	4.50	0.200	0.200	–
	其他材料费	元	–	2.700	2.800	0.820

工作内容:开箱检查、安装设备及天线、配焊线、接地、调试。

定额编号				5-7-32	5-7-33	5-7-34	5-7-35
项目				无线遥控电话	无线遥控装置		无线遥控电话
				行车		机车	
				主机(台)	天线(组)	主机(台)	天线(组)
基价(元)				**2177.90**	**642.99**	**1862.27**	**643.94**
其中	人工费(元)			2160.00	640.00	1840.00	640.00
	材料费(元)			17.90	2.99	22.27	3.94
	机械费(元)			–	–	–	–
名称		单位	单价(元)	数量			
人工	综合工日	工日	80.00	27.000	8.000	23.000	8.000
材料	镀锌螺栓 M8×250	套	1.58	0.400	0.400	0.400	0.400
	破布	kg	4.50	0.050	0.100	0.800	0.200
	铜芯聚氯乙烯绝缘软电缆 BVR-1.5mm	m	1.30	8.600	–	8.600	–
	甲电池 1.5V	个	6.86	0.300	–	0.300	–
	其他材料费	元	–	3.800	1.910	4.800	2.410

7. 感应电话安装

工作内容：搬运、开箱、钻孔、装支架、安装设备、配焊线、接地、测试。　　　　单位：个、100m

定额编号				5-7-36	5-7-37	5-7-38	5-7-39	5-7-40	5-7-41
项目				感应电话(个)				感应环线绝缘子(100个)	感应环线敷设(100m)
				固定装置	移动装置	感应头	调谐装置		
基价（元）				**2018.13**	**2334.67**	**900.30**	**482.31**	**822.19**	**646.92**
其中	人工费（元）			2000.00	2320.00	880.00	480.00	800.00	640.00
	材料费（元）			18.13	14.67	20.30	2.31	22.19	6.92
	机械费（元）			–	–	–	–	–	–
名称		单位	单价(元)	数量					
人工	综合工日	工日	80.00	25.000	29.000	11.000	6.000	10.000	8.000
材料	铜芯聚氯乙烯绝缘软电缆 BVR-1.5mm	m	1.30	2.300	2.300	0.900	–	2.300	–
	甲电池 1.5V	个	6.86	1.000	1.000	2.000	–	–	–
	镀锌螺栓 M8×250	套	1.58	0.400	–	–	–	–	–
	镀锌螺栓 M6×(20~30)	套	1.54	–	0.400	–	0.200	0.200	–
	膨胀螺栓 M10	套	1.76	2.000	–	–	–	–	–
	冲击钻头 $\phi8$	个	6.30	0.100	–	–	–	–	–
	电焊条 结 422 $\phi2.5$	kg	5.04	–	–	0.300	0.100	2.300	–
	锯条（各种规格）	根	1.40	1.000	0.500	2.000	0.500	3.500	2.800
	其他材料费	元	–	2.100	3.500	1.100	0.800	2.400	3.000

8. 无线汽车调度、袖珍铃电话装置安装

工作内容：搬运、开箱、钻孔、安装设备及天线、配焊线、接地、调试。

定额编号				5-7-42	5-7-43	5-7-44
项目				无线汽车调度		
				主机(台)	发射天线(组)	分机(个)
基价(元)				**1774.91**	**1931.64**	**882.41**
其中	人工费(元)			1760.00	1920.00	880.00
	材料费(元)			14.91	11.64	2.41
	机械费(元)			–	–	–
名称		单位	单价(元)	数量		
人工	综合工日	工日	80.00	22.000	24.000	11.000
材料	铜芯聚氯乙烯绝缘软电缆 BVR－1.5mm	m	1.30	4.600	–	–
	甲电池 1.5V	个	6.86	0.100	–	–
	镀锌螺栓 M6×(20～30)	套	1.54	0.200	0.200	0.400
	镀锌螺栓 M8×250	套	1.58	0.400	0.400	–
	膨胀螺栓 M10	套	1.76	–	4.000	–
	冲击钻头 $\phi 8$	个	6.30	–	0.200	–
	锯条(各种规格)	根	1.40	2.000	–	–
	其他材料费	元	–	4.500	2.400	1.790

工作内容:搬运、开箱、钻孔、安装设备及天线、配焊线、接地、调试。

定额编号				5-7-45	5-7-46	5-7-47
项目				袖珍铃电话		
				主发射机(台)	副发射机(台)	发射天线(组)
基价(元)				**1291.21**	**1325.31**	**1907.88**
其中	人工费(元)			1280.00	1280.00	1840.00
	材料费(元)			11.21	45.31	67.88
	机械费(元)			–	–	–
名称		单位	单价(元)	数量		
人工	综合工日	工日	80.00	16.000	16.000	23.000
材料	甲电池 1.5V	个	6.86	0.100	–	–
	铜芯聚氯乙烯绝缘软电缆 BVR-1.5mm	m	1.30	–	30.000	45.000
	镀锌螺栓 M6×(20~30)	套	1.54	–	–	0.200
	镀锌螺栓 M8×250	套	1.58	–	0.400	0.400
	膨胀螺栓 M10	套	1.76	4.000	2.000	–
	冲击钻头 $\phi 8$	个	6.30	0.200	0.200	–
	锯条(各种规格)	根	1.40	0.800	–	–
	电焊条 结 422 $\phi 2.5$	kg	5.04	–	–	1.000
	其他材料费	元	–	1.100	0.900	3.400

9. 指令电话安装

工作内容:检查、安装、接线、接地。

单位:台

定额编号				5-7-48	5-7-49	5-7-50
项目				一般指令电话		
				100W	300W	500W
基价(元)				**1707.55**	**2361.29**	**3491.10**
其中	人工费(元)			1680.00	2320.00	3440.00
	材料费(元)			27.55	41.29	51.10
	机械费(元)			–	–	–
名称		单位	单价(元)	数量		
人工	综合工日	工日	80.00	21.000	29.000	43.000
材料	铜芯聚氯乙烯绝缘软电缆 BVR-1.5mm	m	1.30	4.600	9.200	11.700
	甲电池 1.5V	个	6.86	1.000	1.500	2.000
	松香焊锡丝 $\phi2$	m	1.20	0.250	0.450	0.500
	破布	kg	4.50	0.200	0.300	0.350
	膨胀螺栓 M10	套	1.76	4.000	4.000	4.000
	锯条(各种规格)	根	1.40	0.150	0.250	0.350
	冲击钻头 $\phi8$	个	6.30	0.200	0.200	0.200
	塑料粘胶带 20mm×20m	卷	12.00	0.300	0.500	0.650
	其他材料费	元	–	1.400	2.500	3.400

注:指令电话分机和扬声器另套自动电话分机和扬声器安装定额。

工作内容:同前

单位:台

定额编号				5-7-51	5-7-52	5-7-53	5-7-54
项目				自动指令电话			
				500W	1000W	1500W	2000W
基价(元)				**6820.35**	**8776.22**	**9485.90**	**12576.57**
其中	人工费(元)			6720.00	8640.00	9360.00	12400.00
	材料费(元)			100.35	136.22	125.90	176.57
	机械费(元)			–	–	–	–
名称		单位	单价(元)	数量			
人工	综合工日	工日	80.00	84.000	108.000	117.000	155.000
材料	铜芯聚氯乙烯绝缘软电缆 BVR-1.5mm	m	1.30	24.300	35.600	4.600	35.600
	甲电池 1.5V	个	6.86	4.000	4.000	6.000	6.000
	松香焊锡丝 $\phi2$	m	1.20	1.000	1.300	1.500	1.800
	破布	kg	4.50	0.600	0.800	1.000	1.300
	膨胀螺栓 M10	套	1.76	8.000	12.000	16.000	16.000
	锯条(各种规格)	根	1.40	0.800	1.600	2.400	2.800
	冲击钻头 $\phi8$	个	6.30	0.400	0.600	0.800	0.800
	塑料粘胶带 20mm×20m	卷	12.00	1.200	2.000	2.400	3.000
	其他材料费	元	–	5.300	6.200	7.100	8.000

注:指令电话分机和扬声器另套自动电话分机和扬声器安装定额。

10. 自动广播安装

工作内容:检查、安装、接线、接地。

单位:台

定额编号				5-7-55	5-7-56
项目				自动广播	
				15 通道以下	30 通道以下
基价(元)				**2289.68**	**2618.87**
其中	人工费(元)			2240.00	2560.00
	材料费(元)			49.68	58.87
	机械费(元)			–	–
名称		单位	单价(元)	数量	
人工	综合工日	工日	80.00	28.000	32.000
材料	铜芯聚氯乙烯绝缘软电缆 BVR-1.5mm	m	1.30	5.700	7.600
	甲电池 1.5V	个	6.86	1.500	1.500
	松香焊锡丝 ϕ2.3	kg	57.00	0.300	0.380
	破布	kg	4.50	0.250	0.300
	膨胀螺栓 M10	套	1.76	4.000	4.000
	锯条(各种规格)	根	1.40	0.250	0.280
	冲击钻头 ϕ8	个	6.30	0.200	0.200
	塑料粘胶带 20mm×20m	卷	12.00	0.250	0.350
	其他材料费	元	–	2.100	2.800

11. 保安配线箱安装

工作内容：开箱检查、清洁搬运、固定箱体、尾缆焊接、做气闭头、芯线对号接续、绝缘灌注、封焊套管、跳线、接地线。　　单位：台

定额编号				5-7-57	5-7-58	5-7-59	5-7-60
项目				保安配线箱安装			
				20 回线	40 回线	80 回线	120 回线
基价（元）				**281.49**	**357.04**	**539.18**	**688.82**
其中	人工费（元）			224.00	280.00	440.00	560.00
	材料费（元）			57.49	77.04	99.18	128.82
	机械费（元）			-	-	-	-
名称		单位	单价(元)	数量			
人工	综合工日	工日	80.00	2.800	3.500	5.500	7.000
材料	塑料绝缘跳线 AV2×0.5	m	-	(20.000)	(40.000)	(72.000)	(144.000)
	配线电缆 HPVV20-70×2×0.5	m	-	(2.000)	(2.000)	(2.000)	(4.000)
	铅套管 30×300×3	个	-	(1.010)	(1.010)	-	-
	铅套管 40×300×3	个	-	-	-	(1.010)	-
	铅套管 50×300×3	个	-	-	-	-	(1.010)
	六角螺栓带母垫 M10×20	套	1.12	4.000	4.000	4.000	4.000
	低熔点焊锡	kg	71.33	0.600	0.800	1.000	1.200
	松香焊锡丝 φ2.3	kg	57.00	0.070	0.110	0.190	0.370
	汽油 93 号	kg	10.05	0.400	0.600	0.800	1.000
	其他材料费	元	-	2.200	3.200	4.500	7.600

注：1. 安装保安配线箱人工工日包括布线工日数。2. 安装扁钢的规格数量按实计列。

12. 继电器、交接箱、接头排安装、芯线接续

工作内容:开箱检查、箱体固定、尾缆焊接、芯线接续。

单位:个

定额编号				5-7-61	5-7-62	5-7-63	5-7-64	5-7-65
项目				继电器、电铃电笛	交接箱		接头排	芯线接续(100 对)
					架空式	落地式		
基价(元)				**39.49**	**440.87**	**628.41**	**203.22**	**189.50**
其中	人工费(元)			32.00	400.00	576.00	160.00	184.00
	材料费(元)			7.49	40.87	52.41	43.22	5.50
	机械费(元)			–	–	–	–	–
名称		单位	单价(元)	数			量	
人工	综合工日	工日	80.00	0.400	5.000	7.200	2.000	2.300
材料	交接箱 X-800×500	个	–	–	(1.000)	–	(5.000)	–
	交接箱 X-1800×500	个	–	–	–	(1.000)	–	–
	线担	条	–	–	(2.040)	–	–	–
	塑料软管 $\phi5$	m	0.90	4.000	–	–	–	–
	丁腈橡胶管 $\phi13\sim50$	kg	17.35	0.150	–	–	–	–
	导电膏(电力脂)	kg	24.88	0.030	–	–	–	–
	穿钉	套	3.80	–	4.020	4.020	–	–
	普通硅酸盐水泥 42.5	kg	0.36	–	–	6.000	–	–
	石油沥青 76 号	kg	3.80	–	4.000	6.000	–	–
	汽轮机油(各种规格)	kg	8.80	–	0.300	0.400	–	–
	松香焊锡丝 $\phi2.3$	kg	57.00	–	–	–	0.600	–
	汽油 93 号	kg	10.05	–	–	–	0.300	–
	其他材料费	元	–	0.540	7.750	8.650	6.000	5.500

13. 电视共用天线系统安装

工作内容:开箱检查、清洁搬运、安装固定、尾缆焊接、调试、试通。

单位:个

定额编号				5-7-66	5-7-67	5-7-68	5-7-69
项目				架设共用天线(套)	各种共用天线配套盒		
					天线放大器	电源盒	线路放大器
基价(元)				**1440.00**	**96.00**	**96.00**	**120.40**
其中	人工费(元)			1440.00	96.00	96.00	120.00
	材料费(元)			–	–	–	0.40
	机械费(元)			–	–	–	–
名称		单位	单价(元)	数量			
人工	综合工日	工日	80.00	18.000	1.200	1.200	1.500
材料	天线	套	–	(1.010)	–	–	–
	各种相应配套盒	个	–	–	(1.010)	(1.010)	(1.010)
	共用天线底座	套	–	(1.010)	–	–	–
	共用天线支撑杆(出字型)	套	–	(1.010)	–	–	–
	避雷装置	套	–	(1.010)	–	–	–
	塑料胀钉 8mm	个	0.10	–	–	–	4.000

注:未包括共用天线系统的主干线及分支线的架设、导线布放及焊接头等。

工作内容:同前

单位:个

定额编号				5-7-70	5-7-71	5-7-72	5-7-73
项目				各种共用天线配套盒			
				二分配器	四分配器	二分支路	混合器
基价(元)				**48.40**	**48.40**	**48.40**	**60.40**
其中	人工费(元)			48.00	48.00	48.00	60.00
	材料费(元)			0.40	0.40	0.40	0.40
	机械费(元)			–	–	–	–
名称		单位	单价(元)	数量			
人工	综合工日	工日	80.00	0.600	0.600	0.600	0.750
材料	各种相应配套盒	个	–	(1.010)	(1.010)	(1.010)	(1.010)
	塑料胀钉 8mm	个	0.10	4.000	4.000	4.000	4.000

注:未包括共用天线系统的主干线及分支线的架设、导线布放及焊接头等。

工作内容:同前

单位:套、个

定额编号				5-7-74	5-7-75	5-7-76
项目				各种共用天线配套盒		调试接收指标（户）
				用户终端盒	共用器	
基价（元）				**32.40**	**60.40**	**120.00**
其中	人工费（元）			32.00	60.00	120.00
	材料费（元）			0.40	0.40	-
	机械费（元）			-	-	-
名称		单位	单价(元)	数量		
人工	综合工日	工日	80.00	0.400	0.750	1.500
材料	各种相应配套盒	个	-	(1.010)	(1.010)	-
	塑料胀钉 8mm	个	0.10	4.000	4.000	-

注:未包括共用天线系统的主干线及分支线的架设、导线布放及焊接头等。

二、供电系统安装、调试

1. 不间断电源柜安装、供电盘安装调试

工作内容：检查、清理、安装、固定、接地、供电盘和供电系统试验检查。　　单位：套(台)

定额编号				5-7-77	5-7-78
项目				不间断电源柜安装	供电盘安装、调试
基价（元）				**793.95**	**900.14**
其中	人工费（元）			613.60	810.40
	材料费（元）			24.59	30.30
	机械费（元）			155.76	59.44
名称		单位	单价(元)	数	量
人工	综合工日	工日	80.00	7.670	10.130
材料	铜芯聚氯乙烯绝缘线 BV10	km	7743.00	0.001	0.001
	精制螺栓 M12×(20～100)	套	0.98	6.000	4.000
	垫铁	kg	4.75	0.500	0.200
	膨胀螺栓 M10	套	1.76	3.000	2.000
	棉纱头	kg	6.34	0.300	0.100
	其他材料费	元	–	1.410	1.120
	校验材料费	元	–	–	12.413
机械	载货汽车 4t	台班	466.52	0.100	0.030
	汽车式起重机 16t	台班	1071.52	0.100	0.030
	数字万用表 PF－56	台班	6.00	0.140	0.950
	数字电压表 PZ38	台班	8.00	0.140	0.950

2. 不间断电源调试

工作内容:外观及绝缘检查、装置单元调试、分电盘检查调试、不间断电源的充放电、逆变试验。　　单位:套

定额编号				5-7-79	5-7-80	5-7-81
项目				不间断电源调试		
				1kV·A	10kV·A	30kV·A
基价(元)				**921.02**	**2432.14**	**4770.73**
其中	人工费(元)			704.00	1848.00	3960.00
	材料费(元)			15.77	38.49	75.68
	机械费(元)			201.25	545.65	735.05
名称		单位	单价(元)	数量		
人工	综合工日	工日	80.00	8.800	23.100	49.500
材料	工业酒精 99.5%	kg	8.20	0.300	0.600	0.800
	细白布 宽0.9m	m	10.00	0.200	0.400	0.600
	其他材料费	元	-	0.160	0.310	0.430
	校验材料费	元	-	11.146	29.257	62.694
机械	数字万用表 7151	台班	42.00	3.600	9.900	13.800
	数字兆欧表 BM-2061000MΩ	台班	21.00	0.050	0.050	0.050
	数字电压表 PZ38	台班	8.00	4.500	12.600	15.800
	标准电阻箱 ZX-25	台班	10.00	0.900	2.400	2.400
	接地电阻测试仪 DET-3/2	台班	50.00	0.080	0.080	0.080

工作内容:同前　　单位:套

定额编号				5-7-82	5-7-83	5-7-84
项目				不间断电源调试		
				60kV·A	150kV·A	300kV·A
基价(元)				**8744.01**	**11691.76**	**14085.16**
其中	人工费(元)			7656.00	10296.00	12320.00
	材料费(元)			137.96	183.51	219.31
	机械费(元)			950.05	1212.25	1545.85
名称		单位	单价(元)	数量		
人工	综合工日	工日	80.00	95.700	128.700	154.000
材料	工业酒精 99.5%	kg	8.20	1.000	1.200	1.400
	细白布 宽0.9m	m	10.00	0.800	1.000	1.200
	校验材料费	元	–	121.208	163.004	195.048
	其他材料费	元	–	0.550	0.670	0.780
机械	数字万用表 7151	台班	42.00	17.600	22.800	28.800
	数字兆欧表 BM－2061000MΩ	台班	21.00	0.050	0.050	0.050
	数字电压表 PZ38	台班	8.00	20.100	25.200	32.400
	标准电阻箱 ZX－25	台班	10.00	4.500	4.800	7.200
	接地电阻测试仪 DET－3/2	台班	50.00	0.080	0.080	0.080

3. 稳压、稳频电源系统调试

工作内容：准备、检查、系统调试、整理资料、填写记录。　　　　单位：套

定额编号				5-7-85	5-7-86	5-7-87	5-7-88
项目				容量(kV·A)			
				10	50	100	200
基价（元）				**2302.24**	**4705.43**	**6468.85**	**9431.79**
其中	人工费（元）			1656.00	3404.00	4784.00	7084.00
	材料费（元）			160.83	615.24	906.52	1298.26
	机械费（元）			485.41	686.19	778.33	1049.53
名称		单位	单价(元)	数量			
人工	综合工日	工日	80.00	20.700	42.550	59.800	88.550
材料	塑料绝缘线 BV－105℃－1.5mm^2	m	1.29	30.000	40.000	50.000	60.000
	工业酒精 99.5%	kg	8.20	0.400	0.500	0.600	0.600
	医用纱布	kg	15.00	0.300	0.400	0.500	0.500
	塑料胶布带 20mm×50m	卷	3.50	0.400	0.400	0.500	0.500
	电	kW·h	0.85	130.000	640.000	960.000	1400.000
	其他材料费	元	–	2.450	8.140	11.850	16.690
机械	数字万用表 7151	台班	42.00	7.500	10.600	11.900	15.900
	数字电压表 PZ38	台班	8.00	9.900	13.100	14.600	18.600
	数字兆欧表 BM－2061000MΩ	台班	21.00	0.050	0.050	0.050	0.050
	精密标准电阻箱 ZX－54	台班	30.00	1.400	2.300	2.900	4.500
	接地电阻测试仪 DET－3/2	台班	50.00	0.080	0.080	0.080	0.080
	脉冲计数器 PM6665/036	台班	58.00	0.750	1.060	1.190	1.590
	钳形数字电流表	台班	4.42	0.150	0.150	0.150	0.150

4. 稳压稳频不间断电源系统调试

工作内容：准备、检查、调试、记录整理。　　　　单位：套

定额编号				5-7-89	5-7-90	5-7-91	5-7-92	5-7-93
项目				容量(kV·A)				
				10 以下	30 以下	60 以下	150 以下	300 以下
基价（元）				**3543.53**	**9072.49**	**13271.12**	**19092.05**	**24834.25**
其中	人工费（元）			2346.40	6578.40	9292.00	12328.00	15548.00
	材料费（元）			315.59	627.21	1392.40	3418.03	5156.41
	机械费（元）			881.54	1866.88	2586.72	3346.02	4129.84
名称		单位	单价(元)	数量				
人工	综合工日	工日	80.00	29.330	82.230	116.150	154.100	194.350
材料	塑料绝缘线 BV－105℃－1.5mm²	m	1.29	25.000	50.000	80.000	100.000	120.000
	电池 1 号	节	5.00	8.000	10.000	12.000	14.000	18.000
	工业酒精 99.5%	kg	8.20	1.000	1.000	1.000	1.000	1.000
	塑料胶布带 20mm×50m	卷	3.50	2.000	2.200	2.400	2.600	2.800
	塑料圆形线夹	个	0.29	10.000	20.000	40.000	60.000	70.000
	电	kW·h	0.85	260.000	568.000	1392.000	3696.000	5658.000
	其他材料费	元	–	4.240	8.210	17.800	42.730	64.010
机械	数字万用表 7151	台班	42.00	8.800	13.900	18.600	23.100	27.200
	数字电压表 PZ38	台班	8.00	11.700	17.400	24.100	29.600	36.700
	数字兆欧表 BM－2061000MΩ	台班	21.00	0.050	0.050	0.050	0.050	0.050
	精密标准电阻箱 ZX－54	台班	30.00	1.500	4.100	5.800	7.700	9.700
	接地电阻测试仪 DET－3/2	台班	50.00	0.080	0.080	0.080	0.080	0.080
	数字频率发生计数器 1070	台班	41.00	2.930	8.220	11.610	15.410	19.430
	钳形数字电流表	台班	4.42	0.150	0.150	0.150	0.150	0.150
	双线存储示波器 H6 精度 0.1°	台班	165.00	1.500	4.110	5.800	7.700	9.700

5. 气源净化装置调试

工作内容:准备、检查、单元调试、单机试运。

单位:套

定额编号				5-7-94	5-7-95
项目				气源净化装置(m^3/min)	
				1 以内	2 以内
基价(元)				**1778.07**	**2544.34**
其中	人工费(元)			1288.00	1840.00
	材料费(元)			21.14	30.26
	机械费(元)			468.93	674.08
名称		单位	单价(元)	数	量
人工	综合工日	工日	80.00	16.100	23.000
材料	校验材料费	元	–	20.187	28.839
	其他材料费	元	–	0.950	1.420
机械	手提式数字压力表 DP1 –601	台班	7.00	3.200	4.600
	气动综合校验台	台班	9.00	3.200	4.600
	电动空气压缩机 0.6m^3/min	台班	130.54	3.200	4.600

三、其他项目安装

1. 金属挠性管、金属穿线盒安装、埋设降阻剂

工作内容：测定、连接接头、固定、修孔、埋设降阻剂。

定额编号				5-7-96	5-7-97	5-7-98	5-7-99	5-7-100
项目				金属挠性管安装(10 根)		金属穿线盒(10 个)		埋设降阻剂(100kg)
				普通型	防爆型	普通型	防爆型	
基价（元）				**65.98**	**123.71**	**45.35**	**72.90**	**689.32**
其中	人工费（元）			61.60	123.20	44.00	72.80	664.00
	材料费（元）			4.38	0.51	1.35	0.10	1.99
	机械费（元）			–	–	–	–	23.33
名称		单位	单价(元)	数			量	
人工	综合工日	工日	80.00	0.770	1.540	0.550	0.910	8.300
材料	挠性管(带接头)	根	–	(10.000)	(10.000)	–	–	–
	接线盒	个	–	–	–	(10.200)	(10.200)	–
	降阻剂	kg	–	–	–	–	–	(100.000)
	汽油 93 号	kg	10.05	0.300	–	0.100	–	–
	细白布 宽 0.9m	m	10.00	–	0.050	–	0.010	–
	棉纱头	kg	6.34	0.200	–	0.050	–	0.300
	其他材料费	元	–	0.100	0.010	0.030	–	0.090
机械	载货汽车 4t	台班	466.52	–	–	–	–	0.050

2. 带专用系统电缆敷设(根)与补偿导线敷设

工作内容:绝缘检查、校线、敷设、固定、挂牌。

定额编号				5-7-101	5-7-102	5-7-103	5-7-104	5-7-105
项目				带专用系统电缆敷设(根、芯)			补偿导线敷设(100m)	
				20 芯以下	36 芯以下	50 芯以下	穿管	沿槽架
基价(元)				**301.24**	**345.11**	**426.14**	**118.96**	**240.16**
其中	人工费(元)			284.80	326.40	404.80	116.80	224.00
	材料费(元)			7.77	9.26	10.75	2.16	11.49
	机械费(元)			8.67	9.45	10.59	–	4.67
名称		单位	单价(元)	数量				
人工	综合工日	工日	80.00	3.560	4.080	5.060	1.460	2.800
材料	系统电缆	根	–	(1.000)	(1.000)	(1.000)	–	–
	绝缘导线	m	–	–	–	–	(104.000)	(104.000)
	镀锌铁丝 13~17 号	kg	5.58	–	–	–	0.300	–
	绝缘胶布	kg	32.00	–	–	–	0.005	0.010
	尼龙扎带	根	0.71	5.000	7.000	9.000	–	15.000
	棉纱头	kg	6.34	–	–	–	0.050	–
	位号牌	个	2.00	2.000	2.000	2.000	–	–
	其他材料费	元	–	0.220	0.290	0.360	0.010	0.520
机械	载货汽车 4t	台班	466.52	0.010	0.010	0.010	–	0.010
	接地电阻测试仪 DET-3/2	台班	50.00	0.050	0.050	0.050	–	–
	数字万用表 PF-56	台班	6.00	0.250	0.380	0.570	–	–

3. 光缆敷设

工作内容：检查、架盘、敷设、复测试验、整理、挂牌。

单位：100m

定额编号				5-7-106	5-7-107	5-7-108	5-7-109	5-7-110	5-7-111
项目				架空敷设(芯)			槽架内敷设(芯)		
				6以下	18以下	30以下	6以下	18以下	30以下
基价(元)				**384.39**	**515.34**	**614.35**	**837.37**	**928.06**	**1026.99**
其中	人工费(元)			272.00	400.00	496.00	328.00	416.00	512.00
	材料费(元)			81.91	84.86	87.87	478.89	481.58	484.51
	机械费(元)			30.48	30.48	30.48	30.48	30.48	30.48
名称		单位	单价(元)	数量					
人工	综合工日	工日	80.00	3.400	5.000	6.200	4.100	5.200	6.400
材料	电缆挂钩 55mm	个	0.36	206.000	206.000	206.000	–	–	–
	镀锌铁丝 8~12号	kg	5.36	0.120	0.140	0.250	0.180	0.240	0.240
	汽油 93号	kg	10.05	0.080	0.100	0.120	0.080	0.100	0.120
	定位管卡子 JL35(1)-89	个	23.47	–	–	–	20.000	20.000	20.000
	黄干油 钙基脂	kg	9.78	0.040	0.060	0.080	0.040	0.060	0.080
	破布	kg	4.50	0.020	0.030	0.040	0.060	0.080	0.110
	电缆号牌	个	0.06	1.000	1.000	1.000	2.000	2.000	2.000
	校验材料费	元	–	4.260	6.260	7.740	5.140	6.520	8.024
	其他材料费	元	–	1.500	1.900	2.400	1.800	2.300	3.200
机械	汽车式起重机 5t	台班	546.38	0.010	0.010	0.010	0.010	0.010	0.010
	载货汽车 4t	台班	466.52	0.010	0.010	0.010	0.010	0.010	0.010
	光纤测试仪 FTM120-03	台班	407.00	0.050	0.050	0.050	0.050	0.050	0.050

注：未包括光缆钢索架设、挖填方、铺沙盖砖、水泥槽、桥架、管道等安装。

工作内容：检查、架盘、敷设、复测试验、整理、挂牌。

单位：100m

定额编号				5-7-112	5-7-113	5-7-114	5-7-115	5-7-116	5-7-117
项目				直埋敷设(芯)			管道内敷设(芯)		
				6以下	18以下	30以下	6以下	18以下	30以下
基价(元)				**358.63**	**448.92**	**539.09**	**452.93**	**544.15**	**643.30**
其中	人工费(元)			320.00	408.00	496.00	360.00	448.00	544.00
	材料费(元)			8.15	10.44	12.61	62.45	65.67	68.82
	机械费(元)			30.48	30.48	30.48	30.48	30.48	30.48
名称		单位	单价(元)	数量					
人工	综合工日	工日	80.00	4.000	5.100	6.200	4.500	5.600	6.800
材料	标志桩	个	–	(3.000)	(3.000)	(3.000)	–	–	–
	电缆托架	块	–	–	–	–	(5.000)	(5.000)	(5.000)
	镀锌铁丝 8～12号	kg	5.36	0.100	0.120	0.140	0.260	0.300	0.350
	汽油 93号	kg	10.05	0.080	0.100	0.120	0.080	0.100	0.120
	硬聚氯乙烯管 $\phi40\times6$	m	9.22	–	–	–	3.500	3.500	3.500
	膨胀螺栓 M10	套	1.76	–	–	–	10.000	10.000	10.000
	黄干油 钙基脂	kg	9.78	0.040	0.060	0.080	0.260	0.350	0.420
	破布	kg	4.50	0.010	0.010	0.015	0.040	0.050	0.070
	电缆号牌	个	0.06	6.000	6.000	6.000	1.500	1.500	1.500
	冲击钻头 $\phi8$	个	6.30	–	–	–	0.100	0.100	0.100
	校验材料费	元	–	5.015	6.395	7.740	5.642	7.020	8.526
	其他材料费	元	–	1.000	1.400	1.700	1.300	1.800	2.200
机械	汽车式起重机 5t	台班	546.38	0.010	0.010	0.010	0.010	0.010	0.010
	载货汽车 4t	台班	466.52	0.010	0.010	0.010	0.010	0.010	0.010
	光纤测试仪 FTM120－03	台班	407.00	0.050	0.050	0.050	0.050	0.050	0.050

工作内容：检查、定位、接头熔接、接续、成套附件安装、固定、挂牌。

单位：个

定额编号				5-7-118	5-7-119	5-7-120	5-7-121
项目				光缆中间头制作（芯）			
				6 以下	12 以下	18 以下	30 以下
基价（元）				**641.63**	**939.24**	**1299.59**	**2027.78**
其中	人工费（元）			545.60	764.00	1040.00	1600.00
	材料费（元）			12.38	16.69	21.76	31.40
	机械费（元）			83.65	158.55	237.83	396.38
名称		单位	单价(元)	数量			
人工	综合工日	工日	80.00	6.820	9.550	13.000	20.000
材料	成套附件	套	–	(1.010)	(1.010)	(1.010)	(1.010)
	熔接接头及器材	套	–	(1.010)	(1.010)	(1.010)	(1.010)
	光缆中间头及成套附件	套	–	(1.010)	(1.010)	(1.010)	(1.010)
	加感线圈	个	–	(1.010)	(1.010)	(1.010)	(1.010)
	地线装置	套	–	(1.010)	(1.010)	(1.010)	(1.010)
	接续材料	套	–	(1.010)	(1.010)	(1.010)	(1.010)
	工业酒精 99.5%	kg	8.20	0.200	0.300	0.400	0.500
	位号牌	个	2.00	1.000	1.000	1.000	1.000
	校验材料费	元	–	8.638	12.093	16.300	25.077
	其他材料费	元	–	0.100	0.140	0.180	0.220
机械	光纤熔接机 AV33119.0.05dB	台班	183.00	0.300	0.600	0.900	1.500
	光功率计 GH－2491	台班	15.00	0.010	0.150	0.225	0.375
	稳定光源 MG9001A	台班	61.00	0.100	0.150	0.225	0.375
	光损耗测试仪 MS9020A	台班	36.00	0.400	0.700	1.050	1.750
	手提式光纤多用表 AV2496	台班	27.00	0.300	0.450	0.675	1.125

工作内容：成端头、堵头制作、固定，气密试验及绝缘试验、特性及电气性能测试、护层对地测试。

定额编号				5-7-122	5-7-123	5-7-124	5-7-125
项目				光缆终端头（芯）	光缆堵塞（个）	光缆中继段测试（段）	光电端机（台）
基价（元）				**70.82**	**89.40**	**801.49**	**1081.47**
其中	人工费（元）			67.20	66.40	624.80	739.20
	材料费（元）			3.08	22.46	9.89	33.27
	机械费（元）			0.54	0.54	166.80	309.00
名称		单位	单价（元）	数量			
人工	综合工日	工日	80.00	0.840	0.830	7.810	9.240
材料	光缆终端活接头及附件	套	–	(1.010)	–	–	–
	接线盒	个	–	–	(1.010)	–	–
	精制螺栓 M(6~8)×(20~70)	套	0.36	–	–	–	4.000
	铜芯聚氯乙烯绝缘线 BV10	km	7743.00	–	–	–	0.001
	环氧树脂（各种规格）	kg	28.60	–	0.600	–	–
	细白布 宽0.9m	m	10.00	–	–	–	0.200
	工业酒精 99.5%	kg	8.20	–	0.400	–	–
	位号牌	个	2.00	1.000	–	–	–
	校验材料费	元	–	1.059	1.045	9.892	21.037
	其他材料费	元	–	0.020	0.970	–	1.050
机械	光功率计 GH－2491	台班	15.00	–	–	1.200	3.000
	稳定光源 MG9001A	台班	61.00	–	–	1.200	3.000
	手提式光纤多用表 AV2496	台班	27.00	0.020	0.020	1.200	3.000
	光损耗测试仪 MS9020A	台班	36.00	–	–	1.200	–

4. 通讯电缆头

工作内容：锯剥电缆、套绝缘管、绑扎、压鼻子、装外壳、配料浇铸、安装固定、接地。 单位：个

定额编号				5-7-126	5-7-127	5-7-128
项目				通讯电缆头(对)		
				50 以下	200 以下	400 以下
基价（元）				**251.58**	**464.95**	**728.45**
其中	人工费（元）			144.00	288.00	496.00
	材料费（元）			107.58	176.95	232.45
	机械费（元）			–	–	–
名称		单位	单价(元)	数量		
人工	综合工日	工日	80.00	1.800	3.600	6.200
材料	铅套管	个	–	(1.050)	(1.050)	(1.050)
	环氧树脂（各种规格）	kg	28.60	0.300	0.500	0.700
	聚酰胺树脂 651 号	kg	66.39	0.100	0.200	0.300
	无碱玻璃丝带 20×40	m	0.20	0.150	0.300	0.500
	白纱带 20mm×20m	卷	8.25	0.300	0.500	0.700
	封铅 含铅 65% 含锡 35%	kg	25.00	1.200	2.500	3.700
	汽油 93 号	kg	10.05	1.000	2.000	3.000
	定位管卡子 JL35(1)-89	个	23.47	2.020	–	–
	定位管卡子 JL35(1.1/2)-89	个	29.35	–	2.020	2.020
	其他材料费	元	–	2.400	3.300	4.700

5. 封焊制作气闭头

工作内容：铅管整形、封焊铅管、配制填充堵塞剂、做气闭及绝缘试验、整理气闭头、做标志、安放气闭头。埋式电缆做气闭头、钢带等铠装及其他护层的复原与加焊、砌砖灌注沥青保护。

单位：个

定额编号				5-7-129	5-7-130	5-7-131	5-7-132
项目				制作树脂气闭头			
				$\phi30\times300$ 以下	$\phi50\times400$ 以下	$\phi70\times500$ 以下	$\phi90\times500$ 以下
基价（元）				**74.92**	**111.76**	**165.43**	**231.14**
其中	人工费（元）			48.00	64.00	88.00	112.00
	材料费（元）			26.92	47.76	77.43	119.14
	机械费（元）			–	–	–	–
名称		单位	单价（元）	数量			
人工	综合工日	工日	80.00	0.600	0.800	1.100	1.400
材料	铅套管	个	–	(1.010)	(1.010)	(1.010)	(1.010)
	焊锡	kg	48.00	0.300	0.530	0.800	1.200
	汽油 93 号	kg	10.05	0.300	0.400	0.600	0.800
	环氧树脂胶合剂	kg	29.00	0.300	0.600	1.100	1.800
	其他材料费	元	–	0.800	0.900	1.100	1.300

工作内容:同前

单位:个

定额编号				5-7-133	5-7-134	5-7-135
项目				制作树脂气闭头		
				$\phi110\times500$ 以下	$\phi130\times500$ 以下	$\phi150\times500$ 以下
基价(元)				**288.31**	**366.84**	**463.37**
其中	人工费(元)			136.00	168.00	216.00
	材料费(元)			152.31	198.84	247.37
	机械费(元)			–	–	–
名称		单位	单价(元)	数量		
人工	综合工日	工日	80.00	1.700	2.100	2.700
材料	铅套管	个	–	(1.010)	(1.010)	(1.010)
	焊锡	kg	48.00	1.420	1.860	2.100
	汽油 93 号	kg	10.05	1.000	1.200	1.400
	环氧树脂胶合剂	kg	29.00	2.500	3.300	4.500
	其他材料费	元	–	1.600	1.800	2.000

工作内容:同前

单位:个

定额编号				5-7-136	5-7-137	5-7-138	5-7-139	5-7-140
项目				制作埋式电缆树脂气闭头				
				$\phi30\times300$ 以下	$\phi50\times400$ 以下	$\phi70\times500$ 以下	$\phi90\times500$ 以下	$\phi110\times500$ 以下
基价(元)				**211.98**	**260.23**	**317.88**	**388.59**	**449.81**
其中	人工费(元)			64.00	88.00	112.00	136.00	160.00
	材料费(元)			147.98	172.23	205.88	252.59	289.81
	机械费(元)			–	–	–	–	–
名称		单位	单价(元)	数量				
人工	综合工日	工日	80.00	0.800	1.100	1.400	1.700	2.000
材料	铅套管	个	–	(1.010)	(1.010)	(1.010)	(1.010)	(1.010)
	红砖 240×115×53	千块	300.00	0.326	0.326	0.326	0.326	0.326
	镀锌铁丝 18~22 号	kg	5.90	0.050	0.060	0.070	0.080	0.100
	焊锡	kg	48.00	0.420	0.650	0.920	1.320	1.500
	汽油 93 号	kg	10.05	0.500	0.700	1.000	1.400	1.900
	石油沥青 10 号	kg	3.80	3.000	3.500	4.000	4.500	5.000
	汽轮机油(各种规格)	kg	8.80	0.300	0.350	0.400	0.450	0.500
	环氧树脂胶合剂	kg	29.00	0.300	0.600	1.100	1.800	2.500
	其他材料费	元	–	1.960	2.060	2.840	3.630	4.420

工作内容：同前　　单位：个

定额编号				5-7-141	5-7-142	5-7-143	5-7-144
项目				制作黄蜡气闭头			
				ϕ30×300 以下	ϕ50×400 以下	ϕ70×500 以下	ϕ90×500 以下
基价（元）				**100.52**	**136.84**	**196.11**	**265.41**
其中	人工费（元）			64.00	80.00	104.00	128.00
	材料费（元）			36.52	56.84	92.11	137.41
	机械费（元）			–	–	–	–
名称		单位	单价(元)	数量			
人工	综合工日	工日	80.00	0.800	1.000	1.300	1.600
材料	铅套管	个	–	(1.010)	(1.010)	(1.010)	(1.010)
	焊锡	kg	48.00	0.300	0.530	0.800	1.300
	汽油 93 号	kg	10.05	0.450	0.700	1.100	1.400
	黄蜡	kg	15.90	1.000	1.400	2.500	3.600
	其他材料费	元	–	1.700	2.100	2.900	3.700

工作内容:同前　　单位:个

定额编号				5-7-145	5-7-146	5-7-147
项目				制作黄蜡气闭头		
				ϕ110×500 以下	ϕ130×500 以下	ϕ150×500 以下
基价(元)				**318.07**	**401.93**	**485.94**
其中	人工费(元)			152.00	184.00	232.00
	材料费(元)			166.07	217.93	253.94
	机械费(元)			–	–	–
名称		单位	单价(元)	数量		
人工	综合工日	工日	80.00	1.900	2.300	2.900
材料	铅套管	个	–	(1.010)	(1.010)	(1.010)
	焊锡	kg	48.00	1.420	1.860	2.100
	汽油 93 号	kg	10.05	1.700	2.000	2.300
	黄蜡	kg	15.90	4.800	6.500	7.800
	其他材料费	元	–	4.500	5.200	6.000

工作内容:同前　　　　　　　　　　　　　　　　　　　　　　　　　　单位:个

定额编号				5-7-148	5-7-149	5-7-150	5-7-151	5-7-152
项目				制作埋式电缆黄蜡气闭头(mm)				
				ϕ30×300 以下	ϕ50×400 以下	ϕ70×500 以下	ϕ90×500 以下	ϕ110×500 以下
基价(元)				**229.87**	**263.92**	**308.76**	**359.65**	**402.06**
其中	人工费(元)			88.00	104.00	128.00	152.00	176.00
	材料费(元)			141.87	159.92	180.76	207.65	226.06
	机械费(元)			–	–	–	–	–
名称		单位	单价(元)	数量				
人工	综合工日	工日	80.00	1.100	1.300	1.600	1.900	2.200
材料	铅套管	个	–	(1.010)	(1.010)	(1.010)	(1.010)	(1.010)
	红砖 240×115×53	千块	300.00	0.326	0.326	0.326	0.326	0.326
	镀锌铁丝 18~22 号	kg	5.90	0.050	0.060	0.070	0.080	0.100
	焊锡	kg	48.00	0.420	0.650	0.920	1.320	1.540
	汽油 93 号	kg	10.05	0.700	1.100	1.500	1.900	2.300
	石油沥青 10 号	kg	3.80	3.000	3.500	4.000	4.500	5.000
	汽轮机油(各种规格)	kg	8.80	0.300	0.350	0.400	0.450	0.500
	黄蜡保护剂堵塞剂	kg	–	(1.000)	(1.400)	(2.500)	(3.600)	(4.800)
	其他材料费	元	–	2.540	3.130	4.590	5.860	7.230

6. 架空吊线

工作内容：架设吊线，定位、安装并紧固支持物（或固定物），布放吊线，紧线做终结、丁字结（包括邻近电杆的终结或假终结），十字结。

单位：条公里

定额编号				5-7-153	5-7-154	5-7-155
项目				架设吊线（条公里）		
				7/2.2	7/2.6	7/3.0
基价（元）				**5048.38**	**5092.23**	**5131.15**
其中	人工费（元）			1197.60	1237.60	1272.00
	材料费（元）			3850.78	3854.63	3859.15
	机械费（元）			–	–	–
名称		单位	单价（元）	数量		
人工	综合工日	工日	80.00	14.970	15.470	15.900
材料	镀锌钢绞线 7/2.2	kg	–	(221.270)	–	–
	镀锌钢绞线 7/2.6	kg	–	–	(322.770)	–
	镀锌钢绞线 7/3.0	kg	–	–	–	(430.360)
	吊线担	条	–	(25.250)	(25.250)	(25.250)
	吊线扣箍	副	–	(25.250)	(25.250)	(25.250)
	吊线箍	副	–	(25.250)	(25.250)	(25.250)
	拉线抱箍	副	–	(4.040)	(4.040)	(4.040)

续前

单位:条公里

定额编号				5-7-153	5-7-154	5-7-155
项目				架设吊线(条公里)		
				7/2.2	7/2.6	7/3.0
材料	吊线压板	块	-	(25.250)	(25.250)	(25.250)
	镀锌穿钉 长50	副	-	(25.250)	(25.250)	(25.250)
	镀锌穿钉 长100	副	-	(1.010)	(1.010)	(1.010)
	镀锌穿钉 长200~260	副	-	(25.250)	(25.250)	(25.250)
	U型卡子	副	-	(27.270)	(27.270)	(27.270)
	单槽夹板 二眼	副	8.50	28.280	28.280	28.280
	镀锌铁丝 8~12号	kg	5.36	1.520	2.030	2.030
	镀锌铁丝 13~17号	kg	5.58	1.020	1.220	2.030
	镀锌铁丝 18~22号	kg	5.90	0.100	0.100	0.100
	拉线衬杆	条	385.00	9.090	9.090	9.090
	条型护杆板	副	-	(12.120)	(12.120)	(12.120)
	瓦型护杆板	条	-	(12.120)	(12.120)	(12.120)
	双槽夹板 二眼	副	8.50	11.110	11.110	11.110
	其他材料费	元	-	1.890	1.890	1.890

第八章　仪表盘、箱、柜及附件安装

说　　明

一、本章适用范围：

1. 各种仪表盘、柜、箱、盒安装。

2. 仪表盘校线、接线、专用插头检查、安装。

3. 盘上元件及附件安装、制作。

4. 控制室密封及密封剂。

二、本章包括以下工作内容：

1. 盘柜安装：开箱、检查、清扫、领搬、找正、组装、固定、接地、打印标签。

2. 盘配线、端子板校接线：校线、排线、打印字码、套端子号、挂焊锡或压端子头；专用插头的检查、校线、盘内线路检查。

3. 控制室密封：密封剂领搬、密封、固化、检查。

4. 盘上元件：安装、检查、校接线、试验、接地。

5. 接线箱：安装、接线检查、套线号、接地。

6. 接管箱：安装、仪表接头固定、标记挂位号牌。

三、本章不包括的内容：

1. 支架制作和安装，执行《冶金工业建设工程预算定额》(2012 年版)第四册《电气设备安装工程》相关项目。

2. 盘、箱、柜底座制作和安装，执行《冶金工业建设工程预算定额》(2012 年版)第四册《电气设备安装工程》相关项目。

3. 盘、箱、柜制作及喷漆。

4. 空调装置。

5. 控制室照明。

一、盘、箱、柜安装

工作内容：开箱、检查、就位、组装、找正、固定、接地、清理、挂牌。　　　　单位：台

定额编号				5-8-1	5-8-2	5-8-3	5-8-4
项目				大型通道盘	柜式、框架式盘	组合式盘台	屏式盘
基价（元）				**1410.31**	**761.44**	**986.60**	**405.71**
其中	人工费（元）			931.20	544.80	684.80	290.40
	材料费（元）			54.16	46.19	46.05	23.28
	机械费（元）			424.95	170.45	255.75	92.03
名称		单位	单价(元)	数量			
人工	综合工日	工日	80.00	11.640	6.810	8.560	3.630
材料	精制螺栓 M12×(20～100)	套	0.98	12.000	8.000	10.000	–
	精制螺栓 M(6～8)×(20～70)	套	0.36	24.000	12.000	16.000	8.000
	膨胀螺栓 M10	套	1.76	–	–	–	2.000
	垫铁	kg	4.75	1.200	0.800	1.000	0.400
	铜芯聚氯乙烯绝缘线 BV10	km	7743.00	0.001	0.001	0.001	0.001
	棉纱头	kg	6.34	0.500	0.200	0.200	0.100
	标签纸(综合价)	m	13.00	1.100	1.500	1.100	0.330
	电	kW·h	0.85	–	–	–	1.000
	其他材料费	元	–	2.850	1.720	2.430	1.460
机械	载货汽车 8t	台班	619.25	0.250	0.100	0.150	–
	载货汽车 4t	台班	466.52	–	–	–	0.080
	汽车式起重机 16t	台班	1071.52	0.250	0.100	0.150	0.050
	数字万用表 PF－56	台班	6.00	0.120	0.100	0.100	0.060
	线号标签印字机	台班	38.45	0.040	0.020	0.040	0.020

工作内容：同前　　　　单位：台

定额编号				5-8-5	5-8-6	5-8-7	5-8-8
项目				半模拟盘	操作台	挂式盘	盘、柜转角板、侧壁板
基价（元）				**295.58**	**598.61**	**212.91**	**130.39**
其中	人工费（元）			264.00	404.80	189.60	103.20
	材料费（元）			11.17	23.72	17.90	3.86
	机械费（元）			20.41	170.09	5.41	23.33
名称		单位	单价(元)	数量			
人工	综合工日	工日	80.00	3.300	5.060	2.370	1.290
材料	精制螺栓 M(6～8)×(20～70)	套	0.36	6.000	–	4.000	8.000
	精制螺栓 M12×(20～100)	套	0.98	–	8.000	–	–
	膨胀螺栓 M10	套	1.76	–	–	2.000	–
	垫铁	kg	4.75	–	0.400	–	–
	铜芯聚氯乙烯绝缘线 BV10	km	7743.00	0.001	0.001	0.001	–
	棉纱头	kg	6.34	0.100	0.100	0.100	0.050
	标签纸(综合价)	m	13.00	–	0.330	0.220	–
	电	kW·h	0.85	0.300	–	0.600	0.500
	其他材料费	元	–	0.380	1.310	1.190	0.240
机械	载货汽车 4t	台班	466.52	0.020	–	0.010	0.050
	载货汽车 8t	台班	619.25	–	0.100	–	–
	汽车式起重机 16t	台班	1071.52	0.010	0.100	–	–
	数字万用表 PF－56	台班	6.00	0.060	0.040	0.060	–
	线号标签印字机	台班	38.45	–	0.020	0.010	–

工作内容：安装、固定、开孔、校接线、接地、挂牌。　　　　单位：台

定额编号				5-8-9	5-8-10	5-8-11	5-8-12
项目				保护(温)箱	接线箱端子数（对）		
					14 以下	48 以下	60 以下
基价（元）				**220.69**	**213.65**	**357.02**	**557.38**
其中	人工费（元）			179.20	164.80	284.00	460.00
	材料费（元）			21.55	19.86	24.26	41.64
	机械费（元）			19.94	28.99	48.76	55.74
名称		单位	单价(元)	数量			
人工	综合工日	工日	80.00	2.240	2.060	3.550	5.750
材料	仪表接头	套	–	(4.000)	–	–	–
	管件	套	–	–	(4.000)	(6.000)	(8.000)
	精制螺栓 M(6～8)×(20～70)	套	0.36	4.000	4.000	4.000	4.000
	垫铁	kg	4.75	0.400	–	–	–
	膨胀螺栓 M10	套	1.76	3.000	2.000	2.000	2.000
	铜芯聚氯乙烯绝缘线 BV10	km	7743.00	0.001	0.001	0.001	0.001

续前

单位：台

定额编号				5-8-9	5-8-10	5-8-11	5-8-12
项目				保护(温)箱	接线箱端子数（对）		
					14 以下	48 以下	60 以下
材料	铜芯聚氯乙烯绝缘线 BV1.5	km	1201.50	–	0.002	0.005	0.010
	线号套管(综合)	m	1.20	–	0.080	0.290	0.360
	棉纱头	kg	6.34	0.100	0.100	0.100	0.250
	位号牌	个	2.00	1.000	1.000	1.000	6.000
	电	kW·h	0.85	1.500	1.000	1.500	1.500
	其他材料费	元	–	1.280	1.170	1.290	1.630
机械	载货汽车 2.5t	台班	398.80	0.050	0.050	0.050	0.050
	数字式快速对线仪	台班	60.00	–	0.080	0.290	0.360
	数字万用表 PF－56	台班	6.00	–	0.280	0.960	1.200
	数字兆欧表 BM－2061000MΩ	台班	21.00	–	0.050	0.050	0.050
	线号标签印字机	台班	38.45	–	0.010	0.020	0.030
	无线电调频对讲机 C15	台班	6.00	–	0.190	0.640	0.800

工作内容:同前　　单位:台

定额编号				5-8-13	5-8-14	5-8-15	5-8-16
项目				接管箱 出口点（点）			供电箱
				5 以下	12 以下	19 以下	
基价（元）				**165.55**	**200.33**	**237.25**	**171.38**
其中	人工费（元）			126.40	146.40	164.80	122.40
	材料费（元）			18.61	32.79	47.14	23.55
	机械费（元）			20.54	21.14	25.31	25.43
名称		单位	单价(元)	数量			
人工	综合工日	工日	80.00	1.580	1.830	2.060	1.530
材料	仪表接头	套	–	(5.000)	(12.000)	(19.000)	–
	精制螺栓 M(6~8)×(20~70)	套	0.36	4.000	4.000	4.000	4.000
	膨胀螺栓 M10	套	1.76	2.000	2.000	2.000	2.000
	铜芯聚氯乙烯绝缘线 BV10	km	7743.00	–	–	–	0.001
	铜芯聚氯乙烯绝缘线 BV1.5	km	1201.50	–	–	–	0.005
	线号套管(综合)	m	1.20	–	–	–	0.200
	棉纱头	kg	6.34	0.050	0.050	0.050	0.050
	位号牌	个	2.00	6.000	13.000	20.000	1.000
	电	kW·h	0.85	1.000	1.000	1.200	1.200
	其他材料费	元	–	0.480	0.660	0.840	1.260
机械	载货汽车 2.5t	台班	398.80	0.050	0.050	0.050	0.050
	数字万用表 PF–56	台班	6.00	–	–	0.420	0.420
	数字兆欧表 BM–2061000MΩ	台班	21.00	–	–	0.050	0.050
	线号标签印字机	台班	38.45	–	–	–	0.050
	无线电调频对讲机 C15	台班	6.00	0.100	0.200	0.300	–

二、盘校线及盘上元件、附件安装

1. 盘柜附件、元件安装制作

工作内容：组对、钻孔、安装、固定。

定额编号				5-8-17	5-8-18	5-8-19
项目				盘柜照明罩（个）	端子板安装（10节）	盘内汇线槽安装（10m）
基价（元）				**67.06**	**20.34**	**145.64**
其中	人工费（元）			44.80	19.20	132.00
	材料费（元）			2.32	1.14	13.64
	机械费（元）			19.94	–	–
名称		单位	单价(元)	数		量
人工	综合工日	工日	80.00	0.560	0.240	1.650
材料	端子板	节	–	–	(10.000)	–
	汇线槽	m	–	–	–	(10.100)
	精制螺栓 M(6~8)×(20~70)	套	0.36	6.000	–	–
	平头螺栓 M4×15	套	0.15	–	2.000	24.000
	半圆头镀锌螺栓 (2~5)×(15~50)	套	0.31	–	2.000	24.000
	其他材料费	元	–	0.160	0.220	2.600
机械	载货汽车 2.5t	台班	398.80	0.050	–	–

工作内容:同前

定额编号				5-8-20	5-8-21	5-8-22
项目				盘内汇流排安装(m)		线路电阻配制(10个)
				制作	安装	
基价(元)				**163.06**	**37.75**	**45.92**
其中	人工费(元)			47.20	28.80	36.80
	材料费(元)			77.55	8.95	1.90
	机械费(元)			38.31	–	7.22
名称		单位	单价(元)	数量		
人工	综合工日	工日	80.00	0.590	0.360	0.460
材料	铜排 25×3	m	–	(1.030)	–	–
	半圆头带帽铜螺栓 M4×10	套	4.13	18.000	–	–
	平头螺栓 M4×15	套	0.15	–	2.000	–
	松香焊锡丝 $\phi2$	m	1.20	–	–	0.150
	线号套管(综合)	m	1.20	–	–	0.240
	铁砂布 0~2号	张	1.68	0.500	–	0.500
	钻头 $\phi10$	个	9.00	0.010	–	–
	铜芯聚氯乙烯绝缘线 BV10	km	7743.00	–	0.001	–
	校验材料费	元	–	–	–	0.543
	其他材料费	元	–	2.280	0.910	0.050
机械	摇臂钻床 $\phi25$mm	台班	127.69	0.300	–	–
	数字万用表 PF-56	台班	6.00	–	–	0.100
	精密单双臂两用电桥 QJ-64	台班	1.17	–	–	0.200
	精密标准电阻箱 ZX-54	台班	30.00	–	–	0.200
	线号标签印字机	台班	38.45	–	–	0.010

工作内容：安装、检查、接线、校线、试验。　　单位：个(只)

定额编号				5-8-23	5-8-24	5-8-25	5-8-26
项目				稳压稳频供电源	冷端温度补偿器	多点切换开关	盘上其他元件安装(10个)
基价(元)				**46.49**	**33.44**	**55.15**	**33.23**
其中	人工费(元)			34.40	32.80	41.60	22.40
	材料费(元)			11.11	0.64	12.18	10.15
	机械费(元)			0.98	–	1.37	0.68
名称		单位	单价(元)	数量			
人工	综合工日	工日	80.00	0.430	0.410	0.520	0.280
材料	铜芯聚氯乙烯绝缘线 BV1.5	km	1201.50	0.001	–	0.001	–
	半圆头镀锌螺栓 (2~5)×(15~50)	套	0.31	2.000	2.000	2.000	–
	松香焊锡丝 ϕ2	m	1.20	0.050	–	0.100	0.500
	线号套管(综合)	m	1.20	0.140	–	0.300	0.050
	铜芯聚氯乙烯绝缘线 BV10	km	7743.00	0.001	–	0.001	0.001
	真丝绸布 宽0.9m	m	19.00	–	–	0.070	0.050
	校验材料费	元	–	0.543	–	0.655	0.697
	其他材料费	元	–	0.770	0.020	0.150	0.100
机械	数字万用表 PF-56	台班	6.00	0.100	–	0.100	0.050
	线号标签印字机	台班	38.45	0.010	–	0.020	0.010

工作内容：制作、安装、盘开孔。 单位：个

定额编号				5-8-27	5-8-28	5-8-29	5-8-30
项目				减震器		仪表盘开孔	控制室密封密封剂
				制作	安装	80×160 以内	(100kg)
基价（元）				**258.12**	**68.30**	**43.49**	**577.15**
其中	人工费（元）			202.40	63.20	36.80	536.80
	材料费（元）			14.84	3.01	6.69	0.47
	机械费（元）			40.88	2.09	–	39.88
名称		单位	单价(元)	数量			
人工	综合工日	工日	80.00	2.530	0.790	0.460	6.710
材料	型钢	t	–	(0.014)	–	–	–
	密封剂	kg	–	–	–	–	(100.000)
	精制螺栓 M10×(20~50)	套	0.39	–	4.000	–	–
	尼龙砂轮片 ϕ400	片	13.00	0.050	–	–	–
	铁砂布 0~2 号	张	1.68	1.000	0.500	2.000	–
	电焊条 结 422 ϕ2.5	kg	5.04	0.100	0.050	–	–
	棉纱头	kg	6.34	0.500	0.030	0.050	0.050
	酚醛防锈漆（各种颜色）	kg	15.60	0.220	–	–	–
	酚醛调和漆（各种颜色）	kg	18.00	0.170	–	–	–
	钻头 ϕ10	个	9.00	–	–	0.030	–
	电	kW·h	0.85	2.000	–	3.000	–
	其他材料费	元	–	0.640	0.170	0.190	0.150
机械	载货汽车 2.5t	台班	398.80	0.050	–	–	0.100
	直流弧焊机 20kW	台班	209.44	0.100	0.010	–	–

2. 盘柜校接线

工作内容：电线剥头、打印字码、校线、套线号、压接或焊接端子头、配线、捆扎。 单位：10 头

定额编号				5-8-31	5-8-32	5-8-33
项目				端子板校接线		
				直压式	端头压接式	锡焊式
基价（元）				**33.10**	**104.42**	**33.93**
其中	人工费（元）			22.40	26.40	31.20
	材料费（元）			9.72	77.04	1.75
	机械费（元）			0.98	0.98	0.98
名称		单位	单价(元)	数量		
人工	综合工日	工日	80.00	0.280	0.330	0.390
材料	线号套管(综合)	m	1.20	0.240	0.240	0.240
	铁砂布 0~2 号	张	1.68	0.300	0.300	0.300
	铜接线端子 PT-10mm²	个	5.59	-	12.000	-
	松香焊锡丝 $\phi 2$	m	1.20	-	-	0.300
	半圆头带帽铜螺栓 M4×10	套	4.13	2.000	2.000	-
	校验材料费	元	-	0.390	0.460	0.543
	其他材料费	元	-	0.280	0.450	0.050
机械	线号标签印字机	台班	38.45	0.010	0.010	0.010
	数字万用表 PF-56	台班	6.00	0.100	0.100	0.100

工作内容:同前　　　　单位:见表

定额编号				5-8-34	5-8-35	5-8-36
项目				专用插头安装校线	盘柜接线检查	盘柜配线
单位				10 个	10 头	10m
基价（元）				**107.97**	**27.58**	**26.95**
其中	人工费（元）			96.80	15.20	24.00
	材料费（元）			7.40	11.52	1.97
	机械费（元）			3.77	0.86	0.98
名称		单位	单价(元)	数		量
人工	综合工日	工日	80.00	1.210	0.190	0.300
材料	绝缘铜导线 BV1×1.5	m	–	–	–	(10.350)
	线号套管(综合)	m	1.20	–	0.040	0.100
	铁砂布 0~2 号	张	1.68	0.100	–	–
	铜接线端子 PT-10mm²	个	5.59	–	2.000	–
	松香焊锡丝 $\phi2$	m	1.20	0.500	–	–
	塑料圆形线夹	个	0.29	–	–	3.000
	钢精扎头 1~5 号	包	2.50	–	–	0.200
	标签纸(综合价)	m	13.00	0.360	–	–
	校验材料费	元	–	1.686	0.265	0.418
	其他材料费	元	–	0.270	0.030	0.060
机械	线号标签印字机	台班	38.45	0.020	0.010	0.010
	数字万用表 PF-56	台班	6.00	0.500	0.080	0.100

第九章　仪表附件安装制作

说　　明

一、本章适用范围：

1. 仪表阀门安装。

2. 仪表专用支架制作。

3. 仪表支吊架安装、仪表立柱制作安装、穿墙密封架安装、冲孔板（槽）安装和混凝土基础。

4. 容器附件制作安装及水封、漏斗、防雨罩制作安装。

5. 在工艺管道或设备上配合安装取源部件、压力表弯制作安装、节流装置均压环制作安装。

6. 测量管路辅助装置。

7. 仪表配件接头等。

二、本章工作内容：

1. 仪表阀门：领取、清洗、试压、焊接或法兰连接、螺纹连接、卡套连接、焊接。螺纹连接和卡套连接包括接头安装，阀门研磨包括试压和研磨及准备工作。

2. 仪表立柱的底板和加强板焊接固定。穿墙密封架和双杆吊架焊接或螺栓固定。

3. 辅助容器：水封、气源分配器、防雨罩、排污漏斗制作包括领运、下料、组装、焊接、除锈、刷漆等。安装包括搬运、定位、打眼、本体固定。

4. 取源部件配合安装内容包括取源部件提供、配合定位、焊接、固定。

5. 制作包括：领料、搬运、切割、焊接、组装、除锈、刷漆。

6. 安装包括：测位、管道或设备上开孔、焊接、打磨、安装。

三、其他：

1. 桥架、托臂、立柱、隔板、盖板为外购件成品，安装执行《冶金工业建设工程预算定额》(2012 年版)第四册《电气设备安装工程》相关项目。执行时：

(1)连接用螺栓和连接件随桥架成套购买，计算预算重量可按桥架总重或总价的 7% 计算。

(2)桥架按延长米计算工程量，不扣除弯头、三通、四通等所占的长度。

(3)铝合金或玻璃钢梯架按不带盖板考虑，如有盖板执行铝合金或玻璃钢槽式桥架安装定额。

(4)组合式桥架以每片长度 2m 作为一个基型片，已综合了宽为 100mm、150mm、200mm 三种规格，工程量计算以“片”作为计量单位。

(5)设计对钢制桥架主结构厚度如有要求，超过 3mm 时，定额人工、机械乘以系数 1.2。

(6)不锈钢桥架执行本章钢制桥架安装定额时，定额基价乘以系数 1.1。

2. 混凝土基础规格为 400mm × 400mm，体积为 0.112m^3/个，如规格与定额不同，可计算出体积，执行定额。

3. 双杆吊架、冲孔板/槽、电缆穿墙密封架均是成品件。双杆吊架以“对”为计量单位，如单杆安装，以 1/2 计算工程量；冲孔板/槽是电缆或管路的固定件；仪表支架安装、制作和电缆穿墙密封架制作执行《冶金工业建设工程预算定额》(2012 年版)第四册《电气设备安装工程》中一般铁构件制作定额。

4. 取源部件安装执行《冶金工业建设工程预算定额》(2012 年版)第十册《工艺管道安装工程》相关项目。

5. 线路电阻也适用于线路二极管和电容的配制。

一、仪表阀门安装与研磨

单位:个

定额编号				5-9-1	5-9-2	5-9-3	5-9-4	5-9-5	5-9-6
项目				焊接式阀门(DN50 以下)		法兰式阀门	取压球阀(DN32 以下)		卡套式阀门
				碳钢	不锈钢	DN50 以下	碳钢	不锈钢	
基价(元)				**48.82**	**62.01**	**25.65**	**24.62**	**31.75**	**13.90**
其中	人工费(元)			36.00	43.20	16.80	20.00	22.40	13.60
	材料费(元)			0.85	2.11	7.36	1.03	1.77	0.30
	机械费(元)			11.97	16.70	1.49	3.59	7.58	–
名称		单位	单价(元)	数量					
人工	综合工日	工日	80.00	0.450	0.540	0.210	0.250	0.280	0.170
材料	阀门	个	–	(1.000)	(1.000)	(1.000)	(1.000)	(1.000)	(1.000)
	仪表接头	套	–	–	–	–	(1.000)	(1.000)	(2.000)
	精制螺栓 M(6~8)×(20~70)	套	0.36	–	–	8.000	–	–	–
	碳钢气焊条	kg	5.85	–	–	–	0.010	–	–
	电焊条 结 422 φ2.5	kg	5.04	0.040	–	–	–	–	–

续前

单位:个

定额编号				5-9-1	5-9-2	5-9-3	5-9-4	5-9-5	5-9-6
项目				焊接式阀门(DN50 以下)		法兰式阀门	取压球阀(DN32 以下)		卡套式阀门
				碳钢	不锈钢	DN50 以下	碳钢	不锈钢	
材料	不锈钢氩弧焊丝 1Cr18Ni9Ti	kg	32.00	–	0.020	–	–	0.010	–
	石棉橡胶板 中压 0.8~1.0	kg	17.00	–	–	0.200	–	–	–
	氩气	m^3	15.00	–	0.060	–	–	0.060	–
	铈钨棒	kg	390.00	–	0.001	–	–	0.001	–
	氧气	m^3	3.60	–	–	–	0.020	–	–
	乙炔气	m^3	25.20	–	–	–	0.010	–	–
	汽油 93 号	kg	10.05	0.050	–	0.050	0.050	–	0.020
	细白布 宽 0.9m	m	10.00	–	0.010	–	–	0.010	0.010
	棉纱头	kg	6.34	0.020	–	0.020	0.020	–	–
	其他材料费	元	–	0.020	0.080	0.450	0.020	0.060	–
机械	试压泵 30MPa	台班	149.39	0.010	0.010	0.010	0.010	0.010	–
	直流弧焊机 20kW	台班	209.44	0.050	–	–	0.010	–	–
	氩弧焊机 500A	台班	304.11	–	0.050	–	–	0.020	–

单位:个

定额编号				5-9-7	5-9-8	5-9-9	5-9-10	5-9-11
项目				外螺纹阀门		内螺纹阀门		气源球阀
				碳钢	不锈钢	碳钢	不锈钢	
基价（元）				**36.63**	**46.41**	**27.76**	**36.08**	**10.96**
其中	人工费（元）			24.80	36.80	20.80	27.20	9.60
	材料费（元）			1.96	2.03	1.28	1.30	0.05
	机械费（元）			9.87	7.58	5.68	7.58	1.31
名称		单位	单价(元)	数量				
人工	综合工日	工日	80.00	0.310	0.460	0.260	0.340	0.120
材料	阀门	个	–	(1.000)	(1.000)	(1.000)	(1.000)	(1.000)
	仪表接头	套	–	(2.000)	(2.000)	(2.000)	(2.000)	(2.000)
	棉纱头	kg	6.34	0.050	–	0.050	–	–
	汽油 93 号	kg	10.05	0.050	–	0.050	–	–
	聚四氟乙烯生料带 20×0.1　180m/kg	m	0.40	–	–	0.100	–	0.100
	垫片(铜)	个	0.35	2.000	2.000	–	–	–

续前

单位:个

定额编号				5-9-7	5-9-8	5-9-9	5-9-10	5-9-11
项目				外螺纹阀门		内螺纹阀门		气源球阀
				碳钢	不锈钢	碳钢	不锈钢	
材料	氧气	m^3	3.60	0.020	–	0.020	–	–
	乙炔气	m^3	25.20	0.010	–	0.010	–	–
	碳钢气焊条	kg	5.85	0.010	–	0.010	–	–
	细白布 宽0.9m	m	10.00	–	0.010	–	0.010	–
	不锈钢氩弧焊丝 1Cr18Ni9Ti	kg	32.00	–	0.010	–	0.010	–
	铈钨棒	kg	390.00	–	0.001	–	0.001	–
	氩气	m^3	15.00	–	0.030	–	0.030	–
	其他材料费	元	–	0.060	0.070	0.040	0.040	0.010
机械	试压泵 30MPa	台班	149.39	0.010	0.010	0.010	0.010	–
	氩弧焊机 500A	台班	304.11	–	0.020	–	0.020	–
	电动空气压缩机 $0.6m^3/min$	台班	130.54	–	–	–	–	0.010
	直流弧焊机 20kW	台班	209.44	0.040	–	0.020	–	–

单位:个

定额编号				5-9-12	5-9-13	5-9-14	5-9-15
项目				三阀组、五阀组		高压角阀	表用阀门研磨
				碳钢	不锈钢	DN6	
基价(元)				49.73	59.41	30.10	29.50
其中	人工费(元)			36.80	42.40	28.00	19.20
	材料费(元)			2.46	1.80	0.61	5.83
	机械费(元)			10.47	15.21	1.49	4.47
名称		单位	单价(元)	数		量	
人工	综合工日	工日	80.00	0.460	0.530	0.350	0.240
材料	阀门	个	–	(1.000)	(1.000)	(1.000)	–
	仪表接头	套	–	(5.000)	(5.000)	–	–
	高压管件	套	–	–	–	(2.000)	–
	高压螺栓	套	–	–	–	(4.000)	–
	透镜垫	套	–	–	–	(2.000)	–
	氩气	m^3	15.00	–	0.040	–	–
	氧气	m^3	3.60	0.060	–	–	–

续前　　单位:个

定额编号				5-9-12	5-9-13	5-9-14	5-9-15
项目				三阀组、五阀组		高压角阀	表用阀门研磨
				碳钢	不锈钢	DN6	
材料	乙炔气	m^3	25.20	0.040	–	–	–
	铈钨棒	kg	390.00	–	0.001	–	–
	不锈钢氩弧焊丝 1Cr18Ni9Ti	kg	32.00	–	0.020	–	–
	碳钢气焊条	kg	5.85	0.060	–	–	–
	石棉盘根 $\phi6\sim10$	kg	7.70	–	–	–	0.100
	棉纱头	kg	6.34	0.050	–	–	0.100
	凡尔砂	kg	15.70	–	–	–	0.200
	细白布 宽 0.9m	m	10.00	–	0.010	0.010	–
	汽油 93 号	kg	10.05	0.050	–	0.050	0.100
	其他材料费	元	–	0.070	0.070	0.010	0.280
机械	直流弧焊机 20kW	台班	209.44	0.050	–	–	–
	试压泵 25MPa	台班	148.69	–	–	–	0.020
	试压泵 30MPa	台班	149.39	–	–	0.010	0.010
	氩弧焊机 500A	台班	304.11	–	0.050	–	–

二、专用支架制作

工作内容：划线、下料、零件加工、焊接、组装、刷油。

单位：套

定额编号				5-9-16	5-9-17	5-9-18	5-9-19
项目				执行机构支架制作		变送器支架	差压计支架
				液压执行机构	电气执行机构		
基价（元）				**1938.46**	**238.83**	**191.44**	**185.50**
其中	人工费（元）			960.00	81.60	83.20	100.80
	材料费（元）			391.38	111.73	75.66	45.84
	机械费（元）			587.08	45.50	32.58	38.86
名称		单位	单价（元）	数量			
人工	综合工日	工日	80.00	12.000	1.020	1.040	1.260
材料	型钢综合	kg	4.00	88.120	2.300	3.040	1.600
	冷拔无缝钢管 外径 26～42 壁厚 2 以上	t	6110.00	–	–	0.004	0.005
	热轧中厚钢板 $\delta=4.5\sim10$	kg	3.90	3.500	23.700	8.000	–
	轴瓦座	套	–	(2.000)	–	–	–
	油杯	套	–	(2.000)	–	–	–
	氧气	m^3	3.60	1.000	0.600	0.400	0.400
	乙炔气	m^3	25.20	0.435	0.261	0.174	0.174
	电焊条 结 422 $\phi2.5$	kg	5.04	1.500	0.200	0.200	0.300
	其他材料费	元	–	3.130	0.350	1.030	1.550
机械	直流弧焊机 20kW	台班	209.44	1.000	0.150	0.120	0.150
	普通车床 630mm×1400mm	台班	180.71	2.000	–	–	–
	牛头刨床 650m	台班	132.71	0.010	0.050	–	–
	立式钻床 $\phi50$mm	台班	148.94	0.100	0.050	0.050	0.050

注：未包括仪表接头，按施工图另计。

三、仪表支吊架安装

工作内容:安装、打膨胀螺栓、螺栓固定或焊接固定、立柱制作、混凝土基础浇制。　　单位:见表

定额编号				5-9-20	5-9-21	5-9-22	5-9-23
项目				双杆吊架	电缆穿墙密封架	冲孔板/槽	混凝土基础 400×400
单位				5对	个	m	10个
基价(元)				**683.34**	**307.24**	**84.60**	**2056.35**
其中	人工费(元)			577.60	241.60	20.00	1328.00
	材料费(元)			68.04	57.26	56.22	614.10
	机械费(元)			37.70	8.38	8.38	114.25
名称		单位	单价(元)	数量			
人工	综合工日	工日	80.00	7.220	3.020	0.250	16.600
材料	双杆吊架	对	-	(5.000)	-	-	-
	穿墙密封架	个	-	-	(1.000)	-	-
	冲孔板	m	-	-	-	(1.050)	-
	铁件	kg	5.30	-	-	-	45.800
	电焊条 结422 $\phi2.5$	kg	5.04	0.370	0.150	0.013	1.600
	膨胀螺栓 M10	套	1.76	5.100	-	-	-

续前

单位:见表

定　额　编　号				5-9-20	5-9-21	5-9-22	5-9-23
项　目				双杆吊架	电缆穿墙密封架	冲孔板/槽	混凝土基础 400×400
材料	精制螺栓 M10×(20~50)	套	0.39	–	2.000	2.000	–
	中砂	m^3	60.00	–	–	–	0.060
	碎石 30mm	m^3	55.00	1.000	1.000	1.000	1.000
	铁钉	kg	4.86	–	–	–	0.400
	草袋	条	1.90	–	–	–	10.000
	普通硅酸盐水泥 32.5	kg	0.33	–	–	–	400.000
	棉纱头	kg	6.34	0.050	0.050	0.020	–
	冲击钻头 ϕ12	个	10.75	0.020	0.010	–	–
	加固木板	m^3	1980.00	–	–	–	0.060
	水	t	4.00	–	–	–	1.300
	电	kW·h	0.85	1.200	0.200	0.200	–
	其他材料费	元	–	0.650	0.130	0.080	27.750
机械	直流弧焊机 20kW	台班	209.44	0.180	0.040	0.040	0.100
	载货汽车 4t	台班	466.52	–	–	–	0.200

注:仪表立柱制作执行电气册的铁构件制作安装。

四、辅助容器、附件制作安装

单位：个

定额编号				5-9-24	5-9-25	5-9-26	5-9-27
项目				辅助容器		气源分配器（供气12点）	
				制作	安装	制作	安装
基价（元）				266.84	51.95	248.88	134.61
其中	人工费（元）			202.40	44.00	175.20	76.80
	材料费（元）			14.40	7.95	18.74	56.50
	机械费（元）			50.04	–	54.94	1.31
名称		单位	单价（元）	数量			
人工	综合工日	工日	80.00	2.530	0.550	2.190	0.960
材料	管材	m	–	–	–	(1.000)	–
	仪表接头	套	–	–	(3.000)	(12.000)	–
	精制螺栓 M(6～8)×(20～70)	套	0.36	–	–	–	8.000
	尼龙砂轮片 ϕ400	片	13.00	0.050	–	0.020	–
	铁砂布 0～2号	张	1.68	1.000	–	1.000	–
	电焊条 结422 ϕ2.5	kg	5.04	0.200	–	0.100	–
	酚醛防锈漆（各种颜色）	kg	15.60	0.200	–	0.200	–
	酚醛调和漆（各种颜色）	kg	18.00	0.200	–	0.200	–

续前 单位:个

定额编号				5-9-24	5-9-25	5-9-26	5-9-27
项目				辅助容器		气源分配器(供气 12 点)	
				制作	安装	制作	安装
材料	氧气	m^3	3.60	0.030	0.020	0.020	–
	乙炔气	m^3	25.20	0.015	0.010	0.010	–
	碳钢气焊条	kg	5.85	0.015	0.010	0.010	–
	U 型螺栓 ϕ108×M10	套	5.63	–	1.000	–	1.000
	聚四氟乙烯生料带 20×0.1 180m/kg	m	0.40	–	0.600	–	1.000
	汽油 93 号	kg	10.05	0.100	0.050	0.400	2.100
	棉纱头	kg	6.34	0.050	0.050	0.100	0.050
	钻头 ϕ10	个	9.00	0.010	–	0.040	–
	冲击钻头 ϕ12	个	10.75	–	0.010	–	0.010
	尼龙砂轮片 ϕ100	片	7.60	0.010	–	0.020	–
	位号牌	个	2.00	–	–	–	12.000
	电	kW·h	0.85	2.000	0.500	4.000	1.000
	其他材料费	元	–	0.580	0.350	0.630	1.210
机械	试压泵 30MPa	台班	149.39	0.020	–	–	–
	电动空气压缩机 0.6m^3/min	台班	130.54	0.200	–	0.100	0.010
	直流弧焊机 20kW	台班	209.44	0.100	–	0.200	–

单位:见表

定额编号				5-9-28	5-9-29	5-9-30
项目				水封制作安装	排污漏斗制作安装	防雨罩制作安装
单位				个		100kg
基价（元）				**255.14**	**66.95**	**911.12**
其中	人工费（元）			186.40	45.60	685.60
	材料费（元）			26.85	10.88	99.86
	机械费（元）			41.89	10.47	125.66
名称		单位	单价(元)	数量		
人工	综合工日	工日	80.00	2.330	0.570	8.570
材料	不锈钢材	kg	–	–	–	(1.040)
	精制螺栓 M(6~8)×(20~70)	套	0.36	4.000	–	18.000
	尼龙砂轮片 φ400	片	13.00	0.050	0.050	0.100
	铁砂布 0~2号	张	1.68	2.000	0.300	3.000
	电焊条 结422 φ2.5	kg	5.04	0.300	0.070	1.400
	酚醛防锈漆（各种颜色）	kg	15.60	0.200	0.300	1.000

续前

单位:见表

定额编号				5-9-28	5-9-29	5-9-30
项目				水封制作安装	排污漏斗制作安装	防雨罩制作安装
材料	酚醛调和漆（各种颜色）	kg	18.00	0.200	0.150	1.000
	氧气	m^3	3.60	–	0.020	0.500
	乙炔气	m^3	25.20	–	0.010	0.250
	碳钢气焊条	kg	5.85	–	0.010	0.400
	膨胀螺栓 M10	套	1.76	4.000	–	4.000
	汽油 93 号	kg	10.05	–	0.010	0.350
	棉纱头	kg	6.34	0.300	0.050	1.000
	钻头 ϕ10	个	9.00	0.020	0.010	1.000
	冲击钻头 ϕ12	个	10.75	0.010	–	0.100
	尼龙砂轮片 ϕ100	片	7.60	0.020	0.010	0.030
	电	kW·h	0.85	3.000	0.600	5.000
	其他材料费	元	–	1.240	0.520	4.490
机械	直流弧焊机 20kW	台班	209.44	0.200	0.050	0.600

五、取源部件制作安装

单位:个

定额编号				5-9-31	5-9-32	5-9-33
项目				取源部件配合安装	温度计套管安装	
					碳钢	不锈钢
基价(元)				**14.54**	**37.24**	**53.40**
其中	人工费(元)			13.60	23.20	29.60
	材料费(元)			0.94	1.78	5.66
	机械费(元)			–	12.26	18.14
名称		单位	单价(元)	数量		
人工	综合工日	工日	80.00	0.170	0.290	0.370
材料	温度计套管	个	–	–	(1.000)	(1.000)
	电焊条 结 422 ϕ2.5	kg	5.04	–	0.080	–
	细白布 宽 0.9m	m	10.00	–	–	0.050
	棉纱头	kg	6.34	0.050	0.050	–
	不锈钢氩弧焊丝 1Cr18Ni9Ti	kg	32.00	–	–	0.050
	氩气	m^3	15.00	–	–	0.130
	铈钨棒	kg	390.00	–	–	0.001
	汽油 93 号	kg	10.05	0.060	0.100	0.100
	其他材料费	元	–	0.020	0.050	0.210
机械	直流弧焊机 20kW	台班	209.44	–	0.030	–
	氩弧焊机 500A	台班	304.11	–	–	0.040
	试压泵 30MPa	台班	149.39	–	0.040	0.040

单位:见表

定额编号				5-9-34	5-9-35	5-9-36	5-9-37	5-9-38
项目				压力表弯制作		压力表弯安装	均压环制作安装	
				碳钢	不锈钢		方型	圆型
单位				10个			套	
基价(元)				**135.44**	**200.52**	**40.33**	**647.28**	**821.47**
其中	人工费(元)			103.20	125.60	37.60	609.60	788.80
	材料费(元)			17.30	53.90	2.73	22.74	17.73
	机械费(元)			14.94	21.02	–	14.94	14.94
名称		单位	单价(元)	数量				
人工	综合工日	工日	80.00	1.290	1.570	0.470	7.620	9.860
材料	无缝钢管 冷拔综合价	m	–	(7.000)	–	–	(1.600)	(1.600)
	仪表接头	套	–	(20.000)	(20.000)	–	–	–
	压力表表弯	个	–	–	–	(10.000)	–	–
	不锈钢管	m	–	–	(7.000)	–	–	–
	焊接钢管	m	–	–	–	–	(12.400)	(10.350)
	管件	套	–	–	–	–	(18.000)	(16.000)
	镀锌锁紧螺母 SC20×3	个	–	–	–	–	(10.000)	(8.000)
	黑玛钢丝堵	个	–	–	–	–	(16.000)	(10.000)
	酚醛防锈漆(各种颜色)	kg	15.60	0.250	–	–	0.250	0.250
	酚醛调和漆(各种颜色)	kg	18.00	0.150	–	0.100	0.150	0.150

续前

单位:见表

定额编号				5-9-34	5-9-35	5-9-36	5-9-37	5-9-38
项目				压力表弯制作		压力表弯安装	均压环制作安装	
				碳钢	不锈钢		方型	圆型
材料	铁砂布 0~2 号	张	1.68	0.500	0.500	–	1.250	1.500
	尼龙砂轮片 ϕ400	片	13.00	0.010	0.010	–	0.020	0.020
	不锈钢氩弧焊丝 1Cr18Ni9Ti	kg	32.00	–	0.140	–	–	–
	铈钨棒	kg	390.00	–	0.100	–	–	–
	碳钢气焊条	kg	5.85	0.100	–	–	0.050	–
	氩气	m^3	15.00	–	0.500	–	–	–
	氧气	m^3	3.60	0.500	–	–	0.100	–
	乙炔气	m^3	25.20	0.190	–	–	0.040	–
	厚漆	kg	11.30	–	–	–	0.100	0.050
	棉纱头	kg	6.34	0.100	–	0.050	–	–
	钢锯条	根	0.89	0.100	0.200	–	2.000	1.000
	细白布 宽 0.9m	m	10.00	–	0.070	–	–	–
	汽油 93 号	kg	10.05	0.100	–	0.050	0.500	0.500
	电	kW·h	0.85	0.250	0.500	–	2.000	1.000
	汽轮机油(各种规格)	kg	8.80	–	–	–	0.200	0.050
	其他材料费	元	–	0.620	0.650	0.110	0.720	0.580
机械	试压泵 30MPa	台班	149.39	0.100	0.100	–	0.100	0.100
	氩弧焊机 500A	台班	304.11	–	0.020	–	–	–

六、测温部件、制作、安装

1. 制作

工作内容：划线、下料、加工、焊接、组装、刷油。

单位：套

定额编号				5-9-39	5-9-40	5-9-41	5-9-42	5-9-43
项目				测温部件位置				测温位置
				金属管上	炉砌体上	带防雨罩	热风炉顶上	不锈钢管上
基价（元）				**76.20**	**416.02**	**296.49**	**890.69**	**107.93**
其中	人工费（元）			24.00	156.80	115.20	201.60	33.60
	材料费（元）			7.02	169.17	91.24	485.17	32.44
	机械费（元）			45.18	90.05	90.05	203.92	41.89
名称		单位	单价（元）	数量				
人工	综合工日	工日	80.00	0.300	1.960	1.440	2.520	0.420
材料	型钢综合	kg	4.00	1.710	2.330	2.330	–	–
	冷拔无缝钢管 外径16～25 壁厚2以上	t	6157.00	–	0.004	0.004	0.010	–
	不锈钢圆钢 $\phi>20$	kg	26.00	–	–	–	–	1.240
	无缝钢管 $\phi38\times2.25$	m	12.12	–	–	–	0.150	–

续前 单位:套

定额编号				5-9-39	5-9-40	5-9-41	5-9-42	5-9-43
项目				测温部件位置				测温位置
				金属管上	炉砌体上	带防雨罩	热风炉顶上	不锈钢管上
材料	无缝钢管 $\phi108\times6$	m	97.18	–	1.000	–	3.000	–
	热轧中厚钢板 $\delta=10\sim16$	kg	3.70	–	6.000	10.000	16.000	–
	石棉橡胶板 高压 1.5	kg	21.40	–	0.050	0.050	0.200	–
	镀锌螺栓 M12×50	套	2.50	–	4.000	4.000	12.000	–
	氧气	m^3	3.60	–	0.200	0.400	2.000	–
	乙炔气	m^3	25.20	–	0.090	0.170	0.870	–
	醇酸防锈漆 C53－1 铁红	kg	16.72	–	0.050	0.150	0.200	–
	电焊条 结 422 $\phi2.5$	kg	5.04	–	0.150	0.150	0.800	–
	其他材料费	元	–	0.180	0.190	0.230	0.260	0.200
机械	直流弧焊机 20kW	台班	209.44	–	0.100	0.100	0.400	0.200
	普通车床 630mm×1400mm	台班	180.71	0.250	0.300	0.300	0.500	–
	立式钻床 $\phi50$mm	台班	148.94	–	0.100	0.100	0.200	–

2. 安装

工作内容：测位、开孔、焊接、打磨、安装。

定额编号				5-9-44	5-9-45	5-9-46	5-9-47	5-9-48
项目				螺纹式插座安装			插座安装	
				碳钢管或设备	不锈钢管或设备	高压管或设备	炉墙或烟道	煤粉管及设备
基价（元）				**37.86**	**73.75**	**83.45**	**106.27**	**87.07**
其中	人工费（元）			14.40	38.40	58.40	70.40	59.20
	材料费（元）			2.52	4.94	2.01	10.74	2.74
	机械费（元）			20.94	30.41	23.04	25.13	25.13
名称		单位	单价（元）	数量				
人工	综合工日	工日	80.00	0.180	0.480	0.730	0.880	0.740
材料	法兰（各种材质带螺栓）	套	–	–	–	–	–	(1.000)
	无缝钢管 冷拔综合价	m	–	–	–	–	(0.150)	(0.150)
	氧气	m^3	3.60	0.090	–	–	–	0.050
	绝缘缓冲垫片（加宽）	块	1.00	–	–	–	1.000	1.000
	乙炔气	m^3	25.20	0.039	–	–	–	0.020
	石棉编绳 ϕ6～10 烧失量24%	10m	5.79	–	–	0.060	1.500	–
	尼龙砂轮片 ϕ150	片	7.60	–	0.020	0.020	0.020	0.020
	铈钨棒	kg	390.00	–	0.003	–	–	–
	不锈钢电焊条 102	kg	37.00	–	0.040	–	–	–
	氩气	m^3	15.00	–	0.120	–	–	–
	电焊条 结 422 ϕ2.5	kg	5.04	0.220	–	0.220	0.160	0.160
	其他材料费	元	–	0.100	0.340	0.400	0.100	0.100
机械	直流弧焊机 20kW	台班	209.44	0.100	–	0.110	0.120	0.120
	氩弧焊机 500A	台班	304.11	–	0.100	–	–	–

工作内容:测位、开孔、焊接、打磨、安装。

定额编号				5-9-49	5-9-50	5-9-51	5-9-52
项目				法兰式插座安装			
				碳钢管或设备	不锈钢管或设备	有色金属管或设备	聚乙烯管或设备
基价(元)				**48.60**	**125.26**	**109.92**	**30.20**
其中	人工费(元)			18.40	52.80	48.00	26.40
	材料费(元)			5.07	20.76	22.39	2.49
	机械费(元)			25.13	51.70	39.53	1.31
名称		单位	单价(元)	数量			
人工	综合工日	工日	80.00	0.230	0.660	0.600	0.330
材料	法兰(各种材质带螺栓)	套	–	(1.000)	(1.000)	(1.000)	(1.000)
	氧气	m^3	3.60	0.090	–	–	–
	硬聚氯乙烯焊条 $\phi4$	kg	10.00	–	–	–	0.150
	硬聚氯乙烯管 $\phi25\times3$	m	3.69	–	–	–	0.150
	铝焊条 铝109 $\phi3.2$	kg	25.00	–	–	0.030	–
	铅管 $\phi25\times3$	m	130.00	–	–	0.150	–

续前

定额编号				5-9-49	5-9-50	5-9-51	5-9-52
项目				法兰式插座安装			
				碳钢管或设备	不锈钢管或设备	有色金属管或设备	聚乙烯管或设备
材料	冷拔不锈钢管 $\phi25mm \times 3mm$	m	51.00	–	0.150	–	–
	垫片 24	100 个	6.10	0.010	0.010	0.010	0.010
	乙炔气	m^3	25.20	0.040	–	–	–
	无缝钢管 $\phi25 \times 4$	m	12.74	0.150	–	–	–
	尼龙砂轮片 $\phi150$	片	7.60	–	0.200	–	–
	铈钨棒	kg	390.00	–	0.006	0.002	–
	不锈钢电焊条 102	kg	37.00	–	0.150	–	–
	氩气	m^3	15.00	–	0.220	0.080	–
	电焊条 结 422 $\phi2.5$	kg	5.04	0.320	–	–	–
	其他材料费	元	–	0.150	0.340	0.100	0.380
机械	直流弧焊机 20kW	台班	209.44	0.120	–	–	–
	氩弧焊机 500A	台班	304.11	–	0.170	0.130	–
	电动空气压缩机 $0.6m^3/min$	台班	130.54	–	–	–	0.010

工作内容:测位、开孔、焊接、打磨、安装。 单位:个

定额编号				5-9-53	5-9-54	5-9-55	5-9-56	5-9-57	5-9-58
项目				扩大管制作安装				扩大管制作	线路电阻配制(10 个)
				碳钢	不锈钢	铜	铝	塑料	
基价(元)				**179.99**	**397.25**	**1065.09**	**238.49**	**107.58**	**321.29**
其中	人工费(元)			80.00	139.20	98.40	80.80	58.40	176.00
	材料费(元)			43.44	166.82	966.69	96.87	16.54	69.26
	机械费(元)			56.55	91.23	–	60.82	32.64	76.03
名称		单位	单价(元)	数量					
人工	综合工日	工日	80.00	1.000	1.740	1.230	1.010	0.730	2.200
材料	无缝钢管 ϕ108×6	m	97.18	0.350	–	–	–	–	–
	电阻并架	个	6.00	–	–	–	–	–	10.000
	蜡克线 2.5mm:镀锡丝	m	3.00	–	–	–	–	–	1.500
	锰铜丝 ϕ0.21~0.4	kg	77.00	–	–	–	–	–	0.010
	半圆头螺钉 M(6~12)×12×50	个	0.30	–	–	–	–	–	10.000
	电焊条 结 422 ϕ2.5	kg	5.04	0.400	–	–	–	–	–
	硬聚氯乙烯焊条 ϕ4	kg	10.00	–	–	–	–	0.130	–
	硬聚氯乙烯管 ϕ100×7	m	29.90	–	–	–	–	0.350	–
	铝焊条 铝 109 ϕ3.2	kg	25.00	–	–	–	0.150	–	–
	铝管 ϕ108×4.5	m	195.00	–	–	–	0.350	–	–

续前

单位:个

定额编号				5-9-53	5-9-54	5-9-55	5-9-56	5-9-57	5-9-58
项目				扩大管制作安装				扩大管制作	线路电阻配制(10个)
				碳钢	不锈钢	铜	铝	塑料	
材料	铁砂布 0~2号	张	1.68	–	–	1.000	1.000	1.000	0.500
	铜焊粉 气剂301 瓶装	kg	32.40	–	–	0.060	–	–	–
	铜焊条 铜107 $\phi3.2$	kg	63.00	–	–	0.270	–	–	–
	乙炔气	m^3	25.20	0.040	–	0.430	–	–	–
	氧气	m^3	3.60	0.090	–	1.000	–	–	–
	黄铜管21以上	kg	69.80	–	–	13.280	–	–	–
	铈钨棒	kg	390.00	–	0.014	–	0.009	–	–
	不锈钢电焊条102	kg	37.00	–	0.300	–	–	–	–
	氩气	m^3	15.00	–	1.100	–	1.000	–	–
	热轧不锈钢管 $\phi108mm\times4.5mm$	m	356.00	–	0.350	–	–	–	–
	锯条(各种规格)	根	1.40	4.000	6.000	3.000	3.000	1.500	–
	尼龙砂轮片 $\phi150$	片	7.60	0.050	0.080	0.050	0.050	–	–
	其他材料费	元	–	0.100	0.150	0.100	0.100	0.990	0.150
机械	直流弧焊机 20kW	台班	209.44	0.270	–	–	–	–	–
	氩弧焊机 500A	台班	304.11	–	0.300	–	0.200	–	0.250
	电动空气压缩机 $0.6m^3/min$	台班	130.54	–	–	–	–	0.250	–

注:扩大管上另装温度计部件则应另套定额。

七、取压、取样部件制作安装

1. 取压取样制作

工作内容:划线、下料、加工、组装、刷油。

单位:套

				5-9-59	5-9-60	5-9-61
定额编号				5-9-59	5-9-60	5-9-61
项目				取压部件的位置		
				金属管上	脏煤气	炉砌体内
基价(元)				**84.34**	**543.50**	**413.64**
其中	人工费(元)			38.40	211.20	152.00
	材料费(元)			18.83	158.47	189.66
	机械费(元)			27.11	173.83	71.98
名称		单位	单价(元)	数量		
人工	综合工日	工日	80.00	0.480	2.640	1.900
材料	无缝钢管综合价	kg	5.80	2.000	3.000	9.000
	无缝钢管 $\phi108\times6$	m	97.18	–	1.000	1.000
	型钢综合	kg	4.00	1.000	1.000	1.000
	热轧中厚钢板 $\delta=4.5\sim10$	kg	3.90	–	2.000	5.000

续前 单位:套

定额编号				5-9-59	5-9-60	5-9-61
项目				取压部件的位置		
				金属管上	脏煤气	炉砌体内
材料	石棉橡胶板 高压 1.5	kg	21.40	–	–	0.050
	氧气	m^3	3.60	0.200	1.500	0.200
	乙炔气	m^3	25.20	0.090	0.650	0.090
	电焊条 结 422 $\phi2.5$	kg	5.04	–	1.000	0.150
	镀锌螺栓 M12×50	套	2.50	–	–	4.000
	聚四氟乙烯生料带 20×0.1 180m/kg	m	0.40	0.100	0.100	0.200
	醇酸防锈漆 C53－1 铁红	kg	16.72	–	0.300	0.100
	其他材料费	元	–	0.200	0.210	0.210
机械	直流弧焊机 20kW	台班	209.44	–	0.500	0.100
	普通车床 630mm×1400mm	台班	180.71	0.150	0.300	0.200
	立式钻床 $\phi50$mm	台班	148.94	–	0.100	0.100

注:未包括活接头、阀门,按施工图另计。

工作内容:划线、下料、加工、组装、刷油。　　　　单位:套

定额编号				5-9-62	5-9-63	5-9-64
项目				取压部件的位置		分析取样装置
				高炉顶上	带补偿管的炉膛取压	
基价(元)				**841.95**	**363.08**	**133.13**
其中	人工费(元)			364.80	144.00	57.60
	材料费(元)			198.60	108.08	36.51
	机械费(元)			278.55	111.00	39.02
名称		单位	单价(元)	数量		
人工	综合工日	工日	80.00	4.560	1.800	0.720
材料	无缝钢管综合价	kg	5.80	0.005	0.200	–
	无缝钢管 ϕ108×6	m	97.18	0.400	–	0.200
	型钢综合	kg	4.00	1.000	1.000	–
	热轧中厚钢板 δ=4.5~10	kg	3.90	26.000	18.000	3.200
	石棉橡胶板 高压 1.5	kg	21.40	0.100	0.150	–
	氧气	m^3	3.60	2.000	0.300	0.200
	乙炔气	m^3	25.20	0.870	0.130	0.090
	电焊条 结 422 ϕ2.5	kg	5.04	1.500	0.300	0.200
	镀锌螺栓 M12×50	套	2.50	4.000	8.000	–
	聚四氟乙烯生料带 20×0.1 180m/kg	m	0.40	0.200	0.050	–
	醇酸防锈漆 C53-1 铁红	kg	16.72	0.300	0.200	0.030
	其他材料费	元	–	0.380	0.280	0.100
机械	直流弧焊机 20kW	台班	209.44	1.000	0.200	0.100
	普通车床 630mm×1400mm	台班	180.71	0.300	0.300	0.100
	立式钻床 ϕ50mm	台班	148.94	0.100	0.100	–

注:未包括活接头、阀门,按施工图另计。

2. 取压、取样安装

工作内容：测位、开孔、部件焊接、打磨、安装。 单位：套

定额编号				5-9-65	5-9-66	5-9-67	5-9-68	5-9-69	5-9-70
项目				碳钢管道	不锈钢管道	铝管	高压高温管道	铸铁管	硬聚氯乙烯管
基价（元）				**333.51**	**826.21**	**660.94**	**668.21**	**248.59**	**309.73**
其中	人工费（元）			216.00	372.80	252.80	451.20	240.00	196.80
	材料费（元）			12.79	27.66	12.80	28.51	8.59	8.50
	机械费（元）			104.72	425.75	395.34	188.50	–	104.43
名称		单位	单价（元）	数量					
人工	综合工日	工日	80.00	2.700	4.660	3.160	5.640	3.000	2.460
材料	法兰（各种材质带螺栓）	套	–	–	–	–	–	–	(10.000)
	硬聚氯乙烯焊条 $\phi4$	kg	10.00	–	–	–	–	–	0.500
	氧气	m^3	3.60	0.300	–	–	1.000	–	–
	乙炔气	m^3	25.20	0.130	–	–	0.430	–	–
	汽轮机油（各种规格）	kg	8.80	–	–	–	–	0.300	–
	铁砂布 0～2 号	张	1.68	–	–	0.500	–	–	–

续前

单位:套

定额编号				5-9-65	5-9-66	5-9-67	5-9-68	5-9-69	5-9-70
项目				碳钢管道	不锈钢管道	铝管	高压高温管道	铸铁管	硬聚氯乙烯管
材料	铈钨棒	kg	390.00	–	0.006	0.002	–	–	–
	铝焊条 铝 109 ϕ3.2	kg	25.00	–	–	0.080	–	–	–
	不锈钢电焊条 102	kg	37.00	–	0.300	–	–	–	–
	电焊条 结 422 ϕ2.5	kg	5.04	0.500	–	–	1.400	–	–
	氩气	m^3	15.00	–	0.400	0.300	–	–	–
	锯条（各种规格）	根	1.40	2.000	3.000	1.000	2.000	1.000	0.500
	尼龙砂轮片 ϕ150	片	7.60	0.100	0.200	0.100	0.200	0.250	–
	破布	kg	4.50	0.500	0.500	0.500	0.500	0.500	0.500
	其他材料费	元	–	0.100	0.250	0.270	0.450	0.400	0.550
机械	直流弧焊机 20kW	台班	209.44	0.500	–	–	0.900	–	–
	氩弧焊机 500A	台班	304.11	–	1.400	1.300	–	–	–
	电动空气压缩机 0.6m^3/min	台班	130.54	–	–	–	–	–	0.800

单位:套

定额编号				5-9-71	5-9-72	5-9-73	5-9-74	5-9-75
项目				带补偿管的炉膛取压	带泡气平衡容器取压	金属外层砌体取压	脏煤气取压	高炉炉顶取压
基价(元)				**204.86**	**319.60**	**173.45**	**237.03**	**510.47**
其中	人工费(元)			137.60	201.60	115.20	158.40	364.80
	材料费(元)			19.09	65.64	16.36	26.27	61.89
	机械费(元)			48.17	52.36	41.89	52.36	83.78
名称		单位	单价(元)	数量				
人工	综合工日	工日	80.00	1.720	2.520	1.440	1.980	4.560
材料	冷拔无缝钢管 外径26~42 壁厚2以上	t	6110.00	–	0.004	–	–	–
	镀锌螺栓 M14×(60~120)	套	2.80	–	8.000	–	–	–
	石棉橡胶板 高压1.5	kg	21.40	–	0.100	–	–	–
	聚四氟乙烯生料带 20×0.1 180m/kg	m	0.40	–	–	–	–	1.000
	氧气	m^3	3.60	1.200	1.000	1.000	1.500	4.000
	乙炔气	m^3	25.20	0.520	0.440	0.440	0.650	1.740
	电焊条 结422 ϕ2.5	kg	5.04	0.250	0.300	0.250	0.800	0.500
	其他材料费	元	–	0.410	0.460	0.410	0.460	0.720
机械	直流弧焊机 20kW	台班	209.44	0.230	0.250	0.200	0.250	0.400

单位:10 套

定额编号				5-9-76	5-9-77
项目				煤粉管道上	煤气分析取样
基价(元)				**764.02**	**716.98**
其中	人工费(元)			439.20	484.00
	材料费(元)			31.60	23.54
	机械费(元)			293.22	209.44
名称		单位	单价(元)	数量	
人工	综合工日	工日	80.00	5.490	6.050
材料	法兰(各种材质带螺栓)	套	–	(10.000)	(10.000)
	氧气	m^3	3.60	1.000	1.000
	乙炔气	m^3	25.20	0.440	0.440
	电焊条 结 422 ϕ2.5	kg	5.04	2.600	1.000
	锯条(各种规格)	根	1.40	0.500	0.500
	尼龙砂轮片 ϕ150	片	7.60	0.100	0.100
	破布	kg	4.50	0.500	0.500
	其他材料费	元	–	0.100	0.100
机械	直流弧焊机 20kW	台班	209.44	1.400	1.000

八、测量管路辅助装置

1. 气源净化、分配装置制作安装

工作内容：准备、下料、钻孔、套丝、组装、固定、刷漆、试压、调试。

单位：套

定额编号				5-9-78	5-9-79	5-9-80	5-9-81
项目				气源净化装置	气源分配装置		
					5 根以下	10 根以下	20 根以下
基价（元）				**1454.55**	**518.81**	**758.19**	**1331.89**
其中	人工费（元）			1159.20	248.80	368.00	598.40
	材料费（元）			180.14	126.57	191.33	394.35
	机械费（元）			115.21	143.44	198.86	339.14
名称		单位	单价(元)	数量			
人工	综合工日	工日	80.00	14.490	3.110	4.600	7.480
材料	镀锌钢管 DN37	m	–	(13.500)	–	–	(3.400)
	镀锌钢管 DN15	m	–	(1.000)	(1.000)	(1.000)	–
	无缝钢管	m	–	–	(1.600)	(3.500)	(6.700)
	压力表表弯	个	–	–	(2.000)	–	–
	无缝钢管 $\phi42\times3$	m	–	–	(1.000)	–	–
	无缝钢管 $\phi16\times2$	m	–	–	(0.600)	(1.500)	(3.100)
	镀锌钢管 DN25	m	–	–	(1.500)	(1.500)	–
	无缝钢管 $\phi60\times4.5$	m	–	–	–	(2.000)	(3.600)
	镀锌钢管 DN20	m	–	–	–	–	(3.400)
	热轧中厚钢板 $\delta=10\sim16$	kg	3.70	–	2.000	2.000	2.000

续前

单位:套

定额编号				5-9-78	5-9-79	5-9-80	5-9-81
项目				气源净化装置	气源分配装置		
					5根以下	10根以下	20根以下
材料	镀锌活接头 DN15	个	2.79	–	1.000	1.000	–
	镀锌活接头 DN20	个	3.27	–	–	–	3.000
	镀锌活接头 DN25	个	4.79	–	1.000	1.000	–
	镀锌活接头 DN32	个	6.61	8.000	–	–	3.000
	镀锌三通 DN32	个	5.86	2.000	–	–	2.000
	镀锌弯头 DN32	个	2.60	6.000	–	–	–
	管卡子U型卡 DN50以内	个	0.56	8.000	–	–	–
	管卡子U型卡 DN100以内	个	2.10	–	2.000	2.000	4.000
	镀锌螺栓 M8×40	套	1.34	16.000	4.000	4.000	8.000
	变径三通 DN32~DN15	个	0.78	2.000	–	–	–
	氧气	m^3	3.60	–	4.000	6.000	12.000
	乙炔气	m^3	25.20	–	1.740	2.610	5.220
	气焊条	kg	4.20	–	0.800	1.200	2.400
	电焊条 结422 $\phi2.5$	kg	5.04	–	0.400	0.600	0.800
	聚四氟乙烯生料带 20×0.1 180m/kg	m	0.40	2.400	2.000	3.000	6.000
	酚醛防锈漆(各种颜色)	kg	15.60	–	0.300	0.500	1.000
	色调和漆	kg	12.30	–	0.300	0.500	0.500
	松香水	kg	12.00	–	0.300	0.500	1.000

续前

单位:套

定额编号				5-9-78	5-9-79	5-9-80	5-9-81
项目				气源净化装置	气源分配装置		
					5根以下	10根以下	20根以下
材料	汽油93号	kg	10.05	–	0.300	0.500	1.000
	煤油	kg	4.20	1.000	–	–	–
	尼龙砂轮片 $\phi100$	片	7.60	1.000	0.500	0.800	2.000
	钻头 $\phi3$	个	0.68	–	0.200	0.500	1.000
	破布	kg	4.50	1.000	0.300	0.500	1.000
	银粉漆	kg	19.00	0.200	–	–	–
	毛刷	把	2.00	1.000	0.500	1.000	1.000
	半圆锉8"	把	6.90	1.000	0.200	0.500	1.000
	肥皂	条	3.00	0.500	0.100	0.200	0.200
	衬垫	块	1.27	24.000	10.000	20.000	40.000
	其他材料费	元	–	10.520	1.950	5.060	10.730
机械	砂轮切割机 $\phi350$	台班	9.52	0.670	0.100	0.150	0.300
	管子切断套丝机 $\phi159$mm	台班	22.54	3.670	–	–	–
	电动空气压缩机 0.6m^3/min	台班	130.54	0.200	0.100	0.200	0.200
	摇臂钻床 $\phi25$mm	台班	127.69	–	0.100	0.200	0.400
	普通车床 400mm×1000mm	台班	145.61	–	0.400	0.600	1.100
	剪板机 20mm×2000mm	台班	303.02	–	0.020	0.020	0.050
	直流弧焊机 20kW	台班	209.44	–	0.250	0.250	0.400

注:1. 未包括支架制作安装和管材阀门材价。2. 空气过滤减压阀、压力表按设备考虑。

2. 排水装置制作安装

工作内容:划线、下料、加工、焊接、刷油、安装。

单位:套

定额编号				5-9-82	5-9-83	5-9-84
项目				排水装置制作安装(mm)		
				ϕ20 以下	ϕ32 以下	ϕ50 以下
基价(元)				**61.96**	**78.21**	**69.85**
其中	人工费(元)			44.00	59.20	48.80
	材料费(元)			13.77	14.82	16.86
	机械费(元)			4.19	4.19	4.19
名称		单位	单价(元)	数量		
人工	综合工日	工日	80.00	0.550	0.740	0.610
材料	无缝钢管综合价	kg	5.80	0.004	0.008	0.014
	管卡子(钢管用) 50	个	0.30	2.000	2.000	2.000
	固定铁件	kg	5.60	1.000	1.000	1.200
	镀锌螺栓 M6×(20~30)	套	1.54	2.000	2.000	2.000
	膨胀螺栓 M6	套	0.92	2.000	2.000	2.000
	合金钢钻头 ϕ12	个	20.60	0.040	0.040	0.040
	氧气	m^3	3.60	0.100	0.150	0.200
	乙炔气	m^3	25.20	0.040	0.070	0.090
	电焊条 结 422 ϕ2.5	kg	5.04	0.040	0.040	0.040
	其他材料费	元	-	0.230	0.320	0.530
机械	直流弧焊机 20kW	台班	209.44	0.020	0.020	0.020

注:未包括活接头、阀门等材料,按施工图另计。

3. 测量管路水封装置制作安装

工作内容：准备、下料、钻孔、套丝、盲板加工、焊接组装、固定、试压、除锈刷漆。

单位：套

定额编号				5-9-85	5-9-86	5-9-87
项目				每套根数(根)		
				5 以下	10 以下	20 以下
基价（元）				**553.63**	**833.00**	**1360.23**
其中	人工费（元）			220.80	368.00	598.40
	材料费（元）			104.10	185.90	341.02
	机械费（元）			228.73	279.10	420.81
名称		单位	单价(元)	数量		
人工	综合工日	工日	80.00	2.760	4.600	7.480
材料	无缝钢管 $\phi 80\times 6$	m	–	–	–	(9.500)
	无缝钢管 $\phi 60\times 4.5$	m	–	(2.700)	(5.000)	–
	水煤气管 DN15	m	–	(2.500)	–	–
	水煤气管 DN20	m	–	–	(4.200)	(7.300)
	螺纹阀门 DN15	个	–	(1.030)	–	–
	螺纹阀门 DN20	个	–	–	(1.030)	(1.030)
	活接头 20	个	4.13	6.180	–	–
	活接头 25	个	5.10	–	11.330	21.630
	热轧中厚钢板 $\delta=10\sim16$	kg	3.70	2.000	2.000	2.000
	聚四氟乙烯生料带 20×0.1 180m/kg	m	0.40	2.000	4.000	8.000
	酚醛防锈漆（各种颜色）	kg	15.60	0.600	1.000	2.000
	酚醛调和漆（各种颜色）	kg	18.00	0.500	0.800	1.600
	松香水	kg	12.00	0.500	1.000	2.000
	汽油 93 号	kg	10.05	0.300	0.500	1.000

续前

单位:套

定额编号				5-9-85	5-9-86	5-9-87
项目				每套根数(根)		
				5 以下	10 以下	20 以下
材料	破布	kg	4.50	0.200	0.300	0.500
	尼龙砂轮片 ϕ100	片	7.60	0.500	0.800	1.500
	毛刷	把	2.00	0.500	1.000	1.000
	肥皂	条	3.00	0.100	0.200	0.300
	衬垫	块	1.27	12.000	22.000	42.000
	管卡子 U 型卡 DN100 以内	个	2.10	2.000	2.000	4.000
	精制六角带帽螺栓 M8×(14~75)	10 套	9.83	0.400	0.400	0.800
	电焊条 结 422 ϕ2.5	kg	5.04	0.800	1.200	2.600
	镀锌铁丝 8~12 号	kg	5.36	0.500	1.000	1.000
	半圆锉 8"	把	6.90	0.200	0.500	0.500
	钢丝刷	把	2.00	0.200	0.500	0.500
	钻头 ϕ3	个	0.68	0.200	0.500	0.700
	铁砂布 0~2 号	张	1.68	1.000	2.000	3.000
	其他材料费	元	–	3.320	6.430	11.470
机械	砂轮切割机 ϕ350	台班	9.52	0.100	0.150	0.300
	摇臂钻床 ϕ50mm	台班	157.38	0.080	0.100	0.200
	电动空气压缩机 0.6m^3/min	台班	130.54	0.080	0.100	0.200
	普通车床 660mm×2000mm	台班	222.66	0.600	0.600	0.600
	管子切断套丝机 ϕ159mm	台班	22.54	0.100	0.200	0.500
	剪板机 20mm×2000mm	台班	303.02	0.020	0.020	0.020
	直流弧焊机 20kW	台班	209.44	0.300	0.500	1.000

注:未包括活接头、阀门等材料,按施工图另计。

九、仪表、配件、接手、制作

1. 执行机构连杆制作

工作内容：划线、下料、零件加工、焊接、组装、刷油。　　　　　　单位：套

定额编号				5-9-88	5-9-89	5-9-90
项目				执行机构拉杆制作		曲柄制作
				一般式	带重锤防护网	
基价（元）				**573.50**	**889.94**	**337.43**
其中	人工费（元）			268.80	345.60	148.80
	材料费（元）			76.50	232.52	21.87
	机械费（元）			228.20	311.82	166.76
名称		单位	单价(元)	数		量
人工	综合工日	工日	80.00	3.360	4.320	1.860
材料	型钢综合	kg	4.00	11.200	35.900	–
	焊接钢管 DN25	m	7.72	1.000	1.000	–
	热轧中厚钢板 $\delta=4.5\sim10$	kg	3.90	3.200	3.200	–

单位:套

定额编号				5-9-88	5-9-89	5-9-90
项目				执行机构拉杆制作		曲柄制作
				一般式	带重锤防护网	
材料	钢丝 ϕ1.6	kg	6.28	1.000	2.000	–
	氧气	m^3	3.60	0.300	3.000	0.200
	乙炔气	m^3	25.20	0.130	1.300	0.090
	电焊条 结 422 ϕ2.5	kg	5.04	0.100	0.400	0.100
	镀锌铁丝网 25mm×25mm×0.7m	m^2	10.40	–	1.000	–
	热轧中厚钢板 $\delta=10\sim16$	kg	3.70	–	–	4.920
	其他材料费	元	–	0.360	0.180	0.170
机械	直流弧焊机 20kW	台班	209.44	0.100	0.200	0.050
	普通车床 630mm×1400mm	台班	180.71	1.000	1.200	0.700
	牛头刨床 650m	台班	132.71	0.200	0.400	–
	立式钻床 ϕ50mm	台班	148.94	–	–	0.200

注:定额中未包括仪表接头,按施工图另行计算。

2. 压力表圈、接手制作

工作内容: 划线、下料、加工、组装、刷油。

单位:套

定额编号				5-9-91	5-9-92	5-9-93	5-9-94	5-9-95
项目				压力表圈	碳钢接手(mm)		不锈钢接手(mm)	
				ϕ150 以下	ϕ20 以下	ϕ40 以下	ϕ20 以下	ϕ40 以下
基价(元)				**69.88**	**93.90**	**130.06**	**134.53**	**190.50**
其中	人工费(元)			38.40	38.40	52.80	42.40	56.80
	材料费(元)			13.41	6.09	9.78	39.10	62.60
	机械费(元)			18.07	49.41	67.48	53.03	71.10
	名称	单位	单价(元)	数量				
人工	综合工日	工日	80.00	0.480	0.480	0.660	0.530	0.710
材料	型钢综合	kg	4.00	1.000	1.500	2.400	–	–
	不锈钢圆钢 $\phi>20$	kg	26.00	–	–	–	1.500	2.400
	氧气	m^3	3.60	0.100	–	–	–	–
	乙炔气	m^3	25.20	0.040	–	–	–	–
	热轧中厚钢板 $\delta=4.5\sim10$	kg	3.90	2.000	–	–	–	–
	醇酸防锈漆 C53-1 铁红	kg	16.72	0.010	–	–	–	–
	其他材料费	元	–	0.070	0.090	0.180	0.100	0.200
机械	普通车床 630mm×1400mm	台班	180.71	0.100	0.200	0.300	0.220	0.320
	牛头刨床 650m	台班	132.71	–	0.100	0.100	0.100	0.100

3. 穿墙板制作

工作内容：划线、下料、加工焊接、组装、除锈、刷油。

单位：套

定额编号				5-9-96	5-9-97	5-9-98
项目				穿墙板制作安装(孔)		
				20 以下	50 以下	100 以下
基价（元）				**499.64**	**749.89**	**1353.62**
其中	人工费（元）			414.40	560.00	1031.20
	材料费（元）			32.70	74.34	143.76
	机械费（元）			52.54	115.55	178.66
名称		单位	单价(元)	数量		
人工	综合工日	工日	80.00	5.180	7.000	12.890
材料	型钢	t	–	(0.040)	(0.095)	(0.194)
	仪表接头	套	–	(8.000)	(20.000)	(40.000)
	氧气	m^3	3.60	0.080	0.160	0.310
	乙炔气	m^3	25.20	0.040	0.070	0.140
	电焊条 结 422 ϕ2.5	kg	5.04	0.160	0.360	0.630

续前 单位:套

定额编号				5-9-96	5-9-97	5-9-98
项目				穿墙板制作安装(孔)		
				20 以下	50 以下	100 以下
材料	醇酸防锈漆 C53-1 铁红	kg	16.72	0.750	1.790	3.670
	酚醛调和漆(各种颜色)	kg	18.00	0.670	1.600	3.280
	汽轮机油(各种规格)	kg	8.80	0.030	0.080	0.150
	溶剂汽油 120 号	kg	5.01	0.330	0.700	0.100
	锯条(各种规格)	根	1.40	1.000	2.000	3.000
	尼龙砂轮片 ϕ150	片	7.60	0.100	0.200	0.500
	铁砂布 0~2 号	张	1.68	0.400	0.700	1.500
	破布	kg	4.50	0.200	0.300	0.600
	其他材料费	元	-	0.350	0.400	0.500
机械	直流弧焊机 20kW	台班	209.44	0.250	0.550	0.850
	其他机械费	元	-	0.180	0.360	0.640

注:未包括仪表接头。

4. 检测元件保护部件

工作内容:同前　　　　单位:件

定额编号				5-9-99	5-9-100	5-9-101
项目				检测元件保护部件制作		
				pH 计	音叉料位计	电容式液位计
基价(元)				**340.66**	**181.96**	**419.67**
其中	人工费(元)			105.60	80.00	68.00
	材料费(元)			108.31	60.07	208.32
	机械费(元)			126.75	41.89	143.35
名称		单位	单价(元)	数量		
人工	综合工日	工日	80.00	1.320	1.000	0.850
材料	不锈钢管 不分规格	kg	31.00	2.600	–	–
	不锈钢板 201 各种规格	kg	17.50	1.000	–	–
	氩气	m^3	15.00	0.180	–	–
	不锈钢电焊条 102	kg	37.00	0.120	–	–
	镀锌管卡子 3×5	个	0.50	3.000	–	3.000
	无缝钢管 ϕ57×3	m	22.91	–	–	4.330
	热轧中厚钢板 δ=4.5~10	kg	3.90	–	4.000	1.600
	型钢综合	kg	4.00	–	9.600	22.600
	醇酸防锈漆 C53-1 铁红	kg	16.72	–	0.300	0.500
	电焊条 结 422 ϕ2.5	kg	5.04	–	0.150	0.300
	其他材料费	元	–	1.570	0.300	1.110
机械	直流弧焊机 20kW	台班	209.44	–	0.200	0.400
	氩弧焊机 500A	台班	304.11	0.200	–	–
	普通车床 630mm×1400mm	台班	180.71	0.200	–	–
	立式钻床 ϕ50mm	台班	148.94	0.200	–	0.400

第十章　室内设备安装

说　　明

一、适用范围：

室内设备：电源屏、控制台、组合架、分线盘、轨道测试解锁盘、室内电缆工程等。

二、工作内容：

准备、安装校接线、电缆绝缘检查、组合架继电器测试、安装、配线、记录整理等。

三、未包括的内容：

1. 设备单体调试和系统回路试验。
2. 设备接地。
3. 除组合架以外的各种盘、柜、屏内配线。

四、有关说明：

1. 走线架、组合架按成品考虑。
2. 信号电缆人工工日，参照全统电气册已按铜芯考虑。

一、控制台

工作内容：安装，配线，校接线，记录整理。　　　　单位：台

定额编号				5-10-1	5-10-2	5-10-3	5-10-4	5-10-5	5-10-6	5-10-7	5-10-8
项目				单位控制台			驼峰控制台		面板控制台		模拟盘制作
				直型 40块	横向 60块	每增加 20块	峰顶	峰下	色灯电锁器	臂板电锁器	
基价（元）				**2806.30**	**4196.00**	**934.84**	**961.51**	**2054.71**	**683.91**	**475.93**	**7480.86**
其中	人工费（元）			1760.00	2640.00	616.00	440.00	1320.00	560.00	400.00	800.00
	材料费（元）			609.39	973.45	318.84	84.60	297.80	123.91	75.93	6624.86
	机械费（元）			436.91	582.55	–	436.91	436.91	–	–	56.00
名称		单位	单价(元)	数量							
人工	综合工日	工日	80.00	22.000	33.000	7.700	5.500	16.500	7.000	5.000	10.000
材料	二等方木 综合	m^3	1800.00	0.010	0.020	–	–	–	0.010	0.010	–
	红松中方	m^3	2000.00	–	–	–	–	–	–	–	0.010
	铜芯聚氯乙烯绝缘绞型软线 RVS 0.4	km	1012.00	0.080	0.100	0.040	0.020	0.080	0.015	0.006	–
	表示灯泡 HJ24V	个	5.57	70.000	100.000	40.000	8.000	30.000	10.000	5.000	–
	信号电缆 PTYA23 48×1.0	km	49700.00	–	–	–	–	–	–	–	0.040

续前

单位:台

定额编号				5-10-1	5-10-2	5-10-3	5-10-4	5-10-5	5-10-6	5-10-7	5-10-8
项目				单位控制台			驼峰控制台		面板控制台		模拟盘制作
				直型40块	横向60块	每增加20块	峰顶	峰下	色灯电锁器	臂板电锁器	
材料	松香焊锡丝 $\phi2.3$	kg	57.00	0.040	0.500	0.200	0.100	0.400	0.150	0.050	0.100
	铜接线端子 DT－8mm²	个	1.63	9.000	33.000	5.000	–	–	–	–	–
	爪型线环	个	1.80	21.000	59.000	10.000	–	–	–	–	–
	塑料软管 $\phi8$	m	1.56	10.000	12.000	4.000	1.000	4.000	3.000	1.500	–
	聚氯乙烯单丝 1	kg	15.40	0.600	0.700	0.200	0.100	0.100	0.100	0.050	–
	钩头螺栓 M12×200	套	1.82	8.000	8.000	–	4.000	4.000	4.000	4.000	–
	镀锌六角螺栓 M10×100	10个	20.28	0.300	0.700	–	–	–	0.300	0.300	–
	胶合板 2440×1220×9	张	61.00	–	–	–	–	–	–	–	1.000
	微型开关 3A	个	90.00	–	–	–	–	–	–	–	50.000
	校验材料费	元	–	8.890	13.330	3.110	2.220	6.670	4.530	3.180	–
	其他材料费	元	–	11.410	19.170	5.580	1.500	5.210	2.370	1.500	50.160
机械	汽车式起重机 8t	台班	728.19	0.600	0.800	–	0.600	0.600	–	–	–
	其他机械费	元	–	–	–	–	–	–	–	–	56.000

二、继电器半自动闭塞

工作内容：安装配线，校接线，记录整理。

单位：台

定额编号				5-10-9	5-10-10
项目				半自动闭塞继电器箱	半自动继电操纵盘
基价（元）				**303.47**	**61.41**
其中	人工费（元）			144.00	40.00
	材料费（元）			159.47	21.41
	机械费（元）			–	–
名称		单位	单价（元）	数量	
人工	综合工日	工日	80.00	1.800	0.500
材料	铜芯聚氯乙烯绝缘绞型软线 RVS 0.4	km	1012.00	0.050	0.020
	木柜（700×400×800）	个	101.00	1.000	–
	松香焊锡丝 ϕ2.3	kg	57.00	0.020	0.010
	校验材料费	元	–	0.730	0.200
	其他材料费	元	–	6.000	0.400

三、电源设备

工作内容：安装，校接线，调试，记录整理。　　　　单位：见表

定额编号				5-10-11	5-10-12	5-10-13	5-10-14	5-10-15	5-10-16
项目				电源屏（面）	防雷硒堆（安装）	色灯电锁器	臂板电锁器		
							交流整流供电	电动电池供电	机械电池供电
单位				台		组	台		
基价（元）				**2221.39**	**157.78**	**429.22**	**143.22**	**219.20**	**177.44**
其中	人工费（元）			720.00	16.00	320.00	80.00	80.00	80.00
	材料费（元）			1427.83	141.78	109.22	63.22	139.20	97.44
	机械费（元）			73.56	–	–	–	–	–
名称		单位	单价（元）	数量					
人工	综合工日	工日	80.00	9.000	0.200	4.000	1.000	1.000	1.000
材料	铜接线端子 DT－8mm^2	个	1.63	30.300	–	–	–	–	–
	绝缘橡胶板 $\delta=6\sim12$	kg	11.74	7.000	–	–	–	–	–
	爪型线环	个	1.80	4.000	–	20.200	4.040	–	–
	焊锡	kg	48.00	0.300	–	–	–	–	–
	松香焊锡丝 $\phi2.3$	kg	57.00	0.100	–	–	–	–	–
	钩头螺栓 M12×200	套	1.82	4.000	–	–	–	–	–
	塑料软管 $\phi8$	m	1.56	1.200	–	–	–	–	–
	铜芯聚氯乙烯绝缘聚氯乙烯护套电力电缆 0.6/1KV VV 二芯2.5	km	5713.92	0.015	–	–	–	–	–

续前　　　　　　　　　　　　　　　　　　　　　　　　　　　　　　　　单位:见表

定额编号				5-10-11	5-10-12	5-10-13	5-10-14	5-10-15	5-10-16
项目				电源屏（面）	防雷硒堆（安装）	色灯电锁器	臂板电锁器		
							交流整流供电	电动电池供电	机械电池供电
材料	铜芯聚氯乙烯绝缘聚氯乙烯护套电力电缆 0.6/1KV VV 二芯6	km	10713.60	0.020	–	–	–	–	–
	铜芯聚氯乙烯绝缘聚氯乙烯护套电力电缆 0.6/1KV VV 二芯10	km	17231.04	0.010	–	–	–	–	–
	铜芯聚氯乙烯绝缘聚氯乙烯护套电力电缆 0.6/1KV VV 三芯35	km	72830.16	0.005	–	–	–	–	–
	铜芯聚氯乙烯绝缘软电缆 BVR－0.75mm	m	0.75	0.030	0.010	–	–	–	–
	铜芯聚氯乙烯绝缘软电缆 BVR－2.5mm	m	2.34	50.000	50.000	–	–	–	–
	铜芯聚氯乙烯绝缘软电缆 BVR－6mm	m	4.93	10.000	–	–	–	–	–
	铜芯聚氯乙烯绝缘软电缆 BVR－25mm	m	21.26	10.000	–	–	–	–	–
	铜芯聚氯乙烯绝缘软电缆 BVR－1.0mm	m	1.01	0.010	0.010	–	–	–	–
	甲电池 1.5V	个	6.86	–	–	10.000	8.000	20.000	14.000
	聚氯乙烯单丝 1	kg	15.40	–	1.000	–	–	–	–
	表示灯泡 HJ24V	个	5.57	1.000	–	–	–	–	–
	等边角钢 边宽60mm 以下	kg	4.00	–	2.000	–	–	–	–
	校验材料费	元	–	3.640	–	1.620	–	–	–
	其他材料费	元	–	35.220	1.360	2.640	1.070	2.000	1.400
机械	交流弧焊机 21kV·A	台班	189.25	0.100	–	–	–	–	–
	汽车式起重机 5t	台班	546.38	0.100	–	–	–	–	–

四、室内电缆敷设工程

1. 信号电缆敷设

工作内容：准备、敷设、检查、校线、记录整理。　　　　单位：100m

定额编号				5-10-17	5-10-18	5-10-19
项目				室内电缆(芯)		
				16 以下	30 以下	48 以下
基价(元)				**370.74**	**542.15**	**724.66**
其中	人工费(元)			305.60	458.40	611.20
	材料费(元)			11.06	16.15	25.59
	机械费(元)			54.08	67.60	87.87
名称		单位	单价(元)	数量		
人工	综合工日	工日	80.00	3.820	5.730	7.640
材料	电缆	m	-	(102.000)	(102.000)	(102.000)
	锯条(各种规格)	根	1.40	0.400	0.500	0.600
	电焊条 结 422 ϕ2.5	kg	5.04	0.070	0.080	0.100
	镀锌铁丝 13~17 号	kg	5.58	0.300	0.320	0.400
	半圆头镀锌螺栓(2~5)×(15~50)	套	0.31	10.000	14.000	22.000
	棉纱头	kg	6.34	0.050	0.050	0.100
	电缆卡子 15×32	个	0.57	8.000	14.000	24.000
	破布	kg	4.50	0.050	0.050	0.050
	其他材料费	元	-	0.270	0.400	0.650
机械	载货汽车 4t	台班	466.52	0.080	0.100	0.130
	直流弧焊机 20kW	台班	209.44	0.080	0.100	0.130

2. 电缆头制作

工作内容：准备，包缠、固定、挂牌、校接线、记录整理。　　　　单位：个

定额编号				5-10-20	5-10-21	5-10-22	5-10-23	5-10-24
项目				信号电缆(芯)				电力电缆 $35mm^2$ 以下
				16 以下	30 以下	48 以下	61 以下	
基价（元）				**102.21**	**244.85**	**254.80**	**311.75**	**88.00**
其中	人工费（元）			72.00	200.00	194.40	238.40	68.00
	材料费（元）			30.21	44.85	60.40	73.35	20.00
	机械费（元）			–	–	–	–	–
名称		单位	单价(元)	数量				
人工	综合工日	工日	80.00	0.900	2.500	2.430	2.980	0.850
材料	半圆头镀锌螺栓（2～5）×（15～50）	套	0.31	2.000	2.000	2.000	2.000	–
	半圆头镀锌螺栓（6～12）×（22～80）	套	0.39	2.000	2.000	2.000	2.000	2.000
	塑料胶布带 20mm×50m	卷	3.50	0.200	0.500	1.000	1.250	–
	棉纱头	kg	6.34	0.050	0.050	0.050	0.050	–
	砂纸	张	1.00	0.200	0.300	0.400	0.500	–

续前

单位:个

定额编号				5-10-20	5-10-21	5-10-22	5-10-23	5-10-24
项目				信号电缆(芯)				电力电缆 35mm² 以下
				16 以下	30 以下	48 以下	61 以下	
材料	白布 0.9m	m²	8.54	0.100	0.100	0.100	0.100	-
	松香焊锡丝 ϕ2.3	kg	57.00	0.250	0.350	0.450	0.550	-
	焊锡膏 瓶装 50g	kg	34.50	0.050	0.100	0.150	0.200	-
	镀锌管卡 3×20	个	1.10	1.000	1.000	-	-	-
	电缆卡子 1.5×3.2	个	0.50	-	-	1.000	1.000	1.000
	单线端子接 线头	个	0.30	20.000	36.000	54.000	66.000	-
	电缆号牌	个	0.06	20.000	36.000	54.000	66.000	38.000
	位号牌	个	2.00	1.000	1.000	1.000	1.000	1.000
	塑料软管 ϕ25	m	6.09	-	-	-	-	0.600
	塑料胶粘带 20mm×50m	卷	5.43	-	-	-	-	0.800
	铜接线端子 PT-10mm²	个	5.59	-	-	-	-	1.020
	其他材料费	元	-	0.460	0.770	1.160	1.390	0.740

3. 室内配线

工作内容：测长，切割，敷设，编号，绝缘测试。　　　　单位：100m

定额编号				5-10-25	5-10-26	5-10-27	5-10-28
项目				室内配线（mm^2）			电力电缆 $35mm^2$ 以下
				1.5 以下	6 以下	16 以下	
基价（元）				**88.10**	**208.10**	**288.10**	**621.90**
其中	人工费（元）			80.00	200.00	280.00	562.40
	材料费（元）			8.10	8.10	8.10	49.37
	机械费（元）			–	–	–	10.13
名称		单位	单价（元）	数量			
人工	综合工日	工日	80.00	1.000	2.500	3.500	7.030
材料	铜芯绝缘导线	m	–	(1.020)	(1.020)	(1.020)	–
	聚氯乙烯单丝 1	kg	15.40	0.500	0.500	0.500	–
	精制六角带帽螺栓 M8×(14~75)	10 套	9.83	–	–	–	3.060
	镀锌铁丝 13~17 号	kg	5.58	–	–	–	0.320
	电缆卡子 1.5×3.2	个	0.50	–	–	–	28.000
	电缆号牌	个	0.06	–	–	–	6.000
	位号牌	个	2.00	–	–	–	0.500
	塑料胶粘带 20mm×50m	卷	5.43	–	–	–	0.200
	其他材料费	元	–	0.400	0.400	0.400	1.060
机械	汽车式起重机 5t	台班	546.38	–	–	–	0.010
	载货汽车 4t	台班	466.52	–	–	–	0.010

五、电气组合架

工作内容：安装配线，组合导通，测试，插继电器，写铭牌。　　单位：架，个

定额编号				5-10-29	5-10-30	5-10-31	5-10-32	5-10-33	5-10-34
项目				组合架				玻璃布板	组合配线（个）
				大站，驼峰	小站电锁器	小站整架配线	大站工厂化	走线架	
基价（元）				**12283.71**	**1893.57**	**4094.77**	**3041.18**	**541.12**	**599.61**
其中	人工费（元）			10040.00	682.40	1760.00	1760.00	319.20	320.00
	材料费（元）			2098.07	1203.89	2334.77	1281.18	188.41	279.61
	机械费（元）			145.64	7.28	–	–	33.51	–
名称		单位	单价（元）	数量					
人工	综合工日	工日	80.00	125.500	8.530	22.000	22.000	3.990	4.000
材料	铜芯聚氯乙烯绝缘绞型软线 RVS 0.4	km	1012.00	1.300	0.850	2.000	0.850	–	0.250
	铜芯聚氯乙烯绝缘绞型软线 RVS 1.0	km	2137.75	0.065	0.040	0.040	0.050	–	–
	铜芯聚氯乙烯绝缘软电缆 BVR－4mm	m	3.48	27.000	–	–	20.000	–	–
	铜芯聚氯乙烯绝缘软电缆 BVR－6mm	m	4.93	12.000	–	–	15.000	–	–
	松香焊锡丝 ϕ2.3	kg	57.00	0.800	0.500	0.200	–	–	0.100
	焊锡	kg	48.00	0.700	0.200	0.800	–	–	–
	铜接线端子 DT－8mm^2	个	1.63	8.000	–	–	–	–	–
	塑料软管 ϕ6	m	1.20	23.000	14.000	40.000	–	–	10.000
	聚氯乙烯单丝 1	kg	15.40	0.300	0.200	0.400	0.200	–	0.050

续前

单位:架,个

定额编号				5-10-29	5-10-30	5-10-31	5-10-32	5-10-33	5-10-34
项目				组合架				玻璃布板	组合配线（个）
				大站,驼峰	小站电锁器	小站整架配线	大站工厂化	走线架	
材料	塑料带 20mm×40m	卷	9.98	0.500	0.500	0.500	0.400	–	–
	爪型线环	个	1.80	73.000	24.000	32.000	17.000	–	–
	镀铬钢板 $\delta=2.5$	m^2	115.00	0.840	0.500	–	0.840	–	–
	醇酸调和漆 综合	kg	15.20	0.400	0.300	0.400	–	–	–
	等边角钢 边宽60mm以下	kg	4.00	7.000	7.000	–	–	18.000	–
	扁钢 边宽59mm以下	kg	4.10	–	–	–	–	5.180	–
	精制六角带帽螺栓 M10×(14~70)	10套	11.00	–	–	–	–	0.600	–
	酚醛防锈漆(各种颜色)	kg	15.60	–	–	–	–	0.510	–
	电焊条 结422 $\phi2.5$	kg	5.04	–	–	–	–	0.390	–
	清油	kg	8.80	–	–	–	–	0.200	–
	松香水	kg	12.00	–	–	–	–	0.650	–
	玻璃布板 $\delta=5$mm	kg	13.00	–	–	–	–	4.920	–
	电缆号牌	个	0.06	–	–	–	–	–	10.000
	校验材料费	元	–	50.700	34.460	8.890	8.890	–	1.620
	其他材料费	元	–	48.170	27.490	43.740	27.380	5.130	5.920
机械	直流弧焊机 20kW	台班	209.44	–	–	–	–	0.160	–
	汽车式起重机 8t	台班	728.19	0.200	0.010	–	–	–	–

六、分线盘

工作内容：制作，安装，配线，室外电缆引入，剥皮，固定，校接线，记录，整理。　　单位：见表

定额编号				5-10-35	5-10-36	5-10-37
项目				分线盘		电缆柜内固定电缆
				六柱端子	十八柱端子	
单位				架		10根
基价（元）				**10436.32**	**19246.50**	**671.79**
其中	人工费（元）			4400.00	9600.00	400.00
	材料费（元）			5990.90	9601.08	271.79
	机械费（元）			45.42	45.42	–
名称		单位	单价（元）	数量		
人工	综合工日	工日	80.00	55.000	120.000	5.000
材料	等边角钢 边宽60mm以上	kg	4.00	96.520	96.520	–
	等边角钢 边宽60mm以下	kg	4.00	–	–	5.000
	松香焊锡丝 ϕ2.3	kg	57.00	0.200	0.600	–
	塑料软管 ϕ8	m	1.56	20.000	60.000	–
	聚氯乙烯单丝 1	kg	15.40	0.300	0.600	–
	爪型线环	个	1.80	830.000	1100.000	–
	醇酸调和漆 综合	kg	15.20	0.300	0.300	2.000

续前 单位:见表

定额编号				5-10-35	5-10-36	5-10-37
项目				分线盘		电缆柜内固定电缆
				六柱端子	十八柱端子	
材料	环氧树脂玻璃布板 $\delta=8$	kg	18.00	26.500	26.600	-
	熔断器	个	6.45	8.000	8.000	-
	六柱端子板	组	24.20	135.000	-	-
	十八柱端子板	组	57.80	-	108.000	-
	垫板(钢板 $\delta=10$)	kg	4.56	2.000	3.000	-
	电缆号牌	个	0.06	810.000	972.000	-
	汽油 93 号	kg	10.05	3.000	3.000	-
	酚醛磁漆(各种颜色)	kg	16.50	0.050	0.050	-
	镀锌六角螺栓 M10×100	10 个	20.28	0.800	0.800	0.400
	钩头螺栓 M10×200	套	0.58	-	-	12.000
	红松中方	m^3	2000.00	-	-	0.100
	塑料带 20mm×40m	卷	9.98	0.500	0.500	-
	校验材料费	元	-	22.220	48.000	-
	其他材料费	元	-	131.310	148.410	6.320
机械	交流弧焊机 21kV·A	台班	189.25	0.240	0.240	-

七、人工解锁盘

工作内容:安装配线,校接线,记录整理。

单位:个

定额编号				5-10-38	5-10-39	5-10-40	5-10-41
项目				人工解锁按钮盘(位)			
				40	60	80	120
基价(元)				**299.27**	**352.57**	**395.73**	**482.05**
其中	人工费(元)			240.00	280.00	320.00	400.00
	材料费(元)			49.81	63.11	66.27	72.59
	机械费(元)			9.46	9.46	9.46	9.46
名称		单位	单价(元)	数量			
人工	综合工日	工日	80.00	3.000	3.500	4.000	5.000
材料	铜芯聚氯乙烯绝缘绞型软线 RVS 0.4	km	1012.00	0.010	0.010	0.010	0.010
	松香焊锡丝 ϕ2.3	kg	57.00	0.100	0.200	0.250	0.350
	钩头螺栓 M12×200	套	1.82	2.000	2.000	2.000	2.000
	等边角钢 边宽 60mm 以下	kg	4.00	5.740	7.540	7.540	7.540
	电焊条 结 422 ϕ2.5	kg	5.04	1.000	1.000	1.000	1.000
	校验材料费	元	–	1.210	1.410	1.620	2.020
	其他材料费	元	–	1.140	1.340	1.440	1.660
机械	交流弧焊机 21kV·A	台班	189.25	0.050	0.050	0.050	0.050

八、轨道测试盘

工作内容：制作，安装，配线，校接线，记录整理。

单位：个

定额编号				5-10-42	5-10-43	5-10-44	5-10-45	5-10-46
项目				轨道测试盘		电缆绝缘测试插座板	熔丝报警板	熔丝报警器
				G-26	G-48			
基价（元）				**854.49**	**2611.99**	**1327.00**	**210.83**	**153.45**
其中	人工费（元）			744.00	1224.00	320.00	80.00	40.00
	材料费（元）			110.49	1387.99	1007.00	130.83	113.45
	机械费（元）			-	-	-	-	-
名称		单位	单价（元）	数量				
人工	综合工日	工日	80.00	9.300	15.300	4.000	1.000	0.500
材料	铜芯聚氯乙烯绝缘绞型软线 RVS 0.4	km	1012.00	0.070	1.300	0.300	0.012	0.006
	松香焊锡丝 $\phi2.3$	kg	57.00	0.200	0.400	0.500	-	-
	塑料软管 $\phi10$	m	3.65	3.000	5.000	10.000	-	-
	圆头螺钉 M4×20	kg	4.60	-	-	50.000	-	-
	爪型线环	个	1.80	-	-	-	-	6.000
	玻璃布板 $\delta=5mm$	kg	13.00	-	-	10.000	-	-
	熔丝报警器	台	92.63	-	-	-	-	1.000
	A 型插座 CB2 -30k	副	13.00	-	-	20.000	-	-
	熔丝报警板	台	114.24	-	-	-	1.000	-
	校验材料费	元	-	3.760	6.180	1.620	0.400	0.200
	其他材料费	元	-	13.540	25.160	16.780	4.050	3.750

第十一章　信号机安装

说　　明

一、适用范围:

各种矮型、高柱色灯信号机、表示器、灯丝转接器的安装。

二、工作内容:

准备、安装、校接线、测试。高柱信号机还包括挖坑、立柱、回填、涂油漆。

三、未包括内容:

1. 矮型信号机基础制作、施工、挖方。

2. 高柱型信号机用卡盘、底盘制作。

3. 高柱型信号机机柱按成品考虑,但未包括运输费。

一、矮型色灯信号机

工作内容：组装机构，配线，涂油，调整灯光。　　　　单位：架、组

定额编号				5-11-1	5-11-2	5-11-3	5-11-4	5-11-5	5-11-6
项目				调车二显示	车站二显示	出站三显示	出站兼调车四显示	双向出站兼调车五显示	复示信号
基价（元）				**379.09**	**42118.76**	**494.42**	**717.02**	**798.32**	**363.01**
其中	人工费（元）			184.00	208.00	224.00	296.00	328.00	176.00
	材料费（元）			195.09	41910.76	270.42	421.02	470.32	187.01
	机械费（元）			–	–	–	–	–	–
名称		单位	单价(元)	数量					
人工	综合工日	工日	80.00	2.300	2.600	2.800	3.700	4.100	2.200
材料	铜芯聚氯乙烯绝缘绞型软线 RVS 1.5	km	2980.67	0.008	14.000	0.022	0.023	0.031	0.010
	爪型线环	个	1.80	16.000	20.000	30.000	38.000	48.000	12.000
	灯泡 12V25W/25W	个	4.50	2.100	2.100	3.150	4.200	5.250	1.050
	醇酸调和漆 综合	kg	15.20	0.500	0.500	0.600	1.000	1.100	0.500
	精制六角螺栓 M10×50	个	0.20	2.000	2.000	2.000	2.000	2.000	2.000
	圆头螺钉 M4×20	kg	4.60	0.300	0.300	0.500	0.500	0.500	0.100
	热轧中厚钢板 $\delta=4.5\sim10$	kg	3.90	0.620	0.620	0.930	1.240	1.550	0.310
	信号锁	把	120.00	1.010	1.010	1.010	2.020	2.020	1.010
	其他材料费	元	–	–	2.930	0.020	0.030	0.030	0.010

工作内容：

单位：见表

定额编号				5-11-7	5-11-8	5-11-9
项目				二方向进路表示器	三方向进路表示器	发车线路表示器
单位				组		架
基价（元）				**505.18**	**704.70**	**349.27**
其中	人工费（元）			168.00	200.00	176.00
	材料费（元）			337.18	504.70	173.27
	机械费（元）			–	–	–
名称		单位	单价(元)	数量		
人工	综合工日	工日	80.00	2.100	2.500	2.200
材料	铜芯聚氯乙烯绝缘绞型软线 RVS 1.5	km	2980.67	0.010	0.015	0.005
	爪型线环	个	1.80	24.000	36.000	12.000
	灯泡 12V25W/25W	个	4.50	2.100	3.150	1.050
	醇酸调和漆 综合	kg	15.20	0.400	0.500	0.500
	圆头螺钉 M4×20	kg	4.60	0.200	0.400	0.100
	热轧中厚钢板 $\delta=4.5\sim10$	kg	3.90	0.620	0.930	0.310
	信号锁	把	120.00	2.020	3.030	1.010
	其他材料费	元	–	2.910	4.350	1.570

二、高柱色灯信号机

工作内容：组装机构，挖坑，立柱，安装，配线，调试灯光。

单位：架

定额编号				5-11-10	5-11-11	5-11-12	5-11-13	5-11-14	5-11-15
项目				调车二显示		预告二显示		出站二显示	
				土质	石质	土质	石质	土质	石质
基价（元）				**1017.10**	**2230.84**	**1103.83**	**1351.83**	**1113.62**	**1361.62**
其中	人工费（元）			608.00	856.00	632.00	880.00	632.00	880.00
	材料费（元）			329.10	1294.84	391.83	391.83	401.62	401.62
	机械费（元）			80.00	80.00	80.00	80.00	80.00	80.00
名称		单位	单价（元）	数量					
人工	综合工日	工日	80.00	7.600	10.700	7.900	11.000	7.900	11.000
材料	混凝土信号机柱 9m	根	–	(1.010)	(1.010)	(1.010)	(1.010)	(1.010)	(1.010)
	铜芯聚氯乙烯绝缘绞型软线 RVS 1.5	km	2980.67	0.036	0.360	0.053	0.053	0.055	0.055
	灯泡 12V25W/25W	个	4.50	2.100	2.100	2.100	2.100	2.100	2.100
	爪型线环	个	1.80	24.000	24.000	30.000	30.000	32.000	32.000
	醇酸调和漆 综合	kg	15.20	1.600	1.600	1.600	1.600	1.600	1.600
	焊接钢管 DN40	t	4371.00	0.002	0.002	0.002	0.002	0.002	0.002
	精制六角螺栓 M10×50	个	0.20	2.000	2.000	2.000	2.000	2.000	2.000
	圆头螺钉 M4×20	kg	4.60	1.590	1.590	1.590	1.590	1.590	1.590
	信号锁	把	120.00	1.010	1.010	1.010	1.010	1.010	1.010
	热轧中厚钢板 $\delta=4.5\sim10$	kg	3.90	0.620	0.620	0.620	0.620	0.620	0.620
	其他材料费	元	–	4.750	4.750	6.010	6.010	6.240	6.240
机械	轨道蒸汽吊	台班	800.00	0.100	0.100	0.100	0.100	0.100	0.100

单位:架

定额编号				5-11-16	5-11-17	5-11-18	5-11-19	5-11-20	5-11-21
项目				区间通过三显示		出站三显示		出站四显示	
				土质	石质	土质	石质	土质	石质
基价(元)				**1096.43**	**1352.43**	**1277.48**	**1573.48**	**1603.59**	**1921.19**
其中	人工费(元)			648.00	904.00	688.00	984.00	736.00	1032.00
	材料费(元)			368.43	368.43	509.48	509.48	787.59	809.19
	机械费(元)			80.00	80.00	80.00	80.00	80.00	80.00
名称		单位	单价(元)	数量					
人工	综合工日	工日	80.00	8.100	11.300	8.600	12.300	9.200	12.900
材料	混凝土信号机柱 9m	根	–	(1.010)	(1.010)	(1.010)	(1.010)	–	–
	混凝土信号机柱 11m	根	–	–	–	–	–	(1.010)	(1.010)
	铜芯聚氯乙烯绝缘绞型软线 RVS 1.5	km	2980.67	0.055	0.055	0.082	0.082	0.117	0.117
	爪型线环	个	1.80	16.000	16.000	45.000	45.000	63.000	63.000
	灯泡 12V25W/25W	个	4.50	3.150	3.150	3.150	3.150	4.200	4.200
	醇酸调和漆 综合	kg	15.20	1.700	1.700	1.700	1.700	2.400	2.400
	焊接钢管 DN40	t	4371.00	0.002	0.002	0.002	0.002	0.002	0.002
	精制六角螺栓 M10×50	个	0.20	2.000	2.000	2.000	2.000	2.000	2.000
	圆头螺钉 M4×20	kg	4.60	–	–	0.300	0.300	0.300	0.300
	信号锁	把	120.00	1.010	1.010	1.010	1.010	2.020	2.200
	热轧中厚钢板 $\delta=4.5\sim10$	kg	3.90	–	–	0.930	0.930	1.240	1.240
	其他材料费	元	–	5.340	5.340	8.700	8.700	12.310	12.310
机械	轨道蒸汽吊 15t	台班	800.00	0.100	0.100	0.100	0.100	0.100	0.100

工作内容：同前

单位：架

定额编号				5-11-22	5-11-23	5-11-24	5-11-25	5-11-26	5-11-27	5-11-28	5-11-29
项目				双向出站 一灯封闭四显示		出站兼调车 可装表示器四显示		进站 带引导五显示		出站兼进路 带调车五显示	
				土质	石质	土质	石质	土质	石质	土质	石质
基价（元）				**1478.69**	**1774.69**	**1787.86**	**2083.86**	**2090.59**	**2386.59**	**2243.45**	**2219.45**
其中	人工费（元）			728.00	1024.00	888.00	1184.00	904.00	1200.00	1232.00	1208.00
	材料费（元）			670.69	670.69	819.86	819.86	1106.59	1106.59	931.45	931.45
	机械费（元）			80.00	80.00	80.00	80.00	80.00	80.00	80.00	80.00
	名称	单位	单价(元)	数量							
人工	综合工日	工日	80.00	9.100	12.800	11.100	14.800	11.300	15.000	15.400	15.100
材料	混凝土信号机柱 9m	根	–	(1.010)	(1.010)	–	–	–	–	–	–
	混凝土信号机柱 11m	根	–	–	–	(1.010)	(1.010)	(1.010)	(1.010)	(1.010)	(1.010)
	铜芯聚氯乙烯绝缘绞型软线 RVS 1.5	km	2980.67	0.090	0.090	0.128	0.128	0.161	0.161	0.153	0.153
	爪型线环	个	1.80	48.000	48.000	63.000	63.000	93.000	93.000	78.000	78.000
	灯泡 12V25W/25W	个	4.50	3.150	3.150	4.200	4.200	5.250	5.250	5.250	5.250
	醇酸调和漆 综合	kg	15.20	2.400	2.400	2.400	2.400	2.600	2.600	2.500	2.500
	焊接钢管 DN40	t	4371.00	0.002	0.002	0.002	0.002	0.002	0.002	0.002	0.002
	精制六角螺栓 M10×50	个	0.20	2.000	2.000	2.000	2.000	2.000	2.000	2.000	2.000
	圆头螺钉 M4×20	kg	4.60	0.100	0.100	0.100	0.100	0.100	0.100	0.100	0.100
	热轧中厚钢板 $\delta=4.5\sim10$	kg	3.90	0.930	0.930	1.240	1.240	1.550	1.550	1.550	1.550
	信号锁	把	120.00	2.020	2.020	2.020	2.020	3.030	3.030	2.020	2.020
	其他材料费	元	–	9.750	9.750	12.720	12.720	16.910	16.910	15.340	15.340
机械	轨道蒸汽吊 15t	台班	800.00	0.100	0.100	0.100	0.100	0.100	0.100	0.100	0.100

工作内容:同前　　　　　　　　　　　　　　　　　　　　　　　　单位:架

定额编号				5-11-30	5-11-31	5-11-32	5-11-33	5-11-34	5-11-35
项目				出站进路带引导六显示		进站兼调车带引导(蓝灯封闭)七显示		进站兼调车带引导(蓝灯封闭)八显示	
				土质	石质	土质	石质	土质	石质
基价(元)				**2257.87**	**2553.87**	**2349.68**	**2645.68**	**2521.52**	**2817.52**
其中	人工费(元)			928.00	1224.00	944.00	1240.00	968.00	1264.00
	材料费(元)			1249.87	1249.87	1325.68	1325.68	1473.52	1473.52
	机械费(元)			80.00	80.00	80.00	80.00	80.00	80.00
名称		单位	单价(元)	数量					
人工	综合工日	工日	80.00	11.600	15.300	11.800	15.500	12.100	15.800
材料	混凝土信号机柱 11m	根	–	(1.010)	(1.010)	(1.010)	(1.010)	(1.010)	(1.010)
	铜芯聚氯乙烯绝缘绞型软线 RVS 1.5	km	2980.67	0.196	0.196	0.176	0.176	0.211	0.211
	爪型线环	个	1.80	112.000	112.000	112.000	112.000	131.000	131.000
	灯泡 12V25W/25W	个	4.50	6.300	6.300	7.350	7.350	8.400	8.400
	色调和漆	kg	12.30	2.700	2.700	3.400	3.400	3.500	3.500
	焊接钢管 DN40	t	4371.00	0.002	0.002	0.002	0.002	0.002	0.002
	精制六角螺栓 M10×50	个	0.20	2.000	2.000	2.000	2.000	2.000	2.000
	圆头螺钉 M4×20	kg	4.60	0.600	0.600	0.700	0.700	0.800	0.800
	热轧中厚钢板 $\delta=4.5\sim10$	kg	3.90	1.860	1.860	1.860	1.860	2.170	2.170
	信号锁	把	120.00	3.030	3.030	4.040	4.040	4.040	4.040
	其他材料费	元	–	19.740	19.740	20.170	20.170	21.860	21.860
机械	轨道蒸汽吊 15t	台班	800.00	0.100	0.100	0.100	0.100	0.100	0.100

三、表示器

工作内容：挖坑、立柱、安装、配线、涂油、检查测试。　　　　单位：见表

定额编号				5-11-36	5-11-37	5-11-38	5-11-39	5-11-40	5-11-41	5-11-42
项目				复示遮断信号机		调车表示器(驼峰用)		容许信号	进路表示器	
				土质	石质	土质	石质		二方向	三方向
单位				架				组	架	
基价（元）				**881.99**	**1129.99**	**1327.61**	**1575.61**	**254.13**	**498.14**	**730.20**
其中	人工费（元）			568.00	816.00	608.00	856.00	48.00	80.00	96.00
	材料费（元）			233.99	233.99	639.61	639.61	206.13	418.14	634.20
	机械费（元）			80.00	80.00	80.00	80.00	–	–	–
名称		单位	单价(元)	数量						
人工	综合工日	工日	80.00	7.100	10.200	7.600	10.700	0.600	1.000	1.200
材料	混凝土信号机柱 9m	根	–	(1.010)	(1.010)	(1.010)	(1.010)	–	–	–
	铜芯聚氯乙烯绝缘绞型软线 RVS 1.5	km	2980.67	0.018	0.018	0.055	0.055	0.016	0.036	0.055
	爪型线环	个	1.80	12.000	12.000	36.000	36.000	12.000	24.000	36.000
	醇酸调和漆 综合	kg	15.20	1.300	1.300	0.900	0.900	0.500	0.600	0.900
	焊接钢管 DN40	t	4371.00	0.002	0.002	0.002	0.002	–	–	–
	精制六角螺栓 M10×50	个	0.20	2.000	2.000	2.000	2.000	–	–	–
	灯泡 12V25W/25W	个	4.50	1.050	1.050	3.150	3.150	1.050	2.100	3.150
	热轧中厚钢板 $\delta=4.5\sim10$	kg	3.90	0.310	0.310	0.930	0.930	0.310	0.620	1.930
	信号锁	把	120.00	1.010	1.010	3.030	3.030	1.010	2.020	3.030
	其他材料费	元	–	2.700	2.700	6.650	6.650	2.110	4.250	6.480
机械	轨道蒸汽吊 15t	台班	800.00	0.100	0.100	0.100	0.100	–	–	–

四、其他

工作内容:安装,配线,校接线,记录整理。 单位:台

定额编号				5-11-43	5-11-44	5-11-45	5-11-46
项目				灯丝转换继电器		拆换信号变压器	
				矮型	高柱	矮型	高柱
基价(元)				**41.95**	**72.92**	**66.26**	**187.35**
其中	人工费(元)			32.00	48.00	16.00	16.00
	材料费(元)			9.95	24.92	50.26	171.35
	机械费(元)			–	–	–	–
名称		单位	单价(元)	数量			
人工	综合工日	工日	80.00	0.400	0.600	0.200	0.200
材料	铜芯聚氯乙烯绝缘绞型软线 RVS 1.5	km	2980.67	0.002	0.002	0.010	0.050
	爪型线环	个	1.80	2.000	10.000	10.000	10.000
	热轧中厚钢板 $\delta=4.5\sim10$	kg	3.90	–	–	0.310	0.310
	校验材料费	元	–	0.160	0.240	0.080	0.080
	其他材料费	元	–	0.230	0.720	1.160	3.030

第十二章　转辙装置安装

说　　明

一、适用范围：

电动转辙机、机械转辙机、道岔局部控制盘、道岔表示器、脱轨表示器、电动方钢道岔（连接杆）等的安装。

二、工作内容：

准备、垫板加工、清扫、除锈、校接线，基础角钢、钢轨钻孔、安装固定，密贴调整杆、表示杆安装。

三、未包括内容：

1. 电动转辙机绝缘板。

2. 导管装置的滑轮。

3. 电动转辙机道岔连接杆、表示杆、方钢绝缘管垫。

一、交直流电动转辙机

工作内容:准备,配线,钻孔,安装固定密贴调整杆,清扫除油,检查接线,试装拉杆。

单位:组

定额编号				5-12-1	5-12-2	5-12-3	5-12-4	5-12-5	5-12-6	5-12-7	5-12-8
项目				ZD6 电动转辙机				道岔局部控制盘	电空转辙机 ZK3-A 型	交流电动转辙机	
				A 型	D(或 B)型	E 型	复式交分			43kg	60kg
基价(元)				**2248.09**	**2287.59**	**2291.33**	**5258.94**	**642.67**	**2202.53**	**2526.22**	**2566.22**
其中	人工费(元)			1016.00	1040.00	1040.00	3240.00	160.00	1000.00	1120.00	1160.00
	材料费(元)			1221.83	1237.09	1237.09	1986.22	482.67	1202.53	1406.22	1406.22
	机械费(元)			10.26	10.50	14.24	32.72	–	–	–	–
名称		单位	单价(元)	数量							
人工	综合工日	工日	80.00	12.700	13.000	13.000	40.500	2.000	12.500	14.000	14.500
材料	铜芯聚氯乙烯绝缘绞型软线 RVS 1.0	km	2137.75	0.020	0.025	0.025	0.100	–	–	–	–
	铜芯聚氯乙烯绝缘绞型软线 RVS 1.5	km	2980.67	–	–	–	–	0.035	–	0.025	0.025
	爪型线环	个	1.80	10.000	10.000	10.000	40.000	40.000	44.000	16.000	16.000
	醇酸调和漆 综合	kg	15.20	1.000	1.200	1.200	4.000	0.600	1.500	1.500	1.500
	焊接钢管 DN40	t	4371.00	–	–	–	–	0.002	0.003	0.001	0.001
	角钢支架 L125×80×8	kg	5.70	125.290	125.290	125.290	125.290	–	125.290	160.500	160.500
	热轧中厚钢板 $\delta=18\sim25$	kg	3.70	10.050	10.050	10.050	10.050	–	10.050	10.050	10.050
	垫板(钢板 $\delta=10$)	kg	4.56	6.160	6.160	6.160	6.160	–	6.160	6.160	6.160

续前　　单位:组

定额编号				5-12-1	5-12-2	5-12-3	5-12-4	5-12-5	5-12-6	5-12-7	5-12-8
项目				ZD6 电动转辙机				道岔局部控制盘	电空转辙机 ZK3-A 型	交流电动转辙机	
				A 型	D(或 B)型	E 型	复式交分			43kg	60kg
材料	长垫板 $\delta=5$	kg	4.30	6.160	6.160	6.160	6.160	–	6.160	6.160	6.160
	保安器(附座)	个	7.90	–	–	–	–	5.000	–	–	–
	氧气	m^3	3.60	1.000	1.000	1.000	1.000	–	–	10.000	10.000
	乙炔气	m^3	25.20	0.440	0.440	0.440	0.440	–	–	0.440	0.440
	信号锁	把	120.00	1.010	1.010	1.010	4.040	2.020	1.010	1.010	1.010
	金属软管 $\phi40$	m	40.50	1.000	1.000	1.000	4.000	–	1.000	1.000	1.000
	精制六角螺栓 M20×90	100 个	146.50	0.040	0.080	0.080	0.080	–	–	0.120	0.120
	精制六角螺栓 M20×70	100 个	115.50	0.080	0.040	0.040	0.040	–	–	0.120	0.120
	镀锌垫圈 M14~20	10 个	0.86	1.200	1.200	1.200	1.200	–	–	2.400	2.400
	弹簧垫圈 M18~22	10 个	0.18	1.200	1.200	1.200	1.200	–	–	2.400	2.400
	等边角钢 边宽 60mm 以上	kg	4.00	26.300	26.300	26.300	26.300	–	26.300	–	–
	钻头 $\phi21$	个	33.00	0.800	0.800	0.800	0.800	–	–	0.800	0.800
	其他材料费	元	–	15.620	15.910	15.910	23.050	6.580	14.600	–	–
机械	其他机械费	元	–	10.260	10.500	14.240	32.720	–	–	–	–

注:未包括工务方整道岔。

二、机械转辙机

工作内容:安装,配线,拉杆加工,涂油,调整。　　　　单位:根

定额编号				5-12-9	5-12-10	5-12-11
项目				转辙握柄	拐肘	导管调整器
基价(元)				70.23	35.64	37.20
其中	人工费(元)			64.00	32.00	32.00
	材料费(元)			6.23	3.64	5.20
	机械费(元)			–	–	–
名称		单位	单价(元)	数量		
人工	综合工日	工日	80.00	0.800	0.400	0.400
材料	醇酸调和漆 综合	kg	15.20	0.400	0.200	0.300
	铁线钉	kg	4.10	–	0.100	0.100
	其他材料费	元	–	0.150	0.190	0.230

三、道岔表示器

工作内容:安装,配线,涂油,调整。　　　　单位:组

定额编号				5-12-12	5-12-13	5-12-14
项目				道岔表示器		脱轨表示器(电灯)
				带柄电灯	带柄电灯(装木枕)	
基价(元)				**415.55**	**427.77**	**255.76**
其中	人工费(元)			232.00	232.00	80.00
	材料费(元)			183.55	195.77	175.76
	机械费(元)			–	–	–
名称		单位	单价(元)	数量		
人工	综合工日	工日	80.00	2.900	2.900	1.000
材料	保险盒 5A	个	5.70	1.000	1.000	1.000
	特种电缆 ZR－YGC－1KV 2×2.5	km	7770.00	0.002	0.002	0.002
	灯泡 220V/25W	个	3.50	1.050	1.050	1.050
	醇酸调和漆 综合	kg	15.20	1.000	1.000	0.500
	钩头螺栓 M18×230	套	2.83	–	4.000	–
	直线连接杆 X1901－00－00B	根	103.50	1.000	1.000	1.000
	表示杆架	个	34.50	1.000	1.000	1.000
	其他材料费	元	–	5.430	6.330	5.240

四、导管装置

工作内容:安装导管架,导管的选配测量及铆接,涂油,调整。　　单位:100m

定额编号				5-12-15
项目				导管装置
基价(元)				**1108.20**
其中	人工费(元)			880.00
	材料费(元)			228.20
	机械费(元)			-
名称		单位	单价(元)	数量
人工	综合工日	工日	80.00	11.000
材料	焊接钢管 DN25	m	-	(103.500)
	活接头 25	个	5.10	18.000
	铁线钉	kg	4.10	0.700
	醇酸调和漆 综合	kg	15.20	4.000
	酚醛防锈漆(各种颜色)	kg	15.60	4.000
	导管过轨支撑铁 $\delta=6$	kg	2.71	0.360
	其他材料费	元	-	9.350

五、其他

工作内容：准备，安装，固定。　　　　　　　　　　　　　　　　　　　　　　　　单位：见表

定额编号				5-12-16	5-12-17
项目				道岔连接杆（方钢）	
				附绝缘	增加绝缘
单位				根	组
基价（元）				**46.65**	**18.65**
其中	人工费（元）			44.00	16.00
	材料费（元）			2.65	2.65
	机械费（元）			–	–
名称		单位	单价（元）	数量	
人工	综合工日	工日	80.00	0.550	0.200
材料	精制六角螺栓 M20×120	套	1.17	2.000	2.000
	镀锌垫圈 M14～20	10个	0.86	0.200	0.200
	其他材料费	元	–	0.140	0.140

第十三章　轨道电路安装

说　　明

一、适用范围：

交直流轨道电路、驼峰轨道电路、高灵敏轨道电路、不对称脉冲轨道电路、移频轨道电路、配轨、道岔跳线、轨端接续线等。

二、工作内容：

准备、安装、校接线、固定。配轨包括拆轨及送电后轨道电路电压、极性交叉试验。

三、未包括内容：

1. 道岔跳线、轨端接续线、轨道绝缘、绝缘管垫及槽形绝缘板按设备供应考虑。

2. 轨道电路变压器箱基础的制作、埋设。

一、交直流轨道电路

工作内容：准备，钻孔，变压器箱内部器材的安装，校接线。 单位：见表

	定额编号			5-13-1	5-13-2	5-13-3	5-13-4	5-13-5	5-13-6
	项目			交直流轨道电路(非电化区段)			轨道电路配轨		
				一送一受	一送二受	一送三受	43kg	50kg	60kg
	单位			区段			根		
	基价（元）			**593.98**	**773.05**	**939.70**	**375.88**	**393.04**	**427.62**
其中	人工费（元）			328.00	368.00	416.00	320.00	336.00	360.00
	材料费（元）			243.74	382.39	500.56	6.00	7.00	8.00
	机械费（元）			22.24	22.66	23.14	49.88	50.04	59.62
	名称	单位	单价(元)	数量					
人工	综合工日	工日	80.00	4.100	4.600	5.200	4.000	4.200	4.500
材料	钢轨	根	–	–	–	–	(1.000)	(1.000)	(1.000)
	二柱端子	个	13.45	1.000	2.000	3.000	–	–	–
	铜芯聚氯乙烯绝缘绞型软线 RVS 1.5	km	2980.67	0.007	0.011	0.014	–	–	–
	爪型线环	个	1.80	28.000	48.000	64.000	–	–	–
	保险盒 5A	个	5.70	2.000	2.000	2.000	–	–	–
	交联聚乙烯绝缘聚氯乙烯护套电力电缆 0.6/1KV YJV 一芯 10	km	7990.56	0.011	0.016	0.021	–	–	–
	插销式保安器附座	个	9.12	2.000	2.000	2.000	–	–	–
	防雷硒堆(压敏电阻)23×23×2	组	14.18	1.000	2.000	3.000	–	–	–
	防雷硒堆(压敏电阻)23×23×3	组	18.90	1.000	2.000	3.000	–	–	–
	校验材料费	元	–	1.670	1.890	2.100	–	–	–
	其他材料费	元	–	6.740	10.760	4.500	6.000	7.000	8.000
机械	交流弧焊机 21kV·A	台班	189.25	0.100	0.100	0.100	–	–	–
	载货汽车 4t	台班	466.52	–	–	–	0.100	0.100	0.120
	其他机械费	元	–	3.310	3.730	4.210	3.230	3.390	3.640

注：轨道电路配轨、未包括工务配合。

工作内容:准备,钻孔,变压器箱内部器材的安装,校接线。　　　　单位:见表

定额编号				5-13-7	5-13-8	5-13-9	5-13-10
项目				水泥枕连线卡具	驼峰轨道电路(非电化区段)	高灵敏轨道电路	不对称脉冲轨道电路
单位				组	区段		
基价(元)				**85.61**	**531.49**	**666.51**	**706.91**
其中	人工费(元)			48.00	280.00	400.00	440.00
	材料费(元)			37.12	229.73	243.53	243.53
	机械费(元)			0.49	21.76	22.98	23.38
名称		单位	单价(元)	数量			
人工	综合工日	工日	80.00	0.600	3.500	5.000	5.500
材料	二柱端子	个	13.45	–	–	2.000	2.000
	铜芯聚氯乙烯绝缘绞型软线 RVS 1.5	km	2980.67	–	0.007	0.010	0.010
	爪型线环	个	1.80	–	28.000	40.000	40.000
	水泥枕连线卡具(每组6个)	组	36.06	1.000	–	–	–
	交联聚乙烯绝缘聚氯乙烯护套电力电缆 0.6/1KV YJV 一芯 10	km	7990.56	–	0.011	0.011	0.011
	插销式保安器附座	个	9.12	–	2.000	2.000	2.000
	防雷硒堆(压敏电阻)23×23×2	组	14.18	–	1.000	–	–
	防雷硒堆(压敏电阻)23×23×3	组	18.90	–	1.000	–	–
	保险盒 5A	个	5.70	–	2.000	–	–
	校验材料费	元	–	–	1.410	2.020	2.020
	其他材料费	元	–	1.060	6.440	6.670	6.670
机械	交流弧焊机 21kV·A	台班	189.25	–	0.100	0.100	0.100
	其他机械费	元	–	0.490	2.830	4.050	4.450

二、移频轨道电路

工作内容：钻孔，安装，接线，调整测试。　　　　单位：组

定额编号				5-13-11	5-13-12	5-13-13	5-13-14	5-13-15	5-13-16	5-13-17	5-13-18
项目				电化移频轨道电路						扼流变压器	
				单送	双送	单受	双受	不带扼流单送	不带扼流单受	单	双
基价（元）				**524.02**	**708.20**	**497.03**	**660.05**	**424.55**	**365.06**	**220.24**	**380.20**
其中	人工费（元）			336.00	368.00	328.00	360.00	320.00	280.00	80.00	112.00
	材料费（元）			165.70	317.54	146.79	277.48	82.39	63.30	139.43	267.07
	机械费（元）			22.32	22.66	22.24	22.57	22.16	21.76	0.81	1.13
名称		单位	单价（元）	数量							
人工	综合工日	工日	80.00	4.200	4.600	4.100	4.500	4.000	3.500	1.000	1.400
材料	铜芯聚氯乙烯绝缘绞型软线 RVS 1.5	km	2980.67	0.002	0.003	0.002	0.003	0.003	0.003	–	–
	沥青绝缘胶	kg	4.50	0.300	0.600	0.300	0.600	–	–	0.300	0.600
	醇酸调和漆 综合	kg	15.20	0.300	0.600	0.300	0.600	–	–	0.300	0.600
	交联聚乙烯绝缘聚氯乙烯护套电力电缆 0.6/1KV YJV 一芯 10	km	7990.56	–	–	–	–	0.005	0.005	–	–
	保险盒 5A	个	5.70	2.000	2.400	2.000	2.000	2.000	2.000	2.000	2.000
	插销式保安器附座	个	9.12	2.000	4.000	–	–	2.000	–	–	–
	信号锁	把	120.00	1.010	2.020	1.010	2.020	–	–	1.010	2.020
	校验材料费	元	–	1.700	1.860	1.660	1.820	1.620	1.410	0.400	0.570
	其他材料费	元	–	1.290	2.360	0.660	1.100	2.240	1.600	0.520	0.880
机械	交流弧焊机 21kV·A	台班	189.25	0.100	0.100	0.100	0.100	0.100	0.100	–	–
	其他机械费	元	–	3.390	3.730	3.310	3.640	3.230	2.830	0.810	1.130

三、道岔跳线，钢轨接续线

工作内容：钻孔，塞钉线安装，固定。

单位：见表

定额编号				5-13-19	5-13-20	5-13-21	5-13-22	5-13-23	5-13-24
项目				安装道岔跳线(单动)		复式交分道岔	菱形交叉岔心跳线		道岔双跳线
				组合辙岔	锰钢辙岔	跳线	锰钢	组装	
单位				组					10根
基价（元）				**292.97**	**391.06**	**413.28**	**552.69**	**332.47**	**267.83**
其中	人工费（元）			280.00	320.00	400.00	480.00	320.00	256.00
	材料费（元）			10.14	39.44	9.24	39.44	9.24	9.24
	机械费（元）			2.83	31.62	4.04	33.25	3.23	2.59
名称		单位	单价(元)	数量					
人工	综合工日	工日	80.00	3.500	4.000	5.000	6.000	4.000	3.200
材料	道岔跳线 $L=900$	根	–	(6.050)	(4.050)	(14.140)	(8.080)	(1.010)	–
	道岔跳线 $L=1500$	根	–	(12.120)	(10.100)	(24.240)	(8.080)	(12.120)	–
	道岔跳线 $L=3000$	根	–	(1.010)	(1.010)	–	–	–	(10.100)
	道岔跳线 $L=3600$	根	–	–	–	(2.020)	–	–	–
	热轧中厚钢板 $\delta=4.5\sim10$	kg	3.90	–	5.000	–	5.000	–	–
	电焊条 结422 $\phi2.5$	kg	5.04	–	2.000	–	2.000	–	–
	钻头 $\phi10$	个	9.00	1.100	1.000	1.000	1.000	1.000	1.000
	其他材料费	元	–	0.240	0.860	0.240	0.860	0.240	0.240
机械	交流弧焊机 21kV·A	台班	189.25	–	0.150	–	0.150	–	–
	其他机械费	元	–	2.830	3.230	4.040	4.860	3.230	2.590

注：跳线随设备供货。

工作内容：钻孔，塞钉线安装，固定。

单位：见表

定额编号				5-13-25	5-13-26	5-13-27	5-13-28
项目				电气牵引轨道连接线（单轨）	电气牵引轨道横向连接线（5m）	单扼流变压器中点连线	轨端接续线
单位				组		10根	
基价（元）				**199.67**	**162.21**	**346.71**	**118.23**
其中	人工费（元）			184.00	40.00	144.00	84.00
	材料费（元）			13.81	121.81	201.26	14.45
	机械费（元）			1.86	0.40	1.45	19.78
名称		单位	单价（元）	数量			
人工	综合工日	工日	80.00	2.300	0.500	1.800	1.050
材料	牵引电流连接线 37mm×1.0mm×5000mm	根	–	–	（2.020）	–	–
	牵引电流连接线 37mm×1.0mm×2500mm	根	–	（2.020）	–	–	–
	塞钉式轨端接续线 5mm×940mm	根	–	–	–	–	（10.100）
	钻头 ϕ10	个	9.00	1.000	1.000	1.000	1.000
	水泥槽（单槽附盖长 2m）	根	35.65	–	3.010	–	–
	交联聚乙烯绝缘聚氯乙烯护套电力电缆 0.6/1KV YJV 一芯 25	km	18428.88	–	–	0.010	–
	支撑木	根	3.40	1.000	–	–	–
	电焊条 结 422 ϕ2.5	kg	5.04	0.100	0.100	0.100	1.000
	其他材料费	元	–	0.910	5.000	7.470	0.410
机械	交流弧焊机 21kV·A	台班	189.25	–	–	–	0.100
	其他机械费	元	–	1.860	0.400	1.450	0.850

四、轨道绝缘

工作内容：绝缘配套安装。　　　　单位：见表

定额编号				5-13-29	5-13-30	5-13-31	5-13-32
项目				轨道绝缘正侧线共用			轨距保持杆附绝缘
				43kg	50kg	60kg	
单位				对			根
基价（元）				**508.67**	**578.19**	**678.57**	**164.89**
其中	人工费（元）			120.00	120.00	120.00	16.00
	材料费（元）			388.67	458.19	558.57	148.89
	机械费（元）			–	–	–	–
名称		单位	单价(元)	数量			
人工	综合工日	工日	80.00	1.500	1.500	1.500	0.200
材料	鱼尾板 43kg	块	84.08	4.000	–	–	–
	鱼尾板 50kg	块	101.09	–	4.000	–	–
	鱼尾板 60kg	块	125.44	–	–	4.000	–
	精制六角螺栓 M22×200	套	3.24	12.000	12.000	12.000	–
	镀锌垫圈 M14～20	10个	0.86	1.200	1.200	1.200	–
	弹簧垫圈 M18～22	10个	0.18	2.400	2.400	2.400	–
	轨距保持杆（附绝缘）	根	138.60	–	–	–	1.000
	其他材料费	元	–	12.010	13.490	16.470	10.290

第十四章　室外电缆工程

说　明

一、适用范围：

电缆敷设、挖填电缆沟、铺砖、填砂，盖板及钢管、槽钢刷油，电缆盒安装。

二、工作内容：

准备、电缆敷设、封端（含电缆头）测试、挖填电缆沟、地下障碍排除、填砂、铺砖、盖板、钢管敷设、电缆盒安装、现场清理。

三、未包括内容：

1. 混凝土电缆槽制作、埋设。

2. 路面开挖、恢复。

3. 撒氯丹原油用安全防护用品。

4. 砂、砖的运输。

一、挖电缆沟

工作内容：挖沟，回填及捣固，清理线间石渣。

单位：见表

定额编号				5-14-1	5-14-2	5-14-3	5-14-4	5-14-5	5-14-6	5-14-7
项目				挖(深×宽)						清理线间
				0.8m×0.35m 以下 (1～5 根)		0.8m×0.45m 以下 (6～10 根)		0.8m×0.35m 以下 (1～5 根)		石渣
单位				100m						m^3
基价（元）				**1400.00**	**3046.40**	**1769.60**	**4569.60**	**3089.60**	**6092.80**	**40.00**
其中	人工费（元）			1400.00	3046.40	1769.60	4569.60	3089.60	6092.80	40.00
	材料费（元）			–	–	–	–	–	–	–
	机械费（元）			–	–	–	–	–	–	–
名称		单位	单价(元)	数量						
人工	综合工日	工日	80.00	17.500	38.080	22.120	57.120	38.620	76.160	0.500

注：未包括铺砂、盖砖及各种防护。

二、电缆敷设

工作内容:准备,测试,封端,敷设。 单位:100m

定额编号				5-14-8	5-14-9	5-14-10	5-14-11
项目				信号电缆(芯)			
				16 以下	30 以下	48 以下	61 以下
基价(元)				**362.04**	**611.37**	**860.70**	**1110.03**
其中	人工费(元)			320.00	560.00	800.00	1040.00
	材料费(元)			4.72	4.72	4.72	4.72
	机械费(元)			37.32	46.65	55.98	65.31
名称		单位	单价(元)	数量			
人工	综合工日	工日	80.00	4.000	7.000	10.000	13.000
材料	电缆	m	-	(102.000)	(102.000)	(102.000)	(102.000)
	锯条(各种规格)	根	1.40	1.000	1.000	1.000	1.000
	镀锌铁丝 8~12 号	kg	5.36	0.500	0.500	0.500	0.500
	棉纱头	kg	6.34	0.050	0.050	0.050	0.050
	破布	kg	4.50	0.050	0.050	0.050	0.050
	其他材料费	元	-	0.100	0.100	0.100	0.100
机械	载货汽车 4t	台班	466.52	0.080	0.100	0.120	0.140

三、电缝沟内铺砖、填砂及防护

1. 铺砖、填砂

工作内容：准备材料，铺设，填放。　　　　单位：100m

定额编号				5-14-12	5-14-13	5-14-14	5-14-15	5-14-16	5-14-17
项目				铺砖（根）			填砂（根）		
				1～5	6～10	10～15	1～5	6～10	10～15
基价（元）				**941.70**	**1153.61**	**1365.53**	**839.72**	**1058.09**	**1279.47**
其中	人工费（元）			480.00	560.00	640.00	560.00	640.00	720.00
	材料费（元）			461.70	593.61	725.53	279.72	418.09	559.47
	机械费（元）			–	–	–	–	–	–
名称		单位	单价（元）	数量					
人工	综合工日	工日	80.00	6.000	7.000	8.000	7.000	8.000	9.000
材料	中砂	m^3	60.00	7.490	9.630	11.770	–	–	–
	普通黏土砖（红砖）240mm×115mm×53mm	千块	300.00	–	–	–	0.910	1.360	1.820
	其他材料费	元	–	12.300	15.810	19.330	6.720	10.090	13.470

2. 氯丹原油防护

工作内容:准备材料,撒放。

单位:100m

定额编号				5-14-18	5-14-19	5-14-20
项目				电缆(根)		
				1~5	6~10	11~15
基价(元)				**850.46**	**1540.92**	**2231.39**
其中	人工费(元)			240.00	320.00	400.00
	材料费(元)			610.46	1220.92	1831.39
	机械费(元)			–	–	–
名称		单位	单价(元)	数量		
人工	综合工日	工日	80.00	3.000	4.000	5.000
材料	氯丹原油	kg	19.40	10.500	21.000	31.500
	煤油	kg	4.20	93.000	186.000	279.000
	其他材料费	元	–	16.160	32.320	48.490

注:未包括安全防护用品

3. 钢管防护

工作内容: 切割,打喇叭口,敷设管路,清石子,挖坑及回填捣固。　　　　单位:根、根/处

定额编号				5-14-21	5-14-22	5-14-23	5-14-24	5-14-25	5-14-26	5-14-27	5-14-28
项目				电缆过道(股道)							电缆过桥防护(10m)
				Ⅰ股 3.6m		Ⅱ股 8.5m		Ⅰ股 3.6m			
				$\phi50$	$\phi70$	$\phi50$	$\phi70$	$\phi100$	$\phi150$	$\phi200$	
基价 (元)				**451.77**	**496.29**	**1051.28**	**1159.56**	**705.34**	**876.21**	**1094.93**	**841.13**
其中	人工费 (元)			360.00	360.00	840.00	840.00	480.00	520.00	560.00	240.00
	材料费 (元)			91.77	136.29	211.28	319.56	225.34	356.21	534.93	597.34
	机械费 (元)			–	–	–	–	–	–	–	3.79
名称		单位	单价(元)	数量							
人工	综合工日	工日	80.00	4.500	4.500	10.500	10.500	6.000	6.500	7.000	3.000
材料	焊接钢管 DN50	t	4371.00	0.019	–	0.044	–	–	–	–	0.052
	焊接钢管 DN65	t	4371.00	–	0.029	–	0.067	–	–	–	–
	焊接钢管 DN100	t	4371.00	–	–	–	–	0.049	–	–	–
	焊接钢管 DN150	t	4418.00	–	–	–	–	–	0.078	–	–
	焊接钢管 DN200	t	4418.00	–	–	–	–	–	–	0.118	–

续前

单位:根、根/处

定　额　编　号				5-14-21	5-14-22	5-14-23	5-14-24	5-14-25	5-14-26	5-14-27	5-14-28
项　目				电缆过道(股道)							电缆过桥防护(10m)
				Ⅰ股3.6m		Ⅱ股8.5m		Ⅰ股3.6m			
				ϕ50	ϕ70	ϕ50	ϕ70	ϕ100	ϕ150	ϕ200	
材料	熟铁管箍 50mm	只	3.96	–	–	2.000	–	–	–	–	3.000
	熟铁管箍 70mm	只	6.75	–	–	–	2.000	–	–	–	–
	电焊条 结 422 ϕ2.5	kg	5.04	–	–	–	–	–	–	–	1.000
	锯条(各种规格)	根	1.40	2.000	2.000	2.000	2.000	2.000	2.000	2.000	3.000
	钩头螺栓 M13×75	套	1.25	–	–	–	–	–	–	–	6.000
	醇酸调和漆 综合	kg	15.20	–	–	–	–	–	–	–	0.500
	铸铁卡箍 250	个	106.47	–	–	–	–	–	–	–	3.000
	氧气	m^3	3.60	0.300	0.300	0.300	0.300	0.300	0.300	0.300	0.600
	乙炔气	m^3	25.20	0.130	0.130	0.130	0.130	0.130	0.130	0.130	0.260
	其他材料费	元	–	1.560	2.370	3.880	6.050	4.000	4.450	6.450	5.710
机械	交流弧焊机 21kV·A	台班	189.25	–	–	–	–	–	–	–	0.020

4. 槽钢防护

工作内容：制作，挖坑，安装槽钢及附件，埋土夯实，清理现场。

单位：10m

定额编号				5-14-29	5-14-30
项目				过桥	过公路
基价（元）				**1261.30**	**1561.46**
其中	人工费（元）			1040.00	1440.00
	材料费（元）			126.67	121.46
	机械费（元）			94.63	–
名称		单位	单价（元）	数量	
人工	综合工日	工日	80.00	13.000	18.000
材料	槽钢 10 号	kg	–	(10.400)	(10.400)
	槽钢 12 号	kg	–	(10.400)	(10.400)
	镀锌扁钢 < –59	kg	5.34	1.570	5.000
	圆钢 ϕ5.5 ~ 9	kg	4.10	1.540	–
	六角带帽螺栓 M12 × 35	100 个	22.72	0.120	–
	六角带帽螺栓 M12 × 30	100 个	23.24	0.050	–

续前

单位:10m

定额编号				5-14-29	5-14-30
项目				过桥	过公路
材料	半圆头螺丝	套	0.24	49.000	–
	六角螺母 M8	100个	11.74	0.050	–
	钢垫圈 M8.5	个	0.07	50.000	–
	钢垫圈 M12	个	0.09	28.000	–
	弹簧垫圈 M18~22	10个	0.18	1.400	–
	弹簧垫圈 M2~10	10个	0.06	0.500	–
	酚醛防锈漆(各种颜色)	kg	15.60	2.500	3.000
	醇酸调和漆 综合	kg	15.20	2.000	2.500
	锯条(各种规格)	根	1.40	4.000	4.000
	电焊条 结422 ϕ2.5	kg	5.04	2.000	–
	氧气	m^3	3.60	0.300	0.300
	乙炔气	m^3	25.20	0.130	0.130
机械	交流弧焊机 21kV·A	台班	189.25	0.500	–

四、安装电缆盒

工作内容：安装电缆盒及保护管，挖坑，埋基础，配线，编号，灌绝缘胶，涂油，测试调整。　　单位：个

定额编号				5-14-31	5-14-32	5-14-33	5-14-34	5-14-35	5-14-36
项目				终端盒				方向盒	
				HZ－0	HZ－6	HZ－12	HZ－24	HF－4	HF－7
基价（元）				**206.28**	**216.94**	**241.41**	**290.35**	**373.95**	**523.08**
其中	人工费（元）			200.00	208.00	232.00	280.00	360.00	504.00
	材料费（元）			6.28	8.94	9.41	10.35	13.95	19.08
	机械费（元）			－	－	－	－	－	－
	名称	单位	单价(元)	数量					
人工	综合工日	工日	80.00	2.500	2.600	2.900	3.500	4.500	6.300
材料	电缆终端盒	个	－	(1.000)	(1.000)	(1.000)	(1.000)	－	－
	电缆方向盒	个	－	－	－	－	－	(1.000)	(1.000)
	醇酸调和漆 综合	kg	15.20	0.100	0.150	0.150	0.180	0.200	0.230
	沥青绝缘胶	kg	4.50	0.200	0.600	0.700	0.800	1.500	2.500
	钢锯条	根	0.89	2.000	2.000	2.000	2.000	2.000	2.000
	棉纱头	kg	6.34	0.300	0.300	0.300	0.300	0.300	0.300
	其他材料费	元	－	0.180	0.280	0.300	0.330	0.480	0.650

第十五章　常用设备基础工程

说　　明

一、适用范围：

信号机、继电器箱、变压器箱、电缆盒、方向盒、道岔握柄、导管调整器、表示器、拐肘、导轮等基础的预制或灌注。

二、工作内容：

准备、开挖、回填土方、模板制作、浇灌基础、矮型信号机法兰加工等。

三、未包括内容：

1. 制作现场到施工现场的运输费。

2. 砂、石、水泥运到制作现场。

一、制作，埋设 C10 级混凝土制品

工作内容：准备、制作模板、浇灌养生、拆模板、挖坑、埋设。

单位：个

定额编号				5-15-1	5-15-2	5-15-3	5-15-4	5-15-5	5-15-6
项目				一架矮型信号机基础		二架矮型信号机基础		并列二架矮型信号机基础	
				土质	石质	土质	石质	土质	石质
基价（元）				**304.45**	**368.45**	**449.09**	**649.09**	**495.21**	**696.15**
其中	人工费（元）			208.00	272.00	280.00	480.00	280.00	480.00
	材料费（元）			90.77	90.77	163.41	163.41	209.53	210.47
	机械费（元）			5.68	5.68	5.68	5.68	5.68	5.68
	名称	单位	单价(元)	数量					
人工	综合工日	工日	80.00	2.600	3.400	3.500	6.000	3.500	6.000
材料	普通混凝土 C10	m^3	210.00	0.070	0.070	0.140	0.140	0.190	0.190
	普通硅酸盐水泥 32.5	kg	0.33	18.700	18.700	35.200	35.200	46.200	46.200
	中砂	m^3	60.00	0.040	0.040	0.070	0.070	0.100	0.100
	碎石 30mm	m^3	55.00	0.070	0.070	0.130	0.130	0.180	0.180
	焊接钢管 DN25	t	4427.00	0.001	0.001	0.001	0.001	0.001	0.001
	钩头螺栓 M16×200	套	2.35	0.700	0.700	1.400	1.400	1.000	1.400
	冷轧薄钢板 δ=2.6～3.2	kg	5.50	1.550	1.550	2.000	2.000	2.000	2.000
	热轧中厚钢板 δ=4.5～10	kg	3.90	0.500	0.500	0.500	0.500	0.500	0.500
	电焊条 结 422 ϕ2.5	kg	5.04	0.100	0.100	0.100	0.100	0.100	0.100
	氧气	m^3	3.60	0.030	0.030	0.030	0.030	0.030	0.030
	乙炔气	m^3	25.20	0.010	0.010	0.010	0.010	0.010	0.010
	Ⅱ级钢筋 ϕ20 以内	kg	4.00	11.100	11.100	21.600	21.600	28.500	28.500
	其他材料费	元	–	1.840	1.840	3.110	3.110	3.890	3.890
机械	交流弧焊机 21kV·A	台班	189.25	0.030	0.030	0.030	0.030	0.030	0.030

工作内容：准备、制作模板、浇灌养生、拆模板、挖坑、埋设。

单位：见表

定额编号				5-15-7	5-15-8	5-15-9	5-15-10	5-15-11	5-15-12
项目				新二层继电器箱基础		新三层继电器箱基础		道岔握柄基础	
				土质	石质	土质	石质	土质	石质
单位				对				个	
基价（元）				**346.56**	**618.89**	**650.11**	**722.11**	**760.02**	**1067.32**
其中	人工费（元）			208.00	480.00	464.00	536.00	272.00	576.00
	材料费（元）			138.56	138.89	186.11	186.11	488.02	491.32
	机械费（元）			–	–	–	–	–	–
名称		单位	单价（元）	数量					
人工	综合工日	工日	80.00	2.600	6.000	5.800	6.700	3.400	7.200
材料	普通混凝土 C10	m^3	210.00	0.120	0.120	0.170	0.170	0.460	0.460
	普通硅酸盐水泥 32.5	kg	0.33	31.000	32.000	45.000	45.000	113.300	113.300
	中砂	m^3	60.00	0.060	0.060	0.080	0.080	0.230	0.230
	碎石 15mm	m^3	55.00	0.110	0.110	0.150	0.150	0.430	0.430
	钩头螺栓 M16×200	套	2.35	5.000	5.000	5.000	5.000	–	–
	冷轧薄钢板 $\delta=2.6\sim3.2$	kg	5.50	1.500	1.500	1.500	1.500	5.000	5.600
	Ⅱ级钢筋 ϕ20 以内	kg	4.00	17.700	17.700	24.750	24.750	69.600	69.600
	其他材料费	元	–	2.680	2.680	3.510	3.510	10.680	10.680

工作内容：准备、制作模板、浇灌养生、拆模板、挖坑、埋设。

单位：见表

定额编号				5-15-13	5-15-14	5-15-15	5-15-16	5-15-17	5-15-18
项目				导管调整器基础		拐基础肘		道岔握柄踏台基础	
				土质	石质	土质	石质	土质	石质
单位				个				10组	
基价（元）				**1044.20**	**1460.17**	**758.82**	**1022.82**	**1037.10**	**1629.10**
其中	人工费（元）			336.00	752.00	232.00	496.00	672.00	1264.00
	材料费（元）			708.20	708.17	526.82	526.82	365.10	365.10
	机械费（元）			–	–	–	–	–	–
名称		单位	单价（元）	数量					
人工	综合工日	工日	80.00	4.200	9.400	2.900	6.200	8.400	15.800
材料	普通混凝土 C10	m^3	210.00	0.620	0.620	0.350	0.350	0.270	0.270
	普通硅酸盐水泥 32.5	kg	0.33	159.600	159.500	85.800	85.800	69.300	69.300
	中砂	m^3	60.00	0.310	0.310	0.180	0.180	0.130	0.130
	碎石 15mm	m^3	55.00	–	–	–	–	0.250	0.250
	碎石 30mm	m^3	55.00	0.570	0.570	0.330	0.330	–	–
	马蹬铁 250×380	个	32.12	2.000	2.000	2.000	2.000	–	–
	冷轧薄钢板 $\delta=2.6\sim3.2$	kg	5.50	5.000	5.000	20.000	20.000	18.000	18.000
	Ⅱ级钢筋 ϕ20 以内	kg	4.00	92.550	92.550	52.950	52.950	39.750	39.750
	其他材料费	元	–	13.440	13.440	10.020	10.020	5.980	5.980

工作内容:准备、制作模板、浇灌养生、拆模板、挖坑、埋设。　　　　　　　　　单位:个

定额编号				5-15-19	5-15-20	5-15-21	5-15-22	5-15-23	5-15-24
项目				导管导轮基础(5 对)		无柄道岔,表示器基础(5 对)		发车表示按钮盘基础	
				土质	石质	土质	石质	土质	石质
基价(元)				**917.98**	**1509.98**	**1110.93**	**1702.93**	**252.36**	**316.36**
其中	人工费(元)			672.00	1264.00	672.00	1264.00	168.00	232.00
	材料费(元)			245.98	245.98	438.93	438.93	84.36	84.36
	机械费(元)			–	–	–	–	–	–
名称		单位	单价(元)	数				量	
人工	综合工日	工日	80.00	8.400	15.800	8.400	15.800	2.100	2.900
材料	普通混凝土 C10	m^3	210.00	0.280	0.280	0.440	0.440	0.040	0.040
	普通硅酸盐水泥 32.5	kg	0.33	72.600	72.600	106.700	106.700	10.000	10.000
	中砂	m^3	60.00	0.140	0.140	0.220	0.220	0.690	0.690
	碎石 15mm	m^3	55.00	0.260	0.260	–	–	0.030	0.030
	碎石 30mm	m^3	55.00	–	–	0.410	0.410	–	–
	钩头螺栓 M12×250	套	0.72	44.000	44.000	–	–	–	–
	钩头螺栓 M18×200	套	3.03	–	–	37.000	37.000	–	–
	钩头螺栓 M16×200	套	2.35	–	–	–	–	3.000	3.000
	焊接钢管 DN25	t	4427.00	–	–	–	–	0.001	0.001
	冷轧薄钢板 $\delta=2.6\sim3.2$	kg	5.50	19.000	19.000	28.000	28.000	3.000	3.000
	其他材料费	元	–	4.340	4.340	9.460	9.460	1.630	1.630

工作内容:准备、制作模板、浇灌养生、拆模板、挖坑、埋设。 单位:个

定额编号				5-15-25	5-15-26	5-15-27	5-15-28	5-15-29	5-15-30
项目				终端电缆盒基础(5 对)		方向电缆盒基础(5 对)		信号机梯子基础(5 对)	
				土质	石质	土质	石质	土质	石质
基价(元)				**817.56**	**1409.56**	**1292.23**	**2548.23**	**910.87**	**1502.87**
其中	人工费(元)			672.00	1264.00	1024.00	2280.00	672.00	1264.00
	材料费(元)			145.56	145.56	268.23	268.23	238.87	238.87
	机械费(元)			–	–	–	–	–	–
名称		单位	单价(元)	数量					
人工	综合工日	工日	80.00	8.400	15.800	12.800	28.500	8.400	15.800
材料	普通混凝土 C10	m^3	210.00	0.100	0.100	0.150	0.150	0.170	0.170
	普通硅酸盐水泥 32.5	kg	0.33	26.400	26.400	39.600	39.600	46.200	46.200
	中砂	m^3	60.00	0.050	0.050	0.070	0.070	0.090	0.090
	碎石 15mm	m^3	55.00	0.090	0.090	0.140	0.140	0.160	0.160
	钩头螺栓 M10×200	套	0.58	23.000	23.000	–	–	–	–
	钩头螺栓 M18×300	套	2.83	–	–	22.000	22.000	–	–
	冷轧薄钢板 $\delta=2.6\sim3.2$	kg	5.50	6.000	6.000	10.000	10.000	12.000	12.000
	Ⅱ级钢筋 ϕ20 以内	kg	4.00	14.700	14.700	22.050	22.050	25.950	25.950
	其他材料费	元	–	2.760	2.760	6.300	6.300	3.920	3.920

工作内容：准备、制作模板、浇灌养生、拆模板、挖坑、埋设。　　　　单位：10 对

定额编号				5-15-31	5-15-32	5-15-33	5-15-34	5-15-35	5-15-36
项目				变压器箱基础		固定连接线用水泥枕(10 个)		扼流变压器箱基础	
				土质	石质	土质	石质	土质	石质
基价（元）				**1352.36**	**2608.36**	**713.52**	**1305.52**	**980.66**	**1852.76**
其中	人工费（元）			1024.00	2280.00	672.00	1264.00	736.00	1608.00
	材料费（元）			328.36	328.36	41.52	41.52	244.66	244.76
	机械费（元）			–	–	–	–	–	–
名称		单位	单价(元)	数量					
人工	综合工日	工日	80.00	12.800	28.500	8.400	15.800	9.200	20.100
材料	普通混凝土 C10	m^3	210.00	0.250	0.250	0.080	0.080	0.160	0.160
	普通硅酸盐水泥 32.5	kg	0.33	64.900	64.900	20.900	20.900	42.600	42.900
	中砂	m^3	60.00	0.120	0.120	0.040	0.040	0.080	0.080
	碎石 15mm	m^3	55.00	0.230	0.230	0.070	0.070	0.150	0.150
	钩头螺栓 M12×200	套	1.82	36.000	36.000	–	–	36.000	36.000
	冷轧薄钢板 $\delta=2.6\sim3.2$	kg	5.50	3.000	3.000	2.000	2.000	3.000	3.000
	Ⅱ级钢筋 ϕ20 以内	kg	4.00	36.750	36.750	–	–	24.450	24.450
	其他材料费	元	–	5.570	5.570	0.570	0.570	4.130	4.130

工作内容：准备、制作模板、浇灌养生、拆模板、挖坑、埋设。　　　　单位：个

定额编号				5-15-37	5-15-38	5-15-39	5-15-40
项目				道口基础			
				信号机		栏杆	
				土质	石质	土质	石质
基价（元）				**646.83**	**950.83**	**676.53**	**980.53**
其中	人工费（元）			272.00	576.00	280.00	584.00
	材料费（元）			374.83	374.83	396.53	396.53
	机械费（元）			–	–	–	–
名称		单位	单价(元)	数量			
人工	综合工日	工日	80.00	3.400	7.200	3.500	7.300
材料	普通混凝土 C10	m^3	210.00	0.460	0.460	0.510	0.510
	普通硅酸盐水泥 32.5	kg	0.33	121.000	121.000	133.000	133.000
	碎石 30mm	m^3	55.00	0.430	0.430	0.470	0.470
	中砂	m^3	60.00	0.230	0.230	0.260	0.260
	钩头螺栓 M18×400	套	6.73	–	–	4.040	4.040
	钩头螺栓 M22×250	套	6.02	4.040	4.040	–	–
	焊接钢管 DN25	t	4427.00	0.001	0.001	0.001	0.001
	冷轧薄钢板 $\delta=2.6\sim3.2$	kg	5.50	30.000	30.000	30.000	30.000
	电焊条 结 422 $\phi2.5$	kg	5.04	0.100	0.100	0.100	0.100
	氧气	m^3	3.60	0.040	0.040	0.040	0.040
	乙炔气	m^3	25.20	0.020	0.020	0.020	0.020
	其他材料费	元	–	5.950	5.950	6.320	6.320

二、制作，埋设C15级混凝土制品

工作内容：准备，制模板，灌注，养生，拆模，挖坑，埋设。

单位：个

定额编号				5-15-41	5-15-42	5-15-43	5-15-44	5-15-45	5-15-46
项目				电力电缆引入桩		电缆埋设标或地线标		信号机卡盘	
				土质	石质	土质	石质	土质	石质
基价（元）				**810.08**	**1398.51**	**861.09**	**1453.09**	**1356.55**	**1976.04**
其中	人工费（元）			672.00	1264.00	672.00	1264.00	720.00	1320.00
	材料费（元）			138.08	134.51	189.09	189.09	636.55	656.04
	机械费（元）			–	–	–	–	–	–
名称		单位	单价（元）	数量					
人工	综合工日	工日	80.00	8.400	15.800	8.400	15.800	9.000	16.500
材料	普通混凝土 C10	m^3	210.00	0.140	0.140	0.660	0.660	0.370	0.370
	普通硅酸盐水泥 42.5	kg	0.36	48.400	48.400	19.800	19.800	123.200	123.200
	中砂	m^3	60.00	0.070	0.070	0.030	0.030	0.190	0.190
	碎石 15mm	m^3	55.00	0.180	0.130	0.060	0.060	0.330	0.330
	黑铁线 $\phi4$	kg	4.23	6.600	6.600	–	–	–	–
	黑铁线 $\phi1$	kg	4.43	–	–	–	–	0.410	0.410
	圆钢 $\phi5.5\sim9$	kg	4.10	0.630	0.430	–	–	14.700	14.700
	圆钢 $\phi10\sim14$	kg	4.10	–	–	–	–	66.300	66.300
	精制螺栓 M(6~8)×(20~70)	套	0.36	0.450	0.450	–	–	–	–
	醇酸调和漆 综合	kg	15.20	–	–	1.000	1.000	–	–
	冷轧薄钢板 $\delta=2.6\sim3.2$	kg	5.50	8.000	8.000	4.000	4.000	25.000	25.000
	其他材料费	元	–	2.490	2.490	1.060	1.060	13.530	33.020

工作内容:准备,制模板,灌注,养生,拆模,挖坑,埋设。　　　　单位:10个

定额编号				5-15-47	5-15-48	5-15-49	5-15-50	5-15-51	5-15-52
项目				导线柱		立柱,围桩		围板	
				土质	石质	土质	石质	土质	石质
基价(元)				**822.43**	**1334.43**	**1035.14**	**1627.14**	**956.15**	**1548.15**
其中	人工费(元)			672.00	1184.00	672.00	1264.00	672.00	1264.00
	材料费(元)			150.43	150.43	363.14	363.14	284.15	284.15
	机械费(元)			–	–	–	–	–	–
名称		单位	单价(元)	数量					
人工	综合工日	工日	80.00	8.400	14.800	8.400	15.800	8.400	15.800
材料	普通混凝土 C15	m^3	225.00	0.100	0.100	0.250	0.250	0.180	0.180
	普通硅酸盐水泥 42.5	kg	0.36	3.300	3.300	80.300	80.300	60.500	60.500
	中砂	m^3	60.00	0.050	0.050	0.130	0.130	0.100	0.100
	碎石 15mm	m^3	55.00	0.090	0.090	0.220	0.220	0.170	0.170
	黑铁线 $\phi4$	kg	4.23	5.640	5.640	5.200	5.200	5.800	5.800
	黑铁线 $\phi1$	kg	4.43	0.130	0.130	0.100	0.100	0.200	0.200
	冷轧薄钢板 $\delta=2.6\sim3.2$	kg	5.50	6.000	6.000	15.000	15.000	12.000	12.000
	Ⅱ级钢筋 $\phi20$ 以内	kg	4.00	14.700	14.700	36.750	36.750	27.600	27.600
	其他材料费	元	–	2.560	2.560	6.140	6.140	4.700	4.700

工作内容:准备,制模板,灌注,养生,拆模,挖坑,埋设。　　　　单位:10 个

定额编号				5-15-53	5-15-54	5-15-55	5-15-56
项目				1.5m 围桩		2m 围桩	
				土质	石质	土质	石质
基价(元)				**946.38**	**1506.38**	**1109.02**	**1701.02**
其中	人工费(元)			640.00	1200.00	672.00	1264.00
	材料费(元)			306.38	306.38	437.02	437.02
	机械费(元)			–	–	–	–
名称		单位	单价(元)	数量			
人工	综合工日	工日	80.00	8.000	15.000	8.400	15.800
材料	普通混凝土 C15	m^3	225.00	0.180	0.180	0.250	0.250
	普通硅酸盐水泥 42.5	kg	0.36	60.500	60.500	80.300	80.300
	中砂	m^3	60.00	0.100	0.100	0.130	0.130
	碎石 15mm	m^3	55.00	0.170	0.170	0.220	0.220
	黑铁线 $\phi4$	kg	4.23	15.000	15.000	27.000	27.000
	黑铁线 $\phi1$	kg	4.43	0.530	0.530	0.880	0.880
	热轧中厚钢板 $\delta=4.5\sim10$	kg	3.90	12.000	12.000	15.000	15.000
	Ⅱ级钢筋 $\phi20$ 以内	kg	4.00	27.600	27.600	36.750	36.750
	其他材料费	元	–	5.750	5.750	8.350	8.350

三、制作，埋设 C20 级混凝土制品

1. 直型电缆槽（附盖）

工作内容：准备，制模板，浇灌，养生，拆模板，挖坑，埋设，槽底铺砂。　　　　单位：10m

定额编号				5-15-57	5-15-58	5-15-59	5-15-60	5-15-61	5-15-62
项目				80mm（4 根电缆）		120mm（7 根电缆）		180mm（11 根电缆）	
				土质	石质	土质	石质	土质	石质
基价（元）				**1402.24**	**1594.24**	**1510.22**	**1694.22**	**1644.80**	**1804.80**
其中	人工费（元）			1024.00	1216.00	1056.00	1240.00	1136.00	1296.00
	材料费（元）			378.24	378.24	454.22	454.22	508.80	508.80
	机械费（元）			–	–	–	–	–	–
名称		单位	单价（元）	数量					
人工	综合工日	工日	80.00	12.800	15.200	13.200	15.500	14.200	16.200
材料	普通混凝土 C20	m^3	240.00	0.200	0.200	0.240	0.240	0.270	0.270
	普通硅酸盐水泥 42.5	kg	0.36	83.600	83.600	95.700	95.700	107.800	107.800
	中砂	m^3	60.00	0.110	0.110	0.130	0.130	0.150	0.150
	碎石 15mm	m^3	55.00	0.180	0.180	0.210	0.210	0.240	0.240
	碎石 30mm	m^3	55.00	0.140	0.140	0.180	0.180	0.230	0.230
	圆钢 ϕ5.5～9	kg	4.10	15.300	15.300	21.300	21.300	23.100	23.100
	黑铁线 ϕ1	kg	4.43	0.500	0.500	0.600	0.600	0.600	0.600
	普通黏土砖（红砖）240mm×115mm×53mm	千块	300.00	0.020	0.020	0.020	0.020	0.020	0.020
	冷轧薄钢板 δ=2.6～3.2	kg	5.50	14.000	14.000	16.000	16.000	18.000	18.000
	Ⅱ级钢筋 ϕ20 以内	kg	4.00	30.600	30.600	35.250	35.250	39.750	39.750
	其他材料费	元	–	5.600	5.600	7.930	7.930	8.970	8.970

工作内容：准备，制模板，浇灌，养生，拆模板，挖坑，埋设，槽底铺砂。　　　　单位：10m

定额编号				5-15-63	5-15-64	5-15-65	5-15-66	5-15-67	5-15-68
项目				270mm（17 根电缆）		420mm（27 根电缆）		600mm（39 根电缆）	
				土质	石质	土质	石质	土质	石质
基价（元）				**1758.32**	**1923.32**	**2090.58**	**2285.58**	**2388.71**	**2583.71**
其中	人工费（元）			1125.00	1290.00	1177.50	1372.50	1215.00	1410.00
	材料费（元）			633.32	633.32	913.08	913.08	1173.71	1173.71
	机械费（元）			–	–	–	–	–	–
名称		单位	单价（元）	数量					
人工	综合工日	工日	75.00	15.000	17.200	15.700	18.300	16.200	18.800
材料	普通混凝土 C20	m^3	240.00	0.340	0.340	0.470	0.470	0.610	0.610
	普通硅酸盐水泥 42.5	kg	0.36	137.500	137.500	196.900	196.900	254.100	254.100
	中砂	m^3	60.00	0.190	0.190	0.260	0.260	0.350	0.350
	碎石 15mm	m^3	55.00	0.300	0.300	0.420	0.420	0.550	0.550
	碎石 30mm	m^3	55.00	0.320	0.320	0.450	0.450	0.610	0.610
	圆钢 ϕ5.5～9	kg	4.10	26.900	26.900	42.000	42.000	48.700	48.700
	黑铁线 ϕ1	kg	4.43	0.700	0.700	0.700	0.700	1.000	1.000
	普通黏土砖（红砖）240mm×115mm×53mm	千块	300.00	0.030	0.030	0.040	0.040	0.040	0.040
	冷轧薄钢板 δ=2.6～3.2	kg	5.50	22.000	22.000	33.000	33.000	45.000	45.000
	Ⅱ级钢筋 ϕ20 以内	kg	4.00	50.550	50.550	70.350	70.350	91.800	91.800
	其他材料费	元	–	11.130	11.130	15.740	15.740	20.230	20.230

2. 分枝电缆槽(附盖)

工作内容:制作模板,浇灌养生,拆模板,挖坑,埋设,槽底铺砂。 单位:个

定额编号				5-15-69	5-15-70	5-15-71	5-15-72	5-15-73	5-15-74
项目				宽 120mm		宽 180mm		宽 270mm	
				土质	石质	土质	石质	土质	石质
基价(元)				**243.45**	**397.25**	**271.84**	**431.84**	**321.98**	**489.98**
其中	人工费(元)			168.00	320.00	176.00	336.00	200.00	368.00
	材料费(元)			75.45	77.25	95.84	95.84	121.98	121.98
	机械费(元)			–	–	–	–	–	–
名称		单位	单价(元)	数量					
人工	综合工日	工日	80.00	2.100	4.000	2.200	4.200	2.500	4.600
材料	普通混凝土 C20	m^3	240.00	0.030	0.030	0.040	0.040	0.060	0.060
	普通硅酸盐水泥 42.5	kg	0.36	12.100	17.100	17.600	17.600	23.100	23.100
	中砂	m^3	60.00	0.020	0.020	0.020	0.020	0.030	0.030
	碎石 15mm	m^3	55.00	0.030	0.030	0.040	0.040	0.050	0.050
	碎石 30mm	m^3	55.00	0.020	0.020	0.030	0.030	0.040	0.040
	圆钢 $\phi5.5\sim9$	kg	4.10	4.200	4.200	4.800	4.800	6.100	6.100
	黑铁线 $\phi1$	kg	4.43	0.200	0.200	0.200	0.200	0.300	0.300
	红砖 240×115×53	千块	300.00	0.020	0.020	0.020	0.020	0.030	0.030
	冷轧薄钢板 $\delta=2.6\sim3.2$	kg	5.50	3.000	3.000	4.000	4.000	4.000	4.000
	Ⅱ级钢筋 $\phi20$ 以内	kg	4.00	4.500	4.500	6.150	6.150	8.250	8.250
	其他材料费	元	–	1.340	1.340	1.690	1.690	2.170	2.170

工作内容：制作模板，浇灌养生，拆模板，挖坑，埋设，槽底铺砂。　　单位：个

定额编号				5-15-75	5-15-76	5-15-77	5-15-78
项目				宽 420mm		宽 600mm	
				土质	石质	土质	石质
基价（元）				**455.65**	**615.65**	**606.16**	**766.16**
其中	人工费（元）			224.00	384.00	240.00	400.00
	材料费（元）			231.65	231.65	366.16	366.16
	机械费（元）			–	–	–	–
名称		单位	单价(元)	数量			
人工	综合工日	工日	80.00	2.800	4.800	3.000	5.000
材料	普通混凝土 C20	m^3	240.00	0.110	0.110	0.180	0.180
	普通硅酸盐水泥 42.5	kg	0.36	45.100	45.100	73.700	73.700
	中砂	m^3	60.00	0.060	0.060	0.100	0.100
	碎石 15mm	m^3	55.00	0.100	0.100	0.160	0.160
	碎石 30mm	m^3	55.00	0.080	0.080	0.140	0.140
	圆钢 ϕ5.5～9	kg	4.10	12.200	12.200	17.400	17.400
	黑铁线 ϕ1	kg	4.43	0.300	0.300	0.400	0.400
	红砖 240×115×53	千块	300.00	0.030	0.030	0.030	0.030
	冷轧薄钢板 δ=2.6～3.2	kg	5.50	8.000	8.000	14.000	14.000
	Ⅱ级钢筋 ϕ20 以内	kg	4.00	16.800	16.800	27.150	27.150
	其他材料费	元	–	3.960	3.960	6.220	6.220

第十六章　其他设备安装

说　明

一、适应范围：

继电器箱、变压器箱安装，管道信号设备、发车表示器安装，设备基础加固，室外设备基础路面开凿、修补。专用非标设备制作，低压接地。

二、工作内容：

准备、设备安装、做电缆头、校接线、信号设备安装、基础加固、砌石、浇灌、抹平、接地装置制作、安装等。

三、未包括的工作内容：

1. 继电器箱防震架。

2. 道口信号机柱。

3. 道口信号机基础。

一、继电器、变压器箱

工作内容：安装箱体、继电器、变压器，切割电缆、校线，清扫、涂油。　　　　单位：台

定额编号				5-16-1	5-16-2	5-16-3	5-16-4	5-16-5
项目				继电器箱		变压器箱		继电器箱配线
				二层	三层	XB1	XB2	（每层）
基价（元）				891.92	1133.96	226.83	236.10	154384.48
其中	人工费（元）			280.00	320.00	96.00	104.00	576.00
	材料费（元）			611.92	813.96	130.83	132.10	153808.48
	机械费（元）			–	–	–	–	–
名称		单位	单价（元）	数量				
人工	综合工日	工日	80.00	3.500	4.000	1.200	1.300	7.200
材料	铜芯聚氯乙烯绝缘绞型软线 RVS 0.5	km	1277.83	–	–	–	–	120.000
	沥青绝缘胶	kg	4.50	–	–	1.200	1.200	–
	十八柱端子板	组	57.80	4.000	6.000	–	–	–
	插销式保安器附座	个	9.12	4.000	4.000	–	–	–
	爪型线环	个	1.80	–	–	–	–	60.000
	色调和漆	kg	12.30	1.100	1.800	0.300	0.400	–
	松香焊锡丝 $\phi 2.3$	kg	57.00	–	–	–	–	0.100
	信号锁	把	120.00	2.020	2.120	1.010	1.010	2.020
	继电器插座板	kg	10.34	7.000	13.000	–	–	9.000
	一位两极双用插座	个	8.95	1.000	1.000	–	–	1.000
	其他材料费	元	–	6.980	10.770	0.540	0.580	10.770

二、道口信号设备

工作内容：安装控制盘、信号机、电铃、校接线、涂油、测试调整。　　单位：见表

定额编号				5-16-6	5-16-7	5-16-8	5-16-9	5-16-10	5-16-11
项目				控制盘	机务段同意盘	信号 DK. K	室外电铃	闪光器	音响器
单位				个		架	个		
基价（元）				**582.83**	**542.93**	**962.48**	**235.80**	**583.05**	**583.05**
其中	人工费（元）			240.00	208.00	328.00	80.00	480.00	480.00
	材料费（元）			342.83	183.53	634.48	155.80	103.05	103.05
	机械费（元）			–	151.40	–	–	–	–
名称		单位	单价(元)	数			量		
人工	综合工日	工日	80.00	3.000	2.600	4.100	1.000	6.000	6.000
材料	电铃木盒	个	15.00	–	–	–	1.000	–	–
	焊接钢管 DN25	t	4427.00	0.006	0.006	0.001	0.001	–	–
	铸铁卡箍 75	个	18.63	2.000	2.000	–	–	–	–
	钩头螺栓 M10×200	套	0.58	16.000	16.000	–	–	–	–
	普通硅酸盐水泥 42.5	kg	0.36	5.000	5.000	–	–	–	–

续前 单位:见表

定额编号				5-16-6	5-16-7	5-16-8	5-16-9	5-16-10	5-16-11
项目				控制盘	机务段同意盘	信号 DK. K	室外电铃	闪光器	音响器
材料	爪型线环	个	1.80	26.000	6.000	6.000	–	–	–
	铜芯聚氯乙烯绝缘绞型软线 RVS 1.5	km	2980.67	0.072	0.018	0.025	0.035	–	–
	铜芯聚氯乙烯绝缘绞型软线 RVS 0.4	km	1012.00	–	–	–	–	0.100	0.100
	单管卡 25mm	个	1.00	–	–	–	5.000	–	–
	灯泡 12V25W/25W	个	4.50	–	–	2.100	–	–	–
	醇酸调和漆 综合	kg	15.20	–	–	1.600	0.400	–	–
	硬塑料管 $\phi20$	m	2.76	–	–	–	6.000	–	–
	焊接钢管 DN200	t	4418.00	–	–	0.110	–	–	–
	热轧中厚钢板 $\delta=18\sim25$	kg	3.70	–	0.030	–	–	–	–
	氧气	m^3	3.60	–	0.900	–	–	–	–
	乙炔气	m^3	25.20	–	0.390	–	–	–	–
	电焊条 结 422 $\phi2.5$	kg	5.04	–	5.000	–	–	–	–
	其他材料费	元	–	6.520	5.800	24.990	4.410	1.850	1.850
机械	交流弧焊机 21kV·A	台班	189.25	–	0.800	–	–	–	–

工作内容:安装、配线、测试调整。　　单位:见表

定额编号				5-16-12	5-16-13	5-16-14	5-16-15	5-16-16	5-16-17	5-16-18	5-16-19
项目				电动液压道口信号							
				电控箱			火车接近自动信号仪		D 型栏木	声光报警器	电磁传感器
				一控二	一控四	一控八	单向	双向	装置		
单位				个					组	个	
基价(元)				**1293.26**	**1395.33**	**1497.40**	**90.81**	**89.97**	**3744.33**	**485.66**	**17.00**
其中	人工费(元)			1200.00	1280.00	1360.00	64.00	72.00	3200.00	400.00	16.00
	材料费(元)			81.14	102.40	123.66	26.16	17.24	17.24	85.66	1.00
	机械费(元)			12.12	12.93	13.74	0.65	0.73	527.09	–	–
名称		单位	单价(元)	数量							
人工	综合工日	工日	80.00	15.000	16.000	17.000	0.800	0.900	40.000	5.000	0.200
材料	铜芯聚氯乙烯绝缘绞型软线 RVS 0.4	km	1012.00	0.020	0.025	0.030	0.010	0.010	–	0.050	–
	铜芯聚氯乙烯绝缘绞型软线 RVS 0.5	km	1277.83	0.010	0.015	0.020	0.005	0.005	–	0.020	–
	爪型线环	个	1.80	20.000	25.000	30.000	5.000	–	–	5.000	–
	压缩机油	kg	8.50	–	–	–	–	–	2.000	–	–
	其他材料费	元	–	12.120	12.930	13.740	0.650	0.730	0.240	0.500	1.000
机械	载货汽车 5t	台班	507.79	–	–	–	–	–	0.500	–	–
	汽车式起重机 5t	台班	546.38	–	–	–	–	–	0.500	–	–
	其他机械费	元	–	12.120	12.930	13.740	0.650	0.730	–	–	–

三、发车表示器

工作内容：安装、配线、涂油、调整测试。 单位：个

定额编号				5-16-20	5-16-21	5-16-22
项目				柱上发车表示器		按钮柱
				土质	石质	
基价（元）				847.50	1087.50	265.33
其中	人工费（元）			440.00	680.00	80.00
	材料费（元）			407.50	407.50	185.33
	机械费（元）			–	–	–
名称		单位	单价(元)	数量		
人工	综合工日	工日	80.00	5.500	8.500	1.000
材料	混凝土信号机柱 9m	根	–	(1.010)	(1.010)	–
	铜芯聚氯乙烯绝缘绞型软线 RVS 1.5	km	2980.67	0.030	0.030	0.012
	爪形线环	个	1.80	16.000	16.000	8.000
	灯泡 12V25W/25W	个	4.50	2.100	2.100	1.050
	精制六角螺栓 M16×100	套	1.20	4.000	4.000	–
	醇酸调和漆 综合	kg	15.20	1.300	1.300	0.500
	信号锁	把	120.00	2.020	2.020	1.010
	焊接钢管 DN25	t	4427.00	0.002	0.002	–
	其他材料费	元	–	4.020	4.020	1.640

四、信号设备基础加固

工作内容：夯实、砌片石、勾缝、浇灌混凝土、抹平。　　　　单位：见表

定额编号				5-16-23	5-16-24	5-16-25	5-16-26	5-16-27	5-16-28
项目				培土	砌片石勾缝	围板		围桩	
						1件设备用	2件设备用	1件设备用	2件设备用
单位				m^3		处			
基价（元）				**48.00**	**224.36**	**761.32**	**1122.82**	**905.43**	**1331.78**
其中	人工费（元）			48.00	160.00	640.00	960.00	640.00	960.00
	材料费（元）			–	64.36	121.32	162.82	265.43	371.78
	机械费（元）			–	–	–	–	–	–
名称		单位	单价(元)	数量					
人工	综合工日	工日	80.00	0.600	2.000	8.000	12.000	8.000	12.000
材料	普通硅酸盐水泥 42.5	kg	0.36	–	10.000	159.120	223.700	387.630	546.630
	中砂	m^3	60.00	–	0.020	0.250	0.360	0.620	0.870
	片石	m^3	57.00	–	1.000	–	–	–	–
	碎石 15mm	m^3	55.00	–	–	0.370	0.320	0.890	1.260
	六角带帽螺栓 M14×120	100个	92.84	–	–	0.250	0.380	–	–
	平垫圈 $\phi16$	100个	6.83	–	–	0.250	0.380	–	–
	镀锌铁丝 8~12号	kg	5.36	–	–	–	–	6.000	8.000
	其他材料费	元	–	–	2.560	3.770	5.210	7.570	10.610

五、低压接地

工作内容:制作接地线、挖填土、打接地极、埋标桩、固定引线、测试调整。　　　　单位:处

定额编号				5-16-29	5-16-30	5-16-31	5-16-32	5-16-33	5-16-34
项目				低压接地装置两根角钢	低压接地装置每增加1根	电化区段安全防护接地	室内设备防护接地	电缆屏蔽连接	信号机、继电器箱安全接地
基价(元)				**216.59**	**105.07**	**84.85**	**501.55**	**1419.57**	**84.85**
其中	人工费(元)			128.00	64.00	64.00	320.00	1120.00	64.00
	材料费(元)			88.59	41.07	20.85	181.55	299.57	20.85
	机械费(元)			–	–	–	–	–	–
名称		单位	单价(元)	数量					
人工	综合工日	工日	80.00	1.600	0.800	0.800	4.000	14.000	0.800
材料	等边角钢 边宽60mm以下	kg	4.00	16.000	8.000	–	4.500	–	–
	镀锌铁丝 8~12号	kg	5.36	2.000	1.500	–	2.000	–	–
	镀锌铁丝 13~17号	kg	5.58	–	–	–	0.100	–	–
	镀锌铁丝	kg	6.20	0.100	0.050	–	–	–	–
	圆钢 ϕ10~14	kg	4.10	–	–	4.300	–	–	4.300
	润滑油	kg	9.87	–	–	0.200	–	–	0.200
	汽油 93号	kg	10.05	–	–	–	–	5.000	–
	防腐油	kg	1.78	–	–	0.500	–	–	0.500
	埋设标桩(混凝土)	根	11.70	1.000	–	–	–	–	–
	铜芯聚氯乙烯绝缘绞型软线 RVS 1.5	km	2980.67	–	–	–	0.050	0.050	–
	低熔点铅焊料	kg	47.94	–	–	–	–	1.000	–
	高熔点焊锡丝	kg	45.53	–	–	–	–	1.000	–
	其他材料费	元	–	1.550	0.720	0.360	3.240	6.820	0.360

六、在托架上安装色灯信号机

工作内容：信号机组配、安装、立架、校接线、涂油、测试调整。　　单位：架

定额编号				5-16-35	5-16-36	5-16-37	5-16-38	5-16-39	5-16-40	5-16-41	5-16-42
项目				二机构		三机构		每增设二机构		每增设三机构	
				四显示	五显示		六显示	四显示	五显示		六显示
基价（元）				**1193.43**	**1348.79**	**1512.77**	**1660.41**	**946.27**	**1101.64**	**1264.71**	**1412.35**
其中	人工费（元）			480.00	480.00	560.00	560.00	240.00	240.00	320.00	320.00
	材料费（元）			633.43	788.79	832.77	980.41	626.27	781.64	824.71	972.35
	机械费（元）			80.00	80.00	120.00	120.00	80.00	80.00	120.00	120.00
名称		单位	单价（元）	数量							
人工	综合工日	工日	80.00	6.000	6.000	7.000	7.000	3.000	3.000	4.000	4.000
材料	酚醛防锈漆（各种颜色）	kg	15.60	0.700	0.700	0.700	0.700	0.700	0.700	0.700	0.700
	醇酸调和漆 综合	kg	15.20	1.400	1.400	1.400	1.400	1.000	1.000	1.000	1.000
	清油	kg	8.80	0.400	0.400	0.500	0.500	0.300	0.300	0.300	0.300
	铜芯聚氯乙烯绝缘绞型软线 RVS 1.5	km	2980.67	0.150	0.190	0.195	0.230	0.150	0.190	0.195	0.230
	爪型线环	个	1.80	63.000	78.000	93.000	112.000	63.000	78.000	93.000	112.000
	灯泡 12V25W/25W	个	4.50	4.200	5.250	5.250	6.300	4.200	5.250	5.250	6.300
	热轧中厚钢板 $\delta=4.5\sim10$	kg	3.90	1.240	1.550	1.550	1.860	1.240	1.550	1.550	1.860
	其他材料费	元	–	13.470	16.670	17.870	21.050	13.270	16.480	17.650	20.830
机械	轨道蒸汽吊 15t	台班	800.00	0.100	0.100	0.150	0.150	0.100	0.100	0.150	0.150

七、室外设备基础硬面化

工作内容：砌砖、抹水泥面，清理场地。 单位：个

定额编号				5-16-43	5-16-44	5-16-45	5-16-46	5-16-47	5-16-48	5-16-49
项目				终端电缆盒	方向盒	变压器箱	矮型信号机		高柱信号机	继电器箱
							单机构	双机构		
基价（元）				**103.13**	**136.47**	**132.42**	**257.76**	**307.17**	**321.34**	**508.81**
其中	人工费（元）			64.00	80.00	80.00	136.00	160.00	168.00	256.00
	材料费（元）			39.13	56.47	52.42	121.76	147.17	153.34	252.81
	机械费（元）			–	–	–	–	–	–	–
名称		单位	单价(元)	数量						
人工	综合工日	工日	80.00	0.800	1.000	1.000	1.700	2.000	2.100	3.200
材料	普通硅酸盐水泥 42.5	kg	0.36	16.000	23.000	22.000	49.000	62.000	62.000	104.000
	中砂	m^3	60.00	0.090	0.130	0.120	0.260	0.320	0.320	0.560
	红砖 240×115×53	千块	300.00	0.090	0.130	0.120	0.285	0.340	0.360	0.585
	其他材料费	元	–	0.970	1.390	1.300	3.020	3.650	3.820	6.270

八、修补路面

工作内容:开凿路面及恢复,清扫现场。

单位:10m

定额编号				5-16-50	5-16-51	5-16-52	5-16-53
项目				路面(宽 500 厚 200)			
				碎石	柏油	砖面	水泥面
基价(元)				**268.32**	**905.05**	**318.66**	**1179.40**
其中	人工费(元)			240.00	560.00	240.00	960.00
	材料费(元)			28.32	345.05	78.66	219.40
	机械费(元)			–	–	–	–
名称		单位	单价(元)	数量			
人工	综合工日	工日	80.00	3.000	7.000	3.000	12.000
材料	普通硅酸盐水泥 42.5	kg	0.36	–	–	–	275.000
	碎石 15mm	m^3	55.00	0.500	0.500	–	1.200
	中砂	m^3	60.00	–	0.300	1.000	0.800
	红砖 240×115×53	千块	300.00	–	–	0.060	–
	石油沥青 10 号	kg	3.80	–	78.000	–	–
	其他材料费	元	–	0.820	3.150	0.660	6.400

九、制作专用设备

1. 道口设备

工作内容:领料、加工、安装、配线、测试调整。　　　　单位:见表

定额编号				5-16-54	5-16-55	5-16-56	5-16-57
项目				道口电源	控制装置	栏木装置	自动报警
单位				套/处		根	套/单股道
基价(元)				**2446.52**	**2158.97**	**13728.32**	**1657.03**
其中	人工费(元)			800.00	1600.00	4000.00	1200.00
	材料费(元)			1646.52	558.97	9728.32	457.03
	机械费(元)			–	–	–	–
名称		单位	单价(元)	数量			
人工	综合工日	工日	80.00	10.000	20.000	50.000	15.000
材料	铜芯聚氯乙烯绝缘绞型软线 RVS 0.5	km	1277.83	0.100	0.200	7.300	0.110
	铜芯聚氯乙烯绝缘绞型软线 RVS 1.5	km	2980.67	0.100	0.100	–	0.100
	筒灯 1×13W 节能灯	套	55.39	–	–	1.000	–
	电源端子板 S×24.76	块	3.00	6.000	–	–	–
	十八柱端子板	组	57.80	20.000	–	–	–
	表示灯泡 HJ24V	个	5.57	–	–	–	2.000
	普通硅酸盐水泥 42.5	kg	0.36	–	–	200.000	–
	中砂	m^3	60.00	–	–	4.000	–
	碎石 30mm	m^3	55.00	–	–	0.400	–
	地脚螺栓 M16×300	套	2.20	–	–	0.300	–
	热轧中厚钢板 $\delta=4.5\sim10$	kg	3.90	0.620	–	–	–
	熔断器板 S×24.81	块	4.50	6.000	–	–	–
	其他材料费	元	–	17.250	5.340	10.110	7.260

2. 驼峰专用继电器

工作内容：领料、制作、调整。　　　　　　　　　　　　　　　　　　　　单位：个

定额编号				5-16-58	5-16-59	5-16-60	5-16-61
项目				驼峰专用继电器			
				编码点灯专用继电器（MJ）	译码继电器（YT）	数码管专用继电器（SDT）	开关继电器（KJ）
基价（元）				**458.33**	**460.65**	**361.93**	**362.96**
其中	人工费（元）			416.00	416.00	336.00	336.00
	材料费（元）			42.33	44.65	25.93	26.96
	机械费（元）			–	–	–	–
名称		单位	单价（元）	数量			
人工	综合工日	工日	80.00	5.200	5.200	4.200	4.200
材料	铜芯聚氯乙烯绝缘绞型软线 RVS 0.4	km	1012.00	0.002	0.002	0.001	0.002
	塑料软管 φ8	m	1.56	1.000	1.500	0.500	0.500
	紫铜板 各种规格	kg	64.00	0.200	0.200	0.150	0.150
	三氯化铁	kg	4.23	1.300	1.300	0.150	0.150
	铝板 各种规格	kg	18.90	0.080	0.080	–	–
	精制六角带帽螺栓 M(2～5)×(4～20)	10套	1.26	4.000	4.000	4.000	4.000
	松香焊锡丝 φ2.3	kg	57.00	0.050	0.070	0.050	0.050
	工业酒精 99.5%	kg	8.20	0.080	0.120	0.080	0.080
	钻头 φ10	个	9.00	1.000	1.000	0.500	0.500
	松香（特级）	kg	8.60	0.080	0.080	0.050	0.050
	其他材料费	元	–	0.700	0.770	0.430	0.450

3. 电动轨辙机

工作内容：领料、制作、涂油。　　　　单位：见表

定额编号				5-16-62	5-16-63	5-16-64	5-16-65	5-16-66
项目				电动轨辙机装置		鱼尾板		道岔连接杆
				普通型	复分型	43kg 轨	60kg 轨	方钢
单位				组		付		根
基价（元）				**1541.97**	**2166.33**	**570.96**	**734.74**	**403.18**
其中	人工费（元）			800.00	1120.00	400.00	480.00	320.00
	材料费（元）			741.97	1046.33	170.96	254.74	83.18
	机械费（元）			–	–	–	–	–
名称		单位	单价(元)	数量				
人工	综合工日	工日	80.00	10.000	14.000	5.000	6.000	4.000
材料	冷轧薄钢板 $\delta=2\sim2.5$	kg	4.90	1.000	2.000	–	–	–
	冷轧薄钢板 $\delta=2.6\sim3.2$	kg	5.50	1.000	2.000	–	–	–
	热轧中厚钢板 $\delta=4.5\sim10$	kg	3.90	10.000	20.000	–	–	–
	等边角钢 边宽60mm以上	kg	4.00	–	20.000	–	–	–
	圆钢 $\phi>32$	kg	4.10	–	–	–	–	20.000
	角钢支架 L125×80×8	kg	5.70	120.000	150.000	–	–	–
	鱼尾板	kg	5.40	–	–	31.300	46.640	–
	其他材料费	元	–	8.570	12.530	1.940	2.880	1.180

4. 角型铁、操纵箱

工作内容:领料、制作、涂料。　　　　单位:个

定额编号				5-16-67	5-16-68	5-16-69	5-16-70
项目				角型铁	丁字铁	操纵箱	操纵柱
基价(元)				**194.73**	**150.09**	**1758.69**	**1813.03**
其中	人工费(元)			160.00	120.00	1600.00	1600.00
	材料费(元)			34.73	30.09	158.69	213.03
	机械费(元)			–	–	–	–
名称		单位	单价(元)	数量			
人工	综合工日	工日	80.00	2.000	1.500	20.000	20.000
材料	钢板 $\delta>32$	kg	3.70	–	8.000	–	–
	热轧中厚钢板 $\delta=4.5\sim10$	kg	3.90	–	–	25.000	31.000
	冷轧薄钢板 $\delta=2.6\sim3.2$	kg	5.50	–	–	5.000	–
	冷轧薄钢板 $\delta=2\sim2.5$	kg	4.90	–	–	2.000	5.000
	圆钢 $\phi10\sim14$	kg	4.10	–	–	1.000	–
	圆钢 $\phi15\sim20$	kg	4.10	–	–	2.000	5.000
	圆钢 $\phi25\sim32$	kg	4.10	–	–	1.000	–
	焊接钢管 DN80	t	4371.00	–	–	0.001	0.010
	铸钢件	kg	5.70	6.000	–	–	–
	其他材料费	元	–	0.530	0.490	3.120	3.420

第十七章　驼峰专用设备安装

说　　明

一、适应范围：

缓行器、限界检查器、车辆减速控制装置、测长机、雷达机、电动穿输装置、空压设备控制装置、空压机配管、缓行器配管、管路试压吹洗、阀门安装、管路基础砌沟等。

二、包括工作内容：

缓行器包括：准备、开箱、拆卸、清洗、机架组装、安装、机械部分调整、刷漆。

测长、雷达装置包括：二次配线、安装调整。

电控传输装置包括：安支架、锯管、套丝、配管刷漆、发送设备及接收设备安装。

配管：检查、清扫、切管、套丝、上零件、固定、除锈、刷漆。

三、另套有关定额的项目：

1. 缓行器管子、风缸、配轨。

2. 配管未包括试压、吹扫。

3. 管子穿模板、过墙、过轨道。

一、缓行器

工作内容:开箱、拆卸、清洗、组装、安装、调整、刷漆。

单位:台

定额编号				5-17-1	5-17-2	5-17-3
项目				T-JK 车辆缓行器		
				5 节	6 节	7 节
基价(元)				**9251.17**	**10583.86**	**12280.66**
其中	人工费(元)			6800.00	8000.00	9200.00
	材料费(元)			530.74	578.20	625.66
	机械费(元)			1920.43	2005.66	2455.00
名称		单位	单价(元)	数量		
人工	综合工日	工日	80.00	85.000	100.000	115.000
材料	汽轮机油(各种规格)	kg	8.80	5.000	6.000	7.000
	黄干油 钙基脂	kg	9.78	15.000	16.000	17.000
	汽油 93 号	kg	10.05	15.000	16.000	17.000
	酚醛调和漆(各种颜色)	kg	18.00	8.000	9.000	10.000
	氧气	m^3	3.60	1.000	1.000	1.000
	乙炔气	m^3	25.20	0.430	0.430	0.430
	橡胶板(各种规格)	kg	9.68	1.000	1.000	1.000
	铅油	kg	8.50	1.000	1.000	1.000
	电焊条 结 422 ϕ2.5	kg	5.04	0.500	0.500	0.500
	其他材料费	元	-	10.150	10.980	11.810
机械	汽车式起重机 8t	台班	728.19	2.000	2.000	2.500
	叉式起重机 10t	台班	852.39	0.500	0.600	0.700
	交流弧焊机 21kV·A	台班	189.25	0.200	0.200	0.200

工作内容:开箱、拆卸、清洗、组装、安装、调整、刷漆。　　单位:台

定　额　编　号				5-17-4	5-17-5
项　目				限界检测器	T－JK 车辆缓行器控制装置
基　价（元）				**668.13**	**717.61**
其中	人　工　费（元）			400.00	400.00
	材　料　费（元）			268.13	317.61
	机　械　费（元）			–	–
名　称		单位	单价(元)	数	量
人工	综合工日	工日	80.00	5.000	5.000
材料	铜芯聚氯乙烯绝缘绞型软线 RVS 1.5	km	2980.67	–	0.030
	爪型线环	个	1.80	4.000	44.000
	醇酸调和漆 综合	kg	15.20	1.000	1.500
	阻燃计算机屏蔽软电缆 DZR－DJYPVPR 1×2×1.5	km	4885.00	0.050	–
	信号锁	把	120.00	–	1.010
	其他材料费	元	–	1.480	4.990

二、测长、雷达装置

工作内容：开箱、清扫、配线、焊接包头、安装调试。 单位：台

定额编号				5-17-6	5-17-7	5-17-8	5-17-9
项目				测长机	雷达机	雷达电源箱	雷达无线
基价（元）				**835.93**	**5345.26**	**416.96**	**675.05**
其中	人工费（元）			800.00	800.00	160.00	160.00
	材料费（元）			35.93	4545.26	256.96	515.05
	机械费（元）			–	–	–	–
名称		单位	单价（元）	数量			
人工	综合工日	工日	80.00	10.000	10.000	2.000	2.000
材料	焊锡	kg	48.00	0.100	0.200	–	–
	镀铬钢板 $\delta=2.5$	m^2	115.00	–	39.000	–	–
	工业酒精 99.5%	kg	8.20	0.100	0.100	–	–
	塑料软管 $\phi35$	m	10.48	2.000	3.000	–	–
	钩头螺栓 M12×200	套	1.82	5.000	5.000	–	–
	铜芯聚氯乙烯绝缘绞型软线 RVS 1.5	km	2980.67	–	–	0.020	0.020
	沥青绝缘胶	kg	4.50	–	–	2.000	–
	环氧树脂（各种规格）	kg	28.60	–	–	0.800	–
	乙二胺	kg	23.60	–	–	0.100	–
	二丁酯	kg	19.14	–	–	0.100	–
	石英粉	kg	0.50	–	–	0.500	–
	硬脂酸 一级	kg	11.50	–	–	0.100	–
	爪型线环	个	1.80	–	–	20.000	–
	通信电缆 HYA 10×2×0.5	km	6850.00	–	–	–	0.005
	信号锁	把	120.00	–	–	1.000	3.500
	其他材料费	元	–	0.250	9.300	3.790	1.190

工作内容:电缆盒内配线、打钢丝绳、引接续线入股道。

单位:区段

定额编号				5-17-10
项目				测长区段
基价(元)				**254.82**
其中	人工费(元)			160.00
	材料费(元)			94.82
	机械费(元)			–
名称		单位	单价(元)	数量
人工	综合工日	工日	80.00	2.000
材料	铜芯聚氯乙烯绝缘绞型软线 RVS 1.5	km	2980.67	0.001
	爪型线环	个	1.80	10.000
	钢丝绳 股丝(6~7)×19 ϕ=7.1~8	kg	7.30	9.600
	其他材料费	元	–	3.760

三、电空传输装置

工作内容：安支架、锯管、套丝、配管、刷油、设备安装。　　单位：套

定额编号				5-17-11	5-17-12
项目				电空传输	
				发送设备	接受设备
基价（元）				**1092.49**	**924.35**
其中	人工费（元）			800.00	640.00
	材料费（元）			273.56	265.42
	机械费（元）			18.93	18.93
名称		单位	单价(元)	数量	
人工	综合工日	工日	80.00	10.000	8.000
材料	镀锌管接头 1.5×25	个	1.56	2.000	1.000
	镀锌管箍 DN25	个	0.99	2.000	1.000
	活接头 25	个	5.10	3.000	2.000
	镀锌弯头 DN15	个	0.25	1.000	1.000
	镀锌弯头 DN25	个	1.28	1.000	2.000
	异径接头 Dg15×25	个	4.80	1.000	–
	冷拔无缝钢管 外径 26～42 壁厚 2 以上	t	6110.00	0.036	0.036
	等边角钢 边宽 60mm 以下	kg	4.00	4.000	4.000
	酚醛防锈漆（各种颜色）	kg	15.60	0.100	0.200
	醇酸调和漆 综合	kg	15.20	0.100	0.200
	电焊条 结 422 φ2.5	kg	5.04	0.100	0.100
	其他材料费	元	–	7.290	7.240
机械	交流弧焊机 21kV·A	台班	189.25	0.100	0.100

四、空压设备及控制装置

工作内容:准备、开箱检查、清理、预检、预装、安装、校接线。　　单位:见表

定额编号				5-17-13	5-17-14	5-17-15
项目				电空传输		
				小风缸($0.5m^3$)	减压箱	配线
单位				台		处
基价(元)				**450.37**	**164.22**	**279.86**
其中	人工费(元)			400.00	120.00	32.00
	材料费(元)			31.44	25.29	247.86
	机械费(元)			18.93	18.93	-
名称		单位	单价(元)	数量		
人工	综合工日	工日	80.00	5.000	1.500	0.400
材料	氧气	m^3	3.60	0.500	0.100	-
	乙炔气	m^3	25.20	0.220	0.040	-
	汽轮机油(各种规格)	kg	8.80	0.100	0.100	-
	煤油	kg	4.20	0.500	-	-
	橡胶板(定型条)	kg	11.20	0.200	-	-

续前 单位:见表

定额编号				5-17-13	5-17-14	5-17-15
项目				电空传输		
				小风缸(0.5m^3)	减压箱	配线
材料	酚醛防锈漆(各种颜色)	kg	15.60	0.400	0.300	–
	醇酸调和漆 综合	kg	15.20	0.400	0.300	–
	活接头 25	个	5.10	1.000	1.000	–
	异径管箍 DN25×20	个	1.96	–	1.000	–
	焊接钢管 DN25	t	4427.00	–	0.001	–
	铜芯聚氯乙烯绝缘绞型软线 RVS 1.5	km	2980.67	–	–	0.060
	铜芯聚氯乙烯绝缘绞型软线 RVS 0.5	km	1277.83	–	–	0.040
	塑料软管 ϕ2	kg	9.90	–	–	0.500
	塑料槽板	m	0.96	–	–	8.000
	塑料胶布带 25mm×10m	卷	1.50	–	–	0.500
	电焊条 结422 ϕ3.2	kg	6.70	0.100	0.100	–
	其他材料费	元	–	0.790	1.640	4.530
机械	交流弧焊机 21kV·A	台班	189.25	0.100	0.100	–

注:塑料管3个的软件中没有,白布带没有,木槽板二线型号没有。

工作内容：切管、套丝、配管、刷漆。

单位：台

定额编号				5-17-16	5-17-17	5-17-18
项目				电空传输检查井内配管		
				Ⅰ型	Ⅱ型	Ⅲ型
基价（元）				**615.81**	**490.88**	**373.96**
其中	人工费（元）			240.00	216.00	200.00
	材料费（元）			375.81	274.88	173.96
	机械费（元）			–	–	–
名称		单位	单价(元)	数量		
人工	综合工日	工日	80.00	3.000	2.700	2.500
材料	镀锌管接头 6×25	个	1.65	8.000	6.000	4.000
	镀锌三通 DN40	个	7.61	1.000	1.000	1.000
	镀锌活接头 DN40	个	9.41	1.000	1.000	1.000
	冷拔无缝钢管 外径 26～42 壁厚 2 以上	t	6110.00	0.045	0.030	0.015
	焊接钢管 DN40	t	4371.00	0.010	0.010	0.010
	酚醛防锈漆（各种颜色）	kg	15.60	0.500	0.400	0.300
	醇酸调和漆 综合	kg	15.20	0.500	0.400	0.300
	氧气	m^3	3.60	0.100	0.100	0.100
	乙炔气	m^3	25.20	0.040	0.040	0.040
	其他材料费	元	–	10.160	7.260	4.370

工作内容:备料、打眼、支架制作、安装、清洗、装接头、接线。　　单位:个

定额编号				5-17-19	5-17-20
项目				电磁换向阀	电接点压力表
基价(元)				**32.97**	**40.97**
其中	人工费(元)			32.00	40.00
	材料费(元)			0.97	0.97
	机械费(元)			–	–
名称		单位	单价(元)	数	量
人工	综合工日	工日	80.00	0.400	0.500
材料	汽轮机油(各种规格)	kg	8.80	0.100	0.100
	其他材料费	元	–	0.090	0.090

工作内容:开箱检查、清洗、找平、安装、场地清理。　　　　单位:台

定额编号				5-17-21	5-17-22	5-17-23	5-17-24
项目				水分离器(Dg150)	储气罐($10m^3$)	离心水泵(2BA-6)	3L-10/8 空气压缩机
基价(元)				**431.30**	**1485.81**	**172.41**	**2479.29**
其中	人工费(元)			176.00	1440.00	160.00	2400.00
	材料费(元)			255.30	45.81	12.41	79.29
	机械费(元)			-	-	-	-
名称		单位	单价(元)	数量			
人工	综合工日	工日	80.00	2.200	18.000	2.000	30.000
材料	钢板平焊法兰 1.6MPa DN150	片	115.35	2.000	-	-	-
	精制六角带帽螺栓带垫 M20×(85~100)	套	3.86	0.230	-	-	-
	电焊条 结 422 φ2.5	kg	5.04	0.760	1.500	0.100	1.800
	氧气	m^3	3.60	0.400	1.500	-	1.000
	乙炔气	m^3	25.20	0.170	0.650	-	0.430
	煤油	kg	4.20	-	2.000	0.600	5.000
	橡胶板(定型条)	kg	11.20	0.250	0.500	0.250	1.000
	汽轮机油(各种规格)	kg	8.80	0.150	-	0.500	1.000
	黄干油 钙基脂	kg	9.78	-	-	0.100	0.200
	压缩机油	kg	8.50	-	-	-	1.000
	铅油	kg	8.50	0.200	0.100	0.100	0.200
	其他材料费	元	-	8.340	1.620	0.360	2.630

工作内容：备料、下料、焊接、油漆二遍、配线。

单位：台

定额编号					5-17-25	5-17-26
项目					空气过滤器维修工作台制作	空气压缩机自动控制台安装
基价（元）					**1769.32**	**573.60**
其中	人工费（元）				320.00	400.00
	材料费（元）				1260.07	173.60
	机械费（元）				189.25	–
名称			单位	单价（元）	数	量
人工	综合工日		工日	80.00	4.000	5.000
材料	镀锌钢管 DN20		t	6063.00	0.080	–
	盲板（木板）$\delta=25$		m^3	1376.00	0.100	–
	醇酸调和漆 综合		kg	15.20	2.000	–
	等边角钢 边宽60mm以上		kg	4.00	142.000	–
	电焊条 结422 $\phi2.5$		kg	5.04	3.000	–
	铜芯聚氯乙烯绝缘绞型软线 RVS 0.5		km	1277.83	–	0.001
	表示灯泡 HJ24V		个	5.57	–	30.000
	松香焊锡丝 $\phi2.3$		kg	57.00	–	0.001
	钩头螺栓 M12×200		套	1.82	–	1.000
	其他材料费		元	–	23.910	3.350
机械	交流弧焊机 21kV·A		台班	189.25	1.000	–

工作内容：准备、镀盲板、装临时管线、试压、检查、吹扫、拆临时管线、清理现场。 单位：100m

定额编号				5-17-27	5-17-28	5-17-29
项目				压缩空气试压与吹洗(DN)		
				150 以下	100 以下	50 以下
基价（元）				**385.99**	**321.09**	**275.26**
其中	人工费（元）			282.40	228.80	192.80
	材料费（元）			47.44	39.52	29.69
	机械费（元）			56.15	52.77	52.77
名称		单位	单价(元)	数量		
人工	综合工日	工日	80.00	3.530	2.860	2.410
材料	冷轧薄钢板 $\delta=2.6\sim3.2$	kg	5.50	4.600	4.100	3.700
	电焊条 结 422 ϕ2.5	kg	5.04	0.200	0.200	0.200
	氧气	m^3	3.60	0.400	0.400	0.200
	乙炔气	m^3	25.20	0.170	0.170	0.090
	耐酸石棉橡胶板 综合	kg	45.88	0.300	0.200	0.100
	肥皂	块	1.50	0.600	0.300	0.200
	其他材料费	元	–	0.740	0.610	0.460
机械	交流弧焊机 21kV·A	台班	189.25	0.100	0.100	0.100
	电动空气压缩机 $6m^3/min$	台班	338.45	0.110	0.100	0.100

工作内容：检查及清扫管材、切管、套丝、上零件、管道及管件安装。　　　　单位：10m

定额编号				5-17-30	5-17-31	5-17-32	5-17-33
项目				室外缓行器配管（DN）			
				25 以下	32 以下	40 以下	50 以下
基价（元）				**238.33**	**288.72**	**368.77**	**442.12**
其中	人工费（元）			58.40	58.40	81.60	81.60
	材料费（元）			179.93	230.32	287.17	360.52
	机械费（元）			–	–	–	–
名称		单位	单价（元）	数量			
人工	综合工日	工日	80.00	0.730	0.730	1.020	1.020
材料	镀锌钢管 DN25	t	5687.00	0.026	–	–	–
	镀锌钢管 DN32	t	5687.00	–	0.033	–	–
	镀锌钢管 DN40	t	5687.00	–	–	0.041	–
	镀锌钢管 DN50	t	5640.00	–	–	–	0.052
	镀锌活接头 DN25	个	4.79	1.560	–	–	–
	镀锌活接头 DN32	个	6.61	–	1.560	–	–
	镀锌活接头 DN40	个	9.41	–	–	1.560	–
	镀锌活接头 DN50	个	13.34	–	–	–	1.560
	酚醛防锈漆（各种颜色）	kg	15.60	0.460	0.490	0.570	0.590
	防锈漆	kg	13.65	0.960	1.400	1.750	2.150
	铅油	kg	8.50	0.100	0.140	0.140	0.140
	其他材料费	元	–	3.470	4.390	5.350	6.690

工作内容：检查、清扫管材、切管、套丝、上零件、管道及管件安装。　　　　单位：10m

定额编号				5-17-34	5-17-35	5-17-36	5-17-37
项目				室外缓行器配管(DN)			
				65 以下	100 以下	125 以下	150 以下
基价（元）				**567.12**	**904.28**	**1227.08**	**1727.41**
其中	人工费（元）			160.00	240.00	320.00	400.00
	材料费（元）			407.12	664.28	907.08	1327.41
	机械费（元）			–	–	–	–
名称		单位	单价(元)	数量			
人工	综合工日	工日	80.00	2.000	3.000	4.000	5.000
材料	焊接钢管 DN65	t	4371.00	0.068	–	–	–
	焊接钢管 DN100	t	4371.00	–	0.111	–	–
	焊接钢管 DN125	t	4418.00	–	–	0.154	–
	热轧无缝钢管 外径 121～159 壁厚 4～7	t	5452.00	–	–	–	0.183
	铸钢件	kg	5.70	7.000	10.550	15.010	23.760
	电焊条 结 422 ϕ2.5	kg	5.04	1.050	1.700	2.240	4.050
	氧气	m^3	3.60	1.120	2.300	2.500	4.400
	乙炔气	m^3	25.20	0.490	1.000	1.090	1.910
	酚醛防锈漆（各种颜色）	kg	15.60	0.740	1.110	1.360	1.610
	防锈漆	kg	13.65	2.650	4.300	5.200	6.100
	其他材料费	元	–	0.600	0.900	1.200	1.500

工作内容：检查、清扫、管件及管路安装、除锈、刷漆二遍、水压试验。 单位：10m

定额编号				5-17-38	5-17-39	5-17-40	5-17-41	5-17-42	5-17-43
项目				室内空压机配管（DN）					
				15 以下	20 以下	25 以下	32 以下	40 以下	50 以下
基价（元）				**320.07**	**369.22**	**437.01**	**535.32**	**627.20**	**759.66**
其中	人工费（元）			200.00	224.00	240.00	280.00	320.00	360.00
	材料费（元）			120.07	145.22	197.01	255.32	307.20	399.66
	机械费（元）			–	–	–	–	–	–
名称		单位	单价（元）	数量					
人工	综合工日	工日	80.00	2.500	2.800	3.000	3.500	4.000	4.500
材料	镀锌钢管 DN15	t	6063.00	0.013	–	–	–	–	–
	镀锌钢管 DN20	t	6063.00	–	0.017	–	–	–	–
	镀锌钢管 DN25	t	5687.00	–	–	0.025	–	–	–
	镀锌钢管 DN32	t	5687.00	–	–	–	0.032	–	–
	镀锌钢管 DN40	t	5687.00	–	–	–	–	0.039	–
	镀锌钢管 DN50	t	5640.00	–	–	–	–	–	0.050
	镀锌活接头 DN20	个	3.27	10.100	10.100	–	–	–	–
	镀锌活接头 DN25	个	4.79	–	–	8.960	–	–	–
	镀锌活接头 DN32	个	6.61	–	–	–	8.960	–	–
	镀锌活接头 DN40	个	9.41	–	–	–	–	7.390	–
	镀锌活接头 DN50	个	13.34	–	–	–	–	–	7.390
	酚醛防锈漆（各种颜色）	kg	15.60	0.230	0.260	0.330	0.410	0.470	0.590
	防锈漆	kg	13.65	0.100	0.100	0.140	0.140	0.140	0.140
	铅油	kg	8.50	0.100	0.100	0.140	0.140	0.140	0.140
	其他材料费	元	–	2.420	2.850	3.670	4.610	5.430	6.770

工作内容:检查、清扫、管件及管路安装、除锈、刷漆二遍、水压试验。　　　　单位:10m

定额编号				5-17-44	5-17-45	5-17-46	5-17-47
项目				室内空压机配管(DN)			
				65 以下	100 以下	125 以下	150 以下
基价(元)				**527.59**	**846.07**	**1149.64**	**799559.82**
其中	人工费(元)			–	–	–	–
	材料费(元)			414.04	675.74	922.54	799275.94
	机械费(元)			113.55	170.33	227.10	283.88
名称		单位	单价(元)	数量			
材料	焊接钢管 DN65	t	4371.00	0.068	–	–	182.550
	焊接钢管 DN100	t	4371.00	–	0.111	–	–
	焊接钢管 DN125	t	4418.00	–	–	0.154	–
	热轧无缝钢管 外径 121 ~ 159 壁厚 4 ~ 7	t	5452.00	–	–	–	0.183
	铸钢件	kg	5.70	7.000	10.550	15.010	23.760
	电焊条 结 422 φ2.5	kg	5.04	1.050	1.700	2.190	4.050
	氧气	m^3	3.60	1.120	2.300	2.500	4.400
	乙炔气	m^3	25.20	0.490	1.000	1.090	1.910
	防锈漆	kg	13.65	2.650	4.300	5.200	6.100
	酚醛防锈漆(各种颜色)	kg	15.60	0.740	1.110	1.360	1.610
	其他材料费	元	–	7.520	12.360	16.910	23.980
机械	交流弧焊机 21kV · A	台班	189.25	0.600	0.900	1.200	1.500

五、管路及阀门

1. 管路

工作内容:下料、打眼、固定、刷油、接管子。　　　　单位:处

定额编号				5-17-48	5-17-49	5-17-50
项目				钢管过楼板	钢管过墙	电缆管引入
基价(元)				**62.05**	**32.74**	**99.72**
其中	人工费(元)			48.00	32.00	16.00
	材料费(元)			14.05	0.74	83.72
	机械费(元)			-	-	-
名称		单位	单价(元)	数		量
人工	综合工日	工日	80.00	0.600	0.400	0.200
材料	焊接钢管 DN50	t	4371.00	0.003	-	-
	焊接钢管 DN20	t	4540.00	-	-	0.015
	冲压弯头 90° 25	个	0.89	-	-	1.000
	普通硅酸盐水泥 42.5	kg	0.36	2.000	2.000	-
	钢管卡子 DN50 以下	个	1.20	-	-	4.000
	酚醛防锈漆(各种颜色)	kg	15.60	-	-	0.200
	色调和漆	kg	12.30	-	-	0.400
	其他材料费	元	-	0.220	0.020	1.890

工作内容:检查、画线、下料、筛砂、煨制。　　　　单位:个

定额编号				5-17-51	5-17-52	5-17-53	5-17-54
项目				DN150 V型调整器	90°弯头制作(DN)		
				制作与安装(煨制)	150以下	125以下	100以下
基价(元)				**2094.16**	**482.36**	**395.06**	**187.79**
其中	人工费(元)			800.00	80.00	64.00	56.00
	材料费(元)			1246.85	307.73	236.43	131.79
	机械费(元)			47.31	94.63	94.63	–
名称		单位	单价(元)	数量			
人工	综合工日	工日	80.00	10.000	1.000	0.800	0.700
材料	热轧无缝钢管 外径121~159 壁厚4~7	t	5452.00	0.100	0.008	–	–
	焊接钢管 DN125	t	4418.00	–	–	0.006	–
	焊接钢管 DN100	t	4371.00	–	–	–	0.004
	钢制法兰盘 150 压力:2.5MPa	个	120.35	2.000	2.000	–	–
	钢制法兰盘 125 压力:2.5MPa	个	95.58	–	–	2.000	–
	钢制法兰盘 100 压力:2.5MPa	个	49.50	–	–	–	2.000

续前 单位:个

定额编号				5-17-51	5-17-52	5-17-53	5-17-54
项目				DN150V 型调整器	90°弯头制作(DN)		
				制作与安装(煨制)	150 以下	125 以下	100 以下
材料	电焊条 结 422 ϕ2.5	kg	5.04	0.800	1.500	1.000	0.800
	氧气	m^3	3.60	1.150	0.300	0.300	0.200
	乙炔气	m^3	25.20	0.500	0.130	0.130	0.090
	焦炭	kg	1.50	180.000	–	–	–
	木柴	kg	0.95	16.000	–	–	–
	中砂	m^3	60.00	0.050	–	–	–
	等边角钢 边宽 60mm 以上	kg	4.00	22.000	–	–	–
	橡胶板（定型条）	kg	11.20	0.300	–	–	–
	酚醛防锈漆（各种颜色）	kg	15.60	1.000	0.100	0.100	0.100
	醇酸调和漆 综合	kg	15.20	1.000	0.100	0.100	0.100
	其他材料费	元	–	29.820	8.420	6.290	5.210
机械	交流弧焊机 21kV·A	台班	189.25	0.250	0.500	0.500	–

工作内容：挖坑、下管子、浇沥青、防腐处理、回填土。　　　　单位：处

定额编号				5-17-55	5-17-56
项目				过道	防护
				DN75	DN400
基价（元）				**288.54**	**2082.79**
其中	人工费（元）			160.00	320.00
	材料费（元）			128.54	1762.79
	机械费（元）			–	–
名称		单位	单价(元)	数	量
人工	综合工日	工日	80.00	2.000	4.000
材料	铸铁管 ϕ75mm	kg	3.95	30.000	–
	铸铁管 ϕ400mm	kg	3.95	–	420.000
	煤焦油沥青漆 L01－17	kg	7.95	1.000	10.000
	其他材料费	元	–	2.090	24.290

注：铸铁管 DN75/400 对应不上。

2. 法兰

工作内容：切管、制垫、加垫、装法兰、焊接。　　　　单位：个

定额编号				5-17-57	5-17-58	5-17-59	5-17-60
项目				法兰盘安装(DN)			
				150 以下	125 以下	100 以下	65 以下
基价（元）				**505.49**	**449.69**	**304.14**	**238.32**
其中	人工费（元）			42.40	40.00	33.60	32.00
	材料费（元）			273.84	220.44	119.14	111.69
	机械费（元）			189.25	189.25	151.40	94.63
名称		单位	单价(元)	数量			
人工	综合工日	工日	80.00	0.530	0.500	0.420	0.400
材料	钢制法兰盘 125 压力:2.5MPa	个	95.58	–	2.000	–	–
	钢制法兰盘 150 压力:2.5MPa	个	120.35	2.000	–	–	–
	钢制法兰盘 100 压力:2.5MPa	个	49.50	–	–	2.000	–
	钢制法兰盘 80 压力:2.5MPa	个	46.98	–	–	–	2.000
	精制六角螺栓 M20×90	100 个	146.50	0.060	0.060	–	–
	精制六角螺栓 M20×70	100 个	115.50	–	–	0.070	0.070
	电焊条 结 422 ϕ2.5	kg	5.04	0.750	0.650	0.440	0.310
	氧气	m^3	3.60	0.100	0.100	0.070	0.050
	乙炔气	m^3	25.20	0.040	0.040	0.030	0.020
	耐酸石棉橡胶板 综合	kg	45.88	0.280	0.230	0.110	0.100
	其他材料费	元	–	6.360	5.290	3.780	2.810
机械	交流弧焊机 21kV·A	台班	189.25	1.000	1.000	0.800	0.500

工作内容:外观检查、除锈、加垫、固定、水压试验。　　　　单位:个

定额编号				5-17-61	5-17-62	5-17-63	5-17-64	5-17-65
项目				止回阀	闸阀	底阀	安全阀	
				DN125	DN150	DN125	DN100	DN50
基价(元)				**130.41**	**133.08**	**130.41**	**120.41**	**41.22**
其中	人工费(元)			79.20	80.00	79.20	72.00	40.00
	材料费(元)			51.21	53.08	51.21	48.41	1.22
	机械费(元)			–	–	–	–	–
名称		单位	单价(元)	数			量	
人工	综合工日	工日	80.00	0.990	1.000	0.990	0.900	0.500
材料	氧气	m^3	3.60	0.100	0.100	0.100	0.100	–
	乙炔气	m^3	25.20	0.040	0.040	0.040	0.040	–
	精制六角螺栓 M20×90	100个	146.50	0.180	0.180	0.180	0.180	–
	耐酸石棉橡胶板 综合	kg	45.88	0.460	0.500	0.460	0.400	–
	电焊条 结422 φ2.5	kg	5.04	0.200	0.200	0.200	0.200	–
	铅油	kg	8.50	–	–	–	–	0.050
	其他材料费	元	–	1.360	1.390	1.360	1.310	0.790

工作内容：外观检查、除锈、加垫、固定、水压试验。 单位：个

定额编号				5-17-66	5-17-67	5-17-68	5-17-69	5-17-70	5-17-71
项目				截止阀			旋塞		压力表旋塞
				DN150	DN40	DN25	DN40	DN25	(带接头)DN15
基价（元）				**133.08**	**41.04**	**26.20**	**25.14**	**16.67**	**16.33**
其中	人工费（元）			80.00	40.00	24.00	24.00	16.00	16.00
	材料费（元）			53.08	1.04	2.20	1.14	0.67	0.33
	机械费（元）			–	–	–	–	–	–
名称		单位	单价(元)	数量					
人工	综合工日	工日	80.00	1.000	0.500	0.300	0.300	0.200	0.200
材料	氧气	m^3	3.60	0.100	–	–	–	–	–
	乙炔气	m^3	25.20	0.040	–	–	–	–	–
	精制六角螺栓 M20×90	100个	146.50	0.180	–	–	–	–	–
	耐酸石棉橡胶板 综合	kg	45.88	0.500	–	–	–	–	–
	电焊条 结422 ϕ2.5	kg	5.04	0.200	–	–	–	–	–
	铅油	kg	8.50	–	0.040	0.200	0.040	0.020	0.010
	其他材料费	元	–	1.390	0.700	0.500	0.800	0.500	0.240

六、管路基础及砌沟

工作内容：制拆模板、配筋、灌注、养护、四周抹灰浆。　　　　单位：m^3

定额编号				5-17-72	5-17-73	5-17-74	5-17-75	5-17-76	5-17-77
项目				管道基础(DN)					电空传送小风缸基础(100块)
				25以下	50以下	80以下	125以下	150以下	
基价（元）				**552.73**	**1003.90**	**1000.84**	**437.71**	**459.05**	**2624.29**
其中	人工费（元）			179.20	436.80	304.00	134.40	152.00	508.00
	材料费（元）			373.53	567.10	696.84	303.31	307.05	2116.29
	机械费（元）			–	–	–	–	–	–
名称		单位	单价(元)	数量					
人工	综合工日	工日	80.00	2.240	5.460	3.800	1.680	1.900	6.350
材料	普通混凝土 C15	m^3	225.00	0.520	1.000	1.300	0.400	0.450	1.670
	普通硅酸盐水泥 42.5	kg	0.36	186.600	315.700	410.400	126.300	142.100	527.200
	中砂	m^3	60.00	0.280	0.480	0.620	0.190	0.220	0.800
	碎石 20mm	m^3	55.00	0.510	0.870	1.130	0.350	0.320	1.450
	Ⅱ级钢筋 ϕ20 以外	kg	4.00	2.600	3.800	4.700	0.400	2.400	38.000
	Ⅱ级钢筋 ϕ20 以内	kg	4.00	–	–	–	17.000	11.700	308.100
	钩头螺栓 M10×200	套	0.58	215.000	215.000	215.000	–	–	–
	钩头螺栓 M18×200	套	3.03	–	–	–	20.000	20.000	–
	其他材料费	元	–	9.400	11.900	13.750	6.990	6.840	38.600

工作内容:同前

单位:m^3

定额编号				5-17-78	5-17-79	5-17-80	5-17-81	5-17-82	5-17-83
项目				送风管沟盖板		水分离器基础	电空传输减压箱基础	电缆盒基础	水泵基础
				10.8×0.49×0.06	12.2×0.5×0.08				
基价(元)				**216.36**	**775.35**	**533.04**	**950.64**	**722.35**	**899.68**
其中	人工费(元)			80.80	273.60	221.60	308.80	221.60	392.00
	材料费(元)			135.56	501.75	311.44	641.84	500.75	507.68
	机械费(元)			–	–	–	–	–	–
名称		单位	单价(元)	数量					
人工	综合工日	工日	80.00	1.010	3.420	2.770	3.860	2.770	4.900
材料	普通混凝土 C15	m^3	225.00	0.240	0.900	–	–	–	–
	普通混凝土 C20	m^3	240.00	–	–	0.730	0.920	0.730	1.320
	普通硅酸盐水泥 42.5	kg	0.36	77.300	284.100	–	–	–	–
	普通硅酸盐水泥 32.5	kg	0.33	–	–	228.800	288.300	228.800	413.700
	中砂	m^3	60.00	0.160	0.430	0.340	0.420	0.340	0.610
	碎石 20mm	m^3	55.00	0.210	0.780	0.660	0.830	0.660	0.190
	Ⅱ级钢筋 ϕ20 以内	kg	4.00	7.600	30.000	–	–	–	–
	地脚螺栓 M12×300	套	1.23	–	–	–	199.000	–	–
	地脚螺栓 M12×250 以下	套	1.00	–	–	–	–	185.000	–
	其他材料费	元	–	2.180	8.270	4.040	10.280	8.350	7.310

工作内容：同前　　　　　　　　　　　　　　　　　　　　　　　　　　　　　　　　　　单位：m^3

定额编号				5-17-84	5-17-85	5-17-86	5-17-87	5-17-88
项目				空压机基础	后冷却器基础	储气罐基础	雷达变压器基础	雷达微波部分基础
基价（元）				**3619.42**	**449.06**	**1956.13**	**866.33**	**222.74**
其中	人工费（元）			1336.00	186.40	792.80	364.80	99.20
	材料费（元）			2283.42	262.66	1163.33	501.53	123.54
	机械费（元）			–	–	–	–	–
名称		单位	单价(元)	数量				
人工	综合工日	工日	80.00	16.700	2.330	9.910	4.560	1.240
材料	普通混凝土 C15	m^3	225.00	5.320	0.610	2.830	1.220	0.300
	普通硅酸盐水泥 32.5	kg	0.33	1667.240	191.800	886.900	382.340	94.300
	中砂	m^3	60.00	2.450	0.280	1.300	0.560	0.140
	碎石 20mm	m^3	55.00	4.790	0.550	2.550	1.100	0.270
	地脚螺栓 M16×230	套	1.92	–	6.000	–	–	–
	地脚螺栓 M24×400	套	9.45	10.000	–	–	–	–
	其他材料费	元	–	31.280	3.550	15.650	6.760	1.670

工作内容：砌砖、勾缝、铺渗水砂石、固定支架。

单位：100m

定额编号				5-17-89	5-17-90	5-17-91	5-17-92
项目				砌砖沟			
				1.1×0.96（24 墙）	1.22×1.22（24 墙）	2.97×2.7（37 墙）	0.65×1.18（37 墙）
基价（元）				**22816.12**	**38233.63**	**75325.19**	**17847.16**
其中	人工费（元）			9328.00	10345.60	28944.00	6968.00
	材料费（元）			13488.12	27888.03	46381.19	10879.16
	机械费（元）			–	–	–	–
名称		单位	单价（元）	数量			
人工	综合工日	工日	80.00	116.600	129.320	361.800	87.100
材料	普通黏土砖（红砖）240mm×115mm×53mm	千块	300.00	30.580	33.360	112.490	27.080
	中砂	m^3	60.00	12.830	14.230	46.180	11.110
	碎石 20mm	m^3	55.00	21.600	45.600	70.800	10.000
	普通硅酸盐水泥 42.5	kg	0.36	3306.000	36660.000	11880.000	2860.600
	等边角钢 边宽 60mm 以下	kg	4.00	291.000	329.600	422.220	126.640
	其他材料费	元	–	2.160	2.230	3.710	2.180

注：角钢 L60×6 的没有。

工作内容:砌砖、勾缝、铺渗水砂石、固定支架。　　单位:m^2(24 墙)

定额编号				5-17-93	5-17-94	5-17-95	5-17-96
项目				电空传输检查井			废油收集池 (6.1m^2)
				(Ⅲ)(5.628m^2)	(Ⅱ)(7.1m^2)	(Ⅰ)(8.5m^2)	
基价(元)				**630.15**	**841.67**	**989.08**	**670.76**
其中	人工费(元)			238.40	300.80	345.60	320.00
	材料费(元)			391.75	540.87	643.48	350.76
	机械费(元)			–	–	–	–
名称		单位	单价(元)	数量			
人工	综合工日	工日	80.00	2.980	3.760	4.320	4.000
材料	普通黏土砖(红砖)240mm×115mm×53mm	千块	300.00	0.730	0.990	1.130	0.850
	中砂	m^3	60.00	0.330	0.410	0.480	0.430
	碎石 20mm	m^3	55.00	0.870	1.230	1.470	–
	普通硅酸盐水泥 42.5	kg	0.36	84.420	106.500	122.250	110.000
	焊接钢管 DN50	t	4371.00	0.008	0.016	0.024	–
	焊接钢管 DN80	t	4371.00	0.005	0.005	0.005	0.005
	Ⅱ级钢筋 ϕ20 以内	kg	4.00	2.000	2.000	2.000	–
	其他材料费	元	–	9.890	13.490	16.060	8.500

注:焊接管的型号找不到。钢筋没有 10 个的,取的是 10 个以内的。

第十八章　信号设备系统调试

说　　明

一、适合范围：

铁路信号室内设备的单体调试，轨道电路模拟试验，系统回路试验，室外设备导通联锁试验，区间信号试验。

二、工作内容：

准备、电源连接、线路检查，主副电源屏切换，电气特性试验，各功能调试，故障处理。

三、未包括的工作内容：

1. 轨道模拟电路板、信号机灯光模拟电路、模拟道岔电路的制作。

2. 与其他专业的配合调试。

3. 72h 的试运行。

一、室内设备调试

工作内容:准备、设备单体调试,电气特性测试,设备导通试验,记录整理。 单位:见表

定额编号				5-18-1	5-18-2	5-18-3	5-18-4	5-18-5	5-18-6
项目				室内设备			道口信号	驼峰	
				控制台	组合架	电源屏		自动	半自动
单位				台			处	组	
基价(元)				**619.62**	**826.17**	**413.08**	**537.48**	**535.57**	**443.42**
其中	人工费(元)			480.00	640.00	320.00	400.00	400.00	320.00
	材料费(元)			93.56	124.76	62.38	99.10	93.35	92.72
	机械费(元)			46.06	61.41	30.70	38.38	42.22	30.70
名称		单位	单价(元)	数量					
人工	综合工日	工日	80.00	6.000	8.000	4.000	5.000	5.000	4.000
材料	铜芯聚氯乙烯绝缘绞型软线 RVS 1.5	km	2980.67	0.030	0.040	0.020	0.032	0.030	0.030
	校验材料费	元	-	2.420	3.230	1.620	2.020	2.220	1.620
	其他材料费	元	-	1.720	2.300	1.150	1.700	1.710	1.680
机械	校验仪器使用费	元	-	46.060	61.410	30.700	38.380	42.220	30.700

注:室内设备是以分线盘为界,断开与室外设备的联系。

二、轨道电路模拟试验

工作内容：准备、临时电缆敷设，各功能模拟试验，记录整理。　　单位：区段

定额编号				5-18-7	5-18-8	5-18-9
项目				模拟电路试验	控制台按钮试验	排列路径试验
基价（元）				**280.93**	**236.88**	**443.42**
其中	人工费（元）			200.00	160.00	320.00
	材料费（元）			61.74	61.53	92.72
	机械费（元）			19.19	15.35	30.70
名称		单位	单价(元)	数量		
人工	综合工日	工日	80.00	2.500	2.000	4.000
材料	铜芯聚氯乙烯绝缘绞型软线 RVS 1.5	km	2980.67	0.020	0.020	0.030
	校验材料费	元	–	1.010	0.810	1.620
	其他材料费	元	–	1.120	1.110	1.680
机械	校验仪器使用费	元	–	19.190	15.350	30.700

三、室外设备导通连锁试验

工作内容:准备、电源连接,室外连锁试验,记录整理。　　　　单位:见表

定额编号				5-18-10	5-18-11	5-18-12	5-18-13
项目				电气集中	调度监督表示中心	电锁器	改配线
单位				道岔	站	道岔	每10个头
基价(元)				**795.82**	**2293.53**	**201.64**	**57.17**
其中	人工费(元)			640.00	2000.00	128.00	46.40
	材料费(元)			94.41	101.63	61.36	6.31
	机械费(元)			61.41	191.90	12.28	4.46
名称		单位	单价(元)	数量			
人工	综合工日	工日	80.00	8.000	25.000	1.600	0.580
材料	铜芯聚氯乙烯绝缘绞型软线 RVS 1.5	km	2980.67	0.030	0.030	0.020	0.002
	校验材料费	元	–	3.230	10.100	0.650	0.230
	其他材料费	元	–	1.760	2.110	1.100	0.120
机械	校验仪器使用费	元	–	61.410	191.900	12.280	4.460

四、区间信号试验

工作内容:准备、电源连接、区间信号功能试验,记录整理。　　单位:见表

				5-18-14	5-18-15	5-18-16
定额编号				5-18-14	5-18-15	5-18-16
项目				站间联系	自动闭塞	半自动闭塞
单位				处	组	
基价(元)				**355.32**	**320.08**	**267.22**
其中	人工费(元)			240.00	208.00	160.00
	材料费(元)			92.29	92.12	91.87
	机械费(元)			23.03	19.96	15.35
名称		单位	单价(元)	数量		
人工	综合工日	工日	80.00	3.000	2.600	2.000
材料	铜芯聚氯乙烯绝缘绞型软线 RVS 1.5	km	2980.67	0.030	0.030	0.030
	校验材料费	元	-	1.210	1.050	0.810
	其他材料费	元	-	1.660	1.650	1.640
机械	校验仪器使用费	元	-	23.030	19.960	15.350

下篇　消防及安全防范设备安装工程

第十九章　火灾自动报警系统

说　　明

一、本章包括探测器、按钮、模块(接口)、报警控制器、联动控制器、报警联动一体机、重复显示器、警报装置、远程控制器、火灾事故广播、消防通讯、报警备用电源安装等项目。

二、本章包括以下工作内容:

1. 施工技术准备、施工机械准备、标准仪器准备、施工安全防护措施、安装位置的清理。

2. 设备和箱、机及元件的搬运、开箱、检查、清点,杂物回收、安装就位、接地,密封箱、机内的校线、接线、挂锡、编码、测试、清洗、记录整理等。

三、本章定额中均包括了校线、接线和本体调试。

四、本章定额中箱、机是以成套装置编制的,柜式及琴台式安装均执行落地式安装相应项目。

五、本章不包括以下工作内容:

1. 设备支架、底座、基础的制作与安装。

2. 构件加工、制作。

3. 电机检查、接线及调试。

4. 事故照明及疏散指示控制装置安装。

5. CRT 彩色显示装置安装。

一、探测器安装

1. 点型探测器

工作内容：校线、挂锡、安装底座、探头、编码、清洁、调测。 单位：只

定额编号				5-19-1	5-19-2	5-19-3	5-19-4	5-19-5
项目				多线制				
				感烟	感温	红外光束（副）	火焰	可燃气体
基价（元）				**54.95**	**54.38**	**373.88**	**126.96**	**62.95**
其中	人工费（元）			46.40	46.40	310.40	92.80	46.40
	材料费（元）			7.77	7.80	61.90	32.18	16.37
	机械费（元）			0.78	0.18	1.58	1.98	0.18
名称		单位	单价（元）	数量				
人工	综合工日	工日	80.00	0.580	0.580	3.880	1.160	0.580
材料	可燃气体（丙烷）	kg	8.60	–	–	–	–	1.000
	镀铬钢管 $\phi10$	m	23.68	–	–	0.400	0.080	–
	镀铬钢板 $\delta=2.5$	m^2	115.00	–	–	0.393	0.196	–
	半圆头镀锌螺栓 (6～12)×(22～80)	套	0.39	–	–	1.000	–	–
	电	kW·h	0.85	–	0.040	–	–	–

续前　　　　单位：只

定额编号				5-19-1	5-19-2	5-19-3	5-19-4	5-19-5
项目				多线制				
				感烟	感温	红外光束（副）	火焰	可燃气体
材料	白布 0.9m	m^2	8.54	0.040	0.040	0.040	0.040	0.040
	塑料胀管 $\phi6$	个	0.06	0.400	0.400	3.000	0.400	0.400
	焊锡	kg	48.00	0.040	0.040	0.040	0.040	0.040
	焊锡膏 瓶装50g	kg	34.50	0.010	0.010	0.010	0.010	0.010
	木螺钉 M(2～4)×(6～65)	10个	0.14	3.000	3.000	3.000	3.000	3.000
	汽油 93号	kg	10.05	0.030	0.030	0.030	0.030	0.030
	冲击钻头 $\phi8$	个	6.30	0.020	0.020	0.100	0.020	0.020
	胶合板 3mm	m^2	13.50	0.020	0.020	–	0.020	0.020
	防火涂料 A60－1	kg	6.00	0.050	0.050	–	0.050	0.050
	胶 801	kg	1.75	0.010	0.010	–	–	0.010
	镀锌钢板 $\delta=2.5$	m^2	100.09	0.010	0.010	–	0.010	0.010
	异型塑料管 $\phi2.5\sim5$	m	27.00	0.100	0.100	0.100	0.100	0.100
机械	火灾探测器实验器 BHTS－1	台班	20.00	0.030	–	0.070	0.090	–
	数字万用表 34401A	台班	18.00	0.010	0.010	0.010	0.010	0.010

工作内容:同前　　单位:只

定额编号				5-19-6	5-19-7	5-19-8	5-19-9	5-19-10
项目				总线制				
				感烟	感温	红外光束	火焰	可燃气体
基价（元）				**53.27**	**52.70**	**330.77**	**104.34**	**61.27**
其中	人工费（元）			47.20	47.20	313.60	95.20	47.20
	材料费（元）			5.29	5.32	15.59	7.16	13.89
	机械费（元）			0.78	0.18	1.58	1.98	0.18
名称		单位	单价(元)	数量				
人工	综合工日	工日	80.00	0.590	0.590	3.920	1.190	0.590
材料	镀锌钢板 $\delta=2.5$	m^2	100.09	0.010	0.010	–	0.010	0.010
	镀铬钢管 $\phi10$	m	23.68	–	–	0.400	0.080	–
	胶合板 3mm	m^2	13.50	0.020	0.020	–	0.020	0.020
	可燃气体(丙烷)	kg	8.60	–	–	–	–	1.000
	木螺钉 M(2~4)×(6~65)	10个	0.14	3.000	3.000	3.000	3.000	3.000
	半圆头镀锌螺栓 (6~12)×(22~80)	套	0.39	–	–	1.000	–	–

续前　　　　单位：只

定　额　编　号				5-19-6	5-19-7	5-19-8	5-19-9	5-19-10
项　　　目				总线制				
				感烟	感温	红外光束	火焰	可燃气体
材料	白布 0.9m	m^2	8.54	0.020	0.020	0.030	0.020	0.020
	冲击钻头 φ8	个	6.30	0.020	0.020	0.100	0.020	0.020
	塑料胀管 φ6	个	0.06	0.400	0.400	3.000	0.400	0.400
	异型塑料管 φ2.5～5	m	27.00	0.050	0.050	0.080	0.050	0.050
	焊锡	kg	48.00	0.020	0.020	0.030	0.020	0.020
	焊锡膏 瓶装 50g	kg	34.50	0.010	0.010	0.010	0.010	0.010
	汽油 93 号	kg	10.05	0.030	0.030	0.030	0.030	0.030
	防火涂料 A60－1	kg	6.00	0.050	0.050	–	0.050	0.050
	胶 801	kg	1.75	0.010	0.010	–	–	0.010
	电	kW·h	0.85	–	0.040	–	–	–
机械	数字万用表 34401A	台班	18.00	0.010	0.010	0.010	0.010	0.010
	火灾探测器实验器 BHTS－1	台班	20.00	0.030	–	0.070	0.090	–

2. 线型探测器

工作内容：拉锁固定、校线、挂锡、调测。　　　　单位：10m

定额编号				5-19-11
项目				线型探测器
基价（元）				**167.49**
其中	人工费（元）			144.00
	材料费（元）			23.49
	机械费（元）			-
名称		单位	单价(元)	数量
人工	综合工日	工日	80.00	1.800
材料	线型探测器	m	-	(13.200)
	电	kW·h	0.85	0.040
	塑料铭牌	个	5.00	0.600
	尼龙扎带	根	0.71	18.380
	塑料管卡子 15	个	0.47	15.750

二、按钮安装

工作内容：校线、挂锡、钻眼固定、安装、编码、调测。　　　　单位：只

定额编号				5-19-12
项目				按钮
基价（元）				**78.60**
其中	人工费（元）			68.80
	材料费（元）			8.54
	机械费（元）			1.26
名称		单位	单价（元）	数量
人工	综合工日	工日	80.00	0.860
材料	镀锌自攻螺钉 M(4～6)×(20～35)	10个	0.86	0.320
	白布 0.9m	m^2	8.54	0.050
	钻头 $\phi3$	个	0.68	0.020
	塑料胀管 $\phi6$	个	0.06	1.700
	焊锡	kg	48.00	0.050
	焊锡膏 瓶装 50g	kg	34.50	0.020
	木螺钉 M(4.5～6)×(15～100)	10个	0.14	0.040
	汽油 93 号	kg	10.05	0.030
	冲击钻头 $\phi8$	个	6.30	0.060
	胶合板 3mm	m^2	13.50	0.010
	防火涂料 A60－1	kg	6.00	0.050
	异型塑料管 $\phi2.5$～5	m	27.00	0.130
机械	数字万用表 34401A	台班	18.00	0.070

三、模块(接口)安装

工作内容:安装、固定、校线、挂锡、功能检测、编码、防潮和防尘处理。　　单位:只

定额编号				5-19-13	5-19-14	5-19-15
项目				控制模块(接口)		报警接口
				(接口)单输出	多输出	
基价(元)				**157.88**	**214.65**	**147.00**
其中	人工费(元)			145.60	192.80	137.60
	材料费(元)			10.30	18.79	7.06
	机械费(元)			1.98	3.06	2.34
名称		单位	单价(元)	数量		
人工	综合工日	工日	80.00	1.820	2.410	1.720
材料	白布 0.9m	m^2	8.54	0.050	0.110	0.040
	塑料胀管 $\phi6$	个	0.06	0.800	0.800	0.800
	焊锡	kg	48.00	0.060	0.120	0.040
	焊锡膏 瓶装 50g	kg	34.50	0.020	0.030	0.010
	木螺钉 M(2~4)×(6~65)	10个	0.14	2.000	2.000	2.000
	汽油 93 号	kg	10.05	0.080	0.150	0.030
	冲击钻头 $\phi8$	个	6.30	0.030	0.030	0.030
	半圆头镀锌螺栓 (2~5)×(15~50)	套	0.31	2.000	2.000	2.000
	胶合板 3mm	m^2	13.50	0.010	0.010	0.010
	防火涂料 A60-1	kg	6.00	0.030	0.030	0.030
	异型塑料管 $\phi2.5\sim5$	m	27.00	0.150	0.300	0.100
机械	数字万用表 34401A	台班	18.00	0.110	0.170	0.130

四、报警控制器安装

工作内容:安装、固定、校线、挂锡、功能检测、防潮和防尘处理、压线、标志、绑扎。

单位:台

定额编号				5-19-16	5-19-17	5-19-18	5-19-19
项目				多线制(壁挂式)		多线制(落地式)	
				32 点以下	64 点以下	32 点以下	64 点以下
基价(元)				**1179.91**	**1363.77**	**1233.29**	**1421.15**
其中	人工费(元)			1013.60	1122.40	1024.80	1137.60
	材料费(元)			70.73	118.19	71.02	118.48
	机械费(元)			95.58	123.18	137.47	165.07
名称		单位	单价(元)	数量			
人工	综合工日	工日	80.00	12.670	14.030	12.810	14.220
材料	白布 0.9m	m^2	8.54	0.400	0.660	0.400	0.660
	塑料铭牌	个	5.00	1.000	1.000	1.000	1.000
	焊锡	kg	48.00	0.400	0.730	0.400	0.730
	焊锡膏 瓶装 50g	kg	34.50	0.100	0.190	0.100	0.190
	汽油 93 号	kg	10.05	0.250	0.450	0.250	0.450
	冲击钻头 $\phi10$	个	7.26	0.130	0.130	–	–

续前

单位:台

定额编号				5-19-16	5-19-17	5-19-18	5-19-19
项目				多线制(壁挂式)		多线制(落地式)	
				32 点以下	64 点以下	32 点以下	64 点以下
材料	塑料管卡子 15	个	0.47	8.000	12.000	8.000	12.000
	膨胀螺栓 M8	套	0.17	4.000	4.000	–	–
	精制六角带帽螺栓带垫 M10×(80~120)	套	1.67	–	–	4.000	4.000
	精制六角带帽螺栓带垫 M8×(80~120)	套	0.83	4.100	4.100	–	–
	玻璃胶 350g	支	6.80	0.200	0.200	–	–
	异型塑料管 ϕ2.5~5	m	27.00	1.000	1.830	1.000	1.830
机械	直流弧焊机 20kW	台班	209.44	0.200	0.200	0.400	0.400
	载货汽车 5t	台班	507.79	0.050	0.050	0.050	0.050
	自耦调压器 TDJC－S－1	台班	20.00	0.300	0.600	0.300	0.600
	数字万用表 34401A	台班	18.00	0.600	1.200	0.600	1.200
	交流稳压电源 JH1741/05	台班	9.00	0.300	0.600	0.300	0.600
	直流稳压稳流电源 WYK－6005	台班	27.00	0.300	0.600	0.300	0.600
	接地电阻测试仪 GCT	台班	10.00	0.070	0.070	0.070	0.070

工作内容：安装、固定、校线、挂锡、功能检测、防潮和防尘处理、压线、标志、绑扎。

单位：台

定额编号				5-19-20	5-19-21	5-19-22	5-19-23
项目				总线制（壁挂式）			
				200点以下	500点以下	1000点以下	1000点以上
基价（元）				**1526.66**	**2669.30**	**3501.35**	**4503.83**
其中	人工费（元）			1292.00	2315.20	2926.40	3534.40
	材料费（元）			51.68	78.20	132.53	227.09
	机械费（元）			182.98	275.90	442.42	742.34
名称		单位	单价（元）	数量			
人工	综合工日	工日	80.00	16.150	28.940	36.580	44.180
材料	白布 0.9m	m^2	8.54	0.200	0.340	0.630	1.170
	塑料铭牌	个	5.00	1.000	1.000	1.000	1.000
	焊锡	kg	48.00	0.220	0.380	0.700	1.300
	焊锡膏 瓶装50g	kg	34.50	0.060	0.100	0.180	0.330
	汽油 93号	kg	10.05	0.450	0.620	0.850	1.820
	冲击钻头 $\phi10$	个	7.26	0.130	0.130	0.130	0.270
	塑料管卡子 15	个	0.47	14.000	22.000	40.000	80.000

续前

单位:台

定额编号				5-19-20	5-19-21	5-19-22	5-19-23
项目				总线制(壁挂式)			
				200点以下	500点以下	1000点以下	1000点以上
材料	膨胀螺栓 M8	套	0.17	4.000	4.000	4.000	-
	膨胀螺栓 M10	套	1.76	-	-	-	8.000
	精制六角带帽螺栓带垫 M8×(80~120)	套	0.83	4.100	4.100	4.100	-
	精制六角带帽螺栓带垫 M10×(80~120)	套	1.67	-	-	-	8.200
	玻璃胶 350g	支	6.80	0.200	0.200	0.400	0.800
	异型塑料管 $\phi2.5\sim5$	m	27.00	0.550	0.950	1.750	1.750
机械	直流弧焊机 20kW	台班	209.44	0.200	0.200	0.200	0.200
	载货汽车 5t	台班	507.79	0.050	0.050	0.050	0.050
	自耦调压器 TDJC-S-1	台班	20.00	1.250	2.260	4.070	7.330
	数字万用表 34401A	台班	18.00	2.500	4.520	8.140	14.660
	交流稳压电源 JH1741/05	台班	9.00	1.250	2.260	4.070	7.330
	直流稳压稳流电源 WYK-6005	台班	27.00	1.250	2.260	4.070	7.330
	接地电阻测试仪 GCT	台班	10.00	0.070	0.070	0.070	0.070

工作内容:同前　　　　单位:台

定额编号				5-19-24	5-19-25	5-19-26	5-19-27
项目				总线制(落地式)			
				200 点以下	500 点以下	1000 点以下	1000 点以上
基价(元)				**1608.55**	**2747.20**	**3584.29**	**4600.84**
其中	人工费(元)			1309.60	2328.80	2946.40	3552.00
	材料费(元)			48.69	75.22	128.19	239.22
	机械费(元)			250.26	343.18	509.70	809.62
名称		单位	单价(元)	数量			
人工	综合工日	工日	80.00	16.370	29.110	36.830	44.400
材料	白布 0.9m	m^2	8.54	0.200	0.340	0.630	1.170
	塑料铭牌	个	5.00	1.000	1.000	1.000	1.000
	焊锡	kg	48.00	0.220	0.380	0.700	1.300
	焊锡膏 瓶装 50g	kg	34.50	0.060	0.100	0.180	0.330
	汽油 93 号	kg	10.05	0.450	0.620	0.850	1.820
	塑料管卡子 15	个	0.47	14.000	22.000	40.000	80.000
	精制六角带帽螺栓带垫 M8×(80~120)	套	0.83	4.100	4.100	4.100	8.200
	异型塑料管 ϕ2.5~5	m	27.00	0.550	0.950	1.750	3.250
机械	直流弧焊机 20kW	台班	209.44	0.400	0.400	0.400	0.400
	载货汽车 5t	台班	507.79	0.100	0.100	0.100	0.100
	自耦调压器 TDJC-S-1	台班	20.00	1.250	2.260	4.070	7.330
	交流稳压电源 JH1741/05	台班	9.00	1.250	2.260	4.070	7.330
	数字万用表 34401A	台班	18.00	2.500	4.520	8.140	14.660
	直流稳压稳流电源 WYK-6005	台班	27.00	1.250	2.260	4.070	7.330
	接地电阻测试仪 GCT	台班	10.00	0.070	0.070	0.070	0.070

五、联动控制器安装

工作内容:校线、挂锡、并线、压线、标志、安装、固定、功能检测、防尘和防潮处理。　　　　单位:台

定额编号				5-19-28	5-19-29	5-19-30	5-19-31
项目				多线制(壁挂式)		多线制(落地式)	
				100 点以下	100 点以上	100 点以下	100 点以上
基价(元)				**2108.79**	**3254.66**	**2146.36**	**3307.24**
其中	人工费(元)			1652.00	2498.40	1652.00	2498.40
	材料费(元)			281.32	538.69	276.30	549.38
	机械费(元)			175.47	217.57	218.06	259.46
名称		单位	单价(元)	数量			
人工	综合工日	工日	80.00	20.650	31.230	20.650	31.230
材料	冲击钻头 $\phi12$	个	10.75	–	0.130	–	–
	白布 0.9m	m^2	8.54	1.640	–	1.640	3.280
	塑料铭牌	个	5.00	1.000	1.000	1.000	1.000
	焊锡	kg	48.00	1.820	3.640	1.820	3.640
	焊锡膏 瓶装 50g	kg	34.50	0.460	0.910	0.460	0.910
	汽油 93 号	kg	10.05	1.130	2.250	1.130	2.250
	塑料管卡子 15	个	0.47	35.000	82.000	35.000	82.000

续前

单位：台

定额编号				5-19-28	5-19-29	5-19-30	5-19-31
项目				多线制（壁挂式）		多线制（落地式）	
				100 点以下	100 点以上	100 点以下	100 点以上
材料	膨胀螺栓 M8	套	0.17	4.000	-	-	-
	膨胀螺栓 M10	套	1.76	-	4.000	-	-
	精制六角带帽螺栓带垫 M8×(80～120)	套	0.83	4.100	-	4.100	4.100
	精制六角带帽螺栓带垫 M10×(80～120)	套	1.67	-	4.100	-	-
	玻璃胶 350g	支	6.80	0.500	0.800	-	-
	异型塑料管 ϕ2.5～5	m	27.00	4.550	9.100	4.550	9.100
	冲击钻头 ϕ10	个	7.26	0.130	-	-	-
机械	直流弧焊机 20kW	台班	209.44	0.200	0.200	0.400	0.400
	载货汽车 5t	台班	507.79	0.100	0.100	0.100	0.100
	自耦调压器 TDJC－S－1	台班	20.00	0.900	1.350	0.900	1.350
	数字万用表 34401A	台班	18.00	1.800	2.700	1.800	2.700
	交流稳压电源 JH1741/05	台班	9.00	0.900	1.350	0.900	1.350
	直流稳压稳流电源 WYK－6005	台班	27.00	0.900	1.350	0.900	1.350
	接地电阻测试仪 GCT	台班	10.00	-	0.070	0.070	0.070

工作内容:同前

单位:台

定额编号				5-19-32	5-19-33	5-19-34	5-19-35
项目				总线制(壁挂式)			
				100 点以下	200 点以下	500 点以下	500 点以上
基价(元)				**1900.06**	**2808.74**	**3018.08**	**3318.60**
其中	人工费(元)			1679.20	2542.40	2708.00	2868.00
	材料费(元)			44.69	60.73	89.75	149.31
	机械费(元)			176.17	205.61	220.33	301.29
名称		单位	单价(元)	数量			
人工	综合工日	工日	80.00	20.990	31.780	33.850	35.850
材料	冲击钻头 $\phi12$	个	10.75	0.130	0.130	0.130	0.130
	白布 0.9m	m^2	8.54	0.110	0.180	0.330	0.610
	塑料铭牌	个	5.00	1.000	1.000	1.000	1.000
	焊锡	kg	48.00	0.120	0.200	0.360	0.680
	焊锡膏 瓶装 50g	kg	34.50	0.030	0.050	0.090	0.170
	汽油 93 号	kg	10.05	0.250	0.450	0.860	1.500

续前

单位:台

定额编号				5-19-32	5-19-33	5-19-34	5-19-35
项目				总线制(壁挂式)			
				100 点以下	200 点以下	500 点以下	500 点以上
材料	塑料管卡子 15	个	0.47	10.000	16.000	24.000	46.000
	膨胀螺栓 M10	套	1.76	4.000	4.000	4.000	4.000
	精制六角带帽螺栓带垫 M10×(80~120)	套	1.67	4.100	4.100	4.100	4.100
	玻璃胶 350g	支	6.80	0.200	0.300	0.300	0.400
	异型塑料管 ϕ2.5~5	m	27.00	0.300	0.500	0.900	1.700
机械	直流弧焊机 20kW	台班	209.44	0.200	0.200	0.200	0.200
	载货汽车 5t	台班	507.79	0.100	0.100	0.100	0.100
	自耦调压器 TDJC-S-1	台班	20.00	0.900	1.220	1.380	2.260
	数字万用表 34401A	台班	18.00	1.800	2.440	2.760	4.520
	交流稳压电源 JH1741/05	台班	9.00	0.900	1.220	1.380	2.260
	直流稳压稳流电源 WYK-6005	台班	27.00	0.900	1.220	1.380	2.260
	接地电阻测试仪 GCT	台班	10.00	0.070	0.070	0.070	0.070

工作内容：同前

单位：台

定额编号				5-19-36	5-19-37	5-19-38	5-19-39
项目				总线制（落地式）			
				100 点以下	200 点以下	500 点以下	500 点以上
基价（元）				**1939.86**	**2844.71**	**3054.05**	**3353.89**
其中	人工费（元）			1688.00	2550.40	2716.00	2876.00
	材料费（元）			33.80	46.81	75.83	134.71
	机械费（元）			218.06	247.50	262.22	343.18
名称		单位	单价(元)	数量			
人工	综合工日	工日	80.00	21.100	31.880	33.950	35.950
材料	白布 0.9m	m^2	8.54	0.110	0.180	0.330	0.610
	塑料铭牌	个	5.00	1.000	1.000	1.000	1.000
	焊锡	kg	48.00	0.120	0.200	0.360	0.680
	焊锡膏 瓶装 50g	kg	34.50	0.030	0.050	0.090	0.170
	汽油 93 号	kg	10.05	0.250	0.450	0.860	1.500
	塑料管卡子 15	个	0.47	15.000	16.000	24.000	46.000
	精制六角带帽螺栓带垫 M8×(80~120)	套	0.83	4.100	4.100	4.100	4.100
	异型塑料管 ϕ2.5~5	m	27.00	0.300	0.500	0.900	1.700
机械	直流弧焊机 20kW	台班	209.44	0.400	0.400	0.400	0.400
	载货汽车 5t	台班	507.79	0.100	0.100	0.100	0.100
	自耦调压器 TDJC-S-1	台班	20.00	0.900	1.220	1.380	2.260
	交流稳压电源 JH1741/05	台班	9.00	0.900	1.220	1.380	2.260
	数字万用表 34401A	台班	18.00	1.800	2.440	2.760	4.520
	直流稳压稳流电源 WYK-6005	台班	27.00	0.900	1.220	1.380	2.260
	接地电阻测试仪 GCT	台班	10.00	0.070	0.070	0.070	0.070

六、报警联动一体机安装

工作内容：校线、挂锡、并线、压线、标志、安装、固定、功能检测、防尘和防潮处理。　　单位：台

定额编号				5-19-40	5-19-41	5-19-42	5-19-43
项目				壁挂式			
				500 点以下	1000 点以下	2000 点以下	2000 点以上
基价（元）				**4033.62**	**5377.13**	**6395.83**	**9031.36**
其中	人工费（元）			3754.40	4943.20	5714.40	7869.60
	材料费（元）			57.05	107.80	168.54	313.99
	机械费（元）			222.17	326.13	512.89	847.77
名称		单位	单价(元)	数量			
人工	综合工日	工日	80.00	46.930	61.790	71.430	98.370
材料	白布 0.9m	m^2	8.54	0.230	0.450	0.720	1.440
	塑料铭牌	个	5.00	1.000	1.000	1.000	1.000
	焊锡	kg	48.00	0.250	0.500	0.800	1.600
	焊锡膏 瓶装 50g	kg	34.50	0.070	0.130	0.200	0.400
	汽油 93 号	kg	10.05	0.520	0.800	0.920	2.600

续前

单位:台

定额编号				5-19-40	5-19-41	5-19-42	5-19-43
项目				壁挂式			
				500 点以下	1000 点以下	2000 点以下	2000 点以上
材料	塑料管卡子 15	个	0.47	15.000	46.000	86.000	120.000
	膨胀螺栓 M8	套	0.17	4.000	4.000	4.000	8.000
	精制六角带帽螺栓带垫 M8×(80~120)	套	0.83	4.100	4.100	4.100	8.200
	玻璃胶 350g	支	6.80	0.200	0.300	0.500	0.800
	异型塑料管 ϕ2.5~5	m	27.00	0.630	1.250	2.000	4.000
	冲击钻头 ϕ10	个	7.26	0.130	0.130	0.130	0.270
机械	直流弧焊机 20kW	台班	209.44	0.200	0.200	0.200	0.200
	载货汽车 5t	台班	507.79	0.100	0.100	0.100	0.100
	自耦调压器 TDJC-S-1	台班	20.00	1.400	2.530	4.560	8.200
	数字万用表 34401A	台班	18.00	2.800	5.060	9.120	16.400
	交流稳压电源 JH1741/05	台班	9.00	1.400	2.530	4.560	8.200
	直流稳压稳流电源 WYK-6005	台班	27.00	1.400	2.530	4.560	8.200
	接地电阻测试仪 GCT	台班	10.00	0.070	0.070	0.070	0.070

工作内容:同前

单位:台

定额编号				5-19-44	5-19-45	5-19-46	5-19-47
项目				落地式			
				500点以下	1000点以下	2000点以下	2000点以上
基价(元)				**4109.33**	**5434.56**	**6507.62**	**9099.38**
其中	人工费(元)			3791.20	4962.40	5791.20	7897.60
	材料费(元)			54.07	104.14	161.64	312.12
	机械费(元)			264.06	368.02	554.78	889.66
名称		单位	单价(元)	数量			
人工	综合工日	工日	80.00	47.390	62.030	72.390	98.720
材料	白布 0.9m	m^2	8.54	0.230	0.450	0.720	1.440
	塑料铭牌	个	5.00	1.000	1.000	1.000	1.000
	焊锡	kg	48.00	0.250	0.500	0.800	1.600
	焊锡膏 瓶装50g	kg	34.50	0.070	0.130	0.200	0.400
	汽油93号	kg	10.05	0.520	0.800	0.920	2.600
	塑料管卡子 15	个	0.47	15.000	46.000	82.000	120.000
	精制六角带帽螺栓带垫 M8×(80~120)	套	0.83	4.100	4.100	4.100	-
	精制六角带帽螺栓带垫 M10×(80~120)	套	1.67	-	-	-	8.200
	异型塑料管 ϕ2.5~5	m	27.00	0.630	1.250	2.000	4.000
机械	直流弧焊机 20kW	台班	209.44	0.400	0.400	0.400	0.400
	载货汽车 5t	台班	507.79	0.100	0.100	0.100	0.100
	自耦调压器 TDJC-S-1	台班	20.00	1.400	2.530	4.560	8.200
	数字万用表 34401A	台班	18.00	2.800	5.060	9.120	16.400
	交流稳压电源 JH1741/05	台班	9.00	1.400	2.530	4.560	8.200
	直流稳压稳流电源 WYK-6005	台班	27.00	1.400	2.530	4.560	8.200
	接地电阻测试仪 GCT	台班	10.00	0.070	0.070	0.070	0.070

七、重复显示器、警报装置、远程控制器安装

工作内容:校线、挂锡、并线、压线、标志、编码、安装、固定、功能检测、防尘和防潮处理。　　单位:见表

	定额编号			5-19-48	5-19-49	5-19-50
	项目			重复显示器		警报装置
				多线制	总线制	声光报警
	单位			台		只
	基价(元)			**1155.97**	**1365.99**	**107.81**
其中	人工费(元)			984.80	1243.20	97.60
	材料费(元)			75.59	27.21	9.28
	机械费(元)			95.58	95.58	0.93
	名称	单位	单价(元)	数量		
人工	综合工日	工日	80.00	12.310	15.540	1.220
材料	胶合板 3mm	m^2	13.50	–	–	0.010
	白布 0.9m	m^2	8.54	0.320	0.070	0.020
	塑料铭牌	个	5.00	1.000	1.000	1.000
	焊锡	kg	48.00	0.360	0.080	0.020
	焊锡膏 瓶装 50g	kg	34.50	0.090	0.020	0.010
	汽油 93 号	kg	10.05	0.620	0.200	0.010
	冲击钻头 $\phi10$	个	7.26	0.130	0.130	0.100
	塑料管卡子 15	个	0.47	21.000	7.000	–

续前

单位:见表

定额编号				5-19-48	5-19-49	5-19-50
项目				重复显示器		警报装置
				多线制	总线制	声光报警
材料	塑料胀管 $\phi6$	个	0.06	–	–	3.000
	木螺钉 M(2~4)×(6~65)	10个	0.14	–	–	0.300
	镀锌自攻螺钉 M(4~6)×(20~35)	10个	0.86	–	–	0.100
	膨胀螺栓 M8	套	0.17	4.000	4.000	–
	精制六角带帽螺栓带垫 M8×(80~120)	套	0.83	4.100	4.100	–
	防火涂料 A60-1	kg	6.00	–	–	0.030
	玻璃胶 350g	支	6.80	0.300	0.200	–
	异型塑料管 $\phi2.5\sim5$	m	27.00	0.900	0.200	0.050
机械	直流弧焊机 20kW	台班	209.44	0.200	0.200	–
	载货汽车 5t	台班	507.79	0.050	0.050	–
	自耦调压器 TDJC-S-1	台班	20.00	0.300	0.300	–
	数字万用表 34401A	台班	18.00	0.600	0.600	0.040
	交流稳压电源 JH1741/05	台班	9.00	0.300	0.300	–
	直流稳压稳流电源 WYK-6005	台班	27.00	0.300	0.300	–
	接地电阻测试仪 GCT	台班	10.00	0.070	0.070	–
	精密声级计 ND2	台班	7.00	–	–	0.030

工作内容:同前　　　　单位:见表

定额编号				5-19-51	5-19-52	5-19-53
项目				警报装置	远程控制器	
				警铃	3 路以下	5 路以下
单位				只	台	
基价（元）				**60.09**	**727.22**	**876.09**
其中	人工费（元）			50.40	703.20	843.20
	材料费（元）			9.01	20.60	29.11
	机械费（元）			0.68	3.42	3.78
名称		单位	单价(元)	数量		
人工	综合工日	工日	80.00	0.630	8.790	10.540
材料	镀锌自攻螺钉 M(4～6)×(20～35)	10 个	0.86	0.120	–	–
	冲击钻头 ϕ10	个	7.26	0.070	0.130	0.130
	木螺钉 M(2～4)×(6～65)	10 个	0.14	0.210	0.400	0.400
	防火涂料 A60－1	kg	6.00	0.030	–	–
	胶合板 3mm	m^2	13.50	0.010	–	–
	塑料胀管 ϕ6	个	0.06	2.100	4.000	4.000
	白布 0.9m	m^2	8.54	0.020	0.120	0.170
	塑料铭牌	个	5.00	1.000	–	–
	焊锡	kg	48.00	0.020	0.130	0.190
	焊锡膏 瓶装 50g	kg	34.50	0.010	0.040	0.050
	汽油 93 号	kg	10.05	0.010	0.180	0.260
	异型塑料管 ϕ2.5～5	m	27.00	0.050	0.330	0.480
机械	数字万用表 34401A	台班	18.00	0.030	0.190	0.210
	精密声级计 ND2	台班	7.00	0.020	–	–

八、火灾事故广播安装

工作内容：校线、挂锡、并线、压线、标志、安装、固定、功能检测、防尘和防潮处理。 单位：台

定额编号				5-19-54	5-19-55	5-19-56
项目				125W 功放	250W 功放	录音机
基价（元）				**60.82**	**73.62**	**63.20**
其中	人工费（元）			48.00	60.00	50.40
	材料费（元）			12.82	13.62	12.80
	机械费（元）			–	–	–
名称		单位	单价(元)	数量		
人工	综合工日	工日	80.00	0.600	0.750	0.630
材料	镀锌扁钢 ＜－59	kg	5.34	1.260	1.410	1.320
	铁砂布 0～2 号	张	1.68	1.000	1.000	1.000
	锯条（各种规格）	根	1.40	0.810	0.810	0.810
	橡胶垫 $\delta=2$	m^2	34.13	0.060	0.060	0.050
	半圆头螺钉 M(6～12)×(12×50)	个	0.30	4.100	4.100	4.100

工作内容：同前　　　　单位：见表

定额编号				5-19-57	5-19-58	5-19-59	5-19-60
项目				消防广播控制柜	吸顶式扬声器	壁挂式音箱	广播分配器
单位				台	只		台
基价（元）				**2164.08**	**36.72**	**28.36**	**433.38**
其中	人工费（元）			1780.00	31.20	24.00	370.40
	材料费（元）			133.82	4.84	3.68	62.08
	机械费（元）			250.26	0.68	0.68	0.90
名称		单位	单价(元)	数量			
人工	综合工日	工日	80.00	22.250	0.390	0.300	4.630
材料	橡皮绝缘板 $\delta=5$	m^2	103.57	0.050	–	–	–
	胶合板 3mm	m^2	13.50	–	0.040	–	–
	铜芯聚氯乙烯绝缘线 BV4	km	2899.50	0.003	–	–	–
	垫铁	kg	4.75	2.000	–	–	–
	铁砂布 0~2 号	张	1.68	2.000	–	–	1.000
	白布 0.9m	m^2	8.54	0.270	0.020	0.020	0.330
	棉纱	kg	6.34	1.400	–	–	–
	塑料铭牌	个	5.00	1.000	–	–	–
	焊锡	kg	48.00	0.570	0.020	0.020	0.360
	焊锡膏 瓶装 50g	kg	34.50	0.143	0.010	0.010	0.090
	精制六角带帽螺栓带垫 M8×(80~120)	套	0.83	4.100	–	–	–
	半圆头螺钉 M(6~12)×12×50	个	0.30	–	–	–	4.100

续前

单位:见表

定额编号				5-19-57	5-19-58	5-19-59	5-19-60
项目				消防广播控制柜	吸顶式扬声器	壁挂式音箱	广播分配器
材料	木螺钉 M(2~4)×(6~65)	10个	0.14	–	0.040	0.200	–
	塑料软管 $\phi4$	m	0.78	0.150	–	–	–
	异型塑料管 $\phi2.5\sim5$	m	27.00	1.430	0.050	0.050	0.900
	橡胶垫 $\delta=2$	m^2	34.13	–	–	–	0.050
	镀锌扁钢 < –59	kg	5.34	–	–	–	1.220
	锯条(各种规格)	根	1.40	–	–	–	0.810
	冲击钻头 $\phi10$	个	7.26	–	–	0.070	–
	塑料胀管 $\phi6$	个	0.06	–	–	2.000	–
	汽油 93 号	kg	10.05	1.640	0.020	0.020	0.230
	防火涂料 A60 – 1	kg	6.00	–	0.050	–	–
	玻璃胶 350g	支	6.80	–	0.010	–	–
	配套胶黏剂 三元乙丙基层胶	kg	18.00	–	0.050	–	–
机械	直流弧焊机 20kW	台班	209.44	0.400	–	–	–
	载货汽车 5t	台班	507.79	0.100	–	–	–
	自耦调压器 TDJC – S – 1	台班	20.00	1.250	–	–	–
	数字万用表 34401A	台班	18.00	2.500	0.030	0.030	0.050
	交流稳压电源 JH1741/05	台班	9.00	1.250	–	–	–
	直流稳压稳流电源 WYK – 6005	台班	27.00	1.250	–	–	–
	接地电阻测试仪 GCT	台班	10.00	0.070	–	–	–
	精密声级计 ND2	台班	7.00	–	0.020	0.020	–

九、消防通讯、报警备用电源安装

工作内容：校线、挂锡、并线、压线、安装、固定、功能检测、防尘和防潮处理。

单位：台

定额编号				5-19-61	5-19-62	5-19-63
项目				电话交换机		
				20门	40门	60门
基价（元）				**1313.33**	**1968.47**	**2387.81**
其中	人工费（元）			1214.40	1813.60	2176.80
	材料费（元）			98.93	154.87	211.01
	机械费（元）			–	–	–
名称		单位	单价(元)	数量		
人工	综合工日	工日	80.00	15.180	22.670	27.210
材料	等边角钢 边宽60mm以下	kg	4.00	8.160	8.160	8.160
	异型塑料管 ϕ2.5～5	m	27.00	1.050	2.050	3.050
	膨胀螺栓 M10	套	1.76	4.000	4.000	4.000
	白布 0.9m	m^2	8.54	0.380	0.740	1.100
	焊锡	kg	48.00	0.430	0.830	1.230
	焊锡膏 瓶装50g	kg	34.50	0.110	0.210	0.310
	汽油 93号	kg	10.05	0.320	0.640	0.980

工作内容:同前　　　　单位:见表

定额编号				5-19-64	5-19-65	5-19-66
项目				通讯		消防报警
				分机	插孔	备用电源
单位				部	个	台
基价（元）				**21.66**	**12.18**	**88.78**
其中	人工费（元）			17.60	9.60	80.00
	材料费（元）			4.06	2.58	8.06
	机械费（元）			–	–	0.72
名称		单位	单价(元)	数量		
人工	综合工日	工日	80.00	0.220	0.120	1.000
材料	白布 0.9m	m^2	8.54	–	0.020	0.020
	焊锡	kg	48.00	–	0.020	0.020
	焊锡膏 瓶装 50g	kg	34.50	–	0.010	0.010
	汽油 93 号	kg	10.05	–	0.010	0.020
	防火涂料 A60-1	kg	6.00	–	0.050	–
	胶合板 3mm	m^2	13.50	–	0.010	–
	塑料胀管 $\phi6$	个	0.06	2.000	1.700	–
	铜接线端子 DT-10mm²	个	1.70	2.000	–	–
	冲击钻头 $\phi10$	个	7.26	0.070	0.060	–
	木螺钉 M(4.5~6)×(15~100)	10 个	0.14	0.200	0.200	–
	铁砂布 0~2 号	张	1.68	–	–	1.000
	锯条（各种规格）	根	1.40	–	–	0.810
	镀锌扁钢 <-59	kg	5.34	–	–	0.310
	橡胶垫 $\delta=2$	m^2	34.13	–	–	0.020
	半圆头螺钉 M(6~12)×12×50	个	0.30	–	–	4.100
机械	数字万用表 34401A	台班	18.00	–	–	0.040

第二十章　水灭火系统

说　　明

一、本章定额适用于工业和民用建(构)筑物设置的自动喷水灭火系统的管道、各种组件、消火栓、气压水罐的安装及管道支吊架的制作、安装。

二、界线划分:

1. 室内外界线:以建筑物外墙皮 1.5m 为界,入口处设阀门者以阀门为界。

2. 设在高层建筑内的消防泵间管道与本章界线,以泵间外墙皮为界。

三、管道安装定额:

1. 包括工序内一次性水压试验。

2. 镀锌钢管法兰连接定额,管件是按成品、弯头两端是按接短管焊法兰考虑的,定额中包括了直管、管件、法兰等全部安装工序内容,但管件、法兰及螺栓的主材数量应按设计规定另行计算。

3. 定额也适用于镀锌无缝钢管的安装。

四、喷头、报警装置及水流指示器安装定额均按管网系统试压、冲洗合格后安装考虑的,定额中已包括丝堵、临时短管的安装、拆除及其摊销。

五、其他报警装置适用于雨淋、干湿两用及预作用报警装置。

六、温感式水幕装置安装定额中已包括给水三通至喷头、阀门间的管道、管件、阀门、喷头等全部安装内容,但管道的主材数量按设计管道中心长度另加损耗计算;喷头数量按设计数量另加损耗计算。

七、集热板的安装位置:当高架仓库分层板上方有孔洞、缝隙时,应在喷头上方设置集热板。

八、隔膜式气压水罐安装定额中地脚螺栓是按设备带有考虑的,定额中包括指导二次灌浆用工,但二次灌浆费用另计。

九、管道支吊架制作安装定额中包括了支架、吊架及防晃支架。

十、管网冲洗定额是按水冲洗考虑的,若采用水压气动冲洗法时,可按施工方案另行计算。定额只适用于自动喷水灭火系统。

十一、本章不包括以下工作内容:

1. 阀门、法兰安装,各种套管的制作安装,泵房间管道安装及管道系统强度试验、严密性试验。

2. 消火栓管道、室外给水管道安装及水箱制作安装。

3. 各种消防泵、稳压泵安装及设备二次灌浆等。

4. 各种仪表的安装及带电讯号的阀门、水流指示器、压力开关的接线、校线及单体调试。

5. 各种设备支架的制作安装。

6. 管道、设备、支架、法兰焊口除锈刷油。

7. 系统调试。

十二、其他有关规定:

1. 设置于管道间、管廊内的管道,其定额人工乘以系数1.3。

2. 主体结构为现场浇注采用钢模施工的工程:内外浇注的定额人工乘以系数1.05,内浇外砌的定额人工乘以系数1.03。

一、管道安装

1. 镀锌钢管(螺纹连接)

工作内容:切管、套丝、调直、上零件、管道安装、水压试验。

单位:10m

定额编号				5-20-1	5-20-2	5-20-3
项目				公称直径(mm)		
				25 以内	32 以内	40 以内
基价(元)				**155.61**	**165.99**	**193.50**
其中	人工费(元)			145.60	151.20	172.00
	材料费(元)			5.80	7.36	11.04
	机械费(元)			4.21	7.43	10.46
名称		单位	单价(元)	数量		
人工	综合工日	工日	80.00	1.820	1.890	2.150
材料	镀锌钢管	m	–	(10.200)	(10.200)	(10.200)
	镀锌钢管接头零件	个	–	(7.230)	(8.070)	(12.230)
	棉纱头	kg	6.34	0.041	0.062	0.062
	破布	kg	4.50	0.200	0.220	0.220
	镀锌铁丝 8~12 号	kg	5.36	0.077	0.077	0.077
	汽轮机油(各种规格)	kg	8.80	0.049	0.057	0.105
	尼龙砂轮片 ϕ400	片	13.00	0.116	0.145	0.257
	水	t	4.00	0.080	0.090	0.130
	密封带	m	0.56	3.514	5.027	7.958
机械	螺栓套丝机 ϕ39mm	台班	32.14	0.118	0.217	0.300
	砂轮切割机 ϕ400	台班	9.52	0.044	0.048	0.086

工作内容:同前　　　　单位:10m

定额编号				5-20-4	5-20-5	5-20-6	5-20-7
项目				公称直径(mm)			
				50 以内	70 以内	80 以内	100 以内
基价(元)				**200.26**	**222.37**	**259.75**	**286.47**
其中	人工费(元)			179.20	199.20	233.60	263.20
	材料费(元)			11.09	13.89	15.24	13.28
	机械费(元)			9.97	9.28	10.91	9.99
名称		单位	单价(元)	数量			
人工	综合工日	工日	80.00	2.240	2.490	2.920	3.290
材料	镀锌钢管	m	–	(10.200)	(10.200)	(10.200)	(10.200)
	镀锌钢管接头零件	个	–	(9.330)	(8.910)	(8.260)	(5.190)
	棉纱头	kg	6.34	0.082	0.103	0.124	0.144
	破布	kg	4.50	0.220	0.280	0.300	0.350
	镀锌铁丝 8～12 号	kg	5.36	0.077	0.077	0.077	0.077
	汽轮机油(各种规格)	kg	8.80	0.087	0.100	0.094	0.073
	尼龙砂轮片 ϕ400	片	13.00	0.243	0.356	0.396	0.280
	水	t	4.00	0.160	0.180	0.200	0.310
	密封带	m	0.56	8.219	9.536	10.573	8.671
机械	螺栓套丝机 ϕ39mm	台班	32.14	0.291	0.265	0.315	0.291
	砂轮切割机 ϕ400	台班	9.52	0.065	0.080	0.083	0.067

2. 镀锌钢管(法兰连接)

工作内容:切管、坡口、调直、对口、焊接、法兰连接、管道及管件安装、水压试验。　　单位:10m

定额编号				5-20-8	5-20-9
项目				公称直径(mm)	
				150 以内	200 以内
基价(元)				**1758.21**	**2323.74**
其中	人工费(元)			774.40	993.60
	材料费(元)			197.89	246.15
	机械费(元)			785.92	1083.99
名称		单位	单价(元)	数量	
人工	综合工日	工日	80.00	9.680	12.420
材料	镀锌钢管	m	-	(9.810)	(9.810)
	电焊条 结422 ϕ3.2	kg	6.70	10.782	16.732
	棉纱头	kg	6.34	0.382	0.547
	破布	kg	4.50	0.858	0.832
	电	kW·h	0.85	3.285	4.725
	清油	kg	8.80	0.458	0.352
	镀锌铁丝 8~12 号	kg	5.36	0.077	0.077

续前

单位:10m

定额编号				5-20-8	5-20-9
项目				公称直径(mm)	
				150 以内	200 以内
材料	石棉橡胶板 低压 0.8~1.0	kg	13.20	4.217	3.881
	尼龙砂轮片 ϕ100	片	7.60	3.301	4.663
	尼龙砂轮片 ϕ400	片	13.00	0.898	1.063
	铅油	kg	8.50	2.139	1.993
	水	t	4.00	0.380	0.470
机械	电焊条烘干箱 60cm×50cm×75cm	台班	28.84	0.330	0.443
	普通车床 630mm×2000mm	台班	187.70	0.318	0.302
	砂轮切割机 ϕ400	台班	9.52	0.253	0.300
	交流弧焊机 30kV·A	台班	216.39	3.301	4.427
	电动卷扬机(单筒慢速) 50kN	台班	145.07	–	0.210
	汽车式起重机 5t	台班	546.38	–	0.020
	载货汽车 4t	台班	466.52	–	0.020
	试压泵 30MPa	台班	149.39	–	0.020

二、系统组件安装

1. 喷头安装

工作内容:切管、套丝、管件安装、喷头密封性能抽查试验、安装、外观清洁。　　单位:10 个

定额编号				5-20-10	5-20-11
项目				公称直径(mm)	
				无吊顶 ϕ15 以内	有吊顶 ϕ15 以内
基价(元)				**145.67**	**187.87**
其中	人工费(元)			126.40	155.20
	材料费(元)			16.38	26.68
	机械费(元)			2.89	5.99
名称		单位	单价(元)	数量	
人工	综合工日	工日	80.00	1.580	1.940
材料	喷头	个	–	(10.100)	(10.100)
	镀锌弯头 DN25	个	1.28	–	6.060
	棉纱头	kg	6.34	0.100	0.100
	汽轮机油(各种规格)	kg	8.80	0.030	0.066
	工业酒精 99.5%	kg	8.20	0.050	0.050
	密封带	m	0.56	6.420	8.990
	镀锌丝堵 DN15	个	0.18	1.000	1.000
	镀锌管箍 DN25	个	0.99	10.100	10.100
	尼龙砂轮片 ϕ400	片	13.00	0.100	0.160
机械	砂轮切割机 ϕ400	台班	9.52	0.060	0.096
	螺栓套丝机 ϕ39mm	台班	32.14	0.072	0.158

2. 湿式报警装置安装

工作内容:部件外观检查、切管、坡口、组对、焊法兰、紧螺栓、临时短管安装拆除、报警阀渗漏试验、整体组装、配管、调试。　　单位:组

定额编号				5-20-12	5-20-13	5-20-14	5-20-15	5-20-16
项目				公称直径(mm)				
				65 以内	80 以内	100 以内	150 以内	200 以内
基价(元)				**847.30**	**962.13**	**1165.17**	**1394.54**	**1682.41**
其中	人工费(元)			325.60	418.40	551.20	741.60	932.00
	材料费(元)			473.14	489.95	551.59	582.57	623.35
	机械费(元)			48.56	53.78	62.38	70.37	127.06
	名称	单位	单价(元)	数量				
人工	综合工日	工日	80.00	4.070	5.230	6.890	9.270	11.650
材料	湿式报警装置	套	–	(1.000)	(1.000)	(1.000)	(1.000)	(1.000)
	平焊法兰	片	–	(2.200)	(2.200)	(2.200)	(2.200)	(2.200)
	镀锌钢管 DN80	t	5640.00	–	–	0.018	0.018	0.018
	电焊条 结422 ϕ3.2	kg	6.70	0.426	0.463	0.564	0.687	1.477
	棉纱头	kg	6.34	0.143	0.151	0.163	0.175	0.223
	破布	kg	4.50	0.080	0.080	0.120	0.120	0.120
	电	kW·h	0.85	0.115	0.135	0.162	0.215	0.403
	清油	kg	8.80	0.040	0.080	0.080	0.120	0.120
	石棉橡胶板 低压0.8~1.0	kg	13.20	0.360	0.524	0.692	1.104	1.324
	尼龙砂轮片 ϕ100	片	7.60	0.096	0.100	0.128	0.188	0.316
	汽轮机油(各种规格)	kg	8.80	0.175	0.175	0.181	0.181	0.181
	尼龙砂轮片 ϕ400	片	13.00	0.414	0.421	0.490	0.504	0.518

续前 单位:组

定额编号				5-20-12	5-20-13	5-20-14	5-20-15	5-20-16
项目				公称直径(mm)				
				65 以内	80 以内	100 以内	150 以内	200 以内
材料	铅油	kg	8.50	0.200	0.280	0.400	0.560	0.680
	镀锌钢管 DN20	t	6063.00	0.030	0.030	0.030	0.030	0.030
	镀锌钢管 DN25	t	5687.00	0.018	0.018	0.018	0.018	0.018
	镀锌钢管 DN32	t	5687.00	0.011	0.011	0.011	0.011	0.011
	镀锌钢管 DN50	t	5640.00	0.011	0.011	–	–	–
	镀锌弯头 DN15	个	0.25	2.020	2.020	2.020	2.020	2.020
	镀锌弯头 DN80	个	11.47	–	–	2.020	2.020	2.020
	镀锌弯头 DN20	个	0.56	4.040	4.040	4.040	4.040	4.040
	镀锌弯头 DN25	个	1.28	2.020	2.020	2.020	2.020	2.020
	密封带	m	0.56	14.818	14.818	17.762	17.762	17.762
	镀锌弯头 DN50	个	4.80	2.020	2.020	–	–	–
	镀锌三通 DN20	个	1.41	1.010	1.010	1.010	1.010	1.010
	带帽螺栓	kg	8.40	1.516	3.032	3.032	5.583	9.023
	铝牌	个	0.30	1.000	1.000	1.000	1.000	1.000
	其他材料费	元	–	7.810	8.250	9.930	10.750	11.800
机械	电焊条烘干箱 60cm×50cm×75cm	台班	28.84	0.014	0.015	0.019	0.022	0.047
	普通车床 630mm×2000mm	台班	187.70	0.016	0.024	0.026	0.032	0.036
	螺栓套丝机 ϕ39mm	台班	32.14	0.431	0.431	0.451	0.451	0.451
	交流弧焊机 30kV·A	台班	216.39	0.137	0.154	0.188	0.219	0.474
	砂轮切割机 ϕ400	台班	9.52	0.174	0.175	0.187	0.194	0.198

3. 温感式水幕装置安装

工作内容:部件检查、切管、套丝、上零件、管道安装、本体组装、球阀及喷头安装、调试。 单位:组

定额编号				5-20-17	5-20-18	5-20-19	5-20-20	5-20-21
项目				公称直径(mm)				
				20 以内	25 以内	40 以内	50 以内	32 以内
基价(元)				**113.78**	**181.58**	**354.84**	**481.89**	**262.34**
其中	人工费(元)			92.80	141.60	264.80	318.40	178.40
	材料费(元)			15.02	32.58	78.63	146.54	71.79
	机械费(元)			5.96	7.40	11.41	16.95	12.15
名称		单位	单价(元)	数量				
人工	综合工日	工日	80.00	1.160	1.770	3.310	3.980	2.230
材料	ZSPD 型输出控制器	个	–	(1.000)	(1.000)	(1.000)	(1.000)	–
	温感雨淋阀 ZSFW–32A	个	–	–	–	–	–	(1.000)
	球阀(带铅封)	个	–	(1.010)	(1.010)	(1.010)	(1.010)	(1.010)
	镀锌三通 DN20	个	1.41	2.020	–	–	–	–
	镀锌三通 DN25	个	2.56	–	4.040	–	–	–
	镀锌三通 DN32	个	5.86	–	–	5.050	–	5.050
	镀锌三通 DN40	个	7.61	–	–	1.010	–	–
	镀锌三通 DN50	个	11.13	–	–	–	8.080	–
	镀锌弯头 DN20	个	0.56	5.050	–	–	–	–
	镀锌弯头 DN25	个	1.28	–	5.050	1.010	–	–
	镀锌弯头 DN32	个	2.60	–	–	–	–	8.080
	镀锌弯头 DN40	个	2.79	–	–	3.030	1.010	–

续前

单位:组

定额编号				5-20-17	5-20-18	5-20-19	5-20-20	5-20-21
项目				公称直径(mm)				
				20 以内	25 以内	40 以内	50 以内	32 以内
材料	镀锌弯头 DN50	个	4.80	–	–	1.010	3.030	–
	镀锌管箍 DN20	个	0.68	1.010	–	–	–	–
	镀锌管箍 DN25	个	0.99	–	1.010	–	–	–
	镀锌管箍 DN32	个	1.60	–	–	–	–	1.010
	镀锌管箍 DN40	个	2.13	–	–	1.010	–	–
	镀锌管箍 DN50	个	3.50	–	–	–	1.010	–
	镀锌活接头 DN20	个	3.27	1.010	–	–	–	–
	镀锌活接头 DN25	个	4.79	–	1.010	–	–	–
	镀锌活接头 DN32	个	6.61	–	–	–	–	1.010
	镀锌活接头 DN40	个	9.41	–	–	1.010	–	–
	镀锌活接头 DN50	个	13.34	–	–	–	1.010	–
	尼龙砂轮片 ϕ400	片	13.00	0.132	0.208	0.315	0.442	0.252
	汽轮机油(各种规格)	kg	8.80	0.069	0.086	0.121	0.161	0.093
	密封带	m	0.56	3.942	6.200	9.046	13.568	8.736
	破布	kg	4.50	0.045	0.062	0.124	0.197	0.093
	棉纱头	kg	6.34	0.022	0.300	0.440	0.672	0.330
	其他材料费	元	–	0.480	0.820	1.530	2.330	1.400
机械	砂轮切割机 ϕ400	台班	9.52	0.066	0.078	0.105	0.119	0.084
	螺栓套丝机 ϕ39mm	台班	32.14	0.166	0.207	0.324	0.492	0.353

4. 水流指示器安装

(1)螺纹连接

工作内容:外观检查、切管、套丝、上零件、临时短管安装拆除、主要功能检查、安装及调整。　　单位:个

定额编号				5-20-22	5-20-23	5-20-24	5-20-25
项目				公称直径(mm)			
				50 以内	65 以内	80 以内	100 以内
基价(元)				**94.41**	**136.09**	**178.66**	**294.56**
其中	人工费(元)			71.20	88.80	116.00	203.20
	材料费(元)			21.37	45.42	60.32	88.04
	机械费(元)			1.84	1.87	2.34	3.32
名称		单位	单价(元)	数量			
人工	综合工日	工日	80.00	0.890	1.110	1.450	2.540
材料	水流指示器	个	-	(1.000)	(1.000)	(1.000)	(1.000)
	镀锌活接头 DN50	个	13.34	1.010	-	-	-
	镀锌活接头 DN70	个	33.00	-	1.010	-	-
	镀锌活接头 DN80	个	42.90	-	-	1.010	-
	镀锌活接头 DN100	个	55.80	-	-	-	1.010
	镀锌管箍 DN50	个	3.50	0.200	-	-	-

续前 单位:个

定　额　编　号				5-20-22	5-20-23	5-20-24	5-20-25
项　　　目				公称直径(mm)			
				50 以内	65 以内	80 以内	100 以内
材料	镀锌管箍 DN65	个	7.45	-	0.200	-	-
	镀锌管箍 DN80	个	10.92	-	-	0.200	-
	镀锌管箍 DN100	个	16.84	-	-	-	0.200
	汽轮机油(各种规格)	kg	8.80	0.016	0.020	0.020	0.024
	棉纱	kg	6.34	0.030	0.030	0.030	0.030
	尼龙砂轮片 ϕ400	片	13.00	0.052	0.076	0.090	0.114
	密封带	m	0.56	1.504	1.912	2.240	2.864
	铝牌	个	0.30	1.000	1.000	1.000	1.000
	镀锌六角外丝 DN50	个	5.00	1.010	-	-	-
	镀锌六角外丝 DN70	个	7.80	-	1.010	-	-
	镀锌六角外丝 DN80	个	11.60	-	-	1.010	-
	镀锌六角外丝 DN100	个	24.28	-	-	-	1.010
机械	螺栓套丝机 ϕ39mm	台班	32.14	0.053	0.053	0.067	0.096
	砂轮切割机 ϕ400	台班	9.52	0.014	0.017	0.020	0.025

(2)法兰连接

工作内容:外观检查、切管、坡口、对口、焊法兰、临时短管安装拆除、主要功能检查、安装及调整。　　单位:个

定额编号				5-20-26	5-20-27	5-20-28	5-20-29	5-20-30
项目				公称直径(mm)				
				50 以内	80 以内	100 以内	150 以内	200 以内
基价(元)				**124.80**	**178.45**	**210.94**	**297.83**	**448.71**
其中	人工费(元)			76.00	99.20	119.20	168.00	222.40
	材料费(元)			21.34	41.11	45.51	75.61	115.40
	机械费(元)			27.46	38.14	46.23	54.22	110.91
名称		单位	单价(元)	数量				
人工	综合工日	工日	80.00	0.950	1.240	1.490	2.100	2.780
材料	水流指示器	个	–	(1.000)	(1.000)	(1.000)	(1.000)	(1.000)
	平焊法兰	片	–	(2.200)	(2.200)	(2.200)	(2.200)	(2.200)
	电焊条 结422 $\phi3.2$	kg	6.70	0.311	0.463	0.564	0.687	1.477
	棉纱头	kg	6.34	0.028	0.048	0.052	0.056	0.112
	破布	kg	4.50	0.080	0.080	0.120	0.120	0.120

续前　　　　单位:个

定　额　编　号				5-20-26	5-20-27	5-20-28	5-20-29	5-20-30
项　目				公称直径(mm)				
				50 以内	80 以内	100 以内	150 以内	200 以内
材料	电	kW·h	0.85	0.074	0.135	0.162	0.215	0.403
	清油	kg	8.80	0.040	0.080	0.080	0.120	0.120
	石棉橡胶板 低压 0.8~1.0	kg	13.20	0.276	0.524	0.692	1.104	1.324
	尼龙砂轮片 ϕ100	片	7.60	0.068	0.100	0.128	0.188	0.316
	尼龙砂轮片 ϕ400	片	13.00	0.026	0.054	0.057	0.071	0.085
	铅油	kg	8.50	0.160	0.280	0.400	0.560	0.680
	带帽螺栓	kg	8.40	1.446	3.032	3.032	5.582	9.023
	铝牌	个	0.30	1.000	1.000	1.000	1.000	1.000
机械	电焊条烘干箱 60cm×50cm×75cm	台班	28.84	0.011	0.015	0.019	0.022	0.047
	普通车床 630mm×2000mm	台班	187.70	0.014	0.024	0.026	0.032	0.036
	砂轮切割机 ϕ400	台班	9.52	0.007	0.010	0.013	0.020	0.024
	交流弧焊机 30kV·A	台班	216.39	0.113	0.153	0.188	0.219	0.474

三、其他组件安装

1. 减压孔板安装

工作内容：切管、焊法兰、制垫加垫、孔板检查，二次安装。　　单位：个

定额编号				5-20-31	5-20-32	5-20-33	5-20-34	5-20-35
项目				公称直径(mm)				
				50 以内	70 以内	80 以内	100 以内	150 以内
基价（元）				**78.75**	**87.60**	**117.73**	**137.90**	**161.35**
其中	人工费（元）			35.20	36.80	42.40	50.40	57.60
	材料费（元）			23.96	26.43	46.18	50.93	59.84
	机械费（元）			19.59	24.37	29.15	36.57	43.91
名称		单位	单价(元)	数量				
人工	综合工日	工日	80.00	0.440	0.460	0.530	0.630	0.720
材料	减压孔板	个	–	(1.000)	(1.000)	(1.000)	(1.000)	(1.000)
	平焊法兰	片	–	(2.000)	(2.000)	(2.000)	(2.000)	(2.000)
	电焊条 结422 $\phi3.2$	kg	6.70	0.133	0.237	0.271	0.363	0.474
	棉纱头	kg	6.34	0.050	0.050	0.080	0.100	0.120

续前　　　　　　　　　　　　　　　　　　　　　　　　　　　　　　　　　　单位：个

定　额　编　号				5-20-31	5-20-32	5-20-33	5-20-34	5-20-35
项　　目				公称直径(mm)				
				50 以内	70 以内	80 以内	100 以内	150 以内
材料	破布	kg	4.50	0.080	0.080	0.080	0.120	0.120
	电	kW·h	0.85	0.074	0.115	0.135	0.162	0.215
	清油	kg	8.80	0.040	0.040	0.080	0.080	0.120
	石棉橡胶板 低压 0.8～1.0	kg	13.20	0.276	0.360	0.524	0.692	1.104
	尼龙砂轮片 φ100	片	7.60	0.068	0.086	0.100	0.128	0.188
	尼龙砂轮片 φ400	片	13.00	0.026	0.038	0.045	0.057	0.071
	铅油	kg	8.50	0.160	0.200	0.280	0.400	0.560
	汽油 93 号	kg	10.05	0.050	0.050	0.080	0.100	0.120
	精制镀锌六角带帽螺栓 M16×(85～140)	10 套	37.90	0.412	0.412	0.824	0.824	0.824
机械	电焊条烘干箱 60cm×50cm×75cm	台班	28.84	0.008	0.010	0.011	0.014	0.017
	砂轮切割机 φ400	台班	9.52	0.007	0.009	0.010	0.013	0.020
	普通车床 630mm×2000mm	台班	187.70	0.014	0.016	0.024	0.026	0.032
	交流弧焊机 30kV·A	台班	216.39	0.077	0.097	0.112	0.144	0.172

2. 末端试水装置安装

工作内容:切管、套丝、上零件、整体组装、放水试验。　　　　　　单位:组

				5-20-36	5-20-37
定额编号				5-20-36	5-20-37
项目				公称直径(mm)	
				25 以内	32 以内
基价(元)				**175.71**	**191.33**
其中	人工费(元)			120.80	132.00
	材料费(元)			52.85	56.24
	机械费(元)			2.06	3.09
名称		单位	单价(元)	数量	
人工	综合工日	工日	80.00	1.510	1.650
材料	阀门	个	-	(2.020)	(2.020)
	镀锌钢管 DN15	t	6063.00	0.001	-
	镀锌钢管 DN32	t	5687.00	-	0.001
	镀锌三通 DN25	个	2.56	1.010	-
	镀锌三通 DN32	个	5.86	-	1.010
	棉纱头	kg	6.34	0.041	0.041
	汽轮机油(各种规格)	kg	8.80	0.024	0.024
	尼龙砂轮片 ϕ400	片	13.00	0.064	0.072
	密封带	m	0.56	2.108	2.600
	压力表 0~1.6MPa	块	21.50	1.000	1.000
	压力表气门 QZ-2 黄铜 M10-ϕ6	个	18.00	1.000	1.000
	镀锌六角外丝 DN15	个	0.87	1.010	1.010
	其他材料费	元	-	1.340	1.390
机械	螺栓套丝机 ϕ39mm	台班	32.14	0.057	0.089
	砂轮切割机 ϕ400	台班	9.52	0.024	0.024

3. 集热板制作、安装

工作内容:划线、下料、加工、支架制作及安装、整体安装固定。 单位:个

定额编号				5-20-38
项目				集热板 制作安装
基价(元)				**57.93**
其中	人工费(元)			45.60
	材料费(元)			11.07
	机械费(元)			1.26
	名称	单位	单价(元)	数量
人工	综合工日	工日	80.00	0.570
材料	镀锌钢板 $\delta=0.5$	m^2	20.37	0.280
	扁钢 边宽59mm 以下	kg	4.10	0.710
	精制六角带帽螺栓 M12×55	套	1.02	2.060
	膨胀螺栓 M8	套	0.17	2.060
机械	台式钻床 $\phi16mm$	台班	114.89	0.010
	电锤 520kW	台班	3.51	0.033

四、消火栓安装

1. 室内消火栓安装

工作内容：预留洞、切管、套丝、箱体及消火栓安装、附件检查安装、水压试验。　　单位：套

定额编号				5-20-39	5-20-40
项目				公称直径(mm)	
				单栓 65 以内	双栓 65 以内
基价（元）				**83.73**	**105.67**
其中	人工费（元）			75.20	96.00
	材料费（元）			8.03	8.83
	机械费（元）			0.50	0.84
名称		单位	单价(元)	数量	
人工	综合工日	工日	80.00	0.940	1.200
材料	室内消火栓	套	-	(1.000)	(1.000)
	普通硅酸盐水泥 32.5	kg	0.33	1.430	1.430
	红松原木 6m×30cm 以上	m^3	1560.00	0.003	0.003
	棉纱头	kg	6.34	0.100	0.150
	尼龙砂轮片 ϕ400	片	13.00	0.038	0.045
	密封带	m	0.56	1.680	2.240
	其他材料费	元	-	0.810	0.890
机械	螺栓套丝机 ϕ39mm	台班	32.14	0.013	0.022
	砂轮切割机 ϕ400	台班	9.52	0.009	0.014

2. 室外消火栓安装

(1)室外地下式消火栓

工作内容:管口除沥青、制垫、加垫、紧螺栓、消火栓安装。 单位:套

定额编号				5-20-41	5-20-42	5-20-43
项目				1.0MPa		
				浅型	深Ⅰ型	深Ⅱ型
基价(元)				**56.24**	**56.24**	**76.39**
其中	人工费(元)			52.80	52.80	52.80
	材料费(元)			3.44	3.44	23.59
	机械费(元)			–	–	–
名称		单位	单价(元)	数量		
人工	综合工日	工日	80.00	0.660	0.660	0.660
材料	地下式消火栓	套	–	(1.000)	(1.000)	(1.000)
	普通硅酸盐水泥 42.5	kg	0.36	0.470	0.470	–
	石棉绒	kg	5.70	0.123	0.123	–
	氧气	m^3	3.60	0.103	0.103	–
	乙炔气	m^3	25.20	0.034	0.034	–
	棉纱头	kg	6.34	–	–	0.013
	清油	kg	8.80	–	–	0.020
	油麻	kg	5.50	0.120	0.120	–
	石棉橡胶板 低压 0.8~1.0	kg	13.20	–	–	0.173
	铅油	kg	8.50	–	–	0.100
	精制六角带帽螺栓 M16×(65~80)	10套	23.80	–	–	0.824
	黑玛钢丝堵(堵头) DN15	个	0.45	1.010	1.010	1.010
	破布	kg	4.50	0.050	0.050	0.030

工作内容:同前　　　　单位:套

定额编号				5-20-44	5-20-45	5-20-46
项目				1.6MPa		
				浅型	深Ⅰ型	深Ⅱ型
基价(元)				**249.72**	**249.72**	**76.39**
其中	人工费(元)			75.20	75.20	52.80
	材料费(元)			158.95	158.95	23.59
	机械费(元)			15.57	15.57	–
名称		单位	单价(元)	数量		
人工	综合工日	工日	80.00	0.940	0.940	0.660
材料	地下式消火栓	套	–	(1.000)	(1.000)	(1.000)
	平焊法兰 1.6MPa DN100	副	132.00	1.000	1.000	–
	氧气	m^3	3.60	0.157	0.157	–
	乙炔气	m^3	25.20	0.052	0.052	–
	电焊条 结422 ϕ3.2	kg	6.70	0.221	0.221	–
	棉纱头	kg	6.34	0.013	0.013	0.013
	清油	kg	8.80	0.020	0.020	0.020
	石棉橡胶板 低压0.8~1.0	kg	13.20	0.173	0.173	0.173
	铅油	kg	8.50	0.100	0.100	0.100
	精制六角带帽螺栓 M16×(65~80)	10套	23.80	0.824	0.824	0.824
	黑玛钢丝堵(堵头) DN15	个	0.45	1.010	1.010	1.010
	破布	kg	4.50	0.030	0.030	0.030
机械	电焊条烘干箱 60cm×50cm×75cm	台班	28.84	0.007	0.007	–
	交流弧焊机 30kV·A	台班	216.39	0.071	0.071	–

(2)室外地上式消火栓

工作内容:同前　　　　单位:套

定额编号				5-20-47	5-20-48	5-20-49	5-20-50
项目				1.0MPa			
				浅100型	深100型	浅150型	深150型
基价(元)				**71.44**	**83.44**	**101.75**	**113.75**
其中	人工费(元)			68.00	80.00	96.80	108.80
	材料费(元)			3.44	3.44	4.95	4.95
	机械费(元)			–	–	–	–
名称		单位	单价(元)	数量			
人工	综合工日	工日	80.00	0.850	1.000	1.210	1.360
材料	地上式消火栓	套	–	(1.000)	(1.000)	(1.000)	(1.000)
	普通硅酸盐水泥42.5	kg	0.36	0.470	0.470	0.680	0.680
	黑玛钢丝堵(堵头)DN15	个	0.45	1.010	1.010	1.010	1.010
	氧气	m^3	3.60	0.103	0.103	0.172	0.172
	乙炔气	m^3	25.20	0.034	0.034	0.057	0.057
	石棉绒	kg	5.70	0.123	0.123	0.182	0.182
	油麻	kg	5.50	0.120	0.120	0.170	0.170
	破布	kg	4.50	0.050	0.050	0.050	0.050

工作内容:同前　　　　　　　　　　　　　　　　　　　　　　　　　　　　　单位:套

定额编号				5-20-51	5-20-52	5-20-53	5-20-54
项目				1.6MPa			
				浅 100 型	深 100 型	浅 150 型	深 150 型
基价(元)				**264.92**	**277.72**	**384.10**	**396.10**
其中	人工费(元)			90.40	103.20	120.00	132.00
	材料费(元)			158.95	158.95	239.98	239.98
	机械费(元)			15.57	15.57	24.12	24.12
	名称	单位	单价(元)	数量			
人工	综合工日	工日	80.00	1.130	1.290	1.500	1.650
材料	地上式消火栓	套	–	(1.000)	(1.000)	(1.000)	(1.000)
	平焊法兰 1.6MPa DN100	副	132.00	1.000	1.000	–	–
	平焊法兰 1.6MPa DN150	副	215.00	–	–	1.000	1.000
	石棉橡胶板 低压 0.8~1.0	kg	13.20	0.173	0.173	0.280	0.280
	氧气	m^3	3.60	0.157	0.157	0.247	0.247
	乙炔气	m^3	25.20	0.052	0.052	0.082	0.082
	黑玛钢丝堵(堵头) DN15	个	0.45	1.010	1.010	1.010	1.010
	电焊条 结 422 ϕ3.2	kg	6.70	0.221	0.221	0.290	0.290
	精制六角带帽螺栓 M16×(65~80)	10 套	23.80	0.824	0.824	–	–
	精制镀锌六角带帽螺栓带垫 M20×(85~100)	10 套	17.28	–	–	0.824	0.824
	铅油	kg	8.50	0.100	0.100	0.140	0.140
	清油	kg	8.80	0.020	0.020	0.030	0.030
	棉纱头	kg	6.34	0.013	0.013	0.016	0.016
	破布	kg	4.50	0.030	0.030	0.030	0.030
机械	交流弧焊机 30kV·A	台班	216.39	0.071	0.071	0.110	0.110
	电焊条烘干箱 60cm×50cm×75cm	台班	28.84	0.007	0.007	0.011	0.011

3. 消防水泵接合器安装

工作内容：切管、焊法兰、制垫、加垫、紧螺栓、整体安装、充水试验。　　单位：套

定额编号				5-20-55	5-20-56	5-20-57
项目				地下式		地上式
				100	150	100
基价（元）				**358.65**	**478.32**	**407.44**
其中	人工费（元）			141.60	172.00	167.20
	材料费（元）			198.92	279.01	222.11
	机械费（元）			18.13	27.31	18.13
名称		单位	单价（元）	数量		
人工	综合工日	工日	80.00	1.770	2.150	2.090
材料	消防水泵接合器	套	–	(1.000)	(1.000)	(1.000)
	镀锌钢管 DN25	t	5687.00	0.002	0.002	0.002
	精制六角带帽螺栓 M16×(65～80)	10套	23.80	1.648	–	2.472
	精制镀锌六角带帽螺栓带垫 M20×(85～100)	10套	17.28	–	1.648	–
	平焊法兰 1.6MPa DN100	副	132.00	1.000	–	1.000
	平焊法兰 1.6MPa DN150	副	215.00	–	1.000	–
	电焊条 结422 ϕ3.2	kg	6.70	0.221	0.290	0.221

续前　　　　　　　　　　　　　　　　　　　　　　　　　　　　　　　　　单位:套

定　额　编　号				5-20-55	5-20-56	5-20-57
项　　　目				地下式		地上式
				100	150	100
材料	破布	kg	4.50	0.030	0.030	0.030
	棉纱头	kg	6.34	0.013	0.016	0.013
	电	kW·h	0.85	0.162	0.215	0.162
	清油	kg	8.80	0.060	0.090	0.080
	铅油	kg	8.50	0.300	0.420	0.400
	石棉橡胶板 低压 0.8~1.0	kg	13.20	0.520	0.830	0.680
	尼龙砂轮片 ϕ100	片	7.60	0.066	0.097	0.066
	尼龙砂轮片 ϕ400	片	13.00	0.057	0.071	0.057
	其他材料费	元	-	3.300	4.820	3.740
机械	交流弧焊机 30kV·A	台班	216.39	0.071	0.110	0.071
	电焊条烘干箱 60cm×50cm×75cm	台班	28.84	0.007	0.011	0.007
	砂轮切割机 ϕ400	台班	9.52	0.013	0.020	0.013
	普通车床 630mm×2000mm	台班	187.70	0.013	0.016	0.013

工作内容:同前　　　　单位:套

定额编号				5-20-58	5-20-59	5-20-60
项目				地上式	墙壁式	
				150	100	150
基价(元)				**514.67**	**420.94**	**555.46**
其中	人工费(元)			194.40	191.20	240.00
	材料费(元)			292.96	211.61	288.15
	机械费(元)			27.31	18.13	27.31
名称		单位	单价(元)	数量		
人工	综合工日	工日	80.00	2.430	2.390	3.000
材料	消防水泵接合器	套	–	(1.000)	(1.000)	(1.000)
	镀锌钢管 DN25	t	5687.00	0.001	–	–
	精制镀锌六角带帽螺栓带垫 M20×(85~100)	10套	17.28	2.472	–	2.472
	精制六角带帽螺栓 M16×(65~80)	10套	23.80	–	2.472	–
	膨胀螺栓 M(6~12)×(50~120)	套	0.17	–	4.120	4.120
	平焊法兰 1.6MPa DN150	副	215.00	1.000	–	1.000
	平焊法兰 1.6MPa DN100	副	132.00	–	1.000	–

续前　　　　单位:套

定额编号				5-20-58	5-20-59	5-20-60
项目				地上式	墙壁式	
				150	100	150
材料	清油	kg	8.80	0.120	0.080	0.120
	铅油	kg	8.50	0.560	0.400	0.560
	石棉橡胶板 低压 0.8～1.0	kg	13.20	1.100	0.680	1.100
	电焊条 结 422 ϕ3.2	kg	6.70	0.290	0.221	0.290
	尼龙砂轮片 ϕ100	片	7.60	0.097	0.066	0.097
	尼龙砂轮片 ϕ400	片	13.00	0.071	0.057	0.071
	电	kW·h	0.85	0.215	0.162	0.215
	棉纱头	kg	6.34	0.016	0.013	0.016
	破布	kg	4.50	0.030	0.030	0.030
	其他材料费	元	–	5.200	3.920	5.380
机械	交流弧焊机 30kV·A	台班	216.39	0.110	0.071	0.110
	电焊条烘干箱 60cm×50cm×75cm	台班	28.84	0.011	0.007	0.011
	砂轮切割机 ϕ400	台班	9.52	0.020	0.013	0.020
	普通车床 630mm×2000mm	台班	187.70	0.016	0.013	0.016

五、隔膜式气压水罐安装(气压罐)

工作内容:场内搬运、定位、焊法兰、制加垫、紧螺栓、充气定压、充水、调试。

单位:台

定额编号				5-20-61	5-20-62	5-20-63	5-20-64
项目				公称直径(mm)			
				800 以内	1000 以内	1200 以内	1400 以内
基价(元)				**808.13**	**896.54**	**984.94**	**1073.36**
其中	人工费(元)			640.00	720.00	800.00	880.00
	材料费(元)			21.51	24.46	27.40	30.35
	机械费(元)			146.62	152.08	157.54	163.01
名称		单位	单价(元)	数量			
人工	综合工日	工日	80.00	8.000	9.000	10.000	11.000
材料	隔膜式气压水罐	台	-	(1.000)	(1.000)	(1.000)	(1.000)
	平焊法兰	片	-	(1.000)	(1.000)	(1.000)	(1.000)
	石棉橡胶板 低压 0.8~1.0	kg	13.20	0.173	0.173	0.173	0.173
	电焊条 结422 ϕ3.2	kg	6.70	0.221	0.221	0.221	0.221
	清油	kg	8.80	0.020	0.020	0.020	0.020

续前

单位:台

定额编号				5-20-61	5-20-62	5-20-63	5-20-64
项目				公称直径(mm)			
				800 以内	1000 以内	1200 以内	1400 以内
材料	铅油	kg	8.50	0.100	0.100	0.100	0.100
	尼龙砂轮片 φ100	片	7.60	0.066	0.066	0.066	0.066
	尼龙砂轮片 φ400	片	13.00	0.057	0.057	0.057	0.057
	氮气	m^3	5.39	2.500	3.000	3.500	4.000
	棉纱头	kg	6.34	0.013	0.013	0.013	0.013
	其他材料费	元	–	1.920	2.170	2.420	2.670
机械	交流弧焊机 30kV·A	台班	216.39	0.071	0.071	0.071	0.071
	电焊条烘干箱 60cm×50cm×75cm	台班	28.84	0.009	0.009	0.009	0.009
	砂轮切割机 φ400	台班	9.52	0.013	0.013	0.013	0.013
	普通车床 630mm×2000mm	台班	187.70	0.013	0.013	0.013	0.013
	汽车式起重机 5t	台班	546.38	0.170	0.180	0.190	0.200
	载货汽车 5t	台班	507.79	0.070	0.070	0.070	0.070

六、管道支吊架制作、安装

工作内容：切断、调直、煨制、钻孔、组对、焊接、安装。　　单位：100kg

定额编号				5-20-65
项目				管道支吊架
基价（元）				**1120.19**
其中	人工费（元）			712.00
	材料费（元）			125.54
	机械费（元）			282.65
名称		单位	单价(元)	数量
人工	综合工日	工日	80.00	8.900
材料	型钢	kg	-	(106.000)
	电焊条 结422 ϕ3.2	kg	6.70	5.400
	乙炔气	m^3	25.20	0.870
	氧气	m^3	3.60	2.550
	尼龙砂轮片 ϕ400	片	13.00	0.800

续前　　　　单位:100kg

定额编号				5-20-65
项目				管道支吊架
材料	螺栓	kg	8.90	1.185
	螺母	kg	9.66	0.333
	钢垫圈	kg	8.76	0.124
	膨胀螺栓 M12×100	10 套	2.11	3.492
	冲击钻头 ϕ12	个	10.75	0.680
	石棉橡胶板 低压 0.8~1.0	kg	13.20	0.510
	汽轮机油（各种规格）	kg	8.80	0.240
	其他材料费	元	–	9.480
机械	交流弧焊机 30kV·A	台班	216.39	1.040
	电焊条烘干箱 60cm×50cm×75cm	台班	28.84	0.104
	砂轮切割机 ϕ400	台班	9.52	0.250
	立式钻床 ϕ25mm	台班	118.20	0.425
	电锤 520kW	台班	3.51	0.567

七、自动喷水灭火系统管网水冲洗

工作内容：准备工具和材料、制堵盲板、安装拆除临时管线、通水冲洗、检查、清理现场。　　　单位：100m

定额编号				5-20-66	5-20-67	5-20-68	5-20-69	5-20-70	5-20-71
项目				公称直径（mm）					
				50 以内	70 以内	80 以内	100 以内	150 以内	200 以内
基价（元）				**344.60**	**409.97**	**451.23**	**535.61**	**852.81**	**1186.47**
其中	人工费（元）			202.40	222.40	222.40	222.40	272.00	272.00
	材料费（元）			114.89	155.77	194.78	270.18	519.81	817.54
	机械费（元）			27.31	31.80	34.05	43.03	61.00	96.93
名称		单位	单价(元)	数				量	
人工	综合工日	工日	80.00	2.530	2.780	2.780	2.780	3.400	3.400
材料	水	t	4.00	9.000	18.000	27.000	45.000	104.400	176.400
	无缝钢管 $\phi50\times4$	m	26.02	0.100	0.100	0.100	0.100	0.100	0.100
	金属软管 $\phi50$	m	45.00	0.800	0.800	0.800	0.800	0.800	0.800
	热轧中厚钢板 $\delta=18\sim25$	kg	3.70	3.700	4.100	4.100	4.100	4.600	4.600
	法兰 DN50	片	19.84	0.100	0.100	0.100	0.100	0.100	0.100
	法兰截止阀 J41T－16 DN50	个	88.20	0.100	0.100	0.100	0.100	0.100	0.100
	石棉橡胶板 低压 0.8～1.0	kg	13.20	0.540	0.680	0.810	0.950	1.260	1.560
	螺栓	10 套	17.28	0.320	0.370	0.420	0.470	0.760	1.050
	电焊条 结 422 $\phi3.2$	kg	6.70	0.200	0.200	0.200	0.200	0.200	0.200
	氧气	m^3	3.60	0.150	0.200	0.250	0.300	0.390	0.460
	乙炔气	m^3	25.20	0.050	0.070	0.080	0.100	0.130	0.150
机械	交流弧焊机 30kV·A	台班	216.39	0.100	0.100	0.100	0.100	0.100	0.100
	电动单级离心清水泵 $\phi100$mm	台班	224.58	0.020	0.040	0.050	0.090	0.170	0.330
	立式钻床 $\phi25$mm	台班	118.20	0.010	0.010	0.010	0.010	0.010	0.010

第二十一章　气体灭火系统

说　　明

一、本章定额适用于工业和民用建筑中设置的二氧化碳灭火系统、卤代烷1211灭火系统和卤代烷1301灭火系统中的管道、管件、系统组件等的安装。

二、本章定额中的无缝钢管、钢制管件、选择阀安装及系统组件试验等均适用于卤代烷1211和1301灭火系统，二氧化碳灭火系统按卤代烷灭火系统相应定额乘以系数1.20。

三、管道及管件安装定额：

1. 无缝钢管和钢制管件内外镀锌及场外运输费用另行计算。

2. 螺纹连接的不锈钢管、铜管及管件安装时，按无缝钢管和钢制管件安装相应定额乘以系数1.20。

3. 无缝钢管螺纹连接定额中不包括钢制管件连接内容，应按设计用量执行钢制管件连接定额。

4. 无缝钢管法兰连接定额，管件是按成品、弯头两端是按接短管焊接法兰考虑的，定额中包括了直管、管件、法兰等全部安装工序内容，但管件、法兰及螺栓的主材数量应按设计规定另行计算。

5. 气动驱动装置管道安装定额中卡套连接件的数量按设计用量另行计算。

四、喷头安装定额中包括管件安装及配合水压试验安装拆除丝堵的工作内容。

五、贮存装置安装，定额中包括灭火剂贮存容器和驱动气瓶的安装固定支框架、系统组件（集流管、容器阀、气液单向阀、高压软管），安全阀等贮存装置和阀驱动装置的安装及氮气增压。二氧化碳贮存装置安装时，不需增压，执行定额时，扣除高纯氮气，其余不变。

六、二氧化碳称重检漏装置包括泄漏报警开关、配重及支架。

七、系统组件包括选择阀，气、液单向阀和高压软管。

八、本章定额不包括的工作内容:

1. 管道支吊架的制作安装。

2. 不锈钢管、铜管及管件的焊接或法兰连接,各种套管的制作安装。管道系统强度试验、严密性试验和吹扫等均执行《冶金工业建设工程预算定额》(2012 年版)第十册《工艺管道安装工程》相应项目。

3. 管道及支吊架的防腐刷油等执行《冶金工业建设工程预算定额》(2012 年版)第八册《刷油、防腐、保温工程》相应项目。

4. 系统调试执行本册定额第五章的相应项目。

5. 阀驱动装置与泄漏报警开关的电气接线等执行本册相关子目。

一、管道安装

1. 无缝钢管(螺纹连接)

工作内容:切管、调直、车丝、清洗、镀锌后调直、管口连接、管道安装。 单位:10m

定额编号				5-21-1	5-21-2	5-21-3	5-21-4
项目				公称直径(mm)			
				15 以内	20 以内	25 以内	32 以内
基价(元)				**87.85**	**91.41**	**98.09**	**119.76**
其中	人工费(元)			60.00	62.40	64.80	76.00
	材料费(元)			8.21	8.25	9.90	10.05
	机械费(元)			19.64	20.76	23.39	33.71
名称		单位	单价(元)	数量			
人工	综合工日	工日	80.00	0.750	0.780	0.810	0.950
材料	无缝钢管	m	–	(10.200)	(10.200)	(10.200)	(10.200)
	棉纱头	kg	6.34	0.050	0.050	0.050	0.058
	工业酒精 99.5%	kg	8.20	0.017	0.017	0.020	0.020
	尼龙砂轮片 ϕ400	片	13.00	0.017	0.020	0.030	0.030
	厌氧胶 325 号 200g	瓶	71.92	0.100	0.100	0.120	0.120
	汽油 93 号	kg	10.05	0.034	0.034	0.040	0.050
机械	砂轮切割机 ϕ400	台班	9.52	0.012	0.012	0.012	0.012
	普通车床 630mm×2000mm	台班	187.70	0.104	0.110	0.124	0.179

工作内容:同前　　单位:10m

定额编号				5-21-5	5-21-6	5-21-7	5-21-8
项目				公称直径(mm)			
				40以内	50以内	70以内	80以内
基价(元)				**129.30**	**133.66**	**162.93**	**184.16**
其中	人工费(元)			80.80	84.80	108.00	125.60
	材料费(元)			12.33	12.69	16.29	19.92
	机械费(元)			36.17	36.17	38.64	38.64
名称		单位	单价(元)	数量			
人工	综合工日	工日	80.00	1.010	1.060	1.350	1.570
材料	无缝钢管	m	–	(10.200)	(10.200)	(10.200)	(10.200)
	棉纱头	kg	6.34	0.058	0.067	0.067	0.084
	工业酒精 99.5%	kg	8.20	0.020	0.025	0.025	0.033
	尼龙砂轮片 ϕ400	片	13.00	0.035	0.043	0.064	0.075
	厌氧胶 325 号 200g	瓶	71.92	0.149	0.149	0.194	0.237
	汽油 93 号	kg	10.05	0.062	0.078	0.087	0.109
机械	砂轮切割机 ϕ400	台班	9.52	0.014	0.014	0.017	0.017
	普通车床 630mm×2000mm	台班	187.70	0.192	0.192	0.205	0.205

2. 无缝钢管(法兰连接)

工作内容:切管、调直、坡口、对口、焊接、法兰连接、管件及管道预装及安装。　　单位:10m

定额编号				5-21-9	5-21-10
项目				公称直径(mm)	
				100 以内	150 以内
基价(元)				**1310.70**	**1504.42**
其中	人工费(元)			671.20	763.20
	材料费(元)			122.23	195.01
	机械费(元)			517.27	546.21
名称		单位	单价(元)	数	量
人工	综合工日	工日	80.00	8.390	9.540
材料	无缝钢管	m	–	(9.920)	(9.810)
	石棉橡胶板 低压 0.8～1.0	kg	13.20	1.657	2.536
	电焊条 结 422 ϕ3.2	kg	6.70	6.538	12.497
	乙炔气	m^3	25.20	0.754	1.063
	氧气	m^3	3.60	2.261	3.189
	棉纱头	kg	6.34	0.125	0.147
	破布	kg	4.50	0.287	0.276
	电	kW·h	0.85	3.323	5.998
	清油	kg	8.80	0.190	0.280
	铅油	kg	8.50	0.958	1.290
	尼龙砂轮片 ϕ100	片	7.60	1.863	2.388
	塑料布	m^2	1.30	0.406	0.527
机械	电焊条烘干箱 60cm×50cm×75cm	台班	28.84	0.236	0.249
	交流弧焊机 30kV·A	台班	216.39	2.359	2.491

3. 气体驱动装置管道安装

工作内容:切管、煨弯、安装、固定、调整、卡套连接。 单位:10m

定额编号				5-21-11	5-21-12
项目				管外径(mm)	
				10 以内	14 以内
基价(元)				**108.20**	**125.80**
其中	人工费(元)			88.00	105.60
	材料费(元)			19.21	19.21
	机械费(元)			0.99	0.99
名称		单位	单价(元)	数	量
人工	综合工日	工日	80.00	1.100	1.320
材料	紫铜管	m	–	(10.300)	(10.300)
	破布	kg	4.50	0.050	0.050
	铁砂布 0~2 号	张	1.68	0.300	0.300
	锯条(各种规格)	根	1.40	0.200	0.200
	镀锌管卡子 DN15	个	0.36	17.170	17.170
	金属膨胀螺栓 M8×80	套	0.70	17.170	17.170
机械	电锤 520kW	台班	3.51	0.283	0.283

4. 钢制管件(螺纹连接)

工作内容: 切管、调直、车丝、清洗、镀锌后调直、管件连接。　　　　单位:10件

定额编号				5-21-13	5-21-14	5-21-15	5-21-16
项目				公称直径(mm)			
				15以内	20以内	25以内	32以内
基价(元)				**295.04**	**306.01**	**345.88**	**442.46**
其中	人工费(元)			128.80	132.00	147.20	180.80
	材料费(元)			49.18	49.44	59.10	60.14
	机械费(元)			117.06	124.57	139.58	201.52
名称		单位	单价(元)	数量			
人工	综合工日	工日	80.00	1.610	1.650	1.840	2.260
材料	钢制管件	个	–	(10.100)	(10.100)	(10.100)	(10.100)
	棉纱头	kg	6.34	0.300	0.300	0.300	0.350
	工业酒精 99.5%	kg	8.20	0.100	0.100	0.100	0.120
	尼龙砂轮片 ϕ400	片	13.00	0.100	0.120	0.160	0.180
	厌氧胶 325号 200g	瓶	71.92	0.600	0.600	0.720	0.720
	汽油 93号	kg	10.05	0.200	0.200	0.250	0.280
机械	砂轮切割机 ϕ400	台班	9.52	0.072	0.072	0.072	0.072
	普通车床 630mm×2000mm	台班	187.70	0.620	0.660	0.740	1.070

工作内容:同前　　　　单位:10件

定额编号				5-21-17	5-21-18	5-21-19	5-21-20
项目				公称直径(mm)			
				40以内	50以内	70以内	80以内
基价(元)				**503.11**	**505.33**	**575.60**	**629.56**
其中	人工费(元)			212.80	212.80	246.40	278.40
	材料费(元)			73.66	75.88	97.36	119.32
	机械费(元)			216.65	216.65	231.84	231.84
名称		单位	单价(元)	数量			
人工	综合工日	工日	80.00	2.660	2.660	3.080	3.480
材料	钢制管件	个	-	(10.100)	(10.100)	(10.100)	(10.100)
	棉纱头	kg	6.34	0.350	0.400	0.400	0.500
	汽油93号	kg	10.05	0.370	0.470	0.520	0.650
	工业酒精99.5%	kg	8.20	0.120	0.150	0.150	0.200
	尼龙砂轮片ϕ400	片	13.00	0.210	0.260	0.380	0.450
	厌氧胶325号200g	瓶	71.92	0.890	0.890	1.160	1.420
机械	砂轮切割机ϕ400	台班	9.52	0.084	0.084	0.102	0.102
	普通车床630mm×2000mm	台班	187.70	1.150	1.150	1.230	1.230

二、系统组件安装

1. 喷头安装

工作内容:切管、调直、车丝、管件及喷头安装、喷头外观清洁。　　　　　　　　单位:10 个

定额编号				5-21-21	5-21-22	5-21-23	5-21-24	5-21-25
项目				公称直径(mm)				
				15 以内	20 以内	25 以内	32 以内	40 以内
基价(元)				**282.22**	**288.02**	**334.77**	**396.76**	**527.82**
其中	人工费(元)			174.40	176.00	205.60	239.20	345.60
	材料费(元)			48.95	49.39	59.04	60.21	73.49
	机械费(元)			58.87	62.63	70.13	97.35	108.73
名称		单位	单价(元)	数量				
人工	综合工日	工日	80.00	2.180	2.200	2.570	2.990	4.320
材料	喷头	个	–	(10.100)	(10.100)	(10.100)	(10.100)	(10.100)
	钢制丝堵	个	–	(1.000)	(1.000)	(1.000)	(1.000)	(1.000)
	镀锌钢管管件	个	–	(10.100)	(10.100)	(10.100)	(10.100)	(10.100)
	棉纱头	kg	6.34	0.300	0.300	0.300	0.350	0.350
	汽油 93 号	kg	10.05	0.100	0.100	0.125	0.140	0.185
	工业酒精 99.5%	kg	8.20	0.100	0.100	0.100	0.120	0.120
	尼龙砂轮片 ϕ400	片	13.00	0.100	0.120	0.160	0.180	0.210
	厌氧胶 325 号 200g	瓶	71.92	0.600	0.600	0.720	0.720	0.890
	密封带	m	0.56	1.380	1.700	2.140	2.640	3.020
机械	砂轮切割机 ϕ400	台班	9.52	0.072	0.072	0.072	0.072	0.084
	普通车床 630mm×2000mm	台班	187.70	0.310	0.330	0.370	0.515	0.575

2. 选择阀安装

(1)螺纹连接

工作内容:外观检查、切管、车丝、活接头及阀门安装。 单位:个

定额编号				5-21-26	5-21-27	5-21-28
项目				公称直径(mm)		
				25 以内	32 以内	40 以内
基价(元)				**44.30**	**49.22**	**66.00**
其中	人工费(元)			28.00	29.60	44.00
	材料费(元)			9.29	9.42	11.04
	机械费(元)			7.01	10.20	10.96
名称		单位	单价(元)	数量		
人工	综合工日	工日	80.00	0.350	0.370	0.550
材料	选择阀	个	–	(1.000)	(1.000)	(1.000)
	钢制活接头	个	–	(1.010)	(1.010)	(1.010)
	棉纱头	kg	6.34	0.045	0.053	0.053
	汽油 93 号	kg	10.05	0.038	0.042	0.056
	工业酒精 99.5%	kg	8.20	0.020	0.020	0.020
	尼龙砂轮片 φ400	片	13.00	0.019	0.022	0.025
	厌氧胶 325 号 200g	瓶	71.92	0.110	0.110	0.130
	铝牌	个	0.30	1.000	1.000	1.000
机械	砂轮切割机 φ400	台班	9.52	0.007	0.007	0.008
	普通车床 630mm×2000mm	台班	187.70	0.037	0.054	0.058

工作内容:同前　　单位:个

定额编号				5-21-29	5-21-30	5-21-31
项目				公称直径(mm)		
				50 以内	65 以内	80 以内
基价(元)				**66.27**	**85.38**	**104.74**
其中	人工费(元)			44.00	59.20	75.20
	材料费(元)			11.31	14.45	17.81
	机械费(元)			10.96	11.73	11.73
名称		单位	单价(元)	数量		
人工	综合工日	工日	80.00	0.550	0.740	0.940
材料	选择阀	个	–	(1.000)	(1.000)	(1.000)
	钢制活接头	个	–	(1.010)	(1.010)	(1.010)
	棉纱头	kg	6.34	0.060	0.060	0.075
	汽油 93 号	kg	10.05	0.071	0.078	0.098
	工业酒精 99.5%	kg	8.20	0.020	0.020	0.030
	尼龙砂轮片 ϕ400	片	13.00	0.031	0.046	0.054
	厌氧胶 325 号 200g	瓶	71.92	0.130	0.170	0.210
	铝牌	个	0.30	1.000	1.000	1.000
机械	砂轮切割机 ϕ400	台班	9.52	0.008	0.010	0.010
	普通车床 630mm×2000mm	台班	187.70	0.058	0.062	0.062

(2)法兰连接

工作内容:外观检查、切管、坡口、对口、焊法兰、阀门安装。 单位:个

定额编号				5-21-32
项目				公称直径(mm)
				100 以内
基价(元)				**187.93**
其中	人工费(元)			104.80
	材料费(元)			67.56
	机械费(元)			15.57
	名称	单位	单价(元)	数量
人工	综合工日	工日	80.00	1.310
材料	选择阀	个	–	(1.000)
	中压法兰	片	–	(1.000)
	石棉橡胶板 低压 0.8~1.0	kg	13.20	0.346
	带帽螺栓	kg	8.40	6.448
	电焊条 结 422 ϕ3.2	kg	6.70	0.286
	乙炔气	m^3	25.20	0.072
	氧气	m^3	3.60	0.215
	棉纱头	kg	6.34	0.026
	破布	kg	4.50	0.060
	电	kW·h	0.85	0.162
	清油	kg	8.80	0.040
	铅油	kg	8.50	0.200
	尼龙砂轮片 ϕ100	片	7.60	0.184
	铝牌	个	0.30	1.000
机械	电焊条烘干箱 60cm×50cm×75cm	台班	28.84	0.007
	交流弧焊机 30kV·A	台班	216.39	0.071

3. 贮存装置安装

工作内容：外观检查，搬运，称重，支架框架安装，系统组件安装，阀驱动装置安装，氮气增压。　　单位：套

定额编号				5-21-33	5-21-34	5-21-35
项目				贮存容器规格(L)		
				40	70	90
基价（元）				**635.99**	**857.74**	**991.49**
其中	人工费（元）			402.40	578.40	666.40
	材料费（元）			233.35	279.10	324.85
	机械费（元）			0.24	0.24	0.24
名称		单位	单价(元)	数量		
人工	综合工日	工日	80.00	5.030	7.230	8.330
材料	台秤 电子	台	650.00	0.010	0.010	0.010
	厌氧胶 325 号 200g	瓶	71.92	0.240	0.240	0.240
	高纯氮气 40L	瓶	84.00	1.000	1.500	2.000
	减压阀 GA48Y－16C DN100	个	4980.00	0.020	0.020	0.020
	压力表 DN150	块	50.00	0.040	0.040	0.040
	膨胀螺栓 M12×100	10 套	2.11	0.412	0.412	0.412
	冲击钻头 ϕ12	个	10.75	0.080	0.080	0.080
	精制六角带帽螺栓 M16×(65～80)	10 套	23.80	0.206	0.206	0.206
	铝牌	个	0.30	1.000	1.000	1.000
	其他材料费	元	－	17.060	20.810	24.560
机械	电锤 520kW	台班	3.51	0.067	0.067	0.067

工作内容:同前　　　　单位:套

定额编号				5-21-36	5-21-37	5-21-38
项目				贮存容器规格(L)		
				155	270	4
基价(元)				**1456.23**	**2194.82**	**357.15**
其中	人工费(元)			1027.20	1643.20	198.40
	材料费(元)			428.79	551.38	158.51
	机械费(元)			0.24	0.24	0.24
名称		单位	单价(元)	数量		
人工	综合工日	工日	80.00	12.840	20.540	2.480
材料	台秤 电子	台	650.00	0.010	0.010	0.010
	环氧胶 325 号 200g	瓶	71.92	0.400	0.800	0.160
	高纯氮气 40L	瓶	84.00	3.000	4.000	0.250
	减压阀 GA48Y－16C DN100	个	4980.00	0.020	0.020	0.020
	压力表 DN150	块	50.00	0.040	0.040	0.040
	膨胀螺栓 M12×100	10 套	2.11	0.412	0.412	0.412
	冲击钻头 ϕ12	个	10.75	0.080	0.080	0.080
	精制六角带帽螺栓 M16×(65～80)	10 套	23.80	0.206	0.206	0.206
	铝牌	个	0.30	1.000	1.000	1.000
	其他材料费	元	－	32.990	42.810	10.970
机械	电锤 520kW	台班	3.51	0.067	0.067	0.067

三、二氧化碳称重检漏装置安装

工作内容：开箱检查、组合装配、安装、固定、试动调整。　　　　单位：套

定额编号				5-21-39
项目				二氧化碳称重检漏装置
基价（元）				**156.12**
其中	人工费（元）			148.00
	材料费（元）			8.12
	机械费（元）			–
名称		单位	单价（元）	数量
人工	综合工日	工日	80.00	1.850
材料	半圆头镀锌螺栓（6～12）×（22～80）	套	0.39	4.120
	精制镀锌六角带帽螺栓带垫 M10×35	套	0.91	4.120
	汽油 93 号	kg	10.05	0.200
	破布	kg	4.50	0.100
	铝牌	个	0.30	1.000

四、系统组件试验

工作内容：准备工具和材料、安装拆除临时管线、灌水加压、充氮气、停压检查、放水、泄压、清理及烘干、封口。　　单位：个

定额编号				5-21-40	5-21-41
项目				系统组件	
				水压强度试验	气压严密性试验
基价（元）				**34.38**	**143.51**
其中	人工费（元）			12.00	17.60
	材料费（元）			10.34	110.00
	机械费（元）			12.04	15.91
名称		单位	单价(元)	数量	
人工	综合工日	工日	80.00	0.150	0.220
材料	热轧中厚钢板 $\delta=18\sim25$	kg	3.70	0.200	0.200
	无缝钢管 $\phi22\times2.5$	m	7.40	0.010	0.010
	压力表 DN150	块	50.00	0.020	0.040
	温度计 0~120℃	套	29.00	0.020	-
	压力表补芯	个	18.00	0.020	-

续前　　　　单位:个

定　额　编　号				5-21-40	5-21-41
项　　目				系统组件	
				水压强度试验	气压严密性试验
材料	螺纹截止阀 J11T－16 DN15	个	17.85	0.020	－
	减压阀 GA48Y－16C DN100	个	4980.00	－	0.020
	塑料布	m^2	1.30	－	0.120
	电焊条 结422 ϕ3.2	kg	6.70	0.165	0.165
	氮气	m^3	5.39	－	0.050
	氧气	m^3	3.60	0.141	0.141
	乙炔气	m^3	25.20	0.047	0.047
	螺栓	10套	17.28	0.250	0.250
	输水软管 ϕ25	m	5.55	0.020	－
	水	t	4.00	－	0.010
机械	试压泵 60MPa	台班	154.06	0.036	－
	交流弧焊机 30kV·A	台班	216.39	0.030	0.030
	组合烘箱	台班	156.93	－	0.060

第二十二章　泡沫灭火系统

说　　明

一、本章定额适用于高、中、低倍数固定式或半固定式泡沫灭火系统的发生器及泡沫比例混合器安装。

二、泡沫发生器及泡沫比例混合器安装中包括整体安装、焊法兰、单体调试及配合管道试压时隔离本体所消耗的人工和材料。但不包括支架的制作、安装和二次灌浆的工作内容。地脚螺栓按本体带有考虑。

三、本章不包括的内容：

1. 泡沫灭火系统的管道、管件、法兰、阀门、管道支架等的安装及管道系统水冲洗、强度试验、严密性试验等执行《冶金工业建设工程预算定额》(2012 年版)第十册《工艺管道安装工程》相应定额子目。

2. 泡沫喷淋系统的管道、组件、气压水罐、管道支吊架等安装可执行本册第十章相应定额及有关规定。

3. 消防泵等机械设备安装及二次灌浆执行《冶金工业建设工程预算定额》(2012 年版)第三册《机械设备安装工程》(上、下册)相应定额子目。

4. 泡沫液贮罐、设备支架制作安装执行《冶金工业建设工程预算定额》(2012 年版)第六册《金属结构件制作与安装工程》相应定额子目。

5. 油罐上安装的泡沫发生器及化学泡沫室。

6. 除锈、刷油、保温等均执行《冶金工业建设工程预算定额》(2012 年版)第八册《刷油、防腐、保温工程》相应定额子目。

7. 泡沫液充装定额是按生产厂在施工现场充装考虑的,若由施工单位充装时,可另行计算。

8. 泡沫灭火系统调试应按批准的施工方案另行计算。

一、泡沫发生器安装

工作内容:开箱检查、整体吊装、找正、找平、安装固定、切管、焊法兰、调试。 单位:台

定额编号				5-22-1	5-22-2	5-22-3	5-22-4	5-22-5
项目				水轮机式			电动机式	
				PFS3	PF4 PFS4	PFS10	PF20	BGP－200
基价(元)				**199.44**	**223.76**	**636.34**	**1076.22**	**280.39**
其中	人工费(元)			165.60	189.60	420.80	764.80	245.60
	材料费(元)			14.54	14.86	65.03	91.49	15.49
	机械费(元)			19.30	19.30	150.51	219.93	19.30
名称		单位	单价(元)	数量				
人工	综合工日	工日	80.00	2.070	2.370	5.260	9.560	3.070
材料	泡沫发生器	台	–	(1.000)	(1.000)	(1.000)	(1.000)	(1.000)
	平焊法兰	片	–	(1.000)	(1.000)	(1.000)	(1.000)	(1.000)
	盲板	kg	10.80	0.361	0.361	0.361	0.361	0.361
	垫板(钢板 $\delta=10$)	kg	4.56	–	–	9.440	14.160	–
	石棉橡胶板 低压 0.8~1.0	kg	13.20	0.340	0.340	0.340	0.340	0.340
	电焊条 结422 ϕ3.2	kg	6.70	0.221	0.221	0.720	1.160	0.221
	氧气	m^3	3.60	0.150	0.150	0.360	0.420	0.150
	乙炔气	m^3	25.20	0.050	0.050	0.120	0.140	0.050
	棉纱头	kg	6.34	0.050	0.100	0.300	0.500	0.200
	清油	kg	8.80	0.040	0.040	0.040	0.040	0.040
	铅油	kg	8.50	0.200	0.200	0.200	0.200	0.200
	尼龙砂轮片 ϕ100	片	7.60	0.066	0.066	0.066	0.066	0.066
机械	交流弧焊机 30kV·A	台班	216.39	0.088	0.088	0.338	0.558	0.088
	电焊条烘干箱 60cm×50cm×75cm	台班	28.84	0.009	0.009	0.034	0.056	0.009
	电动卷扬机(单筒慢速) 30kN	台班	137.62	–	–	0.250	0.370	–
	载货汽车 4t	台班	466.52	–	–	0.090	0.100	–

二、泡沫比例混合器安装

1. 压力储罐式泡沫比例混合器安装

工作内容：开箱检查、整体吊装、找正、找平、安装固定、切管、焊法兰、调试。　　　　单位：台

定额编号				5-22-6	5-22-7	5-22-8	5-22-9
项目				型号			
				PHY32/30	PHY48/55	PHY64/76	PHY72/110
基价（元）				**1233.78**	**1515.79**	**1780.81**	**2239.16**
其中	人工费（元）			866.40	1063.20	1252.00	1504.00
	材料费（元）			150.40	192.02	255.08	342.65
	机械费（元）			216.98	260.57	273.73	392.51
名称		单位	单价(元)	数量			
人工	综合工日	工日	80.00	10.830	13.290	15.650	18.800
材料	压力储罐式泡沫比例混合器	台	–	(1.000)	(1.000)	(1.000)	(1.000)
	平焊法兰	片	–	(2.000)	(2.000)	(2.000)	(2.000)
	垫板(钢板 $\delta=10$)	kg	4.56	11.800	14.160	20.640	23.880
	盲板	kg	10.80	0.361	0.612	0.612	0.875

续前

单位:台

定额编号				5-22-6	5-22-7	5-22-8	5-22-9
项目				型号			
				PHY32/30	PHY48/55	PHY64/76	PHY72/110
材料	石棉橡胶板 低压 0.8~1.0	kg	13.20	0.692	1.104	1.104	1.324
	电焊条 结422 ϕ3.2	kg	6.70	1.158	1.554	1.672	2.334
	乙炔气	m^3	25.20	0.157	0.207	0.227	0.568
	氧气	m^3	3.60	0.472	0.622	0.682	1.705
	道木	m^3	1600.00	0.040	0.050	0.070	0.100
	清油	kg	8.80	0.080	0.120	0.120	0.120
	铅油	kg	8.50	0.400	0.560	0.560	0.680
	尼龙砂轮片 ϕ100	片	7.60	0.132	0.194	0.194	0.328
	棉纱头	kg	6.34	0.163	0.175	0.175	0.223
机械	电焊条烘干箱 60cm×50cm×75cm	台班	28.84	0.053	0.066	0.072	0.090
	电动卷扬机(单筒慢速) 50kN	台班	145.07	0.370	0.480	0.480	0.670
	载货汽车 4t	台班	466.52	0.100	0.100	0.100	0.210
	交流弧焊机 30kV·A	台班	216.39	0.532	0.658	0.718	0.900

2. 平衡压力式比例混合器安装

工作内容：开箱检查、切管、坡口、焊法兰、整体安装、调试。　　　　单位：台

定额编号				5-22-10	5-22-11	5-22-12
项目				型号		
				PHP20	PHP40	PHP80
基价（元）				**306.41**	**375.70**	**511.52**
其中	人工费（元）			223.20	270.40	364.80
	材料费（元）			28.61	45.23	60.34
	机械费（元）			54.60	60.07	86.38
名称		单位	单价(元)	数量		
人工	综合工日	工日	80.00	2.790	3.380	4.560
材料	平衡压力式泡沫比例混合器	台	–	(1.000)	(1.000)	(1.000)
	平焊法兰	片	–	(3.000)	(3.000)	(3.000)
	盲板	kg	10.80	0.361	0.612	0.875
	石棉橡胶板 低压 0.8～1.0	kg	13.20	0.725	1.150	1.379
	电焊条 结 422 ϕ3.2	kg	6.70	0.445	0.884	1.441
	乙炔气	m^3	25.20	0.116	0.184	0.244
	氧气	m^3	3.60	0.348	0.551	0.733
	清油	kg	8.80	0.120	0.120	0.180
	铅油	kg	8.50	0.540	0.800	0.960
	尼龙砂轮片 ϕ100	片	7.60	0.183	0.275	0.425
	棉纱头	kg	6.34	0.150	0.150	0.200
机械	交流弧焊机 30kV·A	台班	216.39	0.249	0.274	0.394
	电焊条烘干箱 60cm×50cm×75cm	台班	28.84	0.025	0.027	0.039

3. 环泵式负压比例混合器安装

工作内容:开箱检查、切管、坡口、焊法兰、本体安装、调试。　　　　单位:台

定额编号				5-22-13	5-22-14	5-22-15
项目				型号		
				PH32	PH48	PH64
基价(元)				**173.47**	**203.21**	**225.50**
其中	人工费(元)			116.80	133.60	142.40
	材料费(元)			16.71	22.17	28.50
	机械费(元)			39.96	47.44	54.60
名称		单位	单价(元)	数量		
人工	综合工日	工日	80.00	1.460	1.670	1.780
材料	环泵式负压比例混合器	台	-	(1.000)	(1.000)	(1.000)
	平焊法兰	片	-	(3.000)	(3.000)	(3.000)
	盲板	kg	10.80	0.253	0.297	0.361
	石棉橡胶板 低压 0.8~1.0	kg	13.20	0.442	0.662	0.823
	电焊条 结 422 ϕ3.2	kg	6.70	0.259	0.316	0.331
	乙炔气	m^3	25.20	0.054	0.060	0.098
	氧气	m^3	3.60	0.161	0.179	0.295
	清油	kg	8.80	0.060	0.100	0.120
	铅油	kg	8.50	0.260	0.360	0.540
	尼龙砂轮片 ϕ100	片	7.60	0.113	0.137	0.183
	尼龙砂轮片 ϕ400	片	13.00	0.018	0.026	-
	棉纱头	kg	6.34	0.100	0.100	0.150
机械	电焊条烘干箱 60cm×50cm×75cm	台班	28.84	0.018	0.022	0.025
	砂轮切割机 ϕ400	台班	9.52	0.006	0.007	-
	交流弧焊机 30kV·A	台班	216.39	0.182	0.216	0.249

4. 管线式负压比例混合器安装

工作内容：开箱检查、本体安装、找正、找平、螺栓固定、调试。　　单位：台

定额编号				5-22-16
项目				型号
				PHF
基价（元）				**52.68**
其中	人工费（元）			45.60
	材料费（元）			7.08
	机械费（元）			–
名称		单位	单价（元）	数量
人工	综合工日	工日	80.00	0.570
材料	管线式负压比例混合器	台	–	(1.000)
	垫板（钢板 $\delta = 10$）	kg	4.56	1.320
	破布	kg	4.50	0.100
	氧气	m^3	3.60	0.050
	乙炔气	m^3	25.20	0.017

第二十三章　消防系统调试

说 明

一、本章包括自动报警系统装置调试,水灭火系统控制装置调试,火灾事故广播、消防通讯、消防电梯系统装置调试,电动防火门、防火卷帘门、正压送风阀、排烟阀、防火阀控制系统装置调试,气体灭火系统装置调试等项目。

二、系统调试是指消防报警和灭火系统安装完毕且连通,并达到国家有关消防施工。验收规范标准所进行的全系统的检测、调整和试验。

三、自动报警系统装置包括各种探测器、手动报警按钮和报警控制器,灭火系统控制装置包括消火栓、自动喷水、卤代烷、二氧化碳等固定灭火系统的控制装置。

四、气体灭火系统调试试验时采取的安全措施,应按施工组织设计另行计算。

一、自动报警系统装置调试

工作内容:技术和器具准备、检查接线、绝缘检查、程序装载或校对检查、功能测试、系统试验、记录整理。　　单位:系统

定额编号				5-23-1	5-23-2	5-23-3	5-23-4	5-23-5
项目				128 点以下	256 点以下	500 点以下	1000 点以下	2000 点以下
基价(元)				**9800.55**	**18255.13**	**28559.47**	**38807.32**	**52222.41**
其中	人工费(元)			8547.20	15876.80	24840.80	33444.00	43864.00
	材料费(元)			194.09	303.51	500.39	972.88	1938.91
	机械费(元)			1059.26	2074.82	3218.28	4390.44	6419.50
名称		单位	单价(元)	数量				
人工	综合工日	工日	80.00	106.840	198.460	310.510	418.050	548.300
材料	铜芯聚氯乙烯绝缘线 BV1	km	831.00	0.016	0.016	0.016	0.016	0.016
	电池 7 号	节	1.80	40.000	80.000	160.000	320.000	640.000
	打印纸 A4	包	20.00	0.960	1.920	0.320	3.200	4.000
	塑料胶布带 20mm×50m	卷	3.50	7.200	8.840	10.030	12.190	16.820
	电	kW·h	0.85	72.000	86.000	180.000	320.000	740.000
	工业酒精 99.5%	kg	8.20	0.390	0.460	0.560	0.600	0.700
机械	自耦调压器 TDJC-S-1	台班	20.00	3.520	7.040	10.560	14.080	17.600
	数字存储打印示波器 HP-54512B	台班	213.00	3.200	6.400	9.900	12.800	16.000
	火灾探测器实验器 BHTS-1	台班	20.00	3.800	7.600	14.600	27.400	75.800
	数字万用表 34401A	台班	18.00	3.520	7.040	10.560	14.080	17.600
	交流稳压电源 JH1741/05	台班	9.00	4.800	9.600	14.400	19.200	24.000
	直流稳压稳流电源 WYK-6005	台班	27.00	4.500	7.500	10.500	15.000	22.500
	接地电阻测试仪 GCT	台班	10.00	0.320	0.320	0.320	0.320	0.320

二、水灭火系统控制装置调试

工作内容：技术和器具准备、检查接线、绝缘检查、程序装载或校对检查、功能测试、系统试验、记录整理等。　　单位：系统

定额编号				5-23-6	5-23-7	5-23-8
项目				200点以下	500点以下	500点以上
基价（元）				**8187.66**	**25879.24**	**30246.74**
其中	人工费（元）			7660.80	25036.00	29190.40
	材料费（元）			123.58	280.42	333.98
	机械费（元）			403.28	562.82	722.36
名称		单位	单价（元）	数量		
人工	综合工日	工日	80.00	95.760	312.950	364.880
材料	铜芯聚氯乙烯绝缘线 BV1	km	831.00	0.016	0.016	0.016
	塑料胶布带 20mm×50m	卷	3.50	4.420	8.840	10.600
	工业酒精 99.5%	kg	8.20	0.160	0.400	0.480
	电	kW·h	0.85	110.000	274.000	329.000
机械	自耦调压器 TDJC－S－1	台班	20.00	3.840	5.760	7.680
	数字万用表 34401A	台班	18.00	5.120	7.680	10.240
	交流稳压电源 JH1741/05	台班	9.00	7.680	11.520	15.360
	直流稳压稳流电源 WYK－6005	台班	27.00	6.000	7.500	9.000
	接地电阻测试仪 GCT	台班	10.00	0.320	0.320	0.320

三、火灾事故通讯、消防电梯系统装置调试

工作内容：技术和器具准备、检查接线、绝缘检查、程序装载或校对检查、功能测试、系统试验、记录整理等。　　单位：见表

定额编号				5-23-9	5-23-10
项目				广播喇叭及音箱、通讯分机及插孔	消防电梯
单位				10只、10个	部
基价（元）				**308.28**	**1211.52**
其中	人工费（元）			184.80	1062.40
	材料费（元）			46.08	103.04
	机械费（元）			77.40	46.08
名称		单位	单价（元）	数量	
人工	综合工日	工日	80.00	2.310	13.280
材料	电池5号	节	2.20	16.000	32.000
	电	kW·h	0.85	12.800	38.400
机械	数字万用表34401A	台班	18.00	3.200	2.560
	绝缘电阻测试仪3141	台班	6.00	0.100	–
	声级计PAS5633	台班	4.00	4.800	–

四、电动防火门、防火卷帘门、正压送风阀、排烟阀、防火阀控制系统装置调试

工作内容：技术和器具准备、检查接线、绝缘检查、程序装载或校对检查、功能测试、系统试验、记录整理等。　　单位：10 处

定额编号				5-23-11	5-23-12	5-23-13
项目				电动防火门	防火卷帘门	正压送风阀、排烟阀、防火阀
基价（元）				**883.94**	**4405.02**	**783.75**
其中	人工费（元）			856.80	4169.60	555.20
	材料费（元）			1.70	97.96	159.57
	机械费（元）			25.44	137.46	68.98
名称		单位	单价（元）	数量		
人工	综合工日	工日	80.00	10.710	52.120	6.940
材料	铜芯聚氯乙烯绝缘线 BV1	km	831.00	–	0.002	0.004
	蓄电池 24A·h	块	380.00	–	–	0.400
	白炽灯泡 100W	只	1.50	–	3.000	–
	电	kW·h	0.85	2.000	108.000	5.000
机械	自耦调压器 TDJC－S－1	台班	20.00	0.480	1.280	0.670
	数字万用表 34401A	台班	18.00	0.640	2.560	0.320
	交流稳压电源 JH1741/05	台班	9.00	0.480	1.920	1.340
	绝缘电阻测试仪 3141	台班	6.00	–	0.350	–
	接地电阻测试仪 GCT	台班	10.00	–	0.320	0.320
	直流稳压稳流电源 WYK－6005	台班	27.00	–	1.600	1.280

五、气体灭火系统装置安装

工作内容:准备工具、材料、进行模拟喷气实验和对备用灭火剂贮存容器切换操作试验。　　　　单位:个

定额编号				5-23-14	5-23-15	5-23-16
项目				试验容器规格(L)		
				40	70	90
基价(元)				**972.50**	**1430.00**	**1779.50**
其中	人工费(元)			640.00	960.00	1280.00
	材料费(元)			332.50	470.00	499.50
	机械费(元)			–	–	–
名称		单位	单价(元)	数量		
人工	综合工日	工日	80.00	8.000	12.000	16.000
材料	大膜片	片	–	(1.000)	(1.000)	(1.000)
	小膜片	片	–	(1.000)	(1.000)	(1.000)
	锥形堵块	只	–	(1.000)	(1.000)	(1.000)
	金属密封垫	个	–	(1.000)	(1.000)	(1.000)
	聚四氟乙烯垫	个	–	(1.000)	(1.000)	(1.000)
	试验介质(氮气)40L	瓶	16.00	1.000	1.500	2.000
	试验容器 40L	个	6330.00	0.050	–	–
	试验容器 70L	个	8920.00	–	0.050	–
	试验容器 90L	个	9350.00	–	–	0.050

工作内容：同前　　　　　　　　　　　　　　　　　　　　　　　　　　　　　　　　单位：个

定额编号				5-23-17	5-23-18	5-23-19
项目				试验容器规格(L)		
				155	270	4
基价（元）				**1258.00**	**1710.00**	**1280.00**
其中	人工费（元）			640.00	960.00	1280.00
	材料费（元）			618.00	750.00	–
	机械费（元）			–	–	–
名称		单位	单价(元)	数量		
人工	综合工日	工日	80.00	8.000	12.000	16.000
材料	大膜片	片	–	(1.000)	(1.000)	(1.000)
	小膜片	片	–	(1.000)	(1.000)	(1.000)
	锥形堵块	只	–	(1.000)	(1.000)	(1.000)
	电磁铁	块	–	–	–	(1.000)
	金属密封垫	个	–	(1.000)	(1.000)	(1.000)
	聚四氟乙烯垫	个	–	(1.000)	(1.000)	(1.000)
	试验容器 155L	个	12360.00	0.050	–	–
	试验容器 270L	个	15000.00	–	0.050	–

附　　录

主要材料损耗率一览表

序号	材料名称	损耗率(%)
1	钢　管	3.5
2	不锈钢管	3.0
3	铜　管	3.0
4	铝　管	3.0
5	管　缆	3.0
6	型　钢	4.0
7	补偿导线	4.0
8	绝缘导线	3.5
9	电　缆	2.0